Otto Bütschli

Untersuchungen über mikroskopische Schäume und das Protoplasma

Versuche und Beobachtungen zur Lösung der Frage nach den physikalischen Bedingungen

der Lebenserscheinungen

Otto Bütschli

Untersuchungen über mikroskopische Schäume und das Protoplasma

Versuche und Beobachtungen zur Lösung der Frage nach den physikalischen Bedingungen der Lebenserscheinungen

ISBN/EAN: 9783743402935

Hergestellt in Europa, USA, Kanada, Australien, Japan

Cover: Foto ©berggeist007 / pixelio.de

Manufactured and distributed by brebook publishing software (www.brebook.com)

Otto Bütschli

Untersuchungen über mikroskopische Schäume und das Protoplasma

UNTERSUCHUNGEN

ÜBER

MIKROSKOPISCHE SCHÄUME

UND DAS

PROTOPLASMA

VERSUCHE UND BEOBACHTUNGEN

ZUR LÖSUNG DER FRAGE NACH DEN PHYSIKALISCHEN BEDINGUNGEN DER LEBENSERSCHEINUNGEN

VON

O. BÜTSCHLI

MIT 6 LITHOGRAPHIRTEN TAFELN UND 23 FIGUREN IM TEXT

90695
24/8/08.

LEIPZIG

VERLAG VON WILHELM ENGELMANN

1892.

INHALTSVERZEICHNISS.

	Seite
Einleitung	1
Erster Abschnitt. Beobachtungen	4
A. Untersuchungen über Oelseifenschäume	4
1. Darstellung und Bau der Schäume	4
2. Einige genauere Angaben über die Volumschwankungen der Schaumtropfen unter dem Einflusse der umgebenden Flüssigkeit	27
3. Strahlige Erscheinungen in den Oelseifenschaumtropfen	29
4. Faserige Structuren an Oelseifenschaumtropfen	31
5. Die Haltbarkeit der Oelseifenschäume	33
6. Die Strömungserscheinungen der Oelseifenschäume	33
7. Wahrscheinliche Erklärung der Strömungen der Schaumtropfen	42
8. Strömungen von Schaumtropfen in Zellen	55
9. Bemerkungen über Frommann's Versuche an Oelseifenschaumtropfen	56
B. Untersuchungen über Protoplasmastructuren	58
1. Untersuchungen an Protozoen	59
Suctoria	59
Ciliata	60
Flagellata	62
Radiolaria	63
Heliozoa	63
Marine kalkschalige Rhizopoden mit reticulären Pseudopodien	64
Gromia Dujardinii M. Schultze	69
Amöben	72
2. Ueber protoplasmatische Structuren bei den Bacterien und verwandten Organismen	75
3. Einige Beobachtungen am strömenden Protoplasma pflanzlicher Zellen	79
4. Beobachtungen an einigen Eizellen	80
5. Rothe Blutkörperchen von Rana esculenta	82
6. Beobachtungen an einigen Epithelialzellen	84
7. Peritonealzellen am Darm von Branchiobdella astaci	88
8. Leberzellen von Rana esculenta und Lepus cuniculus	90
9. Dünndarmepithel von Lepus cuniculus	92
10. Pigmentzellen des Parenchyms von Aulastomum gulo	92
11. Capillaren aus dem Rückenmarke des Kalbes	92
12. Bindegewebszellen zwischen den Nervenfasern des Ischiadicus von Rana esculenta	93
13. Ganglienzellen und Nervenfasern	94
Zweiter Abschnitt. Allgemeiner Theil	102
A. Die Lehre von dem netzförmigen oder reticulären Bau des Plasmas	102
B. Uebersicht der abweichenden Ansichten	114
1. Die Lehre von der fibrillären Structur des Plasmas	114
2. Die sogenannte Kügelchenlehre Künstler's	119

Seite

3. Die sogenannte Granulatheorie des Plasmas 123
4. Versuche, die Netzstructuren als Gerinnungs- oder Fällungserscheinungen zu deuten . 130
5. Die Structur des Plasmas ist eine alveoläre oder wabige (schaumige 139
   Aggregatzustand des Plasmas 140
   Vacuolen 145
   Aeussere Oberfläche des Plasmas 150
   Alveolarschicht 152
   Zellmembran, Cuticulae 155
   Radiäre Wabenschicht um den Kern 157
   Körnige Einschlüsse im Plasma und entsprechende Lagerung von Russpartikelchen in den künstlichen Schäumen 158
   Strahlungserscheinungen im Plasma bei der Zelltheilung 158
   —— , . . in Eizellen etc. 162
   Streifiges Plasma der Epithelzellen 163
   Faseriges Plasma 164
   Ansichten über die Ursachen der Strahlungserscheinungen 166
6. Das homogene Plasma und die Wabentheorie 167
7. Die Bewegungserscheinungen des Plasmas in ihrer Beziehung zur Wabenstructur . . . 172
   Ansichten über die Ursachen der Bewegungserscheinungen 172
   Sogenannte Contractilität 173
   Contractilität des angeblichen Netzgerüstes 174
   Einwände gegen die Contractilitätslehre 174
   Hypothesen von Hofmeister, Sachs und Engelmann 175
   Electrische Hypothesen von Velten, Fol 180
   Leydig's Ansicht über das sogenannte Hyaloplasma 181
   Hypothese von Montgomery 185
   Hypothesen, welche sich auf die Oberflächenspannung beziehen 186
      Berthold 187
      Quincke 197
   Eigene Ansicht über die Erklärung der Amöbenbewegungen 198
   Selbständige Körnchenbewegung 205
   Ursachen innerer Verschiebungen im wabigen Plasma 207
   Möglichkeit der Erklärung der Muskelcontraction auf diesem Wege 208
   Rotationsströmung in Pflanzenzellen 210

Anhang. Zusätze und Berichtigungen 212
Litteratur 222
Erklärung der Abbildungen 230

EINLEITUNG.

In der Vorrede zu den von mir 1876 veröffentlichten Studien über die ersten Entwicklungsvorgänge der Eizelle, die Zelltheilung und anderes betonte ich, dass die morphologische Betrachtungsweise, welche für das Verständniss der mehrzelligen Organismen zu so glänzenden Resultaten geführt habe, ihren Dienst versage, wenn wir in das Wesen des Elementarorganismus, der Zelle, tiefer einzudringen versuchten. Ich äusserte die Ansicht, »dass die Erscheinungen an und in dem Elementarorganismus nur durch die Erkenntniss der physikalisch-chemischen Bedingungen ihres Entstehens und Vergehens sich zuerst begrifflich fester gestalten werden«. Auch versuchte ich schon in dieser Arbeit und, wie ich glaube zum ersten Mal, eine Eigenschaft der flüssigen Körper, die Oberflächenspannung nämlich, für die Erklärung der von mir genauer studirten Theilungserscheinungen des protoplasmatischen Zellenleibs heranzuziehen.

In nachfolgenden Untersuchungen glaube ich nun einen solchen Beitrag zum genaueren physikalischen Verständniss gewisser Eigenthümlichkeiten der lebenden Substanz oder des Protoplasmas bieten zu können. Da ich an dieser Stelle zunächst nicht beabsichtige, in ausführlichere historische Erörterungen über die Frage nach dem Bau und der Beschaffenheit des Protoplasmas einzugehen, so schicke ich hier nur einige historische Bemerkungen über meine eigene Stellung zu dieser Frage voraus, um den Gedankengang anzudeuten, welcher zu diesen Untersuchungen führte.

1878 fand ich zum ersten Male Gelegenheit, mich über die Frage nach der netzförmigen Structur des Plasmas zu äussern, welche durch die Arbeiten Frommann's, Kupffer's, Heitzmann's und Anderer um diese Zeit mehr in den Vordergrund getreten war. Ich bemerkte damals: dass die hierüber bekannt gewordenen Thatsachen »mir jedoch keineswegs so bemerkenswerth und mit früheren Erfahrungen unvermittelt erscheinen, wie dies gewöhnlich dargestellt wird. Von dem Auftreten einfacher spärlicher Vacuolen im Protoplasma vieler Protozoen findet sich ein ganz allmählicher Uebergang zu vollständig alveolärem oder, was dasselbe ist, reticulärem Plasma, wenn die Alveolen so dicht gedrängt sind, dass die eigentlichen Plasmawände ein wabenartiges, im optischen Schnitt netzartiges

Gefüge annehmen«. Weiterhin bemerkte ich, dass in der hyalinen Rindenschicht und den Pseudopodien der Rhizopoden structurloses homogenes Protoplasma vorliege. Ich vertrat demnach schon 1878 die Ansicht, dass der von verschiedenen Forschern geschilderte Netzbau des Plasmas ein wabiger oder alveolärer sei.

Vielfache Beschäftigung mit Protozoen der verschiedenartigsten Gruppen, welchen ich mich in den folgenden Jahren zu widmen hatte, gab Gelegenheit zu mancherlei Beobachtungen über protoplasmatische Structuren, welche die schon 1878 ausgesprochene Ansicht mehr und mehr befestigten. Erst in den Jahren 1884 und 1885 gelangte ich jedoch zu einem etwas eingehenderen Studium derartiger Verhältnisse, 1884 an Noctiluca, 1885 an einer Reihe mariner Rhizopoden, Actinosphaerium und gewissen Ciliaten. Bestimmter wie früher sprach ich mich jetzt für die Deutung der sog. netzförmigen Structuren als wabiger aus und begründete diese Anschauung durch den Hinweis auf den zweifellos wabigen Bau der Alveolarschicht. Auch brachte ich Beweise bei für die Realität der Protoplasmastructuren, deren Aehnlichkeit mit den Gerinnungs- und Fällungsproducten verschiedener Substanzen wohl berechtigte Zweifel erwecken durften, ob sie nicht gleichfalls zur Kategorie dieser Erscheinungen gehörten. Bald fand ich Veranlassung, mich noch eingehender mit derartigen Studien zu befassen, als ich in den Jahren 1886—88 an die Bearbeitung der Ciliaten für Bronn's Klassen und Ordnungen ging. Bei den eigenen Studien über diese Abtheilung konnte ich mich der Unterstützung zweier talentvoller Schüler erfreuen, der Herren Dr. Schuberg und Schewiakoff. Dieselben haben in ihren Arbeiten über Ciliaten (1886 und 89), welche unter meiner fortgesetzten Mitwirkung entstanden, wesentliche Beiträge zum Ausbau meiner Auffassung auf dem Gebiet dieser Protozoenabtheilung geliefert. Auf Grundlage dieser, wie weiterer eigener Untersuchungen konnte ich dann in meiner Schilderung der Infusorien eine etwas breitere und ausführlichere Darstellung meiner Ansicht geben (p. 1302, 1317). — Die seither gemachten Erfahrungen hatten die Ueberzeugung hervorgerufen, dass hier eine Erscheinung von fundamentaler Bedeutung vorliege, was ich damals (1888) in folgenden Worten aussprach: »Wir stehen hier vor einer Erscheinung von ähnlicher Verbreitung und Bedeutung, wie der Aufbau der höheren Organismen aus Zellen, ohne vorerst den leitenden und aufklärenden Gedanken zu besitzen; ähnlich wie es den Beobachtern der Zellgewebe vor der Begründung der Cellulartheorie ging.« Obgleich überzeugt von der im Allgemeinen wabigen Structur des Plasmas, glaubte ich damals (p. 1392) doch der Ansicht vom spongiösen Bau noch eine Concession insofern machen zu müssen, indem ich zugab, »dass zuweilen benachbarte Waben in einander durchbrechen mögen und so ein spongiöser Bau sich stellenweise ausbildet«. Es war diese Bemerkung speciell für das Entoplasma eine Inconsequenz, da ich gleichzeitig dessen flüssige Beschaffenheit vertrat und letztere Annahme eine solche Ansicht ausschliesst.

Gewissermaassen als Hinweis auf die Bedeutung, welche die Ansicht von der wabigen Beschaffenheit des Plasmas für seine Gesammtauffassung besitzen dürfte, besprach ich 1888 auch die Consequenzen, welche sich für das Wachsthum des Plasmas hieraus ergeben, indem ich zu zeigen versuchte, dass die schwierige Vorstellung eines Wachsthums durch Intussusception auf Grundlage meiner Auffassung wohl umgangen werden könnte.

Wie schon aus diesem Aufsatz und dem oben citirten Ausspruch des Protozoenwerks hervorgeht, hegte ich, seit mir die allgemeine Verbreitung solcher Structuren im Plasma klar geworden war, die Idee, dass darin wohl ein wesentlicher Grund mancher der besonderen Eigenschaften und Leistungen dieser Substanz zu suchen sein werde. Nach meiner Auffassung entsprach der Aufbau des Plasmas dem mikroskopisch feinster Schäumen, mit dem Unterschied, dass der Wabeninhalt gewöhnlicher Schäume Luft, der der plasmatischen Schäume hingegen eine wässerige Flüssigkeit sei. Sollten solche mikroskopischen Schäume, wenn ihre Herstellung gelänge, nicht gewisse Eigenthümlichkeiten des Plasmas zeigen und könnte ihr genaueres Studium nicht zur Befestigung oder Correctur meiner Ansicht wesentlich beitragen? Diese Frage drängte sich mir immer lebhafter auf. Mochten die in dieser Richtung zu erzielenden Ergebnisse für oder gegen meine Ansicht sprechen, jedenfalls war zu hoffen, dass sie zur Klärung der Plasmafrage beitragen würden.

ERSTER ABSCHNITT.

Beobachtungen.

A. Untersuchungen über Oelseifenschäume.

1. Darstellung und Bau der Schäume.

Die Gedanken und Erwägungen, welche ich im Vorhergehenden darlegte, gaben den Anstoss, zu versuchen, ob es gelingen möchte, auf künstlichem Wege Schäume von ähnlicher Feinheit herzustellen, wie ich sie im Plasma vermuthete. Obgleich kaum zu erwarten war, dass solche Versuche erhebliche Resultate ergeben dürften, so schien doch möglicherweise Eines oder das Andere von Wichtigkeit auf solchem Wege erreichbar, den ich denn auch, sobald sich nach Beendigung des Protozoenwerks Zeit und Gelegenheit bot, einzuschlagen suchte. Zunächst konnten derartige Experimente nicht viel mehr wie ein ziemlich blindes Herumprobiren sein, in der Hoffnung, vielleicht einen Anhaltspunkt zu finden, von dem aus ein geordneteres und zuversichtlicheres Vordringen möglich werde. Mit recht unsicheren und etwas unklaren Gefühlen, wie sie die alten Alchemysten bei ihren hoffnungslosen Versuchen beseelt haben mögen, begann ich dieses Probiren; ja diese Unsicherheit wurde begreiflicherweise dadurch noch erhöht, dass ich ein Gebiet zu betreten versuchte, auf welchem ich nur wenig heimisch und dessen Schwierigkeiten daher nicht zu überschauen waren. Doch hat sich diese Unkenntniss vielleicht eher nützlich erwiesen, da bei genügender Orientirung über die schwierigen Probleme der Molecularphysik, in welche zu pfuschen ich mich anschickte, die Versuche vielleicht ganz unterblieben wären.

Erst nach mancherlei unfruchtbarem Probiren mit verschiedenartigen Emulsionen, welche zu keinem befriedigenden Ergebniss führten, da ihnen der Charakter einer Emulsion, d. h. suspendirter Tröpfchen in einer verhältnissmässig reichlichen Zwischenflüssigkeit, nicht zu nehmen war, gelang es durch Mischung zweier Flüssigkeiten einen feinen Schaum herzustellen. Ohne hier die resultatlos gebliebenen Vorversuche zu besprechen, will ich sofort über diese erstgelungenen einige Worte bemerken. Wenn man eine sehr dicke Lösung von käuflicher sog. Schmierseife (Kaliseife) mit Benzin oder Xylol recht tüchtig schüttelt, so bildet sich eine feine Emulsion, indem sich das Benzin in feinen bis feinsten Tröpfchen in der Seifenlösung vertheilt. Lässt man diese Emulsion alsdann ruhig stehen, so steigen die leichteren Benzintröpfchen zur Oberfläche empor und ordnen sich hier, unter Verdünnung der zwischen ihnen befindlichen Schichten von Seifenlösung, zu einem feinen Schaum an, ganz ebenso wie in einer Seifenlösung aufsteigende Luftblasen sich an deren Oberfläche allmählich zu einem gewöhnlichen Seifenschaum ansammeln. Die von Plateau für diesen letzteren Fall gegebene Schilderung und Erklärung trifft sicherlich auch für den hier besprochenen zu. Der so entstandene weissliche Schaum, in welchem das Benzin die Rolle der Luft des gewöhnlichen Seifenschaums vertritt, ist zwar schon ziemlich fein, aber doch nicht zu vergleichen mit der Feinheit der Schäume, welche ich später auf anderem Wege erhielt. Ich habe keine Messungen über die mittlere Grösse seiner Maschen angestellt, da solche Benzinschäume nur schwierig zu untersuchen sind; doch stehen sie etwa auf der Grenze zwischen makroskopischen und mikroskopischen, da wenigstens ihre grösseren Maschen mit blossem Auge oder einer schwachen Lupe noch wahrnehmbar sind. Auffallend ist jedoch die Haltbarkeit derartiger Schäume. Ich habe einen solchen Schaum seit jetzt zwei Jahren in einer sehr gut verschlossenen Flasche aufbewahrt, ohne dass er sich wesentlich verändert hätte; vielleicht ist er im Laufe der Zeit etwas grobwabiger geworden, doch blieb sein ursprünglicher Charakter durchaus erhalten.

Mancherlei Versuche, besonders elektrische, die ich mit solchen Benzinschäumen anstellte, führten nicht zu sicheren Resultaten. Tropfen solchen Schaums unter Benzin auf Quecksilber gesetzt, das mit dem einen Pol eines Inductionsapparats in Verbindung steht, während der andere den Tropfen berührt, zeigen bei jedem Schliessen oder Oeffnen des Stroms eine deutliche Zuckung; doch glaube ich nicht, dass diese Erscheinung mit ihrer Schaumstructur zusammenhängt, sondern dass sie eben so zu beurtheilen ist, wie die Gestaltsveränderung eines Wassertropfens auf Quecksilber unter ähnlichen Bedingungen.

Zu weiteren Versuchen über Herstellung feiner Schäume wurde ich durch Quincke's Mittheilungen (1888) über die Diffusion wässeriger Flüssigkeiten durch fette Oele angeregt. Bekanntlich vermochte der genannte Physiker durch verschiedene Versuche festzustellen, dass eine solche Diffusion stattfinden kann. Auch meine Experimente, welche im Folgenden mitgetheilt werden sollen, sprechen hierfür, oder sind doch ohne eine solche Voraussetzung nicht wohl erklärlich.

Da Quincke seine Erfahrungen über die durch Oberflächenspannungsverhältnisse erzeugten Bewegungs- respect. Strömungserscheinungen in Flüssigkeiten und besonders in Oeltropfen auch zu einer Hypothese über die Strömungserscheinungen des Plasmas verwerthete und sich bei dieser Gelegenheit mit dem Plasma überhaupt eingehender beschäftigte, so wird es angezeigt erscheinen, dass ich mich hier etwas genauer über das Verhältniss der Quincke'schen zu meinen Untersuchungen ausspreche. Wie ich eben bemerkte, entnahm ich Quincke's Arbeit den Gedanken, fette Oele zur Erzeugung feiner Schäume zu benutzen, da ich, wie gleich zu schildern sein wird, durch die von Quincke nachgewiesene Diffusion die Ueberführung der Oele in Schäume für möglich hielt. Ferner erkenne ich gerne an, dass die Quincke'schen Untersuchungen und Hypothesen mich anspornten, auf Grundlage meiner besonderen Ansicht über den Bau des Plasmas Versuche vorzunehmen, um die Richtigkeit meiner Auffassung eingehender zu prüfen. Dagegen bewegten sich meine Versuche und Ideen von Anfang an auf durchaus selbständigem, aus den Erfahrungen über den feineren Bau des Plasmas erwachsenem Boden. Die Idee des wabigen Baues des Plasmas hat mich von Beginn geleitet und, wie gesagt, die Versuche überhaupt veranlasst.

Ich habe Herrn Collegen Quincke, bevor er seine Hypothese der Plasmabewegungen veröffentlichte, mehrfach meine Ansicht über die wahrscheinliche Structur dieser Substanz gesprächsweise mitgetheilt und betont, dass gewisse Eigenschaften des Plasmas wohl mit diesem Bau direct zusammenhängen dürften. Quincke hat in seiner Mittheilung von 1888 das Plasma noch als einfache Flüssigkeit behandelt, von einer Schaumstructur desselben nirgends gesprochen; wenn er später (1889), nach Veröffentlichung meines ersten Berichtes (1889), die Schaumstructur betont, so kann ich darin nur den Einfluss meiner Erfahrungen erkennen, auch wenn er derselben in dieser Publication, welche über das Plasma und seine Bewegungserscheinungen handelt, nirgends gedenkt. —

Der Gedankengang, welcher zu den Versuchen mit fetten Oelen führte, war folgender. Wenn eine Mischung von Oel mit sehr fein zerriebenen Partikeln einer in Wasser leicht löslichen Substanz in Wasser gebracht wird, so wird dieses durch Diffusion in das Oel eintreten; die feinen Partikel der löslichen Substanz werden das Wasser anziehen, sich in kleine Tröpfchen wässriger Lösung verwandeln und diese dicht zusammengedrängten Tröpfchen können das Oel, in welchem sie suspendirt sind, auf solche Weise in einen feinen Schaum verwandeln. — Obgleich dieser Gedankengang sich wohl nicht als ganz richtig erwiesen hat, so führten die durch ihn veranlassten Versuche doch zu einem erfreulichen Resultat.

Für die Versuche wurde zunächst ein Olivenöl (*a*) verwendet, das längere Zeit in einem Fläschchen im Laboratorium gestanden hatte; als lösliche Substanzen wurden zuerst Kochsalz, Rohrzucker und Kalisalpeter versucht. Das Verfahren war derart, dass eine sehr kleine Messerspitze der löslichen Substanz in einer kleinen Achatreibschale möglichst fein pulverisirt und hierauf mit einem Tröpfchen des Olivenöls zu einem dicken Brei gut zusammengerieben wurde. Von diesem Brei wurden auf ein Deckglas, dessen Ecken mit Wachsfüsschen versehen waren, kleine bis kleinste Tröpfchen gebracht und das Deckglas dann umgekehrt auf einen Wassertropfen von hinreichender Grösse gelegt, der sich auf dem Objectträger befand. Als Wasser wurde in der Regel das hiesige Leitungswasser verwendet, das verhältnissmässig wenig gelöste Stoffe enthalt; doch wurde daneben auch destillirtes Wasser versucht. Da jedoch die Versuche in beiden Fällen gleich ausfielen, so kam in der Folge das gewöhnliche Leitungswasser ausschliesslich zur Verwendung. Die Wachsfüsschen am Deckglas waren in der Regel so hoch, dass die Tropfen des Oelbreies zwar auf der Fläche des Objectträgers leicht aufsassen, ohne jedoch stärker gepresst zu werden.

Auf die geschilderte Weise gelang es nun, das erwähnte Olivenöl sowohl mit Rohrzucker wie Kochsalz in einen sehr feinen Schaum überzuführen, während die Versuche mit Kalisalpeter kein günstiges Resultat ergaben und daher nicht weiter fortgesetzt wurden. Das Verhalten der in Wasser gebrachten Oelbreitropfen ist, soweit es verfolgt wurde, etwa folgendes. Die mikroskopische Betrachtung zeigt zunächst, dass die Pulverisirung der beigemischten Substanzen trotz aller Sorgfalt eine verhältnissmässig grobe ist, dass neben feinsten Partikelchen doch noch recht viele ziemlich grobe Splitter vorhanden sind. Bald macht sich um die Splitter wässrige Flüssigkeit im Oel bemerklich; feine und gröbere Tröpfchen treten auf, auch dringen nicht selten Splitter der eingeschlossenen Substanz aus der Oberfläche des Tropfens hervor und lösen sich im umgebenden Wasser auf, oder es finden gelegentlich auch eruptionenartige Ergüsse der im Oel aufgetretenen wässrigen Flüssigkeit in das umgebende Wasser statt. Dass ein lebhafter und ziemlich regelmässiger diffusioneller Austausch zwischen dem Oelbrei und dem Wasser stattfindet, ergiebt sich aus den ziemlich lebhaften Strömungen des letzteren, welche sich gut verfolgen lassen, wenn ihm Tusche beigemischt wird. Ich habe diese Strömungen bei einigen mit Kochsalz hergestellten Oelbreitropfen etwas verfolgt und kann darüber Folgendes mittheilen. Nach Ueberführung des Breitropfens auf den Objectträger bemerkt man bald, dass das Wasser der höheren Region allseitig auf den Tropfen zuströmt und umgekehrt in der tieferen Region, also auf dem Objectträger, von dem Tropfen radiär wegströmt. Diese Strömungen werden allmählich langsamer, konnten jedoch etwa 20 Minuten lang verfolgt werden, worauf sie entweder erloschen waren oder ganz schwach fortdauerten. Mehrfach wurde beobachtet, dass die obere, ursprünglich rein radiäre Strömung sich allmählich in der Weise abänderte, dass an einer Stelle des Tropfens auch oben eine Abströmung sich ausbildete, während die Zuströmung an den übrigen Stellen fortdauerte, jedoch ihre Richtung entsprechend etwas modificirt hatte.

Die erwähnten Strömungen erklären sich leicht. Das den Tropfen zunächst umgebende Wasser nimmt sowohl durch Diffusion wie durch directen Austritt einzelner Partikel Salz auf, wird dadurch spezifisch schwerer, sinkt auf den Objectträger herab und strömt, sich auf diesem ausbreitend, allseitig von dem Tropfen weg, während es in der höheren Region durch reines, spezifisch leichteres Wasser ersetzt wird, welches daher allseitig dem Tropfen zuströmt. Die Richtigkeit dieser Erklärung wird dadurch bestätigt, dass man dieselben Strömungen auch erhält, wenn man unter dem Deckglas concentrirte Kochsalzlösung und reines Wasser nebeneinander treten lässt, was mit ziemlich scharfer Grenze ausfuhrbar ist. Der Zustrom im Wasser gegen die Grenze erfolgt dann in der oberen Region, unten dagegen der Abstrom, wogegen in der Kochsalzlösung oben Abstrom und unten Zustrom zur Grenze eintritt, da die spezifisch leichter gewordene Kochsalzlösung der Grenzregion fortdauernd aufsteigt. Die Strömungen sind deutlich, jedoch ziemlich langsam. Entsprechende Strömungen treten ein, wenn Glycerin neben Wasser gebracht wird.

Nachdem die in angegebener Weise präparirten Oelbreitropfen etwa 24 Stunden in einer feuchten Kammer gestanden haben, sind sie ganz undurchsichtig und milchweiss geworden. Die Partikel der löslichen Substanz sind geschwunden, dagegen hier und da grössere Flüssigkeitstropfen (Vacuolen) in dem Oel sichtbar. Die genauere Untersuchung solch' undurchsichtig gewordener Tropfen ergiebt, dass sie durch ihre gesammte Masse mehr oder minder sehr feinschaumig geworden sind. Wegen ihrer Undurchsichtigkeit muss man die Tropfen natürlich zu ganz dünner Schicht auspressen, wenn man ihre feinere Beschaffenheit feststellen will. Geeigneter ist es daher, sie durch Zusatz von Glycerin zu dem Wasser unter dem Deckglas, respect. durch Verdrängung des letzteren durch Glycerin allmählich aufzuhellen. Man verfolgt dann deutlichst, wie die Aufhellung von der Oberfläche des Tropfens allmählich in die Tiefe eindringt und schliesslich nach geraumer Zeit den gesammten Tropfen gleichmässig durchzogen hat. Die allmähliche Aufhellung eines solchen Schaumtropfens durch Glycerin beweist wohl sicher, dass Glycerin durch das Oel diffundirt und dessen Waben mit der Zeit von wasserhaltigem Glycerin erfüllt werden, wodurch der Schaumtropfen natürlich viel durchsichtiger wird, wegen der Verringerung des Unterschieds der Brechungsexponenten. Indem ich die genauere Beschreibung der Bauverhältnisse solcher aus Olivenöl und Zucker oder Kochsalz hergestellten Schaumtropfen auf später verschiebe, bespreche ich hier zunächst die weiteren Versuche, welche zur Darstellung solcher Schäume, sowie zur Erklärung ihrer Bildung angestellt wurden.

Der Versuch, mit Leberthran und Kochsalz ähnliche Oelschaumtropfen zu erhalten, ergab ein schlechtes Resultat, da sich nur sehr grossblasiger, mangelhafter Schaum bildete. Dagegen wurde mit gekochtem Leinöl und Kochsalz ein ziemlicher Erfolg erzielt. Aus gewissen Gründen versuchte ich auch das Verhalten eines mit Paraffinöl und Kochsalz hergestellten Breies: wie zu erwarten, trat in dem Paraffinöl keine eigentliche Schaumbildung auf; doch löste sich das Kochsalz unter Tropfenbildung allmählich, aber sehr langsam auf. Diffusion des Wassers durch das Paraffinöl findet demnach jedenfalls, wenn auch recht langsam statt.

Schon oben wurde betont, dass der ursprüngliche Gedankengang, welcher zu den Versuchen über die Schaumbildung im Oel führte, sich eigentlich nicht vollständig bestätigte. Ich betonte, dass die Partikelchen der dem Oel beigemischten Substanzen, trotz feinster Pulverisirung, relativ grob waren, weshalb es unmoglich scheint, die grossentheils äusserst feinen Waben oder Schaumbläschen eines gelungenen solchen Oelschaums auf die durch Auflösung der eingeschlossenen Partikelchen gebildeten Flüssigkeitströpfchen zurückzuführen. Demnach musste in dem Oel noch eine andere Quelle der Bildung feinster Tröpfchen wässriger Flüssigkeit vorhanden sein. — Um diesen Punkt aufzuklären, stellte ich eine Reihe Versuche an, die aufzuzählen kein weiteres Interesse hat, da sie bald zu dem Ergebniss führten, dass schon in reinem Olivenöl, das in entsprechenden Tropfen in H_2O unter dem Deckglas aufgestellt wird, sehr bald zahlreiche feinste Flüssigkeitströpfchen auftreten, welche es wenigstens stellenweise schliesslich ganz undurchsichtig und feinschaumig machen. Schon wenige Stunden nach der Herstellung eines solchen Präparats bemerkt man viele feine Flüssigkeitströpfchen im Oel: dieselben nehmen fortgesetzt an Menge zu, so dass der Tropfen nach 1—2 Tagen ganz trübe geworden ist. Namentlich der untere Tropfenrand, d. h. der Rand der Fläche, mit welcher der Tropfen auf dem Objectträger ruht, wird dann allmählich ganz schwarz und undurchsichtig (im durchfallenden Licht), so dass ein dunkler, ziemlich unregelmässiger Saum den Tropfen gürtelartig durchzieht (s. unten Fig. 1). Die Erscheinung geht nicht merklich intensiver und rascher vor sich, wenn das Olivenöl zuvor längere Zeit auf dem Wasserbad über Zucker oder Kochsalz erhitzt wurde; etwaige Lösung dieser Stoffe in dem Oel ist daher ohne directen Einfluss. Dagegen trat das Schaumigwerden recht stark hervor, wenn in den Oeltropfen einige wenige Krystallsplitter von Kochsalz oder Zucker eingeschlossen wurden. Um die Kochsalzsplitter bildeten sich dann in der Regel bald Flüssigkeitstropfen; doch trat dies seltsamer Weise gelegentlich um gewisse Splitter, sowie um die von Zucker nicht ein. Das Schaumigwerden des Oeltropfens ging ganz in der oben geschilderten Weise vor sich, schien jedoch, wie gesagt, intensiver zu sein, wie im reinen Oeltropfen (s. hierneben Fig. 1). Im Umkreis der Flüssigkeitstropfen, welche sich um die Kochsalzkrystalle gebildet hatten, zeigte sich keineswegs eine besondere Anhäufung der Schaumtröpfchen, vielmehr waren diese in der geschilderten Weise auf die Randzone concentrirt. — Die Erklärung für die intensive Anhäufung der Schaumtröpfchen in der unteren Randzone des Oeltropfens dürfte etwa folgende sein. Die Bildung der Tröpfchen beruht zweifellos auf der Aufnahme von Wasser in das Oel, welche in einer Weise geschieht, die später noch genauer zu besprechen sein wird. Daher wird die Tröpfchenbildung hauptsächlich in der an das Wasser grenzenden Randzone des Oels stattfinden. Da nun die Tröpfchen aus wässriger Lösung bestehen, also spezifisch schwerer sind wie das Oel, so werden sie allmählich im Oeltropfen herabsinken und sich demnach hauptsächlich in dessen unterer Randregion anhäufen. Indem sich die herabsinkenden Tröpfchen gegeneinander pressen, so werden sie, wenn die Bedingungen geeignete sind, zur Schaumbildung gelangen, ähnlich wie die in Seifenlösung aufsteigenden Luftblasen oder die früher geschilderten Benzintröpfchen bei Bildung der Benzinseifenschäume.

Fig. 1.

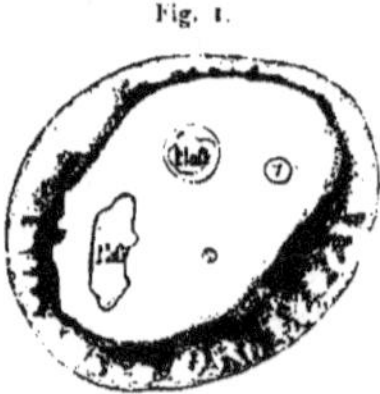

Ebenso wie das untersuchte Olivenöl verhielten sich auch Tropfen von Mandelöl und Leberthran, welche in Wasser gebracht wurden; namentlich der Leberthran wurde sehr rasch und intensiv trübe und allmählich in der tiefen Region ganz feinschaumig.

Diese Versuche führten mich allmählich zur Vermuthung, dass das Schaumigwerden der Oeltropfen im Wasser auf der Gegenwart geringer Mengen gelöster Seife in dem Oel beruhen könne. Die gelöste Seife ziehe das in das Oel diffundirende Wasser stark an und die dabei gebildete wasserhaltige Seife scheide sich, als in dem Oel nicht mehr löslich, in feinsten Partikelchen aus, welche durch weitere Aufnahme von H_2O zu feinsten Tröpfchen würden. Diese Vermuthung hat sich denn auch durch hierauf gerichtete Versuche als sehr wahrscheinlich, wenn nicht gewiss ergeben. Zwar gelang es nicht, dem Olivenöl durch Erhitzen mit H_2O und häufiges Schütteln die Eigenschaft zu entziehen, in H_2O allmählich trüb und schaumig zu werden, doch ist es auch nicht sehr wahrscheinlich, dass man dem Oel auf solche Weise einen etwaigen Seifengehalt vollständig entziehen kann. Umgekehrt dagegen zeigte sich der Einfluss des Seifengehalts auf das Schaumigwerden des Olivenöls sehr deutlich, wenn man den Gehalt an Seife dadurch erhöhte, dass das Oel einige Zeit mit venetianischer Seife erwärmt wurde, wenngleich eine merkbare Lösung der Seife nicht eingetreten war. Ein Tropfen solchen Oels, in gewohnter Weise in Wasser gebracht, beginnt sofort schaumig zu werden; gleichzeitig treten wogende Strömungserscheinungen (Ausbreitungserscheinungen) auf der Oberfläche des Tropfens hervor, hervorgerufen durch lokale Ausbreitungen der Seife. In wenig Stunden wurde der Tropfen ganz schaumig. Ein ähnliches Resultat erhält man, wenn in einen Tropfen reinen Olivenöls einige Partikelchen venetianischer Seife eingeschlossen und derselbe damit in H_2O unter das Deckglas gebracht wird. Auch solche Tropfen zeigen sofort lebhafte, wogende Ausbreitungserscheinungen und von den Seifenpartikelchen strahlen allseitig feinste Tröpfchen in das umgebende Oel aus. Nach einigen Stunden ist der Oeltropfen ganz weiss und undurchsichtig, durch und durch feinschaumig geworden. — Vorerst habe ich diese Methode der Darstellung solcher Oelseifenschäume nicht genauer verfolgt, so dass ich nicht sagen kann, ob sie der weiter unten geschilderten, deren ich mich gewöhnlich bediente, gleichkommt oder eventuell noch besondere Vortheile besitzt.

Von Interesse ist, dass auch Hühnereiweiss auf das Schaumigwerden des Olivenöls einen ähnlichen Einfluss ausübt wie Seife. Wurde das zu den seither beschriebenen Versuchen benutzte Olivenöl (*a*) einige Tage über getrocknetem pulverisirtem Hühnereiweiss stehen gelassen, darauf filtrirt und Tropfchen des ganz klaren Oels in der beschriebenen Weise unter dem Deckglas in Wasser gebracht, so traten sofort zahlreiche, äusserst feine Flüssigkeitströpfchen im Oel auf, welches dann auch in kurzer Zeit trübe wurde. Gleichzeitig gerieth der Oeltropfen in eine eigenthümliche circulirende Strömung, wie sie weiter unten für die Oelseifenschaumtropfen in Glycerin zu schildern ist; d. h. von dem oberen wie unteren Tropfenrand bewegte sich eine oberflächliche Strömung, allseitig radiär ausstrahlend, gegen den Aequator des Tropfens; hier stiessen die beiden von oben und unten kommenden Ströme zusammen und gingen in einen horizontalen Einstrom über, der allseitig vom Aequator gegen das Centrum des Tropfens zog; hier theilt sich dieser Einstrom jedenfalls in einen ab- und aufsteigenden Strom, welche die erstbeschriebenen beiden Ströme speisen. — Wie später gezeigt werden soll, beruht diese eigenthümliche Art der Circulation jedenfalls auf Ausbreitungserscheinungen, welche am oberen und unteren Tropfenrand zu besonderer Geltung gelangen. — Schon in wenigen Stunden ist solches Eiweissol total trübe und stellenweise stark schaumig geworden. Ob jene Wirkung des Hühnereiweisses auf das Olivenöl dem Eiweiss selbst zukommt, oder ob sie nicht nur auf einer durch das Alkali des Hühnereiweisses hervorgerufenen Seifenbildung beruht, lasse ich dahin gestellt, obgleich ich das letztere für wahrscheinlicher halte. — Die beschriebenen Versuche machen es demnach sehr wahrscheinlich, dass das Schaumigwerden der Oeltropfen in Wasser auf ihrem Seifengehalt beruht. Daher wird auch die vorhin geschilderte Darstellung feinster Oelschäume aus Breitropfen von Oel mit Kochsalz oder Rohrzucker unter diesem Gesichtspunkt betrachtet werden müssen. Nicht allein die Ueberführung der Partikelchen des Kochsalzes oder Zuckers in Tröpfchen wird die Schaumbildung bewirken, vielmehr dürfte auch hier die Entstehung der feinen Schaumtröpfchen auf den natürlichen Seifengehalt des Oels zurückzuführen sein. Dass die Schaumbildung unter diesen Bedingungen viel energischer und durchgreifender eintritt, mag zum Theil darauf beruhen, dass die im Oel befindlichen Kochsalz- oder Zuckermengen einen stärkeren Durchtritt von Wasser durch das Oel hervorrufen, zum Theil auch darauf, dass die eintretende Durchsetzung des Oels mit zahlreichen Tröpfchen von Kochsalz- oder Zuckerlösung die Bildung der feinen Schaumtröpfchen begünstigt. Dagegen lässt sich nicht wohl annehmen, dass das Kochsalz oder der Zucker die Seifenbildung in den Oeltropfen befördere[1].

Wenn meine Ansicht über die Schaumbildung in den Oeltropfen richtig ist, so gehört dieser Vorgang zu der Kategorie von Erscheinungen, welche Berthold und nach ihm Fr. Schwarz als Entmischungsprocesse bezeichneten. Sie verstehen hierunter die Ausscheidung eines in einem zweiten Körper gelösten unter gewissen Bedingungen, welche die Löslichkeit des ersteren aufheben oder vermindern. Schwarz giebt verschiedene Verfahren an, solche Entmischungsvorgänge künstlich zu erzeugen, wobei der aus dem sog. »homogenen Gemenge« ausgeschiedene, zuvor gelöste Körper in Form von Tröpfchen oder Vacuolen auftritt. Mastix oder Fichtenharz in verdünntem Alkohol, sowie die durch Gerbstofflösung aus löslichem Leim (Traube's β-Leim) hergestellte Niederschlagsmembran sollen diese Vacuolisirung zeigen. Für die genannten Harze wird die Erscheinung dadurch erklärt, dass sie ein homogenes Gemenge zweier Körper bildeten, von welchen der eine in Alkohol löslich, der andere unlöslich sei; die Niederschlagsmembran aus β-Leim bestehe aus einer in H_2O löslichen und einer darin unlöslichen Modification und zeige daher allmählich eine Entmischung unter dem Einfluss des Wassers. Von Interesse ist, dass dieser Entmischungsvorgang bei der Leimmembran zur Entstehung von wabigschaumigen Structuren (sog. netzigen) führt, obgleich hier die Grundsubstanz der Membran doch sicherlich keine eigentlich flüssige Beschaffenheit besitzt. Schliesslich führt Schwarz auch die »Tröpfchenausscheidungen von flüssiger Seife, welche entstehen, wenn man fettsäurehaltiges Oel in eine wässrige Lösung von kohlensaurem Kali oder Dinatriumphosphat oder in verdünntes Ammoniak bringt«, als ein Beispiel solcher Entmischungsvorgänge an. Meine ganz unabhängig gewonnene Auffassung der Tröpfchenbildung im Oel harmonirt daher im Wesentlichen mit Schwarz' Ideen. Ich kann als ein schönes Beispiel einer derartigen, mit Bildung schaumiger Structuren verbundenen Entmischung auch das Verhalten des zum Aufkleben

---

[1] Ich will jedoch nicht unterlassen, auf einen Umstand hinzuweisen, der mit der versuchten Erklärung nicht recht harmonirt. Es ist dies die Thatsache, dass auch in Tropfen chemisch reiner Oelsäure, die in Wasser gesetzt werden, nach kurzer Zeit feinste Tröpfchen auftreten, wenn auch nicht so reichlich, wie im gewöhnlichen Olivenöl. Wenn die Oelsäure 24 Stunden über pulverisirtem Hühnereiweiss gestanden hatte, war die Tröpfchenbildung in Wasser bedeutend energischer und rascher, so dass die tiefere Region der Tropfen ganz trübe wurde.

der Schnitte auf dem Objectträger meist verwendeten Gemisches von Collodiumlösung und Nelkenöl anführen. Dieses in dünner Lage auf den Objectträger gestrichene Gemisch erweist sich nach der Erstarrung und der Entfernung des Nelkenöls mittels Terpentinöl gewöhnlich sehr schön feinschaumig. Durch Färbung des schaumigen Collodiumhäutchens mit Anilinfarben lässt sich die Structur meist sehr schön studiren. Ihre grosse Aehnlichkeit mit feinen Netzstructuren des Plasmas lässt diese Aufklebemethode vielfach nicht ungefährlich bei Untersuchungen über Plasmastructuren erscheinen. Welch' näheren Verlauf in diesem Fall der Entmischungsvorgang nimmt, habe ich nicht genauer untersucht: doch dürfte wahrscheinlich schon die Erwärmung des Gemisches, wodurch das gemeinsame Lösungsmittel für das Collodium und Nelkenöl entfernt wird, zur Ausscheidung des letzteren in Form feinster Tröpfchen führen, wodurch die erstarrte Collodiumschicht schliesslich die schaumig netzige Structur erhält.

Nach Feststellung des wichtigen Einflusses der Seife auf die Schaumbildung des Oeles ergab sich natürlich die Folgerung, dass durch Anwendung eines zur Seifenbildung geeigneten Salzes, wie K_2CO_3, der Process viel energischer und besser vor sich gehen müsse. Die Versuche zeigten denn auch die Richtigkeit dieser Vermuthung. Auf solche Weise wurden nicht nur die gleichmässigsten und feinststructurirten Schäume erzielt, sondern auch an diesen Schaumtropfen eine Reihe wichtiger Thatsachen über Bewegungserscheinungen und anderes ermittelt.

Bei weiteren Versuchen stellte es sich jedoch bald heraus, dass die Beschaffenheit des Oeles von grossem und maassgebendem Einfluss auf die Bildung guter feiner Oelseifenschaumtropfen ist. Ein glücklicher Zufall hatte mir anfänglich ein Olivenöl, das schon längere Zeit in einem kleinen Fläschchen gestanden hatte, in die Hände geführt, welches sich gerade in dem geeigneten Zustand für das Gelingen der Versuche befand. Als ich später mit frisch angekauftem Oel weitere Versuche machte, erhielt ich nur sehr mangelhafte Ergebnisse. Längeres Herumprobiren ergab dann, dass das frische gelbe Oel, wie gesagt, für die Versuche ungeeignet ist, dass man sich daraus jedoch durch längeres Erwärmen auf 50—60° C. ein gutes Material bereiten kann. Ich erhitzte kleine Proben ungeeigneten frischen Oels in flachen Uhrgläsern in dünner Schichte in einem Wärmschrank, wie er bei uns gewöhnlich zur Paraffineinbettung verwendet wird und der auf einer constanten Temperatur von 54° C. erhalten wurde. Das gelbe Oel wird bei andauernder Erwärmung bald ganz farblos und allmählich dickflüssiger. Immerhin muss die Erwärmung unter diesen Bedingungen 8—10 Tage oder länger fortgesetzt werden, bis das Oel die richtige Beschaffenheit erreicht hat. — Da sich die nothwendige Dauer der Erwärmung schon aus dem Grunde nicht allgemein feststellen lässt, weil das käufliche Olivenöl jedenfalls von sehr wechselnder Beschaffenheit ist, welche auch mit dem Alter des Oeles variirt, so lässt sich nur durch wiederholtes Probiren ermitteln, ob das erwärmte Oel allmählich die richtige Beschaffenheit erlangt hat. — Später versuchte ich die Zeit des Erwärmens durch Anwendung höherer Temperaturen zu verkürzen, was auch gut geht. Obgleich ich diesen Punkt nicht genauer ausprobirte, so ergaben meine Erfahrungen doch, dass in der Regel ein zwei- bis dreitägiges Erhitzen des Oels auf etwa 80° C. denselben Erfolg hat, wie das acht- bis zehntägige auf 50—60° C.

Wie erwähnt, wird das Oel bei diesem Process bedeutend dickflüssiger und zäher: ich glaube auch, dass gerade die richtige Consistenz des Oeles für das Gelingen der Versuche von besonderer Wichtigkeit ist. Zu dickflüssig gewordene Oele geben zwar noch recht gute Schäume, doch sind dieselben für die später zu beschreibenden Versuche über Strömungserscheinungen der Oelseifenschaumtropfen ungeeignet, da die zu grosse Zähigkeit der Oelmasse die Strömungen zweifellos hindert. Später werde ich noch einige Worte über die besonderen Verhältnisse der aus sehr dick gewordenen Oelen hergestellten Schäume bemerken.

Zu zähflüssig gewordene Oele lassen sich im Allgemeinen durch Vermischung mit etwas zu dünnflüssigem corrigiren. Ich habe meine Oelproben gewöhnlich in solcher Weise etwas verbessert.

Ueber die zahlreichen Versuche, welche der Ermittelung des beschriebenen Verfahrens vorausgingen, will ich hier nicht eingehender berichten. Da die Vermuthung nahe lag, dass die dem Oel beigemischte freie Fettsäure von Einfluss auf die Seifen- und Schaumbildung sein müsste, so versuchte ich das unbrauchbare gewöhnliche Oel durch Zusatz einiger Tropfen reiner Oelsäure[1] zu verbessern; doch erwies sich dieser Zusatz, ebenso wie der einer flüchtigen Fettsäure (Valeriansäure) ganz nutzlos. Ebensowenig gelang es, durch Auflösen von Hammeltalg in dem Olivenöl ein brauchbares Product zu erzielen; auch wurde das Olivenöl nach Abscheidung der leichter erstarrenden Glyceride mittels einer Kältemischung nicht brauchbarer.

Von anderen Oelen versuchte ich noch Mandelöl, gekochtes Leinöl, Leberthran und feines Knochenöl (sog. Uhrmacheröl). Alle genannten Oele sind mehr oder weniger brauchbar, wenn sie die richtige Consistenz besitzen: da sie jedoch keine besonderen Vortheile darboten, so wandte ich mich stets wieder zu dem Olivenöl zurück. Ferner wurde die Herstellung der Schaumtropfen auch mit Na_2CO_3 und $NH_4NH_2CO_2$ versucht: doch gelangen die Versuche mit K_2CO_3 in der Regel besser, weshalb dieses Salz schliesslich allein angewendet wurde. — Anfänglich benutzte ich möglichst wasserfrei gemachtes, fein pulverisirtes kohlensaures Kali: später überzeugte ich mich jedoch, dass die Versuche besser gelingen, wenn das Salz etwas feucht ist. Jetzt verfahre ich daher so, dass ich die kleine Probe des Salzes beim Zerreiben in der Achatschale mehrmals anhauche, bis sie mässig feucht ist, und sie alsdann mit dem Oeltröpfchen zu einem dicklichen Brei gut verreibe. Dieser Brei wird sofort in der geschilderten Weise weiter verarbeitet, da er bei längerem Stehen seine günstigen Eigenschaften verliert. Zur Unterstützung der Ecken des Deckgläschens dienen bei diesen Versuchen Paraffinfüsschen, da Wachs oder Klebwachs durch Einwirkung der K_2CO_3-Lösung, welche sich unter dem Deckglas allmählich bildet, bröcklich werden.

[1] Herrn Collegen Krafft sage ich für die freundliche Ueberlassung der Oelsäure besten Dank.

Die Vorgänge, welche sich beim Schaumigwerden eines solchen in Wasser gesetzten Breitropfens abspielen, sind, soweit sie sich unter dem Mikroskop beobachten lassen, etwa folgende. Der Breitropfen geräth im Wasser in mehr oder weniger heftige wogende Bewegungen, da hier und da Partikelchen von K_2CO_3 aus dem Brei in das umgebende Wasser treten, sich darin rasch auflösen und durch Einwirkung auf das Oel bald hier, bald dort lokale Ausbreitungsströme hervorrufen. Bei dieser Gelegenheit und gewöhnlich auch schon in dem Moment, wenn das Deckglas mit dem Breitropfen auf den Wassertropfen gelegt wird, lösen sich mehr oder weniger zahlreiche kleine und kleinste Oeltröpfchen von dem Breitropfen ab, weshalb dieser meist sofort von einer Zone solch' kleiner Tröpfchen umgeben wird. Ist das Oel nun zur Schaumbildung gut geeignet, so werden diese kleinsten Tröpfchen, so zu sagen, momentan in Schaumtropfen verwandelt, so dass sich hieraus mit ziemlicher Sicherheit beurtheilen lässt, ob das betreffende Oel zum mindesten nicht ganz ungeeignet ist. Im Breitropfen treten allmählich mehr und mehr grössere bis kleinste Flussigkeitströpfchen auf, wodurch er immer undurchsichtiger wird. Von Zeit zu Zeit finden an seiner freien Oberfläche Eruptionen solcher Flüssigkeitstropfen in das umgebende Wasser statt, welche natürlich wiederum von Ausbreitungsströmungen begleitet sind. Zweifellos befördern auch diese Ausbreitungsströme das Schaumigwerden des Tropfens, da, wie später noch gezeigt werden wird, heftige Ausbreitungsströme häufig die Aufnahme der umgebenden Flüssigkeit in Gestalt feinster Tröpfchen bewirken. In verhältnissmässig kurzer Zeit wird der Breitropfen ganz undurchsichtig und im auffallenden Licht milchweiss. Mit dem Erlöschen der Eruptionen aus dem Innern und der Ausbreitungsströme rundet sich der Tropfen, welcher früher mehr oder weniger unregelmässige und wechselnde Contouren besass, meist völlig ab und verharrt dann schliesslich in vollkommener Ruhe. Diese Abrundung der Tropfen tritt gewöhnlich schon nach verhältnissmässig kurzer Frist, ca. $^1/_2$—1 h., ein. Nach etwa 24 Stunden ist der Process völlig beendet und der Tropfen zu weiterer Untersuchung geeignet.

Natürlich vergrössert sich bei dieser Umwandlung der Oeltropfen in Schaum ihr Volum beträchtlich, worüber ich weiter unten an geeigneter Stelle noch genauere Angaben machen werde. — In der Regel traten während des Processes in den Tropfen mehr oder weniger zahlreiche Gasblasen auf, d. h. CO_2, welche durch die freien Fettsäuren aus dem K_2CO_3 ausgetrieben wurde; später verschwinden sie wieder allmählich. Ich glaube jedoch nicht, dass die CO_2-Bildung für das Gelingen der Versuche unerlässlich ist.

Gut gelungene Tropfen sind, wie gesagt, völlig rund und, wie schon daraus folgt, ganz flüssig. Im durchfallenden Licht erscheinen sie gleichmässig dunkel gelbbraun, was mir stets ein Zeichen war, dass der Process günstig verlief. Grössere Flüssigkeitstropfen oder Vacuolen durchsetzen sie stets mehr oder weniger reichlich, während ihre schaumige gleichmässige Grundmasse viel zu fein structurirt ist, um unter diesen Bedingungen in ihrer Beschaffenheit erkannt zu werden. Auf der Oberfläche solcher Tropfen haben sich in der Regel mehr oder weniger feine körnchenartige Gebilde angesammelt, welche wohl eine feste, schwer lösliche Seife sind. Dieselben sind, wenn sie nicht in zu grosser Menge auftreten, ohne Bedeutung, da sie sich durch Auswaschen mit Wasser grossentheils fortspülen lassen. War das Oel zu dünnflüssig und daher ungeeignet, so tritt keine gleichmässige Schaumbildung durch die gesammte Masse des Oeltropfens ein; bald ist derselbe nur von grösseren Flüssigkeitströpfchen durchsetzt, ohne eigentlich schaumig zu sein, bald finden sich zwischen feinschaumigen Partien mehr oder weniger homogene Oelpartien. Natürlich erkennt man diese Verhältnisse erst genügend deutlich, wenn die Tropfen stark gepresst werden.

War das Oel zu stark eingedickt, so verliert es bei dem Process seine Flüssigkeit, wie schon daraus hervorgeht, dass solche Tropfen sich nicht abrunden, sondern mehr oder weniger unregelmässige Gestalten bewahren. Obgleich ich diese Erscheinung nicht eigentlich zu erklären vermag, muss ich ihrer doch gedenken. Sie scheint zu beweisen, dass beim Eindicken im Oel besondere Veränderungen stattfinden, welche ich ausser Stande bin, weiter zu verfolgen, die jedoch für das Gelingen des Vorgangs wohl recht bedeutungsvoll sind. Ueberschreiten diese Veränderungen jedoch ein gewisses Maass, so erweisen sie sich wiederum schädlich. Zum Beleg möchte ich noch Folgendes anführen. Sehr stark eingedickter, ganz zäher Leberthran, der mit etwas gewöhnlichem Leberthran verdünnt war, wurde in gewöhnlicher Weise mit K_2CO_3 als Breitropfen in H_2O gesetzt. Anfänglich wurde der Tropfen feinschaumig, hatte sich jedoch bis gegen Abend fast ganz aufgelöst und war am andern Morgen bis auf wenige sehr durchsichtige Tropfen und feinkörnige, nebelhafte Massen und Fäden ganz verschwunden. Auch die aus sehr zähem, dickem Olivenöl, das zwei Monate der Sonne ausgesetzt war, dargestellten Schäume zeigten sich darin sehr abweichend, dass sie sehr durchsichtig waren; ihre Untersuchung erforderte keinerlei Aufhellung durch Glycerin. Bei längerem Verweilen in der schwachen Lösung von K_2CO_3 unter dem Deckglas wurden diese Schäume ebenfalls verhältnissmässig rasch angegriffen und zerstört, während die aus mässig eingedicktem Oel gewonnenen ohne Schaden viele Tage lang in der Lösung verweilen können.

Wie ich oben erwähnte, werden die abgespaltenen minimalen Oeltröpfchen sofort schaumig. Dies liess natürlich vermuthen, dass die Schaumbildung auch durch Einsetzen eines Oeltropfens in eine Lösung von K_2CO_3 hervorgerufen werden könne. Versuche zeigten, dass dies mit concentrirteren Lösungen von K_2CO_3 nur langsam gelingt, wenn sich der Tropfen auch mit mittelstarker Lösung schliesslich nach einigen Tagen in gleichmässigen, feinen Schaum verwandelt. Viel energischere Schaumbildung tritt in Lösungen von 1—2½% ein. Die Tropfen werden sofort nach dem Einbringen in die Lösung milchweiss und es hebt eine ähnliche Circulationsströmung an, wie sie früher für die mit Eiweiss oder Seife behandelten Oeltropfen beschrieben wurde (s. oben p. 10). Allmählich wird der Rand des Tropfens immer dunkler und undurchsichtiger, auch treten zuweilen aus der Oberfläche kolbige Fortsätze hervor, deren sehr eigenthümliche Strömungsverhältnisse schwer verständlich sind. Indem der dunkle Rand des Tropfens fortgesetzt wächst, wird schliesslich der ganze Tropfen undurchsichtig. Nach 24—48 h ist die Schaumbildung vollendet; der Schaum ist sehr fein und gleichmässig. Dennoch erwiesen sich die auf solche Weise gewonnenen Oelseifenschaumtropfen bei mehrfachen Versuchen nicht so günstig für die Beobachtung der Strömungserscheinungen, weshalb ich diese Methode der Schaumbildung nicht weiter verwendete. Ich möchte jedoch glauben, dass sie sich bei weiterer Ausbildung wohl zu einer sehr einfachen und guten entwickeln liesse. Nicht ohne Interesse ist es, dass die Oeltropfen, welche längere Zeit in concentrirterer Lösung von K_2CO_3 gestanden haben, ohne gute Schäume gebildet zu haben, sich nach der Ueberführung in H_2O rasch zu guten Schäumen entwickeln, was mit der oben gegebenen Erklärung der Schaumbildung wohl harmonirt.

Gut gelungene Oelseifenschaumtropfen sind, wie bemerkt, im auffallenden Licht völlig milchweiss, im durchfallenden bei einiger Dicke ganz undurchsichtig; kleinere Tröpfchen dagegen oder zu dunner Schicht ausgepresste grössere erscheinen im durchfallenden Licht bräunlichgelb. Die Schaumstructur lässt sich an den abgesprengten kleineren Tröpfchen schon ohne weiteres studiren, da sie genügend durchsichtig sind. Die grösseren Tropfen erfordern, wie bemerkt wurde, Aufhellung durch Glycerin. Obgleich sie dabei sehr durchsichtig werden, ist es zum Studium der Structur doch unerlässlich, die Schaumtropfen mehr oder weniger stark zu pressen, um sie in recht dünner Schicht beobachten zu können. Je dünner diese ist, um so klarer treten die Structurverhaltnisse hervor.

Bei der Aufhellung durch Glycerin nehmen die Tropfen sehr stark an Volumen ab, ähnlich wie eine Plasmamasse unter denselben Bedingungen. Schon dieser Umstand ist nach meiner Ansicht entscheidend fur die Beurtheilung der Bauverhältnisse solcher Tropfen als schaumiger, nicht aber etwa netzartig oder schwammig gebauter Gebilde. Da die Grundmasse der Schaume Oel, also nicht selbst quellbar ist, so kann die Volumenverminderung nur auf einem der sog. Plasmolyse der Pflanzenzellen entsprechenden Vorgang beruhen. Sie lässt sich nur dadurch erklären, dass die Oelmasse von zahlreichen, nach aussen ganz abgeschlossenen und von wässriger Flüssigkeit erfüllten Räumchen durchsetzt ist, welche der Diffusion gegen Glycerin unterworfen, naturgemäss mehr ihres H_2O an das umgebende Glycerin abgeben, als sie von diesem aufnehmen. Die Folge wird also eine plasmolytische Verkleinerung der mit wässriger Flussigkeit erfüllten Räumchen und demgemäss auch des gesammten Schaumtropfens sein. Genaueres hierüber s. weiter unten.

Wie schon erwähnt, zeigt die mikroskopische Untersuchung solcher Schaumtropfen zunachst, dass sie in der Regel von grösseren Flüssigkeitstropfen (Vacuolen, Durchm. bis ca. 0,015 mehr oder weniger reichlich durchsetzt werden. In dieser Hinsicht begegnet man natürlich recht wechselnden Verhältnissen; gelegentlich erhält man Tropfen, welche der grösseren Vacuolen völlig oder fast völlig entbehren, welche nur aus feinstem Schaum bestehen, während andere Tropfen sehr reichlich von Vacuolen durchsetzt sind, so dass sie ohne eingehendere Untersuchung einen grobblasigen Bau zu besitzen scheinen. Gerade solche Schäume erwiesen sich mehrfach besonders günstig für die Strömungserscheinungen. Die Grundmasse, welche die grösseren Vacuolen umschliesst, macht bei schwächeren Vergrösserungen einen gleichmässig feinkörnigen Eindruck; erst die Untersuchung mit den starksten und besten Systemen (Zeiss Apochr. 2 mm. Ap. 1.30 u. 1.40) und die Anwendung starker Oculare (Comp. Oc. 12 u. 18) ergiebt mit Sicherheit, dass es sich um eine sehr feinschaumige Beschaffenheit handelt. — Solch' ein feinster, mikroskopischer Schaum wird im Allgemeinen nicht anders erscheinen, wie ein makroskopischer Seifen- oder Bierschaum, mit dem Unterschied, dass das Mikroskop, welches allein das in eine Ebene fallende Bild deutlich wiedergiebt, nur einen ebenen Schnitt durch einen derartigen Schaum zur Ansicht bringen kann. Fernerhin sind jedoch noch eine Anzahl Verhältnisse zu berücksichtigen, welche mit den Eigenthümlichkeiten des mikroskopischen Sehens zusammenhängen, wovon weiter unten die Rede sein wird. Das mikroskopische Bild eines solchen Schaums wird demgemäss als ein Maschen- oder Netzwerk erscheinen, dessen Maschen von den verschiedenartigsten polygonalen Figuren gebildet werden. Von dreieckigen bis zu vieleckigen Maschen wird man die mannigfachsten Uebergänge finden.

Bekanntlich gelten für die Bildung der mikroskopischen Schäume eine Anzahl Gesetze, welche Plateau (1873 und früher) genauer entwickelt hat und die hauptsächlich folgende sind. Ein Schaum stellt ein System dünner Flüssigkeitslamellen dar, deren Zusammenordnung stets so geschieht, dass je drei Lamellen in einer Kante zusammenstossen, wobei jede mit der benachbarten einen Winkel von 120° bildet. Da jede Lamelle in Folge ihrer Oberflächentension einen Zug auf die Zusammenstossungskante ausübt, so ist a priori klar, dass, so lange die drei Lamellen gleiche Tension besitzen, — und dies ist in gewöhnlichen Schäumen durchaus der Fall, — das Gleichgewicht zwischen den drei Lamellen nur unter der angegebenen Bedingung statthaben kann. Die Zusammenstossungskanten der Schaumlamellen verbinden sich dann unter einander derart, dass je drei Kanten in einem Knotenpunkt zusammentreffen, so dass die Lamellen die mannigfachsten polyedrischen Figuren bilden; wobei sich die Gesetzmässigkeit ergab, dass der Winkel, welchen je zwei benachbarte Kanten im Knotenpunkt bilden, 109° 28′ 16″ beträgt (s. Plateau T. I. p. 315). — Wenn man versucht, ein System von Lamellen unter den angegebenen Bedingungen aufzubauen und gleiche Kantenlänge der zusammenstossenden Lamellen annimmt, so erhält man ein aus nahezu regulären Dodekaedern gebildetes System, was auch natürlich erscheint, da das Dodekaeder durch einen Neigungswinkel seiner in einer Kante zusammenstossenden Flächen von 116° 33′ 54″ und einem Winkel von 108°, den seine Kanten in einer Ecke mit einander bilden, den zu erfüllenden Bedingungen am nächsten kommt. Ein aus möglichst gleich grossen Luftblasen gebildeter Seifenschaum zeigt denn auch, dass er vorwiegend aus dodekaedrischen Waben besteht. Immerhin können dieselben natürlich keine regulären Dodekaeder sein, da solche den zu erfüllenden Bedingungen nicht ganz genügen. Da es sich nun um flüssige Lamellen handelt, so kann diese Abweichung der Winkel leicht dadurch ergänzt und der Gleichgewichtszustand hergestellt werden, wenn die Lamellen durch leichte Krümmungen gegen die Zusammenstossungskante die Differenz der Zusammenstossungswinkel ausgleichen, wobei dann natürlich nur die Winkel, welche die Tangentialebenen der gekrümmten Flächen an der Zusammenstossungskante bilden, unter 120° zusammenstossen. Dass solche Krümmungen der Lamellen in den makroskopischen Schäumen häufig vorkommen, um die Gleichgewichtsbedingungen herzustellen, zeigt die Beobachtung sofort; in derselben Weise werden jedoch häufig auch die Kanten gekrümmt, um der Bedingung nachzukommen, dass sie in den Knotenpunkten mit den Nachbarkanten 109° 28′ 16″ bilden.

Wenn wir das Mitgetheilte berücksichtigen, so wird verständlich, dass die Schaumwaben die verschiedenartigsten Polyeder, vom Tetraeder bis zu dem höchstmöglichen Vielflächner, bilden können und also auch das Bild unseres mikroskopischen Schaums die verschiedenartigsten Polygone zeigen wird. Stets wird jedoch die Bedingung erfüllt sein, dass in einem Knotenpunkt oder einer Kante nur drei Linien zusammenstossen, deren Winkel aber recht wechselnde sein können. Letzteres beruht zunächst darauf, dass bei solch' feinen mikroskopischen Schäumen, wie sie hier in Betracht kommen, deren Maschenweite in der Regel unter 0,001 mm bleibt, im mikroskopischen Bild nicht mehr zu unterscheiden ist, ob die von einem Knotenpunkt ausstrahlenden drei Linien die Durchschnitte dreier in einer Kante zusammenstossenden Lamellen sind oder ob die Vereinigung dreier Kanten vorliegt. Ferner kann der Schnitt der Bildebene mit der Zusammenstossungskante der Lamellen in der beliebigsten Weise verlaufen, respect. die Kantenzusammenstossung sehr verschieden zur Bildebene orientirt sein. Dazu gesellt sich, dass bei Waben von so geringem Durchmesser natürlich nicht mehr zu beurtheilen ist, ob die Durchschnitte der Lamellen oder die Kanten schwach gekrümmt sind; in der Regel wird man zufrieden sein, wenn man das Maschenwerk überhaupt deutlich erkennen kann.

Diese Darlegung zeigt einerseits, dass, wie gesagt, die mannigfaltigsten Waben, deren Möglichkeit anfänglich vielleicht zweifelhaft schien, vorkommen können, und ferner, dass man nicht etwa erwarten darf, überall auf Winkel von 120° oder 109° zu stossen, dass also hieraus keine Einwände gegen die reguläre Schaumnatur der beschriebenen Tropfen herzuleiten sind. — Sollten jedoch Zweifel bestehen, ob das feine Maschenwerk das Bild einer Schaumstructur ist, so lassen sich diese leicht dadurch beseitigen, dass man an solchen Schäumen, welche zum Theil gröber, zum Theil feiner structurirt sind, den Uebergang zwischen den gröberen Schaumpartien und den feinsten klar verfolgen kann. Da nun die ersteren leicht und sicher als Schäume erkannt werden können, so beweist dies, dass auch die feinsten Partien, in welchen nur das Netzwerk erkennbar ist, den gleichen Bau besitzen müssen. Noch entscheidender sind in dieser Hinsicht die Ergebnisse, welche die Untersuchung mangelhafter oder durch langes Stehen, heftigen Druck, respect. auch Zusatz ungeeigneter Flüssigkeiten, zum Theil wieder desorganisirter Schäume ergiebt. Diese enthalten Partien homogenen Oels, welches von vereinzelten gröberen bis feinsten Schaumtröpfchen durchsetzt ist. An diesen vereinzelten Schaumtröpfchen, selbst den feinsten von nicht ganz 1 μ Dm., kann man sich überzeugen, dass es sich um schwächer lichtbrechende und, da sie stets kuglig, flüssige Tröpfchen handelt. Wird der Tubus von der mittleren scharfen Einstellung aus ein wenig gesenkt, so nehmen sie nämlich an Helligkeit zu, bei geringer Hebung des Tubus dagegen werden sie dunkel. Man kann ferner verfolgen, wie durch allmähliche reichlichere Zusammenhäufung solch' feinster

Tröpfchen die schaumig structurirten Partien entstehen, und auch an diesen gelingt es noch deutlich, durch Senken und Heben des Tubus das gleiche Verhalten der feinsten Maschen festzustellen (s. Photogr. I u. II). Ich betone dies besonders deshalb, da wir später sehen werden, dass feine Netz-Zeichnungen auch als optische Täuschungen durch das Mikroskop bei dichter Zusammenlagerung kleiner, stärker lichtbrechender Kügelchen oder Körnchen hervorgerufen werden können. Aus diesem Grunde will ich auch gleich hervorheben, dass ich in den Schäumen in der Regel keine stärker brechenden Körnchen oder Kügelchen von fester Beschaffenheit nachweisen konnte, auch nicht im polarisirten Licht, wo sie bei gekreuzten Nicols vollkommen dunkel erschienen.

Das eben angeführte optische Verhalten der Maschen- oder Wabenräume der Schäume spricht auch bestimmt gegen die Annahme einer netzigen oder schwammigen Structur, wenn eine solche Ansicht nach allem Dargelegten überhaupt noch einer Widerlegung bedarf. Da es sich jedoch um so äusserst feine mikroskopische Verhältnisse handelt, wo die Unterscheidung vielfach schwierig wird, sei hier noch auf einen weiteren Umstand aufmerksam gemacht. Wir werden später sehen, dass die Schäume unter dem Einfluss von Inductionsschlägen deutliches Platzen ihrer Waben zeigen; das Gleiche lässt sich auch durch Zusatz gewisser Flüssigkeiten hervorrufen. Man kann dann bestimmt verfolgen, wie die benachbarten Schaumbläschen oder Waben plötzlich zusammenplatzen, ganz ebenso wie in makroskopischen Schäumen. Wenn oberflächlich gelegene Schaumbläschen plötzlich nach aussen platzen, so gerathen sehr kleine Schaumtropfen in ruckweise hüpfende Bewegungen, was sich leicht dadurch erklärt, dass die Oberflächenspannung an der Stelle, wo ein solches Bläschen platzt, plötzlich sehr herabgesetzt wird, weshalb der stärkere Druck der übrigen Oberfläche das gesammte Schaumtröpfchen in der Richtung des Radius zur Stelle der Oberfläche, wo die Wabe platzt, eine kleine Strecke weit forttreibt.

Bei der Untersuchung der feinen Schäume fällt es sofort auf, dass die Knotenpunkte, in welchen je drei Wabenkanten[1] zusammenstossen, stets deutlich verdickt und dunkler erscheinen, worauf es beruht, dass der Schaum bei schwächerer Vergrösserung oder flüchtiger Betrachtung eine dicht feinkörnige Beschaffenheit zu besitzen scheint. Der Grund dieser Erscheinung wird hauptsächlich folgender sein. Wenn man an makroskopischen Schäumen die Vereinigung dreier Lamellen in einer Kante, respect. auch die Vereinigung von sechs Lamellen in einem Knotenpunkt untersucht, so findet man, dass die Lamellen hier nicht einfach zusammenstossen, sondern dass die Grenzflächen der benachbarten Lamellen durch concave Umbiegung in einander übergehen (s. Fig. 2 S. 20). Eine Folge hiervon muss sein, dass die Kanten etwas dicker sind wie die Lamellen;

[1] Ich spreche hier und in der Folge von Wabenkanten, gleichgültig, ob darunter etwa Durchschnitte von Lamellen oder wirkliche Kanten zu verstehen sind, da, wie oben dargelegt wurde, diese Unterscheidung factisch nicht zu machen ist. Jedenfalls sind die thatsächlich zu beobachtenden drei Linien, welche in den Knotenpunkten zusammenstossen, in der Regel Durchschnitte durch drei Lamellen, die in einer Kante zusammenstossen.

da nun die entsprechenden Verhältnisse bei den feinen mikroskopischen Schäumen viel zu klein sind, um die wahre Gestalt dieser Knotenpunkte deutlich erkennen zu lassen, so wird im Allgemeinen nur der Anschein einer rundlichen Verdickung der Knotenpunkte entstehen müssen. — Betrachtet man die Eckpunkte makroskopischer Schäume genauer, so sieht man ferner recht häufig, dass sie der Sitz kleinster Luftbläschen sind, welche sie mehr oder weniger knotig auftreiben. Es ist dies einmal deshalb interessant, weil daraus hervorgeht, dass sich solch kleine Bläschen oder Körperchen in den Schäumen an den Eckpunkten ansammeln, ferner geht daraus aber die Möglichkeit hervor, dass auch in den mikroskopischen Schäumen die Knotenpunkte zum Theil durch Einlagerung kleinster, nicht mehr erkennbarer Schaumbläschen verdickt werden und deshalb stärker hervortreten. — Endlich ist noch eine dritte Ursache zu erwähnen, welche den Anschein dunkler Knotenpunkte des Maschengerüstes bewirkt und der ich jetzt sogar geneigt bin, einen wesentlichen Antheil dabei zuzuschreiben. Schon vorhin wurde betont, dass die optische Erscheinung der Schaumwaben als schwächer lichtbrechende Einschlüsse in einem stärker brechenden Medium derart ist, dass sie bei genauer mittlerer Einstellung mässig hell, bei ein klein wenig tieferer heller und bei etwas höherer wie dunklere runde Punkte erscheinen. Da nun selbst in sehr stark gepressten Schäumen stets eine Anzahl Wabenschichten übereinander liegen, so müssen auch bei schärfster Einstellung gleichzeitig Waben in diesen drei Einstellungen erblickt werden. Wenn nun unter einem scharf eingestellten Knotenpunkt eine Wabe liegt, wie das sehr häufig vorkommen wird, die in hoher Einstellung gesehen wird, so wird diese bewirken, dass der Knotenpunkt als ein rundlicher dunkler Fleck erscheint, der sich bei minimaler Senkung des Tubus in eine helle Wabe umwandelt.

Fig. 2.

Auf diesem Umstand beruht jedenfalls zum Theil die Erscheinung der Knotenpunkte, doch kommt dabei zweifellos noch eine weitere optische Erscheinung in Betracht. Wenn man nämlich eine Schicht des Schaums beobachtet, welche so dünn ist, dass sie nur von einer einzigen Lage feinster Waben gebildet wird, so bemerkt man, wenn die Schaumwaben nicht gar zu fein sind, ebenfalls deutlich die Knotenpunkte (s. Photogr. F. Hieraus folgt, dass auch ohne Unterlagerung durch andere Waben Knotenpunkte auftreten. Stellt man möglichst scharf auf die Mitte der Waben ein, so erscheinen die Knotenpunkte ähnlich matt wie die Wabenkanten, nicht dunkler wie diese, jedoch deutlich verdickt, entsprechend der obigen Darlegung über die Art des Zusammenstossens der drei Flüssigkeitslamellen. Senkt man jetzt den Tubus um ein Minimum, so treten die Knotenpunkte als sehr dunkle, körnchenartige Punkte hervor (s. d. Phot.), während die sie verbindenden Wabenkanten bedeutend lichter erscheinen, der Wabeninhalt natürlich noch viel heller. Der Anschein dunkler, in die Knotenpunkte eingelagerter Körnchen ist so gross, dass nur die völlige Abwesenheit solcher Körnchen in der äusserst dünn ausgezogenen, anscheinend ganz homogenen Randzone einer solchen dünnsten Schaumlage, respect. der Mangel solcher Körnchen in nicht schaumigen Partien des Oels, den Gedanken an feinste körnige Einlagerungen zerstört. Dass es sich hier um eine besondere optische Erscheinung handelt, nicht aber um kornige Einschlüsse oder ein besonderes Bauverhältniss der Schäume, geht schon daraus hervor, dass diese Erscheinung, wie gesagt, nur bei einer etwas unter der mittleren liegenden Einstellung zu beobachten ist. Eine Erklärung für dieselbe dürfte sich aus Folgendem ergeben. Wenn man kleine, dicht zusammengelagerte Luftblasen in dicker Gummilösung unter dem Mikroskop bei schwacher Vergrösserung beobachtet, indem man möglichst scharf auf den Aequator einstellt, so beobachtet man, dass in der dunklen Randzone jeder Luftblase, da wo sie eine benachbarte berührt, eine helle Lichtstelle auftritt, so dass sich in zwei benachbarten Blasen diese hellen Stellen immer genau gegenüber stehen. Nägeli und Schwendener (1865) haben diese Erscheinung schon theoretisch ergründet und auf die Reflexion des Lichts an der Unterseite der Luftblasen zurückgeführt. Senkt man nun den Tubus unter die mittlere Einstellung etwas herab, so nehmen die hellen Stellen an Lichtstärke ab, werden dagegen breiter, so dass sie als radiale lichte Bänder die ganze dunkle Randzone durchziehen; gleichzeitig fliessen die sich gegenüber stehenden Bänder der benachbarten Luftblasen zusammen, so dass man eine Art helles Netz erhält, welches an den Berührungspunkten zwischen den Luftblasen ausgespannt ist. Da nun in unserer Schaumlamelle ebenfalls sehr dicht zusammengedrängte Tröpfchen einer schwächer brechenden Flüssigkeit in einer stärker brechenden vorliegen, so muss hier Aehnliches auftreten. Die hellen, durch Reflexion des Lichtes erzeugten Radiärbänder werden hier relativ sehr breit sein, da der Durchmesser der Bläschen sehr gering ist. Diese hellen Bänder fallen natürlich auf die mittleren Partien der Wabenkanten und erhellen diese, während die Knotenpunkte nicht erhellt werden und daher durch die Contrastwirkung relativ dunkel erscheinen.

Bei dieser Gelegenheit betone ich nochmals, dass ich in gelungenen guten Schäumen keine körnigen Bildungen nachweisen konnte, welche etwa durch ihre Einlagerung zum stärkeren Hervortreten der Knotenpunkte beigetragen hätten. Nur zuweilen beobachtete ich in einzelnen Schäumen relativ spärliche rundliche, dunklere Körperchen, welche etwa die Grösse einer kleinen Wabe hatten und daher mit den Knotenpunkten nichts zu thun haben konnten.

Da die Frage nach dem wahren Bau der Oelschäume bei der Feinheit der mikroskopischen Structur nicht so leicht zu lösen ist, wie es vielleicht anfänglich scheint, und da insbesondere die Möglichkeit, dass körnige Einlagerungen neben Schaumbläschen in erheblicher Menge auftreten, durch einfache Beobachtung schwerlich entschieden werden kann, so bemühte ich mich verschiedenfach, eine Methode zu finden, um die Schäume gewissermaassen wieder zu entschaumen. Da, wie erwähnt wurde, kräftige Inductionsschläge fortgesetztes Platzen der Schaumbläschen hervorrufen, versuchte ich, ob es durch lange fortgesetzte Wirkung des intermittirenden Stroms gelinge, das gewünschte Resultat zu erzielen. Der Erfolg war jedoch ein negativer.

Schliesslich führte der Zufall, wie so häufig, auf den richtigen Weg. Wenn man die mit Wasser gut ausgewaschenen Schaumtropfen ohne Zusatz von Glycerin unter dem

Deckglas ruhig stehen lässt, so verdunstet das Wasser allmählich und der so mit der Luft in Berührung kommende Schaumtropfen verliert allmählich seine schaumige Beschaffenheit wieder vollständig. Das Wasser der Schaumbläschen verdunstet allmählich respect. platzen auch letztere zum Theil bei der Berührung der Luft mit der Oberfläche des Schaumtropfens, und die rückbleibende Seife löst sich in dem Oel auf. Nach einigen Tagen sind daher die Tröpfchen wieder so vollkommen klar und durchsichtig geworden, wie das ursprünglich zu ihrer Bereitung verwendete Oel. Die kleineren und kleinsten Tröpfchen zeigen denn auch bei der Untersuchung mit den stärksten Vergrösserungen in der Regel keine Spur irgend welcher Einschlüsse, während die grossen noch vereinzelte kleine Schaumbläschen enthalten. Körnige Bestandtheile vermisst man jedoch in den Tröpfchen entweder völlig oder findet doch nur ganz vereinzelte mässig grosse Körnchen, von mässig starker Lichtbrechung. Wie gesagt sind sie, wenn überhaupt vorhanden, in so geringer Menge anwesend, dass sie die Durchsichtigkeit der Tröpfchen nicht im geringsten alteriren. Einmal sah ich auch ziemlich grosse helle Krystalle, etwa von der Form rhombischer Plättchen und langspiessiger Nadeln in sehr mässiger Menge in den Tropfen, sowie auch einige schlierenartige Gebilde, welche vielleicht durch starke Pressung solcher Krystalle entstanden waren.

Aus diesen Ergebnissen lässt sich also mit voller Sicherheit schliessen, dass feste Einlagerungen von irgend erheblicher Menge in den Schäumen nicht vorkommen und die Structur daher einzig und allein auf ihrer Schaumnatur beruht.

Dieser Schluss wird weiterhin durch ein sehr interessantes Verhalten der vollkommen klaren und durchsichtigen Oeltropfen, welche auf die geschilderte Weise aus Schäumen erhalten wurden, bestätigt. Lässt man zu derartigen Tropfen von Neuem Wasser zufliessen, so verwandeln sich die kleineren und kleinsten wie durch einen Zauberschlag, sozusagen momentan, wieder in die schönsten Schaumtropfen mit allen früher beschriebenen charakteristischen Bauverhältnissen. Auch die grösseren Tropfen werden sofort bis zu beträchtlicher Tiefe schaumig und haben nach verhältnissmässig kurzer Zeit wieder durch und durch schaumige Beschaffenheit erlangt. Dies überraschende Verhalten dürfte sich dadurch erklären, dass bei der Eintrocknung der Schaumtropfen die in den Schaumbläschen enthaltene Seife[1] wieder von dem Oel aufgenommen und gelöst wird, sich also derart ein mit gelöster Seife reichlich imprägnirter Oeltropfen bildet, welcher bei Zufuhr von Wasser sofort und rasch wieder in Schaum übergeführt wird. Dürfen wir daher in diesem Verhalten einerseits eine weitere Bestätigung unserer Ansicht von den Vorgängen bei der Schaumbildung erblicken, so bietet es andererseits auch eines der schönsten Beispiele eines sog. Entmischungsvorganges. Aus allem Angeführten dürfte aber mit voller Sicherheit hervorgehen, dass meine Ansicht von dem Bau der Schaumtropfen gut begründet ist und mit sämmtlichen Ergebnissen der Beobachtung übereinstimmt.

Bei wohl gelungenen Schäumen schwankt die Weite der feinsten Maschen etwa zwischen 0.005—0.001 mm und weniger. Wenn solche Schaumtropfen einige Wochen ruhig stehen,

[1] Respective auch andere unbekannte Stoffe, welche zur Schaumbildung beitragen.

so tritt allmählich eine Schichtung der Waben nach ihren Grossenverhaltnissen auf. Zu oberst sammelt sich der feinste Schaum an, weiter nach unten wird er immer gröber. War der Schaumtropfen mangelhaft, so dass sich noch homogenes Oel vorfand, so nimmt dies allmählich die höchste Stelle des Tropfens ein. Diese Erscheinung beruht natürlich auf der grösseren spezifischen Schwere des Inhalts der Waben gegenüber dem Oel. liefert jedoch ihrerseits wieder einen Beweis der völligen Flüssigkeit der Schäume sowie ihrer Schaumstructur, da weder netzige noch körnige Structuren ein solches Verhalten zeigen könnten. Von dieser fundamental wichtigen Flüssigkeit der Schäume überzeugt man sich übrigens leicht durch Pressen, Neigen oder Schieben, wobei sich ergiebt, dass wohlgelungene Schäume völlig flüssig sind und kaum viel langsamer fliessen, wie das zu ihrer Herstellung verwendete Oel.

Eine Erscheinung von besonderer Wichtigkeit zeigt die Oberfläche gut gelungener, gleichmässiger Schäume. Dieselbe erscheint bei mittlerer Vergrösserung von einem zarten, etwas helleren Saum umzogen. Nach aussen wird dieser Saum von einer scharfen und ziemlich dunklen Linie begrenzt, nach innen erscheint seine Grenze gleichfalls ziemlich scharf, wenn auch weniger wie aussen. Untersuchung mit stärksten Vergrösserungen ergiebt, dass dieser Saum zart und fein senkrecht zur Oberfläche gestreift ist (siehe Fig. 4 Taf. III und die Photographien III u. IV). Die Vergleichung mit dem Wabenwerk der angrenzenden tieferen Schaumpartien, welche sich dem Saum direct anschliessen, zeigt auf das klarste, dass es sich nur um die äusserste, regelmässig radiär zur Oberfläche gerichtete Schicht der Waben handelt, welche den Saum formirt. Nach diesen Ergebnissen scheint es auch begreiflich, dass dieser Saum nur an einem möglichst gleichmässigen Schaum deutlich hervortreten kann, denn sind die Maschen sehr unregelmässig gross, so wird sich ein gleichmässiger Saum nicht wohl bilden können.

Die Dicke dieses Saums, welchen ich die Alveolarschicht genannt habe, hängt natürlich von der Grösse der Schaumwaben ab; sind diese ansehnlicher, so wird auch der Saum dicker sein. Bei den von mir untersuchten Schäumen schwankte die Dicke der Alveolarschicht etwa zwischen 0,0005—0,005; doch beobachtete ich so dicke Alveolarsäume nur stellenweise an mit $NaCl$ hergestellten Schäumen; an den mit K_2CO_3 verfertigten feinen waren sie nie dicker als ca. 0,0005—0,0007. Neuerdings beobachtete ich jedoch auch mehrfach gröbere Schäume letzterer Art mit sehr schöner Alveolarschicht (s. Photogr. IV) von grösserer Dicke.

Die Entstehung des Saumes erklärt sich leicht, da er nur eine Folge der Gesetzmässigkeiten ist, welche die Anordnung der Schaumlamellen beherrschen. — Wie schon mehrfach hervorgehoben wurde, sind die Schaumtropfen vollkommen flüssig, so dass sie, wenn keine besonderen Einflüsse, sei es von aussen oder von innen, auf sie einwirken, kuglige Tropfengestalt annehmen. Ihre Oberfläche wird daher kuglig gekrümmt sein. Dennoch ist es nicht wohl möglich, dass die Oberfläche eines solchen Schaumes eine einfache Kugelfläche ist, vielmehr wird schon die Tension der Lamellen, welche sich an die Oberfläche heften, bewirken, dass an diesen Anheftungsstellen Einkrümmungen der Fläche stattfinden, dass jede Wabe oder Schaumblase der Oberflachenschicht, wenn auch nur mit sehr schwacher Krümmung, über die allgemeine Kugeloberfläche vorspringt. Thatsächlich beobachten konnte ich dieses Vorspringen der Waben der Alveolarschicht bei feinsten Schäumen nie vollkommen deutlich, obgleich es vielfach so schien; dagegen tritt es bei gröberen ganz klar hervor (s. die Photogr. III). — Auf die Ansatzstelle einer zur Oberfläche tretenden Lamelle wirken die Tensionen *a* und *b* der beiden anstossenden gekrümmten Aussenlamellen (s. neben die Fig. 3) und halten der Tension *c* der ersterwähnten Lamelle das Gleichgewicht. Wird nun diese äusserste Schaumschicht von gleichgrossen Waben gebildet, so ist leicht einzusehen, dass die zu der Oberfläche tretenden Lamellen der äussersten Lage sämmtlich senkrecht zu derselben orientirt sein müssen, damit das Gleichgewicht hergestellt wird. Da nämlich die drei in einer Kante der Oberfläche zusammenstossenden Lamellen, respect. ihre Tangentialebenen in der Zusammenstossungskante Winkel von je 120° bilden müssen, die beiden äusseren Lamellen jedoch annähernd in die allgemeine Kugeloberfläche fallen, so muss die von innen herantretende Lamelle, um mit diesen beiden gleiche Winkel zu bilden, radiär zur Kugeloberfläche gerichtet sein.

Fig. 3.

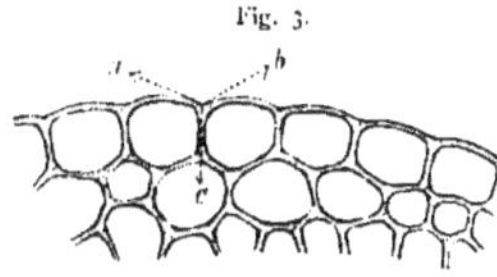

Eine Frage bedarf noch der Besprechung, bevor Weiteres zu erörtern ist. Es wurde bemerkt, dass die Oelseifenschaumtropfen sich wie eine gewöhnliche Flüssigkeit verhalten, insofern sie bei Ausschluss anderer Einwirkungen Kugelgestalt annehmen. Da man gewöhnt ist, makroskopische Schäume in sehr mannigfaltigen Formen zu sehen, so wird dieser Punkt noch einiger Erläuterungen bedürfen. Die Kugelgestalt der Flüssigkeitstropfen lässt sich auffassen als eine Folge des durch die Oberflächenspannung hervorgerufenen kapillaren Drucks, welcher bekanntlich stets gegen das Krümmungscentrum der Oberfläche gerichtet und dem Krümmungshalbmesser umgekehrt proportional ist. Eine frei schwebende Flüssigkeitsmasse wird daher nur dann in einen Gleichgewichtszustand gelangen, wenn die Oberflächenkrümmung überall gleich ist, was in stabiler Weise nur in der Kugelgestalt realisirt ist. Betrachten wir unsere mikroskopisch feinen und sehr gleichmässigen Schäume, so lässt sich deren Oberfläche, obgleich dies nicht scharf erkennbar ist, nicht als eine reguläre Kugelfläche auffassen, sondern wir müssen, wie ich schon hervorhob, sicher annehmen, dass jede der oberflächlichen Waben schwach convex vorspringt. Dennoch muss in der gesammten Oberfläche, wenn Gleichgewicht bestehen soll, überall der kapillare Druck gleich sein. Verschieden starke oder verschiedensinnige Krümmung der Oberfläche muss zweifellos auf den kapillaren Druck einen Einfluss üben, wenn auch nicht direct, wie an der Oberfläche einer homogenen Flüssigkeit, sondern durch Veränderung der Krümmungen der einzelnen Componenten, d. h. der convexen Kuppen der oberflächlichen Waben. Eine genauere Ueberlegung zeigt, dass, je gekrümmter die allgemeine Oberfläche ist, um so stärker auch die convexe Krümmung der Einzelkuppen werden muss und umgekehrt. Da nun aber der gesammte Oberflächendruck die Summe der Druckwirkungen der einzelnen Kuppen darstellt und deren Druck nach innen um so grösser wird, je convexer sie werden, so folgt, dass sich ein solcher Schaum im Allgemeinen ebenso verhält wie eine gewöhnliche Flussigkeit, deren Druck mit Krümmung ihrer Oberfläche wächst und sich vermindert. Ist dies aber der Fall, dann muss ein solcher Schaum auch die Kugelgestalt als Gleichgewichtsform annehmen und nur unter dem Einfluss besonderer äusserer oder innerer Kräfte andere Gestalten darbieten[1].

Die Flüssigkeit der beschriebenen Schäume erfordert natürlich, dass auch die sogenannte Alveolarschicht flüssig ist. Obgleich die Deutlichkeit und Schärfe, womit sich dieselbe an gelungenen Tropfen darstellt, wohl die Vermuthung erwecken könnte, dass man es mit einer hautartigen festen Bedeckung zu thun habe, so zeigt die genauere Untersuchung doch ihre völlige Flüssigkeit. Es ist recht überraschend zu sehen, wie solche Tropfen sammt ihrem Saum leicht fliessen und letzterer sich dabei trotz seiner Flüssigkeit dauernd erhält. Gerade dieses beweist wieder, dass er seine Entstehung physikalischen Gesetzmässigkeiten verdankt, welche auch während des Fliessens fortdauern.

Ohne weiteres ist verständlich, dass dieselben Bedingungen, welche an der Oberfläche der Schäume eine Alveolarschicht hervorrufen, auch in ihrem Innern um jede

---

[1] Man kann das oben Bemerkte auf folgende Weise näher darlegen. Wenn die Oberfläche des Schaums eben ist, so werden die radiär gerichteten Lamellen der äussersten Schaumschicht senkrecht zu der äusseren Oberfläche und daher parallel zu einander sein. Unter diesen Umständen werden die Durchschnittslinien *ac* und *bc*, welche die beiden Tangentialebenen an die Ansatzstellen *a* und *b* der beiden benachbarten Radiärlamellen mit der Ebene des Papiers erzeugen, an ihrem Durchschnittspunkt *c* einen Winkel von 120° bilden, wie aus dem Dreieck *abc* sich sofort ergiebt. Ist die Oberfläche jedoch gekrummt, so werden die benachbarten Radiärlamellen nicht mehr parallel sein, sondern einen Winkel β mit einander bilden (s. II). Dann ergiebt sich aus dem Viereck *acbd*, dass der Winkel, welchen die beiden Tangentialebenen bei *c* bilden, $= 120° - \beta$ wird. Umgekehrt ergiebt sich auf dieselbe Weise, dass bei concaver Krümmung der Gesammtoberfläche dieser Winkel der Tangentialebenen $= 120° + \beta$ werden muss. Da nun der Breitedurchmesser der Waben *ab* bei verschiedener Krümmung der Oberfläche offenbar immer annähernd gleich bleibt (jedenfalls aber sich nicht vergrössert, sondern eher kleiner wird), so wird bei Abnahme des Winkels *c* der Halbmesser des in ihn beschriebenen Kreissegmentes kleiner werden müssen, also die Krümmung stärker und umgekehrt. Dass, wie eben hervorgehoben wurde, bei stärkerer Krümmung der Oberfläche der Breitedurchmesser der Waben kleiner werden muss, jedenfalls aber nicht grösser, ergiebt auch folgende Ueberlegung. Da bekanntlich die Kugel derjenige Körper ist, welcher bei gleichem Volum die kleinste Oberfläche besitzt, so wird eine von ebenen Flächen begrenzt gedachte Schaumpartie bei dem Uebergang in die Kugelgestalt stetig ihre Oberfläche verkleinern, woraus folgt, dass bei dieser Umgestaltung kein Bestreben zur Verbreiterung der Waben der Alveolarschicht besteht, vielmehr diese umgekehrt etwas schmäler werden müssen. Dieselbe Betrachtung gilt jedoch auch bei der kugligen Abrundung einer Schaumpartie, deren Oberfläche eine Fläche von verschiedengradiger Krümmung darstellt.

In Hinsicht auf die hier erörterte Frage ist noch von besonderem Interesse, dass Budde Zeitschr. für physik. Chemie Bd. 7, 1891, p. 586 neuerdings zeigte, dass auch feine Emulsionen von Chloroformtröpfchen, wie sie bei Einwirkung von Soda auf Chlorallösung entstehen, gegen die übrige Flüssigkeit eine bestimmte Tension zeigen und daher mit der Gefässwand einen constanten Randwinkel bilden.

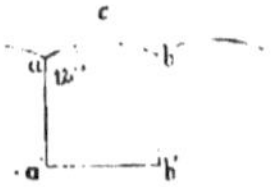

ansehnlichere Vacuole die Bildung einer ähnlichen Radiärschicht bewirken müssen. Dies wird denn auch durch die genauere Untersuchung der Schäume vollkommen bestätigt (s. die Photographien I—III u. V). Ueberall bemerkt man um die Vacuolen den feingestreiften Saum, herrührend von der radiären Anordnung der um die Vacuolenwand sich zunächst anordnenden Lamellen. Nur insofern fand ich in der Regel einen Unterschied zwischen der äusseren Alveolarschicht und diesem Saum der Vacuolen, als letzterer gewöhnlich gegen die benachbarte unregelmässige Wabensubstanz keine so deutliche und scharfe Grenze darbot, wie sie die äussere Alveolarschicht meist zeigte.

Es wurde oben erwähnt, dass die Alveolarschicht gegen die äussere Flüssigkeit durch einen scharfen dunklen Saum begrenzt ist, der wie ein feines dunkleres Häutchen, pelliculaartig, erscheint. Da auch gewöhnliche Oeltröpfchen bei scharfer Einstellung von einem entsprechenden zarten dunklen Saum begrenzt erscheinen, so bin ich überzeugt, dass dieser Grenzsaum der Alveolarschicht kein besonderes Structurverhältniss, sondern nur eine optische Erscheinung ist.

Bei der Besprechung der Alveolarschicht wurde ferner betont, dass sie aus ganz gleichmässig grossen, sehr kleinen Waben gebildet wird. Ueberhaupt fällt es bei der Untersuchung der Schaumtropfen auf, dass ihre peripherische und daher wohl auch ihre gesammte oberflächliche Region in der Regel nur aus kleinsten bis kleinen Waben besteht, dass grössere und schliesslich so ansehnliche, welche die Bezeichnung Vacuolen verdienen, erst in gewisser Tiefe unter der Oberfläche auftreten. Diese Erscheinung tritt auch auf den Photographien solcher Schäume, welche ich dieser Arbeit beigebe (siehe Photogr. I—III) recht deutlich hervor. Obgleich ich keine plausible Erklärung für dieses Verhalten anzugeben vermag, scheint es mir doch nicht bedeutungslos, besonders im Hinblick auf ähnliche Erscheinungen am Plasma. Auch auf dem unter I u. II photographirten, an der Unterseite des Deckglases haftenden und daher in seiner Randzone zu minimaler Dünne ausgezogenen Schaumtropfen tritt diese Erscheinung deutlich hervor, ja es ist eine fortgesetzte Verkleinerung der Waben gegen den Rand zu beobachten. — Die äusserste, dünnste Randregion dieses anklebenden Tropfens macht auf den Beobachter zunächst den Eindruck, als wenn sie aus ganz homogenem, nicht wabigem Oel bestünde; auch wäre es ja begreiflich, dass bei so minimaler Dicke der Oelschicht die Schaumbläschen aus ihr zurückgedrängt würden und so ein äusserster Saum homogenen Oeles sich bilde. Sehr sorgfältige Betrachtung zeigt jedoch, dass auch dieser anscheinend homogene Saum sehr blasse Andeutungen von Schaumstructur besitzt; auf den Photographien tritt dies stellenweis recht kenntlich hervor. — Soweit sich die Grösse der Waben in diesem anscheinend homogenen Randsaume auf der Photographie beurtheilen lässt, so ist sie etwa dieselbe wie die der innen angrenzenden schärfer umschriebenen.

Woher rührt es nun, dass die Waben dieses Randsaums so blass und undeutlich sind, dass er fast homogen erscheint? Da die Oelschicht gegen den Rand immer dünner, schliesslich ganz minimal wird, so kann dies einmal darauf beruhen, dass die äusserst zarten Lamellen zwischen den Schaumbläschen immer niedriger und daher natürlich auch immer blasser werden (s. Fig. 4); weiterhin müssen die Schaumbläschen in dem ganz flach auslaufenden Randsaum selbst sehr stark von oben nach unten zusammengedrückt werden und sich daher seitlich stark gegen einander pressen, was eine Verdünnung der zwischen ihnen befindlichen Oellamellen zu minimaler Dicke bewirken muss. Diese beiden Factoren zusammen dürften, wie mir scheint, erklären, warum in dem Randsaum nur noch Spuren der Schaumstructur zu erkennen sind.

Fig. 4.

Noch ein weiterer Punkt mag bei dieser Gelegenheit berührt werden. Man hat bei dem Manipuliren mit solchen Schaumtropfen unter dem Deckglas, wenn die Tropfen an dem Glas mehr oder weniger kleben, Gelegenheit zu beobachten, dass sich zwischen auseinander gepressten Tropfen ganz feine Lamellen oder Fäden der Schaummasse ausspannen. Ich konnte solch' feine Lamellen, welche nur aus einer einzigen Wabenlage bestanden, im optischen Durchschnitt beobachten und dabei aufs deutlichste sehen, dass, wie zu erwarten, die Zwischenwände der Waben zu den beiden Flächen der Lamelle senkrecht stehen (s. die Figur Taf. 5 Fig. 8). An den feinsten Fädchen, welche sich zwischen benachbarten Tropfen ausspannen (natürlich sehr bald einreissend und sich in die benachbarten Schaumpartien zurückziehend), konnte ich eine Structur nicht beobachten und glaubte daher früher, dass sie nur von der Grundmasse der Schäume, dem Oel, gebildet würden. Durch die Erfahrungen über die kaum erkennbare Schaumstructur der vorhin beschriebenen, minimal verdünnten Randpartien bin ich jedoch in diesem Punkt etwas zweifelhaft geworden und möchte jetzt eher annehmen, dass auch solch' fein ausgezogene Fädchen noch schaumig structurirt sind, dass jedoch ihre Structur nicht mehr deutlich wahrnehmbar ist, aus ähnlichen Gründen wie bei den stark verdünnten Randpartien. Ueberall, wo solche Fädchen eine auch nur minimale Anschwellung zeigen, ist dieselbe stets deutlich schaumig, wenn auch unter Umständen nur aus ganz wenigen Waben zusammengesetzt.

2. Einige genauere Angaben über die Volumschwankungen der Schaumtropfen unter dem Einflusse der umgebenden Flüssigkeit.

Da es mir für die richtige Deutung der Schäume von grosser Wichtigkeit schien, ihre schon früher erwähnten Volumschwankungen etwas genauer zu ermitteln, stellte ich neuerdings einige Versuche in dieser Richtung an. Zu diesem Behuf wurden auf einem Objectträger zwei schmale Deckglasstreifen von 0,20 mm Dicke mit Paraffin parallel aufgekittet. Die zwischen diesen Streifen und dem Objectträger befindliche Paraffinschicht war ganz minimal, da die Streifen mit dem geschmolzenen Paraffin fest aufgepresst wurden. Auf diese Glasstreifen wurde dann das Deckglas mit dem Oelbreitropfen aufgesetzt und das Wasser soweit abgesogen, dass das Deckglas fest auf den Streifen angepresst war. Alsdann wurden die Ränder des Deckglases, welche den Glasstreifen auflagen, von aussen mit geschmolzenem Paraffin fest verkittet. Auf diese Weise wurde der Abstand des Deckglases vom Objectträger genügend constant erhalten, so dass bei den im Folgenden zu beschreibenden Versuchen ein etwaiger Fehler durch Druck des Deckglases auf die Tropfen ausgeschlossen erscheint.

Zwei auf solche Weise hergerichtete Präparate enthielten je drei Tropfen des Oelbreies, welche mit a—c und d—f bezeichnet werden mögen.

Am 28/5. 11 h. Morgens, gleich nach Anfertigung der Präparate, zeigten die Tropfen folgende Durchmesser, wobei ich bemerke, dass ein der Zahlenangabe zugefügtes (m) bedeutet, dass der betreffende Tropfen nicht ganz kreisrund war, daher die Angabe das arithmetische Mittel des grössten und kleinsten Durchmessers darstellt:

(I) Dm. von a = 0,720 (m)
- - b = 0,488
- - c = 0,565
- - d = 0,385
- - e = 0,469
- - f = 0,803 (m).

Um 6 h. Abends desselben 28/5. hatte das Volum der Tropfen schon sehr zugenommen und war am 29/5. 10 h. Morgens noch viel stärker angewachsen, worüber die folgende Tabelle (II) Aufschluss giebt:

	28/5. 6 h. Abends.	29/5. 10 h. Morgens.
(II) Dm. von a	= 1,336 (m)	1,605 (m)
- - b	= 0,951 (m)	1,084 (m)
- - c	= 1,092 (m)	1,503
- - d	= 0,707	0,784
- - e	= 0,925	0,997 (m)
- - f	= 1,388	1,481 (m).

Nach der letzten Messung am 29/5. Morgens 10 h. (s. Tab. II) wurden die Präparate mit halbverdünntem Glycerin tüchtig ausgewaschen und darauf in dieser Flüssigkeit stehen gelassen. Schon nach etwa einer Stunde waren die Tropfen sehr viel kleiner geworden. Da die Tropfen e und f bald zusammenflossen, so wurde dieses Präparat in der Folge nicht weiter berücksichtigt. Die Abnahme des Volums schritt weiter fort, so dass die Durchmesser der drei wieder vollkommen rund gewordenen Tropfen des Präparats I am 30/5. Morgens 9 h. 30' betrugen:

(III) a = 0,899
b = 0,572
c = 0,668.

Hierauf wurde das Glycerin mit Wasser ausgewaschen; die Vergrosserung der Tropfen war schon nach einer Stunde recht sichtlich und ihre Durchmesser am folgenden Tag, den 1/6., um 11 h. 30' Morgens bis zu nachstehenden Dimensionen gewachsen:

(IV) a = 1,747 (m)
b = 1,285 (m)
c = 1,567 (m).

Wie die Vergleichung mit Tabelle (II) ergiebt, sind die Dimensionen sämmtlicher drei Tropfen jetzt etwas grösser wie ursprünglich, was wohl daher rührt, dass sie sich ursprünglich nicht in reinem Wasser, sondern in schwacher K_2CO_3-Lösung befanden, die natürlich ähnlich wie Glycerin einen diosmotischen Effect ausübt.

Endlich wurde am 1/6. nochmals wieder das Wasser durch halb verdünntes Glycerin ersetzt. Die Tropfen klebten jetzt ziemlich stark am Glas, so dass sie bei der eintretenden Zusammenziehung mehr oder weniger wurstförmig wurden. Ihre Verkleinerung ist wieder bald sehr auffallend und hat bis zum folgenden Tag, den 2/6. Morgens 10 h. 15', zu folgenden Dimensionen geführt:

(V) a = 0,937 (m) [+ 0,038]
b = 0,609 (m) [+ 0,037]
c = 0,673 (m) [+ 0,005].

Berücksichtigt man die Fehler, welche aus der etwas unregelmässigen Gestalt der Tropfen nothwendig resultiren, so ist die Uebereinstimmung der Grösse der Tropfen mit ihrer früher in Glycerin gefundenen (siehe Tab. III) geradezu auffallend. Ich habe der Tabelle V die Differenz der Messungen mit Tabelle III in eckigen Klammern beigefügt; dieselbe beträgt im Maximum bei Tropfen b 6%. — Ich zweifle nicht, dass die Wiederholung des Versuches noch öfter gelungen wäre, doch hatte ich vorerst keine Veranlassung, denselben noch weiter fortzusetzen.

Zieht man die nachweisliche und zweifellose Flüssigkeit der Schaumtropfen in Betracht, so dürften die vorliegenden Beobachtungen über die Plasmolyse der Tropfen, wie sich die Vorgänge füglich bezeichnen liessen, jeden Zweifel entfernen, welcher etwa bezüglich der Schaumnatur der von mir dargestellten Tropfen erhoben werden könnte und von **Frommann** (s. weiter unten) auch schon erhoben wurde.

Da die Vorstellung einer Diffusion wässeriger Flüssigkeiten durch Oellamellen, wie sie die vorliegenden Versuche wieder zweifellos erweisen, Manchem etwas ungewöhnlich ist, so habe ich auch einige Versuche mit Anilinfarben angestellt. Werden die Tropfen in eine mässig concentrirte Lösung von Methylgrün in Wasser gebracht, so sind sie schon nach 24 Stunden stark grünblau gefärbt, nach 48 Stunden ging die Färbung auch durch den grösseren Tropfen (Dm. ca. 1,5) vollständig durch, während er nach 24 Stunden noch ein weisses Centrum zeigte. Bei starker Pressung der Tropfen liess sich deutlich erkennen, dass der Wabeninhalt grün gefärbt, demnach die Methylgrünlösung in die Waben eingedrungen war.

3. Strahlige Erscheinungen in den Oelseifenschaumtropfen.

An guten Schäumen, welche schon längere Zeit ruhig gestanden haben, bemerkt man sowohl unter der gesammten Oberfläche, wie auch um die grösseren Vacuolen des Innern nicht selten eine mehr oder weniger ausgesprochene radiäre Strahlung. Diese strahlige Erscheinung lässt sich meist vermehren oder auch hervorrufen, wenn man in dem durch halbverdünntes Glycerin durchsichtig gemachten und stark gepressten Tropfen einen Diffusionsaustausch anregt, sei es, dass man concentrirtes Glycerin zugiebt oder umgekehrt Wasser zusetzt; auch concentrirte Kochsalzlösung wurde gelegentlich mit Erfolg angewendet. Wie gesagt, bemerkt man dann nach einiger Zeit stellenweise, oder an gut gerathenen Präparaten über die ganze freie Oberfläche des Tropfens eine feine, radiär zur Oberfläche gerichtete Strahlenzeichnung, welche mehr oder weniger tief, manchmal sogar recht tief in den Schaumtropfen eindringt. Besonders schön tritt die Strahlung häufig um grössere Vacuolen des Innern auf und erreicht dann nicht selten eine dem Vacuolendurchmesser gleichkommende Ausdehnung. Genauere mikroskopische Untersuchung dieses Strahlenphänomens ergiebt, dass es auf einer mehr oder weniger ausgesprochenen radiären Hintereinanderreihung der Maschen oder Waben beruht. Ich habe mich davon ganz sicher überzeugt und auch die Photographie einer solchen strahligen Bildung, welche ich beifüge (s. Photogr. VI), zeigt dies einigermaassen, obgleich sie leider nach einem recht mangelhaften Präparat hergestellt und selbst nicht besonders gut ausgefallen ist.

Schon die Bedingungen, unter welchen diese Strahlenzeichnung vornehmlich auftritt, weisen darauf hin, dass bei ihrer Entstehung Diffusionsströme eine Rolle spielen. Genaueres über die Art, wie der Einfluss der Diffusion sich dabei äussert, vermag ich zwar nicht mitzutheilen; doch scheint mir, wie gesagt, sicher, dass die Diffusion zwischen dem Inhalt der Waben und der Umgebung oder dem Inhalt grösserer Vacuolen dabei das Primum movens spielt.

Eine eigenthümliche Beobachtung, welche ich vielfach an Oeltropfen machte, scheint in dieselbe Kategorie von Erscheinungen zu gehören und vielleicht weiteres Licht auf das geschilderte Phänomen der Schaumtropfen zu werfen. Bei meinen Versuchen brachte ich häufig Oeltropfen, welche mit möglichst feinem, durch Ausziehen mit Alkohol oder durch längeres Glühen gereinigtem Kienruss gleichmässig vermischt waren, in Wasser. Dabei trat unter dem Mikroskop meist sehr deutlich hervor, dass sich die Russtheilchen der oberflächlichen Region des Oeltropfens schon nach kurzer Zeit bis zu geringerer oder grösserer Tiefe, sämmtlich radiär zu der freien Oberfläche des Tropfens hintereinander gereiht hatten, weshalb die Randzone ein recht hübsches Strahlenphänomen in grösserer oder geringerer Ausdehnung darbot. Wie erwähnt, tritt diese Erscheinung an gewöhnlichen Olivenöltropfen meist recht kenntlich auf; noch besser und schöner erhielt ich sie jedoch, wenn in die Oeltropfen einige Partikel wasserfreien Chlorcalciums eingeschlossen wurden; auch Krystalle von Kalisalpeter leisteten denselben Dienst; weniger gut dagegen erwies sich der Einschluss von Glycerintropfen in das Oel. Unter diesen Bedingungen liess sich auch zuweilen eine ähnliche Strahlung um die Tropfen der Salpeter- oder Chlorcalciumlösung, welche sich um die im Oel eingeschlossenen Partikel gebildet hatten, beobachten. Da sonach auch dieses Strahlenphänomen durch die Diffusionsvorgänge, welche die in den Oeltropfen eingeschlossenen Partikel zweifellos hervorrufen, verstärkt wird, so scheint dies die oben ausgesprochene Ansicht über die Ursache der Strahlung in den Oelseifenschaumtropfen zu unterstützen. Würde es zu ermöglichen sein, in die Schaumtropfen Partikel einer stark wasseranziehenden Substanz einzuführen, so glaube ich, dass das Strahlenphänomen noch viel schöner hervortreten würde. Leider stand dazu bis jetzt kein Mittel zur Verfügung, da die Tropfen beim Aufheben des Deckglases stets rasch zu Grunde gehen.

Ganz dieselbe Strahlung ist übrigens auch an mit feinem Russ vermischten Paraffinöltropfen leicht zu beobachten, hängt also nicht mit der chemischen Qualität des Oels direct zusammen. Ich habe in neuerer Zeit, wo ich die früher mit Paraffinöl angestellten Versuche mehrfach wiederholte, die strahligen Erscheinungen wiederum sehr deutlich und schön beobachtet, ja den Eindruck erhalten, dass sie sich in Paraffinöl rascher und schöner entwickeln wie in Olivenöl. Da sich strahlige Erscheinungen unter Umständen auch als optische Wirkungen um Luftblasen zeigen können, so möchte ich noch besonders betonen, dass die Strahlung in den Oel- wie den Schaumtropfen erst allmählich eintritt und häufig so tief gegen das Centrum reicht, dass dadurch jeder Zweifel an der Realität des Geschilderten beseitigt wird.

Die strahlige Anordnung der Russtheilchen in Oeltropfen wurde zuerst beobachtet, als ich die Wirkung des elektrischen Stroms auf die Tropfen studirte. Unter dem Einfluss des constanten Stroms trat die Strahlung in der Regel sehr bald auf: doch möchte ich deshalb einen nähern Zusammenhang dieser Erscheinung mit elektrischen Vorgängen vorerst nicht annehmen.

4. Faserige Structuren an Oelseifenschaumtropfen.

An gewöhnlichen Oelseifenschaumtropfen, welche die später zu beschreibenden Strömungsphänomene gut zeigten, wurde mehrfach beobachtet, dass an den sog. Ausbreitungscentren, d. h. da, wo aus dem Inneren ein Strom an die Oberfläche tritt und von hier allseitig oberflächlich abfliesst, eine faserige Zeichnung zu bemerken war. Dieselbe folgte in ihrem Verlauf den Strombahnen und glich daher etwa einem Garbenbüschel, das aus dem Inneren an die Oberfläche hervortrat und sich hier ausbreitete. Natürlich war diese Zeichnung nichts Unveränderliches, sondern modificirte sich beständig mehr oder weniger, da ja die betreffende Stelle in fortdauernder Strömung begriffen war.

Wurde das auf p. 15 schon erwähnte, sehr stark eingedickte, ungemein zähe Olivenöl auf die bekannte Weise mit K_2CO_3 zu Schaumtropfen verarbeitet, so bildeten sich, wie schon geschildert wurde, sehr zähe und durchsichtige, im Uebrigen jedoch ganz gute feine Schäume. Da dieselben zwischen Deckglas und Objectträger unregelmässig gelappte Massen bildeten, nicht mehr die Kugelform annahmen, wie die gewöhnlichen, gut gerathenen Tropfen, so ist klar, dass sie nicht mehr flüssig sind, sondern eher die Bezeichnung fest verdienen, jedenfalls jedoch auf einem Grenzzustand der Consistenz stehen, welchem die Bezeichnung fest eher zukommt. Dies ergiebt sich auch daraus, dass diese Schaumtropfen nicht die geringste Neigung zu Strömungen zeigen und bei Quetschen oder Pressen nicht zu fliessen beginnen. Werden sie durch Pressen zu Fädchen oder Brücken ausgezogen, welche schliesslich in der Mitte durchreissen, so ziehen sich die zerrissenen Hälften dieser Fäden zwar etwas zusammen, fliessen jedoch nicht allmählich ganz zurück, wie dies bei flüssigem Schaum eintreten müsste.

Wer die allmähliche Eindickung der Oele verfolgt hat, wird zugeben, dass hierbei, so wenig wie beim Eintrocknen einer Gummilösung eine scharfe Grenze zwischen festem und flüssigem Zustand angegeben werden kann, dass beide vielmehr ganz allmählich in einander übergehen. Daher wird sich auch für die eben besprochenen Schäume die Consistenz nicht absolut scharf angeben lassen.

Werden solche Schäume, deren mikroskopischer Charakter im Allgemeinen ganz derselbe ist, wie der ganz flüssiger, gepresst oder gestreckt, z. B. durch rasches Abziehen der Flüssigkeit unter dem Deckglas, so werden sie natürlich stellen- und streckenweise gedehnt und gezogen. Hier und da werden Partien des Schaums auseinander gezerrt, zwischen welchen sich gröbere oder feinere brückenartige Fäden ausspannen. Die sich ergebenden zufälligen, sehr wechselnden Bilder bedürfen kaum eingehenderer Schilderung. Dabei zeigt sich nun, dass überall, wo sich solche Zugwirkungen oder Dehnungen auf das Wabenwerk der Schäume geltend machen, faserige Structuren auftreten (s. Taf. III Fig. 7 a—b). An gedehnten, brückenartig ausgespannten Fäden zeigt sich natürlich sofort, dass die Richtung der Faserung mit der Zugrichtung zusammenfallt. Die eingehendere mikroskopische Untersuchung ergiebt, wie zu erwarten, dass die Faserung nur auf Dehnung und Streckung der Maschen in gewissen Richtungen beruht. So kann man z. B. an den zwischen zwei Schaumpartien ausgespannten gefaserten Brücken häufig deutlich verfolgen, wie das gestreckte Faserwerk der Brücken in das gewöhnliche unregelmässige der nichtgestreckten Partien übergeht. Nicht selten bemerkt man in grösseren Partien solcher gepressten Schäume auch recht unregelmässige knäuelig verworrene Faserungen, die sich leicht dadurch erklären, dass auf diese Stellen gleichzeitig oder successive Zug in verschiedener Richtung wirkte.

Die Deutlichkeit dieser faserigen Umbildung der Wabenstructur ist bei den geschilderten Schäumen natürlich nur eine Folge der grossen Zähigkeit ihrer Gerüstsubstanz, welche bewirkt, dass die Maschen im gestreckten Zustand längere Zeit beharren. Wenn die Gerüstsubstanz leichtflüssiger ist, wie in den gewöhnlichen Oelseifenschäumen, so wird die Faserung bei Zug zwar auch auftreten, jedoch sehr rasch wieder in den gewöhnlichen Zustand übergehen. Wenn jedoch an gewissen Stellen Zugwirkungen in derselben Richtung andauernd bestehen und die Gerüstsubstanz ziemlich dickflüssig ist, so werden dennoch faserige Bildungen zur Beobachtung kommen können. Ein solcher Fall ist der zuerst von strömenden Schäumen beschriebene und Aehnliches wird uns bei Besprechung der Plasmastructuren noch vielfach begegnen.

Von gewisser Bedeutung scheint mir zu sein, dass die geschilderten Schäume mit annähernd fester Gerüstsubstanz keine Alveolarschicht erkennen liessen. Mir scheint dies insofern begreiflich, als ja die Gesetzmässigkeiten, welche die Bildung der Alveolarschicht bewirken, nur unter der Bedingung, dass die Gerüstsubstanz eine leichtflüssige ist, zu voller Wirksamkeit gelangen.

5. Die Haltbarkeit der Oelseifenschäume

ist eine relativ lange. In Glycerin aufbewahrt zeigen sie 4—6 Wochen lang keine merkbaren Veränderungen. Dann werden die Schäume jedoch allmählich schlechter, indem sie sich durch Platzen der Waben langsam vergröbern. Auch homogene, nicht mehr schaumige Oelpartien treten endlich in ihnen auf. Genauer habe ich das Zugrundegehen der Schäume nicht verfolgt.

Wir haben die Schaumtropfen bis jetzt nur unter dem Deckglas studirt. Hebt man das Deckglas auf, so gehen die Tropfen als solche zu Grunde, da sie etwas spezifisch leichter wie die umgebende Flüssigkeit (H_2O oder Glycerin) sind und daher an die Oberfläche steigen. Sie breiten sich hier zu dünner Schicht aus, die unter Aussendung unregelmässiger Fortsätze in viele kleine Tröpfchen zerfällt. Dabei erhält sich jedoch die Schaumnatur der Tropfen unverändert, auch wenn das Präparat lange unbedeckt stehen bleibt.

6. Die Strömungserscheinungen der Oelseifenschäume.

Wenn man gelungene, aus dem nach obiger Vorschrift richtig hergestellten Oel erhaltene Oelseifenschaumtropfen mit Wasser unter dem Deckglas sorgfältig auswäscht (was in der bekannten Weise durch Durchsaugen des Wassers mittelst Filtrirpapier und zur Entfernung etwaiger fester Theilchen, welche der Oberfläche der Tropfen anhaften, am besten nacheinander von beiden Seiten geschieht), so gerathen die Tropfen in auffallende Bewegungen. So lange sie in der schwachen Lösung von K_2CO_3 verweilten, waren sie ganz ruhig. Die Bewegungen dieser ungepressten und daher ganz undurchsichtigen Schaumtropfen verlaufen in der Weise, dass sie ohne auffallenden Gestaltswechsel ziemlich rasch unter dem Deckglas hin- und herkriechen. Dabei wechselt die Richtung der Bewegung meist ziemlich häufig, doch kommt es auch vor, dass ein Tropfen die einmal eingeschlagene Bewegungsrichtung lange oder dauernd beibehält.

Wie gesagt, waren die fortschreitenden Bewegungen häufig recht energisch; so beobachtete ich einmal einen Tropfen, der in einer Minute 0,45 mm durchlief; gewöhnlich war das Fortschreiten jedoch geringer. Wenn oben bemerkt wurde, dass diese Bewegungen ohne besondere Gestaltsveränderungen vor sich gehen, so ist dies insofern richtig, als dieselben nicht sehr auffallend sind; dennoch fehlen sie nicht. Häufig strecken sich die Tropfen in der Richtung der Fortbewegung etwas in die Länge; auch treten hier und da Ausbuchtungen des Randes auf, die meist rasch wieder schwinden. Es fehlt demnach ein Gestaltswechsel nicht, er ist nur im Allgemeinen geringfügig. Trotz der grossen Undurchsichtigkeit der Tropfen lässt sich beobachten, dass auch lebhafte Strömungserscheinungen in ihnen verlaufen. Jede Ausbuchtung des Randes wird von einem Strom, der aus dem Inneren vordringt und sich an der Oberfläche ausbreitet, begleitet und auch die fortschreitenden Kriechbewegungen stehen zweifelsohne mit solchen Strömungen in

Verbindung, obgleich an den undurchsichtigen Tropfen hierüber kein bestimmter Aufschluss zu gewinnen ist.

Wegen des etwaigen Einwurfs, dass Pressungen des Deckglases oder dergleichen die Bewegungen der Tropfen veranlassen könnten, bemerke ich besonders, dass die Versuche auch mit völlig festgestellten Deckgläsern, welche auf mit Paraffin angekitteten Deckglasstreifen ruhten, ausgeführt wurden, wobei sich ganz dasselbe Resultat ergab.

Ersetzt man das Wasser unter dem Deckglas langsam durch halbverdünntes Glycerin, so tritt bei den meisten Tropfen allmählich eine recht energische circulirende Strömung hervor, wie sie schon früher für gewisse Oeltropfen kurz erwähnt wurde (s. neben Fig. 5).

Fig. 5.

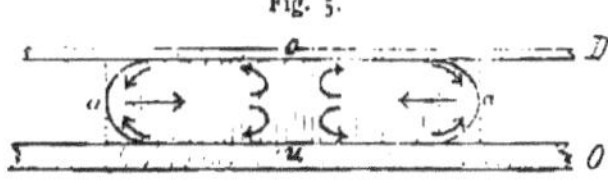

Von dem oberen Rand des Tropfens, der an das Deckglas (*D*) stösst, wie von dem unteren, der dem Objectträger *O* aufsitzt, bewegt sich nämlich ein oberflächlicher Strom allseitig ausstrahlend gegen den Aequator (*a*), wo sich die beiden Ströme vereinigen und nun als gemeinsamer Strom gegen das Centrum des Tropfens vordringen; hierauf biegt dieser centripetale Strom nach oben und unten in die beiden ersterwähnten Ströme um. Dennoch lässt sich auch an derartig strömenden Tropfen schon verfolgen, dass häufig da und dort Ströme aus dem Innern gegen den freien Rand plötzlich hervorbrechen und die geschilderte Circulation stören, worauf letztere jedoch gewöhnlich bald wieder die Oberhand erhält. — Kleine Tropfen, welche dem Boden des Objectträgers aufruhen, zeigen jedoch nicht selten sofort eine andere Art der Strömung, indem ein axialer Strom aus ihrem Inneren gegen einen Punkt des Aequators zieht, sich hier allseitig ausbreitet und in den oberflächlichen Regionen des Tropfens nach hinten eilt, wo er allmählich wieder in den axialen Vorstrom umbiegt. Die letztgeschilderte Tropfenströmung ist in der Regel mit einem Fortschreiten des Tropfens in der Richtung des axialen Stroms verbunden. Verfolgt man solche Tropfen länger, so lässt sich auch gelegentlich ein Stocken des axialen Stroms und das Auftreten eines neuen, nach einem anderen Punkte des Randes gerichteten beobachten, worauf der Tropfen dann natürlich in der neuen Richtung fortschreitet.

Werden die grösseren Tropfen, welche die oben beschriebene Circulationsströmung zeigen, durch das Deckglas mehr oder weniger gepresst (indem man am besten einen mässig dicken Deckglassplitter unter den Rand des Deckglases schiebt, hierauf die Paraffinfüsschen entfernt und nun das Glycerin entsprechend absaugt), so nehmen auch ihre Strömungserscheinungen allmählich den Charakter an, der eben von kleineren beschrieben wurde. Obgleich die von oben und unten gegen den Aequator eilenden Ströme gewöhnlich noch längere Zeit fortdauern, treten an mässig grossen Tropfen gewöhnlich ein, an grosseren häufig mehrere bis zahlreiche randliche Ausbreitungscentren auf, deren mehr oder weniger energische Strömungen schliesslich die ursprünglichen Circulationsströme ganz unterdrücken. Die mittelgrossen Tropfen, welche e i n solches Ausbreitungscentrum entwickeln, nehmen in der Regel bald eine länglich ovale Gestalt an, meist mit etwas breiterem Vorderende. an welchem der Sitz des Ausbreitungscentrums ist. Gleichzeitig schreiten sie in der Richtung des axialen Zustroms zum Ausbreitungsrande kräftig fort. Ich habe solche Tropfen beobachtet, welche sich in einer Minute ca. 0.12 mm weiter bewegten. Da ich nur wenige Messungen anstellte. so soll hiermit keineswegs behauptet werden, dass sich diese Maassangabe auf eine maximale Geschwindigkeit beziehe. Dabei handelt es sich nicht etwa nur um ein Vorwärtsschieben des Ausbreitungscentrums, um eine Streckung des länglich ovalen Tropfens, vielmehr bewegt sich dieser im Ganzen vorwärts wie eine einfache Amöbe. Dies lässt sich leicht durch einfache Beobachtung feststellen. jedoch auch durch Controle des Vorder- und Hinterendes mittelst des Mikrometers bestimmt nachweisen Ich habe die Strömungsvorgänge in einem derartigen. mit einem einfachen Ausbreitungscentrum fortschreitenden Tropfen schon oben kurz geschildert. auch geben die Figuren, welche weiter unten über entsprechende Strömungen von Oeltropfen mitgetheilt werden, darüber genügenden Aufschluss. Ein Punkt bedarf jedoch noch kurzer Erwähnung. Häufig sieht man. dass das Hinterende eines solchen Tropfens sich an den Strömungen nicht weiter betheiligt. sich auch durch ein etwas abweichendes glasiges Aussehen von dem übrigen Tropfen unterscheidet. Schmutztheilchen oder Russpartikelchen, welche man dem Glycerin beigemischt hat. sammeln sich an dem Hinterende an, ohne ihren Ort wesentlich zu verändern. Daraus geht hervor, dass am Hinterende verhältnissmässige Ruhe herrscht. dass es an den Strömungen relativ wenig Antheil nimmt. Weiter unten. wo die ähnlichen Strömungen. die sich an gewöhnlichen Oeltropfen hervorrufen lassen, erörtert werden, wird auf dieses Verhalten des Hinterendes genauer einzugehen sein.

Nicht selten beobachtet man. dass ein Tropfen der eben geschilderten Art gegen einen der zur Stütze angebrachten Deckglasstreifen läuft; ja es scheint sogar, dass die in der Nähe solcher Glasstreifen befindlichen Tropfen eine Neigung haben. gegen sie zu wandern. Der Tropfen legt sich dann mit der Stelle des Ausbreitungscentrums dem Deckglasstreifen mehr oder weniger dicht an und strömt ruhig. ja, wie mir schien, sogar in verstarktem Maasse fort. Nie liess sich jedoch beobachten. dass ein solcher Tropfen von dem Glasstreifen selbstthätig wieder losgekommen wäre.

Eigenthümlicher ist es, wenn zwei Tropfen gegen einander laufen. Benachbarte Tropfen scheinen hierzu geneigt zu sein; sie stossen mit den Ausbreitungscentren auf einander, worauf die Strömung in beiden Tropfen viel stärker wird; doch tritt diese Verstärkung aus später zu erörternden Gründen auch schon ein. bevor sie sich direct berühren. Während sich die Berührungsflächen beträchtlich gegen einander abplatten, geht die Strömung in beiden Tropfen intensiv vor sich. Bemerkenswerth erscheint, wie lange Zeit vergeht, bevor die Tropfen plötzlich zusammenfliessen. Obgleich ich keine genauen Aufzeichnungen über diese Zeit machte. glaube ich doch nicht zu irren, wenn ich sie auf einige Minuten taxire. Nach vollzogener Vereinigung bildet sich gewöhnlich ein ganz neues Ausbreitungscentrum. nach welchem sich dann die Gestalt des vereinigten Tropfens richtet.

Tritt ein Tropfen in seiner Vorwartsbewegung gegen einen in Ruhe befindlichen heran, oder nähert er sich einer relativ ruhenden Stelle des Randes eines grösseren Tropfens, so ruft die Annäherung seines Ausbreitungscentrums auch in dem zweiten Tropfen eine entsprechende Strömung hervor. Ich werde weiter unten auf die Erklärung dieser Erscheinung eingehen.

Grössere Tropfen bilden gewöhnlich mehrere bis zahlreiche Ausbreitungscentren. Auf nebenstehender Fig. 6 habe ich eines der schönsten derartigen Beispiele dargestellt, die zur Beobachtung kamen. Der betreffende, stark gepresste Tropfen besass nicht weniger wie elf Ausbreitungscentren, von denen sich einige zu langen pseudopodienartigen Ausläufern entwickelt haben. Solche Tropfen zeigen, wie zu erwarten, kein eigentliches Fortschreiten in ihrer Gesammtheit; dagegen wachsen die stark strömenden Ausbreitungscentren gewöhnlich pseudopodienartig hervor; da nun häufig die Strömung des einen oder des andern derselben allmählich langsamer wird und schliesslich erlischt, ein anderes dagegen sich kraftiger entwickelt, respect. auch ganz neue Centren entstehen, so zeigen solche Tropfen in der Regel einen auffallenden amoboiden Gestaltswechsel. Schon in verhältnissmässig kurzer Zeit, nach $^1/_2$—1 Stunde, hat ein derartiger Tropfen seine Form sehr beträchtlich geändert. Dass solch' ansehnliche und stark gepresste Tropfen im Gesammt wenig fortschreiten, mag zum Theil auch davon herrühren, dass sie, mit relativ grossen Flächen Deckglas und Objectträger berührend, einen verhältnissmässig starken Reibungswiderstand erfahren. Wenn einzelne der pseudopodienartigen Ausläufer stark vorströmen, wie z. B. der auf Figur 6 mit *b* bezeichnete, so tritt auch wohl der Fall ein, dass sie sich, immer weiter auswachsend, ohne dass die Hauptmasse des Tropfens folgt, schliesslich von letzterer ablösen, indem die Verbindungsbrücke mit der Hauptmasse immer stärker ausgezogen wird und endlich durchreisst. So trennte sich der erwähnte, mit *b* bezeichnete Ausläufer der Figur 6 verhältnissmässig bald nach der Herstellung der Zeichnung ab und lief dann als selbstständiger Tropfen in der Richtung seines Ausbreitungscentrums fort. Die gleiche Theilungserscheinung, wenn man diesen Fall so nennen will, habe ich noch mehrfach in ähnlicher Weise beobachtet.

Fig. 6.

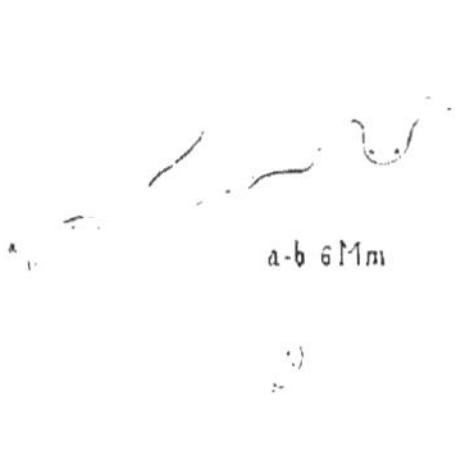

Häufig sieht man, wie ein stark strömendes Ausbreitungscentrum ein benachbartes schwächeres allmählich unterdrückt, indem einer der seitlichen Abströme des ersten Centrums den entgegenlaufenden Strom des letzteren allmählich überwindet und schliesslich auf diese Weise das ganze Centrum nach und nach zum Erlöschen bringt.

Dauer der Strömungen.

Gut gelungene Tropfen zeigen die geschilderten Strömungserscheinungen mindestens 24 Stunden lang, wobei sie allmählich schwächer und schwächer werden und schliesslich ganz erlöschen. Häufig konnte ich sie jedoch auch 48 Stunden bis 3 Tage verfolgen. Endlich gelang es im Mai 1889 nach vielfachen Versuchen ein Oel zu combiniren, welches ganz besonders gut strömende Tropfen lieferte. In einem der Präparate strömte der grösste aus diesem Oel am 28. Mai hergestellte Schaumtropfen noch am 3. Juni deutlich, wenn auch schwach; er war also in 6 Tagen noch nicht zur Ruhe gelangt.

Wenn eben erwähnt wurde, dass es der grösste Tropfen war, welcher diese langanhaltende Strömung zeigte, so wird dadurch nur eine Erscheinung bestätigt, welche sich auch bei Verfolgung der kleineren Tropfen deutlich zeigt. Ganz kleine, nur aus relativ wenigen Waben bestehende Tröpfchen, wie sie ja (s. oben p. 11) in den Präparaten vielfach vorkommen, sah ich überhaupt niemals in Strömung gerathen. Grössere Tröpfchen von vielleicht 0,05—0,1 Durchmesser zeigten gewöhnlich recht hübsche Strömungserscheinungen, die jedoch nicht lange dauerten, d. h. nach einer bis wenigen Stunden erloschen. So langanhaltende Strömungen, wie sie oben erwähnt wurden, konnten nur an relativ grossen Tropfen beobachtet werden. Die Strömungsdauer steht daher in directem Verhältniss zur Tropfengrösse, was mit der weiter unten zur Sprache kommenden Erklärung der Strömungen wohl harmonirt.

Einfluss der Temperatur etc. auf die Strömungen.

Werden strömende Tropfen auf dem M. Schultze'schen heizbaren Objecttisch auf 40—50° C.[1] erwärmt, so ist leicht zu beobachten, dass die Strömungen viel rascher und intensiver werden. Das Gleiche gilt von ihren fortschreitenden Bewegungen. Ebenso lässt sich verfolgen, dass Tropfen, welche schon zur Ruhe gelangt sind, beim Erhitzen von neuem zu strömen beginnen, oder dass solche Tropfen, welche nicht recht strömen wollten, bei höherer Temperatur dazu gelangen. Wenn mehrere Strömungscentren vorhanden sind, zeigen die Tropfen nun einen raschen Wechsel der Gestalt, unter Auftreten neuer Centren und dem Schwinden früherer. Einen eclatanten Fall dieser Art bilde ich auf beifolgender Fig. 7 ab; der Zeitraum, in welchem sich der gezeichnete amöboide Gestaltswechsel vollzog, betrug nicht mehr wie 10 Minuten.

Fig. 7.

[1] Natürlich ist die Temperatur etwas niedriger, als sie das Thermometer des Tisches anzeigt.

Einen Einfluss der Schwerkraft auf die Strömungen konnte ich nicht feststellen. Wurden Präparate mit strömenden, stets ziemlich stark gepressten Tropfen durch Umlegen des Mikroskops senkrecht aufgestellt und längere Zeit in dieser Lage beobachtet, so zeigte sich keinerlei deutliche Beeinflussung der Strömungen: dieselben erfolgten sowohl in der Richtung der Schwerkraft wie gegen diese, als auch in jeder beliebigen anderen gleich gut. Obwohl diese Versuche nicht einwurfsfrei sind, wollte ich sie doch kurz erwähnen.

Auch stellte ich gelegentlich einige Experimente an, um die Möglichkeit eines Lichteinflusses auf die Bewegungsvorgange zu ermitteln. Diese Versuche geschahen mit Tropfen, welche nicht gepresst waren und sich in Glycerin befanden. Die Präparate wurden in der Nähe des Fensters auf ein schwarzes Papier gelegt und hierauf die vom Fenster abgewendete Hälfte des Präparates mit einem schwarzen Papier derart bedeckt. dass wenigstens einer der Tropfen gerade zur Hälfte von dem Papier bedeckt war. Ueber das Praparat wurde dann noch eine Glasschale gestellt, deren vom Fenster abgewendete Hälfte mit schwarzem Tuch überdeckt war. Die wenigen bis jetzt angestellten Versuche ergaben keinen Einfluss des Lichts: die Tropfen wanderten bald in das Licht. bald in die Dunkelheit, obgleich sie häufiger das erstere thaten. Zwar war es auffallend, dass sie sich meist ziemlich direct in der Richtung des zutretenden Lichts bewegten, also entweder dem Fenster zu oder von demselben weg. doch kann auch dieses Ergebniss wegen der zu geringen Zahl der Versuche ein zufalliges gewesen sein.

Verhalten der Schaumtropfen gegen Electricität.

Da es mir von vornherein sehr wichtig schien. den Einfluss electrischer Kräfte au die Strömungserscheinungen der Schaumtropfen zu ermitteln, so habe ich mich längere Zeit und wiederholt mit diesem Gegenstand beschäftigt. Leider muss ich jedoch gestehen, dass die erzielten Resultate nicht recht befriedigend sind. Dies mag zum Theil an den natürlichen Schwierigkeiten des Gegenstandes liegen, zum Theil wohl auch an der Unerfahrenheit des Beobachters auf diesem Gebiet. Wenn ich es daher bedauern muss, keine bestimmteren und befriedigenderen Ergebnisse mittheilen zu konnen. so glaube ich doch nicht ganz darüber schweigen zu sollen, selbst auf die Gefahr hin, dass von competenterer Seite das hier Gebotene einer strengen Kritik unterzogen wird.

In meiner vorläufigen Mittheilung vom 3. Mai 1889 wurde berichtet, dass die Schaumtropfen zwischen den Polen des constanten Stromes eine nach der negativen Seite gerichtete Strömung zeigten. Da jedoch auch gewöhnliche Oeltropfen unter diesen Bedingungen schwache, bald vorübergehende Strömungen beobachten liessen, so schien die Angelegenheit weiterer Aufklärung bedürftig. Schon damals erwog ich nämlich, dass das gegen den negativen Pol gerichtete Ausbreitungscentrum möglicher Weise nur eine Folge der durch die eintretende Electrolyse am negativen Pol entstehenden freien Alkalien sein könnte, welche natürlich ein gegen den negativen Pol gerichtetes Ausbreitungscentrum erzeugen müssen, sobald sie die Oberfläche des Schaum- oder Oeltropfens erreichen (siehe hierüber weiter unten p. 43). Da nun das Glycerin, in welchem die Schaumtropfen untersucht wurden, aufgelöste Kaliseifen enthält, so musste eine solche Möglichkeit wohl erwogen werden. Auch ist das zur Verdünnung des Glycerins verwendete Wasser selbst nicht frei von Spuren alkalischer Salze. Die Gründe, welche mich damals veranlassten, den negativen Strom trotzdem nicht dieser Ursache zuzuschreiben, will ich hier nicht eingehender erörtern. — Meine anfänglichen Versuche stellte ich natürlich auf Objectträgern an, welche in gewöhnlicher Weise mit Platinblechelectroden versehen waren, bei einem Abstand der Electroden von etwa 4—5 mm. Um die erwähnte Fehlerquelle zu vermeiden, bediente ich mich bei späteren, im Laufe des Sommers 1889 angestellten Versuchen kleiner sogenannter unpolarisirbarer Pinselelectroden, wie sie Dubois-Reymond angegeben hat, welche, mit 1 % Kochsalzlösung getränkt, beiderseits etwas unter das Deckglas eingeschoben werden und ganz gut functioniren, sowie relativ leicht zu handhaben sind.

Da der negative Strom in der Regel erst nach 2—5 Minuten langem Schluss der Pole auftrat, so deutete auch dies auf seine electrolytische Entstehung hin. Diese Vermuthung scheint mir nun durch die weiteren Versuche ziemlich sicher erwiesen zu sein, so dass jene ersterwähnte Beeinflussung der Tropfen durch den electrischen Strom zu streichen sein dürfte.

Wenn man gewöhnliche Oeltropfen in mit etwas *NaCl* versetztem Glycerin zwischen Platinelectroden auf dem Objectträger dem constanten Strom aussetzt, so tritt bei stärkerem *NaCl*-Gehalt des Glycerins fast sofort am negativen Tropfenrand unter Seifenbildung ein kräftiges Ausbreitungscentrum auf. Ist der *NaCl*-Gehalt des Glycerins nur schwach, so dauert es einige Zeit, bis eine schwache Ausbreitungsströmung am negativen Rand des Tropfens einsetzt. Gewöhnlich tritt hierauf für kurze Zeit wieder Ruhe ein und dann beginnt die Alkaliwirkung bald sehr energisch am negativen Tropfenrand zu wirken. Der Tropfen geräth in sehr heftige Strömung und wird dabei rasch in schönen, völlig undurchsichtigen Schaum übergeführt, so dass ich es für möglich halte, auf diesem Wege ganz gute Schaumtropfen herzustellen.

Um diesen Punkt noch weiter zu verfolgen, brachte ich Oeltropfen in das halbverdünnte Glycerin, welches ich gewöhnlich verwendete, und färbte dies leicht mit etwas neutraler Lackmuslösung[1]. Wurde nun der constante Strom (5 Chromsäureelemente und Platinelectroden) durchgeleitet, so trat sofort Bläuung an der negativen und Röthung an der positiven Electrode auf. Allmählich breitete sich die Blaufärbung in Form eines Dreiecks aus, dessen Basis an der negativen Electrode sich befand, dessen Spitze gegen den, mitten zwischen den Electroden befindlichen Oeltropfen gerichtet war. Schon kurz bevor die Spitze der blauen Region den Rand des Tropfens erreichte, machte sich die erste Spur der Ausbreitungsströmung am Tropfenrand geltend. Nachdem dieser negativ gerichtete

[1] Dieselbe verdanke ich Herrn Dr. K. Mays, welcher das Verfahren ihrer Darstellung auf dialytischem Wege früher geschildert hat; s. Verh. des medic.-naturhist. Vereins Heidelberg. N. F. Bd. 3. p. 295.

Strom kurze Zeit angedauert hatte, trat gewohnlich auf kurze Zeit Ruhe ein, die gleiche Erscheinung, welche schon oben erwahnt und die unter den gleichen Bedingungen auch in der Regel an den in Glycerin untersuchten Schaumtropfen beobachtet wurde. Die Ursache dieser vorübergehenden Ruhe war bei der gewählten Versuchsanordnung gleichfalls ersichtlich. Während der Strömung des Tropfens breitete sich nämlich eigenthümlicher Weise die rothe saure Flüssigkeit der positiven Seite vollständig um den Tropfen aus, so dass dieser nun auch auf der negativen Seite von einer schmalen rothen Zone umzogen war, und das blaue Dreieck hatte seine Gestalt ganz verändert. Hiermit war natürlich auch die Ursache der negativen Strömung aufgehoben und diese erlosch. Nach kurzer Zeit näherte sich die blaue Zone dem Tropfen wieder und rief nun andauernde negative Strömung hervor, welche nach Unterbrechung des electrischen Stroms sofort schwächer wurde und bald erlosch. Die beschriebene Erscheinung liess sich durch Umkehr der Pole beliebig umkehren. Die Zeit bis zum Einsetzen des andauernden negativen Stroms betrug bei einem Electrodenabstand von 3 mm circa 5 Minuten.

Beachtet man ferner, dass bei schwacher Ansäuerung des Glycerins mit *ClH*, ferner auch bei Anwendung von unpolarisirbaren Pinselelectroden ein negativer Strom nicht zu erzielen war, so dürfte aus Allem wohl sicher hervorgehen, dass die früher erwähnte negative Strömung der Schaumtropfen nur auf electrolytischer Alkaliwirkung beruhte.

Bei weiteren Versuchen an Schaumtropfen, unter Anwendung von Platinelectroden, ergab sich dagegen bald, dass, im Gegensatz zu der früheren Darstellung, sofort nach Stromschluss in der Regel ein mässig starkes Ausbreitungscentrum am positiven Tropfenrand auftritt; das Gleiche wurde auch mit unpolarisirbaren Pinselelectroden ebenso deutlich und häufig festgestellt. Sowohl ganz ungepresste wie stark gepresste Tropfen liessen diese Erscheinung beobachten; auch wurde dabei häufig nicht nur Strömung, sondern auch Fortschreiten nach dem positiven Pol recht deutlich beobachtet. Ich kann keineswegs sagen, dass die Erscheinung stets mit absoluter Sicherheit hervorzurufen ist; manchmal gelangen die Versuche nur schlecht. In einer recht beträchtlichen Zahl von Fällen trat aber die Erscheinung so eclatant hervor, dass ich sie für gesichert halte. Es zeigte sich dabei, dass diese positive Strömung nach Unterbrechung des electrischen Stroms sofort oder nach ganz kurzer Zeit erlosch, und dass sie durch Wechsel der Pole beliebig oft und mit grosser Sicherheit bald auf der einen, bald auf der anderen Seite hervorzurufen war.

Am besten eignen sich zu diesen Versuchen gute Tropfen, die keine oder doch nur eine sehr schwache eigene Strömung zeigen, da lebhafte eigene Bewegungen den durch Electricität hervorzurufenden jedenfalls nicht günstig sind. Dennoch gelang es auch mehrfach recht gut, bei lebhaft strömenden Tropfen den positiven Strom nebst Fortschreiten nach dem positiven Pol hervorzurufen und dann bei Wechsel der Pole sehr regelmässig, fast ohne Ausnahme, den entsprechenden Strom zu bewirken. Gut strömende und kriechende Tropfen zeigten, mit unpolarisirbaren Electroden untersucht, mehrfach recht schön, dass sich, unter dem Einfluss der vom electrischen Strom hervorgerufenen Strömung und des damit verbundenen Fortschreitens nach der positiven Seite, ihre Gestalt entsprechend änderte, ähnlich einer Amöbe, die abwechselnd nach entgegengesetzten Richtungen kriecht. Auf nebenstehender Figur 8 sind zwei aufeinander folgende Gestalten desselben Tropfens abgebildet; *a* zeigt die Form um 12 h. 40 bei der angegebenen Stellung der Pole; der eigenthümlich gezackte Hinterrand rührt von dem Ankleben des fortschreitenden Tropfens an dem Objectträger her. 12 h. 41 wurden die Pole gewechselt; das neue positive Ausbreitungscentrum tritt bei • auf und die Gestalt des jetzt allmählich nach der positiven Seite fortschreitenden Tropfens ist um 12 h. 45 die der Figur *b*. Die gleiche Gestalts- und Strömungsänderung war jedoch an diesem Tropfen schon zuvor mehrfach hervorgerufen worden, so dass die abgebildete Erscheinung nichts Zufälliges sein konnte.

Fig. 8.

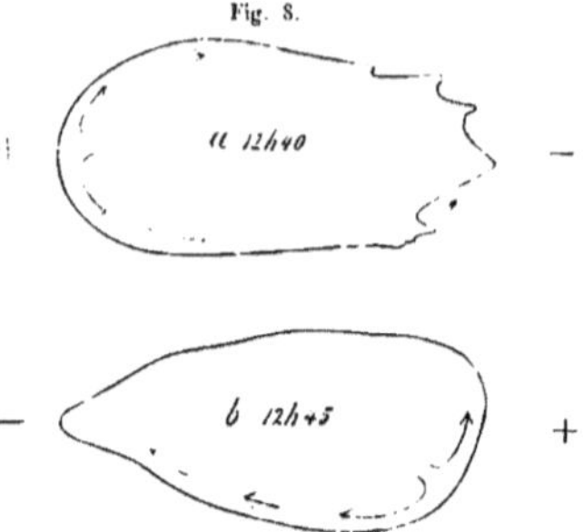

Immerhin wird man bei selbstthätig strömenden Tropfen häufig auf Unregelmässigkeiten stossen, welche wohl hauptsächlich daher rühren, dass aus anderen Ursachen entstandene, spontane Strömungen den regelmässigen Gang stören. Deshalb wird es sich bei einer Wiederholung der Versuche wohl empfehlen, stärkere electrische Ströme anzuwenden, als sie mir zur Verfügung standen[1]. Diese Ueberzeugung drängte sich mir im Laufe meiner Experimente immer mehr auf und ich glaube wohl, dass ich klarere und überzeugendere Resultate erzielt haben würde, wenn ich über stärkere Ströme verfügt hätte.

Im Lauf der Versuche kam mir auch der Gedanke, dass es von Interesse sein müsse, festzustellen, wie sich gewöhnliche Oeltropfen gegenüber dem electrischen Strom in Glycerin verhalten, in welchem etwas Seife aufgelöst ist. Denn es ist ja klar, dass das Glycerin um die Schaumtropfen stets seifenhaltig ist. Wie gewöhnlich, war den Oeltropfen fein vertheilter Kienruss beigemischt, zur Verdeutlichung der etwaigen Strömungen. Bei den mit unpolarisirbaren Pinselelectroden ausgeführten Untersuchungen zeigte sich, dass unter diesen Bedingungen auch reine Oeltropfen die positive Strömung schon deutlich, wenn auch verhältnissmässig schwach, zeigten. Aehnliche früher mit Platinelectroden ausgeführte Versuche hatten zum Theil ähnliches ergeben, namentlich aber gezeigt, dass ziemlich grosse Tropfen in Seifenglycerin dem bekannten Gesetz der Wanderung kleiner suspendirter Partikelchen nach dem positiven Pol deutlich folgen, was sie in reinem Glycerin nicht thun.

[1] Zur Verwendung kam theils eine Batterie von fünf mässig grossen Chromsäureelementen, theils eine von acht kleinen Grove'schen Elementen. Die Wirkung beider war nicht wesentlich verschieden.

Einfluss von Inductionsschlägen.

Gut gelungene Schaumtropfen wurden in Glycerin häufig der Wirkung einzelner massig starker Inductionsschläge ausgesetzt, wobei sich als allgemeines Ergebniss mit ziemlich grosser Uebereinstimmung Folgendes herausstellte. Die Schläge rufen im Allgemeinen plotzliche und häufig recht heftige zuckungsartige Bewegungen hervor, welche sich bei guten Tropfen über den gesammten Rand ausdehnen, bei weniger guten mehr lokalisirt auftreten können. Bei solchen Zuckungen nimmt der Tropfenrand ein mehr oder weniger runzliges Aussehen an und weicht häufig nicht unbeträchtlich zurück. Im Allgemeinen ist sehr deutlich zu verfolgen, dass die Schliessungsschläge eine viel geringere Wirkung haben wie die Oeffnungsschläge. Ist die Wirkung überhaupt schwach, so rufen Schliessungsschläge häufig gar keine Zuckungen hervor, während die Oeffnungsschläge dies noch deutlich thun. Wurden die Versuche einige Zeit fortgesetzt, so ergab sich stets recht bestimmt, dass die Zuckungen schwächer wurden, ja manchmal ganz aufhörten.

Wurden gut strömende Tropfen Inductionsschlägen ausgesetzt, so liess sich häufig beobachten, dass die Strömung für einen Moment, jedoch auch bis zu einer Minute lang ins Stocken gerieth, um darauf wieder und häufig verstärkt anzuheben. Es handelte sich dabei stets um Strömungen, welche ziemlich senkrecht zu der Richtung des electrischen Stroms verliefen. Gelegentlich, jedoch selten, gingen solche ins Stocken gerathene Strömungen auch ganz ein, indem sich dann nach kurzer Zeit in ihrer Nähe ein neues Ausbreitungscentrum bildete.

Mehrfache rasch aufeinanderfolgende Oeffnungen und Schliessungen rufen stets ziemlich energisches Platzen von Schaumbläschen im Inneren der Tropfen hervor, eine Erscheinung, welche sich natürlich bei Anwendung des intermittirenden Stroms noch deutlicher kundgiebt. Einwirkung des intermittirenden Inductionsstroms, bei Anwendung unpolarisirbarer Pinselelectroden, liess mehrfach mit Sicherheit constatiren, dass dabei recht heftige Ausbreitungsströme an den beiden gegen die Pole schauenden Stellen des Tropfenrandes auftreten, welche bei Unterbrechung sehr bald erlöschen und bei Schluss von Neuem wieder rasch beginnen. Diese Erscheinung harmonirt gut mit der bei Anwendung des constanten Stroms beobachteten positiven Strömung, da ja bei intermittirendem Inductionsstrom die Pole rasch wechseln und daher auf jeder Seite die Wirkung des positiven Pols auftreten muss.

7. Wahrscheinliche Erklärung der Strömungen der Schaumtropfen.

Um zu einer Erklärung der eigenthümlichen, so lang anhaltenden Strömungserscheinungen der Schaumtropfen zu gelangen, müssen wir uns zunächst deren Aufbau nochmals betrachten. Wie bemerkt, bestehen sie aus einem Gerüstwerk feinster Oellamellen, dessen Maschen von einer wässrigen Flüssigkeit erfullt sind. Die Bildungsweise der

Schäume ergiebt, dass diese Flüssigkeit eine wässrige Lösung von K_2CO_3 und Kaliseife sein muss, die sich bei der Einwirkung der Pottasche auf die freien Fettsäuren des Oels, respect. auch auf die Glyceride selbst. bildete. Wurden die Schaumtropfen in Glycerin aufgehellt, so enthalten die Waben nun eine seifen- und K_2CO_3-haltige Glycerinlösung.

Die Strömungserscheinungen der Tropfen erfolgen nun im Allgemeinen in der Art sogenannter Ausbreitungsströme (Quincke 1888, Emulsionsbewegungen Berthold 1886, Contactbewegungen Lehmann 1888), wie sie regelmässig da entstehen, wo die Oberflächenspannung einer Flüssigkeit (*a*), die sich in Luft oder einer zweiten Flüssigkeit *b* befindet, lokal vermindert wird, indem eine Stelle der Oberfläche von *a* in Berührung mit einer dritten Flüssigkeit (*c*) gebracht wird, mit welcher *a* geringere Oberflächenspannung besitzt, wie mit *b*. Dieser Fall tritt also z. B. ein, wenn wir an einen Oeltropfen, der unter dem Deckglas in Wasser aufgestellt ist, einseitig eine schwache Seifenlösung herantreten lassen.

Man führt diesen Versuch am besten in der Weise aus, dass man dem Oeltropfen Kienruss beimischt und die zutretende Seifenlösung mit Tusche versetzt, respect. auch mit einer Anilinfarbe stark färbt. Dann ergiebt sich, dass am Tropfenrand, schon kurz bevor ihn die Seifenlösung berührt, eine energische Ausbreitungsströmung auftritt, die in einem axialen Zustrom aus dem Inneren des Oeltropfens besteht, der, an die Oberfläche gelangt, nach beiden Seiten abfliesst. In ihrem Verlauf nach hinten, also gegen den der Berührungsstelle der Seifenlösung mit dem Rand des Oeltropfens diametral gegenüberliegenden Punkt des Randes, werden die beiden Abströme immer langsamer. Schliesslich treffen sie an dem hinteren Pole des Tropfens zusammen, um sich allmählich wieder nach vorn zu wenden und in den axialen Zustrom überzugehen. Genauer betrachtet, ergeben sich die Strömungsverhältnisse etwa so, wie sie die nebenstehende Figur 9 zeigt, auf welcher die Geschwindigkeit der lokalen Strombahnen durch die Länge der Pfeile ungefähr angedeutet wurde. Wie diese Figur lehrt, findet sich am Hinterende des Tropfens eine in fast völliger Ruhe befindliche Partie *x* von etwa dreieckiger Gestalt, mit nach dem sogenannten Ausbreitungscentrum des vorderen Randes gewendeter Spitze. Die Ausdehnung dieser ruhenden hinteren Partie hängt von der Intensität der Strömung ab: je stärker die beiderseits nach hinten eilenden Ströme sind, um so weiter reichen sie gegen den hinteren Pol, um so beschränkter ist daher die ruhende Region *x*: intensive Ströme reichen schliesslich bis an den hintern Pol selbst und stossen hier zusammen. Dann bildet sich durch die Gegenwirkung der aufeinander stossenden Ströme nur ein schmaler axialer, relativ ruhender Streif, der sich nach vorn durch die ganze Axe des Tropfens bis zu dem Ausbreitungscentrum fortsetzt. Derselbe Mittelstreif *m*, siehe die Figur) kommt jedoch auch in dem Falle zur Ausbildung, wenn sich hinten eine ansehnlichere ruhende Partie

Fig. 9.

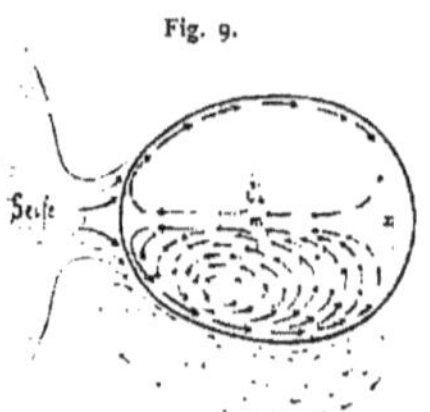

findet. und er ist dann eine directe Fortsetzung ihrer nach vorn gewendeten Zuspitzung. Die erwähnten Verhältnisse werden durch Zusatz von feinem Kienruss zum Oel viel deutlicher; dabei zeigt sich ferner das Eigenthümliche, dass die Kienrusspartikelchen. welche ursprünglich gleichmässig durch das Oel vertheilt waren, allmählich gänzlich aus der hinteren ruhenden Partie verschwinden, weshalb diese durchsichtig und klar wird; ebenso ist auch die als Mittelstreif m bezeichnete Fortsetzung der Partie x ganz frei von Kienruss. Zuweilen bildet sich eine stärkere Ansammlung des Russes auf der Grenze gegen die ruhende Partie x, so dass hier zwei dunkle Anhäufungen entstehen.

Gleichzeitig mit diesen Strömungsvorgängen zeigt jedoch der Tropfen auch Vorwärtsbewegung, wenn der Versuch ordentlich verläuft. Der Tropfen schreitet rascher oder langsamer in der Richtung gegen die zutretende Seifenlösung fort und kriecht auf diese Weise häufig weit hinweg. Gewöhnlich tritt diese fortschreitende Bewegung sofort bei Berührung der Seifenlösung mit dem Tropfenrand auf. dann buchtet sich dieser sogleich bei Beginn des Ausbreitungsstroms gegen die Seife stark und plötzlich vor; bei andauerndem Fortschreiten nimmt der Tropfen in der Regel allmählich eine ovale Gestalt an, mit etwas zugespitztem, d. h. stärker gekrümmtem Vorder- und etwas breiterem Hinterrande.

Fig. 10.

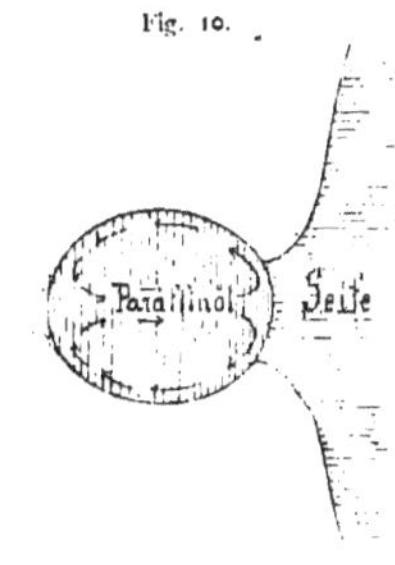

Gleichzeitig mit den im Tropfen stattfindenden Strömungen verlaufen natürlich auch solche im umgebenden Wasser, welche bei Zusatz von Tusche zur Seifenlösung am deutlichsten zu beobachten sind. Man bemerkt dann, dass die Seifenlösung von der Berührungsstelle mit dem Oeltropfen auf dessen Oberfläche nach hinten fliesst, soweit als sich die Strömung im Oeltropfen erstreckt. Von hier aus biegt die Strömung nach aussen um, so dass sich allmählich jederseits ein Rückstrom im umgebenden Wasser bildet, ähnlich wie im Oeltropfen (s. Fig. 9). Der Ort dieses Rückstroms wird durch eine dunkle Anhäufung von Tusche ausgezeichnet. Allmählich erstreckt sich diese dunkle Bogenlinie der Tusche wieder bis zu der zutretenden Seifenlösung zurück (s. Fig. 10).

Die physikalische Erklärung der geschilderten Ausbreitungsströme, welche schon früher Quincke und Andere unter etwas veränderten Bedingungen studirten, ist nach Quincke's Auffassung (1888) etwa folgende. Da die Oberflächenspannung auf der Grenze zwischen Olivenöl und Seifenlösung kleiner ist als die auf der Grenze von Olivenöl und Wasser, so muss bei einseitiger Berührung mit Seifenlösung der Gleichgewichtszustand der Tension in der Oberfläche des Oeltropfens aufgehoben werden. Wenn wir uns die Tension so vorstellen, als wenn die Oberfläche von einer elastischen gespannten Membran gebildet würde, so muss diejenige Partie der Oberfläche des Tropfens, welche mit Wasser in Berührung ist, gewissermaassen zusammenschnurren, da ihre Tension eine grössere ist wie die desjenigen Theils der Oberfläche, welcher von Seifenlösung bedeckt wird. Man kann sich nun vorstellen, dass unter diesen Bedingungen die Grenzschicht zwischen dem Oeltropfen und der umgebenden Flüssigkeit zerreissen und gegen das Hinterende des Tropfens geführt werden muss, welch' heftige Bewegung natürlich sowohl die Oelmasse wie die umgebende Flüssigkeit, und zwar beide mit gleicher Kraft, bis zu einer gewissen Tiefe in eine gleichgerichtete, von der Berührungsstelle oder dem Ausbreitungscentrum abführende Strömung versetzen wird. Bei diesem Zerreissen der Grenzzone zwischen Oel und der umgebenden Flüssigkeit tritt jedoch eine neue Oelfläche in Berührung mit der Umgebung. Da die bei der sog. Ausbreitung nach hinten abgeführte dünne Schicht von Seifenlösung sich sofort in dem reinen Wasser, welches die hintere Region des Oeltropfens umgiebt, auflöst oder sich doch momentan rasch verdünnt, so wird der Gleichgewichtszustand sofort wieder gestört werden und sich auf diese Weise ein continuirlicher Ausbreitungsstrom ergeben, welcher von der Berührungsstelle allseitig nach hinten abfliesst.

Auf solche Art erklärt sich daher wohl die fortgesetzte Dauer einer solchen Abströmung unter den gegebenen Bedingungen; dagegen scheint mir diese Betrachtung nicht vollständig den axialen Zustrom zu erklären, noch weniger aber das Fortschreiten des Tropfens in der Richtung des Axialstroms. Mensbrugghe (1890—91) hat auch schon direct bezweifelt, dass der axiale Vorstrom sowie das Fortschreiten Wirkungen der Oberflächenspannung seien, vielmehr erblickt er in ihnen eine Folge chemischer Attraction zwischen der Seife und dem Oel. — Es scheint zunächst klar, dass der axiale Strom eine einfache Folge der sich in die Tiefe des Oeltropfens fortsetzenden und beiderseits gleichen oberflächlichen Abströmung von dem Ausbreitungscentrum ist. Diese beiden rückwärts ziehenden Ströme müssen in Folge der Reibung innerhalb der Oelmasse jederseits einen Wirbel hervorrufen, wie es auch die Fig. 9 auf p. 43 deutlich zeigt, und das Zusammenwirken dieser beiden Wirbel tritt als Axialstrom hervor. Weiterhin gesellt sich jedoch ein weiteres Moment hinzu, das den Axialstrom fördert. Wenn der Oeltropfen sich in Wasser befindet, dann wird er in Folge der allseitig gleichen Oberflachenspannung nothwendig Kugelform annehmen, da nur unter diesen Bedingungen der als Folge der Oberflächenspannung zu betrachtende, nach innen gerichtete Capillardruck (der stets in der Normalen zur Krümmung der Oberfläche wirkt und dem Krümmungshalbmesser umgekehrt proportional ist) allseitig gleich ist. Wird nun durch Berührung des Tropfenrandes mit Seifenlösung die Oberflächenspannung (d. h. die in der Oberfläche wirkende Tension) local herabgesetzt, so muss dies die Gestalt des Tropfens nothwendig beeinflussen. Da durch Verminderung der Tension auch der nach innen gerichtete Druck herabgesetzt wird, so muss sich die mit Seifenlösung benetzte Stelle der Tropfenoberfläche stärker krümmen, d. h. etwas vorwölben oder ausbuchten, um dem unveränderten Druck der vom Wasser benetzten Oberfläche das Gleichgewicht zu halten. Da nämlich der nach innen gerichtete Druck dem Krümmungshalbmesser der Oberfläche umgekehrt proportional ist, so wird durch stärkere Krümmung der Tropfenoberfläche diese Druckdifferenz ausgeglichen werden. Wir finden denn auch sowohl bei Quincke's wie meinen Versuchen, dass der Tropfen thatsächlich eine entsprechende Gestalt annimmt. Da nun durch die Ausbreitungserscheinung ein Abströmen des Oels in der oberflächlichen Region des Tropfens nach hinten hervorgerufen wird und gleichzeitig die Differenz der Tension auf der Oberfläche des Tropfens fortdauert, so dürfte daraus folgen, dass zur Ausgleichung der bei der Abströmung fortgesetzt hervorgerufenen Verminderung der Vorwölbung am Ausbreitungscentrum, dort ein successives Vorwölben stattfindet, damit die Gleichgewichtsgestalt erhalten bleibt. Dieses Vorwölben erfordert jedoch einen Zufluss von innen, der von dem Axialstrom geliefert wird und diesen gewissermaassen verstärkt.

Es fragt sich schliesslich, ob auch das Fortschreiten des Tropfens in der Richtung gegen die Seife, d. h. in der Richtung des axialen Stroms, als eine einfache Folge der Differenz der Oberflächenspannungen des Oeltropfens erklärt werden könne. Quincke bejaht dies, indem er sich vorstellt, dass der, wie oben geschildert, hinten stärkere Capillardruck den Tropfen in der Richtung gegen das Ausbreitungscentrum, wo der Druck am geringsten ist, vorwärts treiben müsse. Ich kann dieser Ansicht nicht zustimmen, da ich nicht einzusehen vermag, dass diese Druckdifferenz mehr wie die eben geschilderte Gestaltsveränderung des Tropfens hervorrufen könnte. Ein dauerndes Fortschreiten des Tropfens liesse sich auf diese Weise eventuell nur bei der Annahme erklären, dass die Differenz der Oberflächenspannungen immer grösser würde. Lehmann dagegen (1889 Bd. II p. 499) sucht die Vorwärtsbewegung auf die Reibung zurückzuführen, welche die oberflächlichen Ströme des Tropfens an der umgebenden Flüssigkeit erfahren, wodurch der freischwebende Tropfen vorwärts getrieben werde. Ich glaube, dass die Unzulässigkeit dieser Ansicht ziemlich klar ist. Wenn die Kräfte, welche die Strömungen verursachen, im Inneren des Tropfens ihren Sitz hätten, so wäre eine solche Reibung an seiner Oberfläche wohl möglich. Nun ist dies aber keineswegs der Fall, sondern die wirksamen Kräfte entstehen auf der Grenzfläche zwischen dem Tropfen und dem umgebenden Wasser und rufen in diesem genau dieselbe Strömung hervor, welche sie auch der Tropfenoberfläche ertheilen. Unter diesen Umständen erscheint daher eine Reibung zwischen der strömenden Tropfenoberfläche und dem umgebenden Wasser ausgeschlossen. Mensbrugghe glaubt, wie bemerkt, dass das Fortschreiten wie überhaupt das ganze Phänomen auf chemischer Attraction beruhe, welche im Gegensatz zu der Oberflächenspannung nach aussen, gegen die zutretende Seife gerichtete Druckkräfte hervorbringe. Leider kann ich auch dieser Meinung nicht zustimmen, da ich mich durch zahlreiche Versuche überzeugte, dass der gesammte Complex von Erscheinungen auch mit einem chemisch so unveränderlichen Körper wie Paraffinöl in ganz derselben Weise hervorgerufen werden kann. Das käufliche Paraffinöl wurde nochmals mit concentrirter Schwefelsäure bei 100° C. behandelt, gut ausgewaschen und zeigte auch dann ganz die gleichen Erscheinungen. Da nun nicht wohl angenommen werden kann, dass Paraffinöl und verdünnte Seifenlösung chemisch irgendwie erheblich auf einander wirken, so dürfte es zweifellos erscheinen, dass die geschilderten Vorgänge doch nur von rein physikalischen Ursachen herrühren können.

Die Erklärung für das Fortschreiten des Oeltropfens gegen die Seifenlösung dürfte meiner Meinung nach etwa in Folgendem zu suchen sein. Durch den Ausbreitungsstrom wird von der Berührungsstelle des Tropfens mit der Seifenlösung fortdauernd von der letzteren weggeführt und an das Hinterende des Tropfens geschafft. Für diese vorn weg genommene Seifenlösung muss Ersatz geleistet werden durch die benachbarten Flüssigkeiten, und zwar wird dies geschehen durch den allgemeinen Druck innerhalb der Flüssigkeit, welcher in derselben Weise auf die Seifenlösung, das Wasser und das Oel wirkt. Man kann sich dies am leichtesten vorstellen, wenn man sich denkt, dass der Oeltropfen in einer spezifisch gleich schweren Flüssigkeit schwebe. Da nun, wie wir gesehen haben, der capillare Druck des Oeltropfens bedingt, dass seine Gestalt dieselbe bleibt, so wird sich auch der Oeltropfen an dem Ersatz der nach hinten abfliessenden Seifenlösung betheiligen; indem ja der Druck, welcher diesen Ersatz verursacht, gleichmässig auf Wasser, Seifenlösung und Oeltropfen wirkt. Letzterer wird daher in dem Maasse, als die Seifenlösung nach hinten abströmt, in diese hineinwandern oder gewissermaassen von ihr angezogen werden. Uebrigens glaube ich, dass sich die Erscheinung auch bei genauerer Verfolgung der seitlichen Druckkräfte der auftretenden Ströme, welche eine Veränderung erfahren werden, entsprechend dem Gesetz, dass der Seitendruck in strömenden Flüssigkeiten um eine Grösse vermindert wird, die dem Quadrat der Strömungsgeschwindigkeit proportional ist, erklären lassen müsste.

Mit der entwickelten Erklärung des Fortschreitens des Tropfens dürfte im Einklang stehen, dass diese Vorwärtsbewegung im Allgemeinen erst dann eintritt, wenn die Strömungserscheinungen eine gewisse Intensität erreichen. Langsame oder mässig starke Ausbreitungsströme können lange Zeit fortdauern, ohne dass der Tropfenrand im geringsten vorrückt. Erreicht jedoch die Strömung eine gewisse Intensität, so tritt das Fortschreiten immer deutlich auf, da dann die Kräfte ausreichen, um die stets vorhandene Reibung des Tropfens am Deckglas und Objectträger zu überwinden.

Die im Vorhergehenden geschilderten Ausbreitungsströme lassen sich in ganz derselben Weise auch hervorrufen, wenn man statt Seifenlösung verdünnte Lösungen von KHO, $NaHO$, NH_4O oder K_2CO_3 und Na_2CO_3 zum Olivenöltropfen treten lässt. Die Wirksamkeit dieser Stoffe beruht zum Theil auf der Aenderung der Oberflächenspannung, welche sie direct veranlassen, hauptsächlich jedoch auf der Seifenbildung, welche ihre Einwirkung auf die freien Fettsäuren des Oeles hervorruft. Diese an der Berührungsstelle gebildete und zum Theil im umgebenden Wasser aufgelöste Seife hat natürlich die gleiche Wirkung wie die direct zugegebene Seifenlösung. Da sich jedoch bei Einwirkung alkalischer Lösungen auf die Oeltropfen auch Körnchen schwerlöslicher Seife bilden, welche sich theils auf der Oberfläche des Tropfens anhäufen, theils in der umgebenden Flüssigkeit zerstreuen, so fallen solche Versuche nicht so rein und deutlich aus, wie die mit Seife angestellten. Die Oeltropfen werden bei Anwendung dieser Lösungen rasch trübe, indem zahlreiche feinste Flüssigkeitströpfchen in ihnen auftreten: theils mögen diese auf die früher geschilderte Weise entstehen, theils jedoch bei den heftigen Strömungsbewegungen aus der umgebenden Flüssigkeit hineingerissen werden. Auch mögen die feinen Körnchen und Tropfchen, welche um diese Oeltropfen auftreten, zum Theil abgesprengte feinste Oeltröpfchen sein. Dabei zeigte sich Oeltropfen + K_2CO_3 2,5%), dass die feinen Flüssigkeitströpfchen, welche den Oeltropfen allmählich trübe machten, sich in der hinteren ruhenden Partie x (siehe vorn p. 43 Fig. 9) anhäuften, wobei dieselbe bald ganz trübe wurde. Zweifellos wurden dieser Region die feinen Tröpfchen durch den Strom allmählich zugeführt, da auch die oberflächliche strömende Zone des Tropfens bis zu geringer Tiefe trüb schaumig wurde. Endlich war auch der helle Axenstreif m, welcher in diesem Tropfen gleichfalls gut ausgeprägt war, jederseits von einer schmalen trübschaumigen Linie begrenzt, welche wohl aus der hinteren Region x herstammte. Dies Verhalten der feinen Flüssigkeitströpfchen in strömenden Olivenöltropfen ist um so eigenthümlicher, als sich, wie früher geschildert, die denselben beigemischten Russtheilchen ganz abweichend verhalten, indem sie in die Region x nicht eindringen. Dass diese Verschiedenheit nicht eine Eigenthümlichkeit der Russtheilchen an sich ist, folgt daraus, dass sie sich im strömenden Paraffintropfen ebenso verhalten, wie die Flüssigkeitströpfchen im Olivenöl. Wird nämlich ein mit Russ versetzter Paraffinöltropfen durch Seifenlösung oder andere Flüssigkeiten zu energischen und einige Zeit andauernden Ausbreitungsströmen veranlasst, so häufen sich nach verhältnissmässig sehr kurzer Zeit sämmtliche Russtheilchen hinten in der ruhenden Region x an, die daher (s. die Figur 11) als ein schwarzes Dreieck erscheint, das sich nach vorn mehr oder weniger weit in den gleichfalls schwarzen Axialstreifen auszieht. Der übrige Theil des Tropfens ist gewöhnlich völlig klar und fast ganz russfrei geworden; nur hier und da tritt ein Russpartikelchen aus der Region x wieder in die Strömung ein. Diese Erscheinung habe ich bei den zahlreichen mit Paraffinöl angestellten Versuchen stets in gleicher Weise beobachtet. Auch in den strömenden Schaumtropfen, die aus russhaltigem Olivenöl dargestellt wurden, zeigten die Russtheilchen eigenthümlicher Weise mehr ein Verhalten wie im Paraffinöl; sie häuften sich ebenfalls in der ruhenden Region x reichlich an und bildeten einen schwarzen Axialstreif, im Gegensatz zu ihrem Verhalten im reinen Olivenöltropfen. Eine so vollständige Zusammenhäufung des Russes am Hinterende, wie sie dem Paraffinöl eigenthümlich ist, trat jedoch nicht auf.

Fig. 11.

Nur kurz möchte ich hier betonen, dass die Ausbreitungsströme an Oliven- und Paraffinöltropfen, wie zu erwarten, noch durch zahlreiche Flüssigkeiten in ähnlicher, jedoch minder energischer Weise hervorgerufen werden. Da ein Spezialstudium dieser Vorgänge vom physikalischen Standpunkt aus nicht in meiner Aufgabe lag, habe ich zur eigenen Orientirung nur einige wenige Flüssigkeiten versucht. Absoluter Alkohol bewirkt bei beiden Oelen Ausbreitungsströme, die meist nur kurze Zeit dauern, sich jedoch durch erneuten Zusatz von Alkohol gewöhnlich nochmals wieder hervorrufen lassen. $NaHO$ oder NH_4O ruft bei Paraffinöl gleichfalls Ausbreitungsströme hervor, die bei Paraffinöl und NH_4O im Jahre 1889 über $^1/_4$ Stunde fortdauerten. In neuerer Zeit wiederholte ich diese Versuche mit Paraffinöl und Ammoniak und erzielte dabei in der Regel nur schwache kurzdauernde Ströme, schliesslich aber doch wieder die Erscheinung in der früher beobachteten Dauer und Schönheit. — Concentrirte Schwefelsäure ruft bei beiden Oelen einen kräftigen Ausbreitungsstrom hervor, der namentlich an Olivenöl sehr schön zu beobachten ist und sich, wenn er allmählich ermattet, durch neuen Zusatz von Schwefelsäure wieder mehrere Male verstärken lässt. Eine sichtbare Veränderung des Olivenöls durch die Schwefelsäure ist zunächst nicht wahrzunehmen; wäscht man jedoch den Tropfen darauf mit Wasser aus, so wird seine äussere Zone trübe. Wahrscheinlich dürften daher feinste Schwefelsäuretröpfchen aufgenommen worden sein, die erst nach Wasserzusatz deutlich werden. Bei beiden Oelen geht dem Auftreten des durch die Schwefelsäure verursachten Ausbreitungsstroms ein kurz dauernder, gerade entgegengesetzter Strom im Tropfen zuvor. Derselbe hat also sein Centrum an dem der Schwefelsäure entgegengesetzten Tropfenrand und der Abfluss geschieht gegen die Berührungsstelle mit der Säure. Wie gesagt, dauert dieser schwache Strom nur recht kurze Zeit an und tritt schon auf, bevor die Schwefelsäure den Tropfenrand berührt. Ich werde unten zu zeigen suchen, dass dieser Strom seine Ursache in der Temperaturerhöhung hat, welche bei der Mischung der concentrirten Schwefelsäure mit dem Wasser entsteht.

Es schien mir von Interesse, zu probiren, ob sich die beschriebenen Versuche auch umkehren liessen in der Weise, dass man den Oeltropfen unter dem Deckglas in die Flüssigkeit bringt, mit welcher er die geringere Oberflächenspannung zeigt, und darauf einseitig die Flüssigkeit, mit welcher er höhere Spannung besitzt, also Wasser, zufliessen lässt. In diesem Falle muss nach der Theorie ein umgekehrter Strom auftreten, welcher gegen die Berührungsstelle mit dem Wasser gewendet ist: das Ausbreitungscentrum muss dieser Berührungsstelle gegenüber auf dem entgegengesetzten Tropfenrand liegen. Während nun eine solche Umkehr der Versuche bei Aufstellung der Tropfen in Seifenlösung nicht recht gelang, da dieselbe ziemlich fest an der Tropfenoberfläche zu haften schien und diese daher von dem Wasser umflossen wurde, bevor eigentliche Berührung eintrat, glückten sie mit Alkohol, SH_2O_4 und NH_4O recht gut. Dabei zeigte sich, namentlich bei Anwendung von Alkohol, sowohl mit Paraffin- wie Olivenöl, dass der auftretende Ausbreitungsstrom ungemein viel kräftiger ist, wie bei Zutritt von Alkohol zu dem in Wasser befindlichen Tropfen. Meist ist er geradezu turbulent und dauert auch ziemlich lange an. Wird er matter, so lässt er sich durch erneuten Wasserzufluss mehrmals wieder verstärken. Dabei werden von der Oberfläche des Oeltropfens feinste Oelkügelchen massenhaft abgesprengt, die von der Strömung nach dem Hinterende des Tropfens (Wasserende) geführt werden, sich hier anhäufen und sich allmählich von hier wieder bogenförmig jederseits gegen das Alkoholende ausbreiten, so dass sie eine Figur bilden, ganz der entsprechend, welche schon früher für die Ausbreitung der Russtheilchen oder abgesprengten Oeltröpfchen beschrieben wurde (s. vorn Fig. 10 p. 44). Wurde ein Olivenöltropfen zu dem Versuch verwendet, so traten viele feinste Tröpfchen der umgebenden Flüssigkeit in das Oel ein und trübten es rasch.

Eine Erklärung für die viel grössere Intensität des Ausbreitungsstroms unter diesen Versuchsbedingungen lässt sich vielleicht darin finden, dass hierbei eine grosse Region der Tropfenoberfläche niedere Oberflächenspannung, eine kleine dagegen höhere hat, während die Verhältnisse bei den erstgeschilderten Versuchen umgekehrt lagen. Wenn, wie wir annehmen, als Folge dieser Verschiedenheit der Oberflächenspannung eine Zersprengung der Oberflächenschicht niederer Spannung eintritt, so muss wohl die ganze Erscheinung viel heftiger werden, wenn eine grosse Fläche in dieser Weise zersprengt wird, wie wenn es sich nur um eine kleine handelt.

Die gleiche Umkehr des Versuchs lässt sich auch mit Paraffinöltropfen ausführen, die in concentrirter Schwefelsäure oder Ammoniak aufgestellt werden. Zufluss von Wasser ruft dann gleichfalls den umgekehrten Ausbreitungsstrom hervor. Doch konnte ich bei diesen Versuchen eine besondere Verstärkung des Stroms nicht beobachten. Der Versuch in Ammoniak gelang im Jahre 1889 recht gut, in neuerer Zeit dagegen nur schlecht.

Oben gedachte ich der eigenthümlichen Erscheinung, dass bei Zufluss concentrirter Schwefelsäure zu den Oeltropfen zuerst ein sehr kurz dauernder Ausbreitungsstrom am Gegenpol auftritt. Da ich in neuerer Zeit auf den Gedanken kam, dass dieser Gegenstrom eine Folge der bei der Mischung der Schwefelsäure mit Wasser hervorgerufenen einseitigen Erwärmung sei, so suchte ich diesen Punkt durch einige Versuche aufzuklären. Wurde einem unter einem dünnen Deckglas in Wasser befindlichen Olivenöltropfen ein etwa 1,5 mm dicker, bis zum Glühen erhitzter Messingdraht möglichst dicht genähert, ohne jedoch das Deckglas direct zu berühren, so liess sich ein solcher Gegenstrom gegen den erwärmten Rand des Tropfens auf einige Zeit sehr deutlich bewirken. Noch viel schöner gelang der Versuch mit einem kleinen Apparat, welchen Herr Dr. C. Hilger die grosse Freundlichkeit hatte, zu construiren. Derselbe gestattet, einen sehr dünnen Platindraht, dessen beide Schenkel parallel zusammengebogen sind, mittelst des electrischen Stroms ins Glühen zu bringen und so die Erwärmung beliebig auf eine bestimmte Stelle zu concentriren. Stellte man die herabgebogene Umbiegungsstelle des Drahts so ein, dass sie ca. 1—2 mm von dem Rand des Tropfens entfernt ist, und erhitzte ihn zu mässiger Gluth, so trat der geschilderte Strom sehr schön auf und dauerte so lange an, bis der electrische Strom unterbrochen wurde. Die dem Oel beigemischten Kienrusspartikelchen wurden alle auf die erwärmte Seite geführt, wo die ruhende Partie sich findet, und erstreckten sich von hier in Form eines Axialstreifens durch den Tropfen (siehe Fig. 12). Sehr deutlich liess sich beobachten, dass die Geschwindigkeit des oberflächlichen Stromes von dem erwärmten Pol zu dem gegenüberstehenden stetig abnahm, also gerade entgegengesetzt den Erscheinungen bei einem gewöhnlichen Ausbreitungsstrom, jedoch im Einklang mit dem, was bei einem umgekehrten Ausbreitungsstrom eintreten muss. Handelt es sich nun bei diesem Strom

Fig. 12.

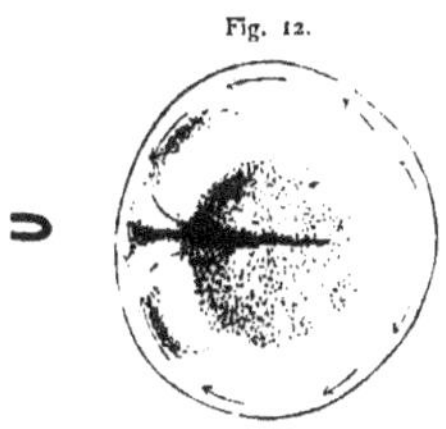

thatsächlich um ein Ausbreitungsphänomen, wie es den Anschein hat, so würde daraus wohl folgen, dass die Oberflächenspannung zwischen warmerem Wasser und Oel grosser ist, wie die zwischen den beiden nicht erwärmten Flüssigkeiten. — Im Allgemeinen ist hinsichtlich des Einflusses der Temperatur auf die Oberflächenspannung bekannt, dass letztere sich bei Temperatursteigerung vermindert; doch beziehen sich diese Angaben nur auf die Oberflächenspannung gegen Luft. Dass der geschilderte Vorgang von Strömungen im umgebenden Wasser secundär hervorgerufen worden sei, halte ich für sehr unwahrscheinlich.

Die Dauer der geschilderten Ausbreitungsströme ist bei der vorausgesetzten Versuchsanordnung meist verhältnissmässig kurz, obgleich die Strömungen, welche durch Seifenlösung sowohl an Oliven- wie Paraffinöltropfen hervorgerufen werden, sich nicht selten stundenlang erhalten, wobei die Tropfen weite Wanderungen ausführen. Da man jedoch unter diesen Bedingungen häufig etwas unsicher ist, ob nicht irgendwelche andere Ursachen, wie Druck und dergleichen, Strömungen in den Tropfen hervorrufen könnten, so machte ich, um langanhaltende Strömungen zu erzielen, die folgende Versuchsanordnung, welche sich auch als ganz tauglich erwies. An einen unter dem Deckglas aufgestellten Paraffinöltropfen wird ein feines, zum Theil mit Seifenlösung gefülltes und darauf einseitig zugeschmolzenes Capillarröhrchen herangeschoben, bis es den Tropfenrand direct berührt, eventuell auch etwas einbuchtet. Sofort beginnt dann der Ausbreitungsstrom, der, wie die nebenstehende Fig. 13 zeigt, sehr schön zu dem Röhrchenende orientirt ist. An einem derartigen Präparat verfolgte ich die Strömung von 1 h. Mittags bis 7 h. Abends und den anderen Morgen 9 h. liess sich noch eine ganz leise Strömung beobachten. Man kann an solchen Präparaten gelegentlich auch verfolgen, dass der Oeltropfen bei Abnahme der Temperatur tief in das Capillarrohr hineingezogen wird, ohne dass darunter die Strömung leidet. In dem Oelfaden des Capillarrohrs zieht dann axial ein Vorstrom gegen die Seife und oberflächlich allseitig ein Rückstrom aus dem Rohr hinaus.

Fig. 13.

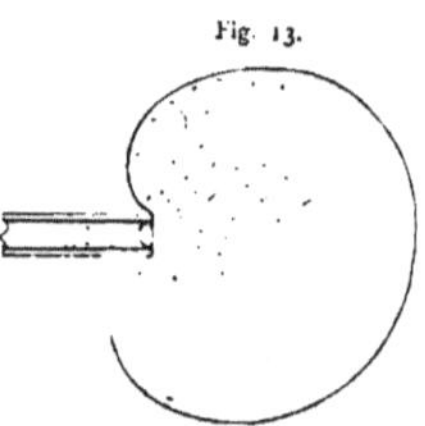

Ich will hier endlich noch gewisser Versuche gedenken, welche in der Absicht angestellt wurden, um mittelst solcher Ausbreitungserscheinungen reine Circulationsströmungen hervorzurufen. Wenn man auf einen Objectträger mit Canadabalsam einen dünnen Glasstreifen kittet und auf diesen dann ein Deckglas in derselben Weise, so erhält man eine sehr niedrige, an drei Seiten geöffnete Kammer. Bringt man nun mittelst eines Capillarrohrs einen Paraffinöltropfen in diese Kammer an den Rand des aufgekitteten Glasstreifens, so breitet er sich hier zwischen Objectträger, Deckglas und dem Glasstreifen etwas aus. Hierauf wird der übrige Raum unter dem Deckglas mit Wasser angefüllt (siehe die nebenstehende Figur 14). Wenn man nun

Fig. 14.

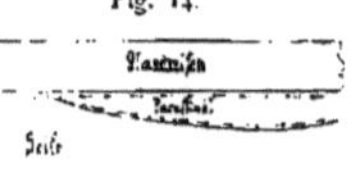

vorsichtig Seifenlösung längs des Randes des Glasstreifens zu dem Paraffinöltropfen fliessen lässt, so tritt ein halbseitiger Ausbreitungsstrom an demselben auf, der, wie die Figur zeigt, eine in sich zurückkehrende einfache Circulation bewirkt. Die Erklärung dieser Erscheinung ist natürlich darin zu suchen, dass die Berührung zwischen Seife und Oel zunächst an dem Punkt *a* erfolgt, und da dieser nur nach einer Seite einen freien Rand des Oeltropfens darbietet, so kann sich nur ein halbseitiger Abstrom nach hinten ausbilden, welcher einfache Circulation im Gefolge haben muss.

Die seither geschilderten Strömungsvorgänge der Oeltropfen lassen deutlich erkennen, dass die früher besprochenen Ströme der Oelseifenschaumtropfen gleicher Art sind, also Ausbreitungsströme, welche durch locale Verminderung der Oberflächenspannung erzeugt werden. Wie aus der Darstellung der Schäume hervorgeht, kann der Stoff, welcher diese Herabsetzung der Spannung bewirkt, wohl nur Seife sein, welche sich in Lösung auf der Tropfenoberfläche ausbreitet. Nach den oben gegebenen Darlegungen über Entstehung und Bau der Schäume ist die Flüssigkeit, welche ihre Waben erfüllt, eine wässrige, resp. nach ihrer Aufhellung glycerinhaltige Seifenlösung. Sowohl durch Diffusion wie durch Platzen oberflächlicher Waben kann die Seifenlösung des Wabeninhalts an die Oberfläche treten und Ausbreitungsströme hervorrufen. Dass namentlich das Platzen von Waben hierbei ins Spiel kommt, möchte ich daraus schliessen, dass, wenn die Schäume in Wasser gebracht worden sind, häufig locale stärkere Eruptionen aus dem Innern hervorbrechen, welche von kräftigen Ausbreitungsströmen begleitet sind. Dass solche Eruptionen auf gelegentlichem Platzen einzelner grösserer Vacuolen beruhen, unterliegt keinem Zweifel.

Wenn wir uns zum Einzelnen wenden, so wäre zunächst eine Erklärung für die eigenthümlichen Circulationsströmungen zu geben, welche die ungepressten Schaumtropfen nach ihrer Ueberführung in Glycerin gewöhnlich zeigen. Zuvor dürfte jedoch ein Wort über den Einfluss des Glycerins am Platze sein. Wie schon früher geschildert wurde, bewegen sich die Tropfen auch in Wasser, woraus folgt, dass das Glycerin die Bewegungen nicht hervorruft. Dagegen glaube ich wohl, dass es sie in gewissem Grade fördert, indem es namentlich die Adhäsion, das Kleben der Tropfen am Glase, verhindert oder doch beträchtlich vermindert. Irgend einen anderen Einfluss auf die Bewegung vermag ich dem Glycerinzusatz nicht zuzuschreiben.

Die eigenthümliche Circulationsströmung, welche die Schaumtropfen nach der Ueberführung in Glycerin in der Regel sehr deutlich zeigen, dürfte sich auf Grund der jetzt erhaltenen Ergebnisse folgendermaassen erklären. Wenn die Ursache der Strömungserscheinungen in dem Austritt von Seifenlösung an der Tropfenoberfläche zu suchen ist, gleichgültig, ob dies auf Diffusion oder auf Platzen von Waben beruht, so ergiebt sich, wenn dieser Austritt zunächst ziemlich gleichmässig an der Oberfläche erfolgt, dass sich in den engen Zwischenräumen, welche zwischen der Tropfenoberfläche und dem Deckglas *D*, sowie dem Objectträger (*O*) (s. Fig. 15) bleiben, concentrirtere Seifenlösung bilden muss, als an dem Aequator (*a*) des Tropfens. Da nun concentrirtere

Seifenlosung die Oberflächenspannung stärker herabsetzt wie verdunntere, so werden sich an den beiden Polen *o* und *u*, weil hier die Oberflächenspannung niederer ist, zwei Ausbreitungscentren bilden, d. h. die oberflächliche Tropfenschicht wird von hier gegen die Aequatorialzone *a* abfliessen. In letzterer stossen die Ströme zusammen und wenden sich daher horizontal einwärts gegen das Tropfencentrum; hier biegen sie natürlich in die beiden axialen Zuströme um, welche von den Ausbreitungscentren *o* und *u* bewirkt werden. Da die Bedingungen fortdauernd gleich bleiben, so lange dieselbe Concentrations-Differenz der Seifenlösung auf der Tropfenoberfläche besteht, und da hierfur der fortdauernde Austritt neuer Seifenlösung und die andauernde Diffusion der hervorgetretenen in das umgebende Wasser sorgen, so ist begreiflich, wie die geschilderten Strömungserscheinungen sehr lange fortdauern können.

Fig. 15.

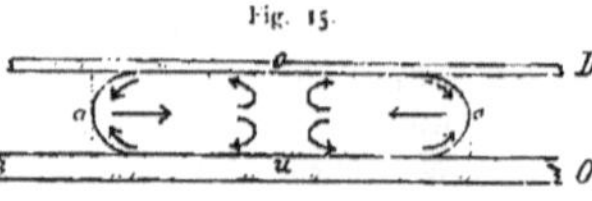

Im Wesentlichen auf der gleichen Ursache beruht auch die früher geschilderte Erscheinung, dass ein Tropfen, welcher mit einem randlichen Ausbreitungscentrum vorwärts strömt, allmählich in lebhaftere Strömung geräth, wenn er sich einem der Glasstreifen, welche das Deckglas unterstützen, nähert. Da jetzt durch den vorliegenden Glasstreifen der diffusionellen Verbreitung der Seifenlösung, welche am Vorderende des Tropfens das Ausbreitungscentrum hervorruft, ein Hinderniss bereitet wird, so wird allmählich eine relative Concentrirung der Seifenlösung und damit eine Verstärkung der Strömung wie des Vorwärtsschreitens eintreten. Das Gleiche wird jedoch auch dann geschehen, wenn sich ein Tropfen der Oberfläche eines anderen nähert, welcher für die diffusionelle Ausbreitung der Seifenlösung ein ähnliches Hinderniss bildet, wie der Glasstreifen im ersteren Fall. Unter diesen Bedingungen wird aber die concentrirtere Seifenlösung, welche sich zwischen den beiden Tropfen bildet, bei genügender Annäherung der Tropfen in dem ruhenden ein Ausbreitungscentrum hervorrufen, das dem des sich nähernden gegenübersteht. Ich habe diese Erscheinung oft beobachtet und bin überzeugt, dass sie sich auf diese Weise, nicht etwa nur durch die Reibung der strömenden Flüssigkeit an dem ruhenden Tropfen erklärt; denn das gegenüberliegende Ausbreitungscentrum des ruhenden Tropfens tritt schon bei ziemlich ansehnlichem Abstand der Tropfen auf und auch die Stärke seiner Strömung ist schon frühzeitig zu gross, um es als eine blosse Reibungserscheinung deuten zu können.

Natürlich tritt die gleiche Wirkung zweier Tropfen auf einander noch intensiver auf, wenn sie sich mit ihren randlichen Ausbreitungscentren auf einander zu bewegen, indem dann die concentrirtere Seifenlösung, welche am Ausbreitungscentrum jedes Tropfens vorhanden ist, von beiden Seiten zusammentritt und daher eine noch stärkere Concentration zwischen beiden Tropfen eintritt. Wie früher schon geschildert wurde, ist denn auch sehr deutlich zu beobachten, wie die Strömung zweier auf einander zuschreitender Tropfen sich allmählich verstärkt. Alle diese Umstände bewirken es, dass zwei Tropfen, die sich ziemlich genähert haben, in der Regel bald zusammenfliessen, wenn ihre Ausbreitungscentren nicht etwa gerade auf entgegengesetzten Seiten liegen.

Nicht ganz klar wurde mir, warum die Bildung randlicher Ausbreitungscentren, verbunden mit Vorwärtsschreiten und amöboidem Gestaltswechsel, gewöhnlich erst dann deutlich hervortritt, wenn die Tropfen ziemlich stark gepresst werden. Ohne Pressung sieht man die Strömung in der früher geschilderten Weise fortdauern; doch finden sich gelegentlich auch kleine Tropfen, welche ohne jede Pressung ein randständiges Ausbreitungscentrum entwickeln und lebhaft fortschreiten. Nach dem Pressen treten bald ein bald mehrere randliche Ausbreitungscentren auf, welche die ersterwähnten Zuströmungen allmählich ganz überwinden und dann die früher geschilderten Erscheinungen bewirken. Es ist wahrscheinlich, dass bei nicht gepressten Tropfen die Ursachen, welche die beiden polaren Ausbreitungsströme veranlassen, viel kräftiger wirken, als bei stärker gepressten, wo die Gründe für eine solche Differenz der Oberflächenspannung an den Polen und dem Aequator immer geringer werden. Wenn daher an den ungepressten Tropfen (siehe Fig. 16 A) durch Platzen einiger Waben in der Gegend des Aequators (a) ein randliches Ausbreitungscentrum entsteht, so wird es doch durch die starken polaren Ausbreitungscentren bald unterdrückt werden, um so mehr, als die hervorgetretene Seifenlösung in der relativ dicken umgebenden Flüssigkeitsschicht durch Diffusion rasch verbreitet werden wird. An dem gepressten Tropfen (s. Fig. 16 B) werden die polaren Zuströme schwächer, und da gleichzeitig die umgebende Flüssigkeitsschicht viel dünner ist, so wird sich die beim Platzen einiger randlicher Waben ausgetretene Seifenlösung viel langsamer ausbreiten. Diese Erwägungen scheinen es mir einigermaassen verständlich zu machen, wie sich an gepressten Tropfen allmählich randliche Ausbreitungscentren entwickeln, die zu den früher geschilderten Erscheinungen führen[1].

Fig. 16.

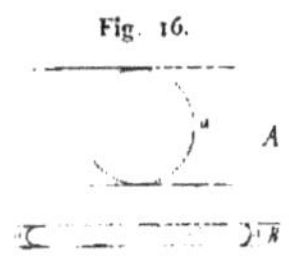

Alle Erscheinungen, welche wir in den strömenden Schaumtropfen beobachten: die hintere ruhende Zone, der Axialstreif und dergleichen, sind uns auch schon an den strömenden Oeltropfen begegnet und erklären sich daher in der gleichen Weise wie bei diesen.

Die lange Dauer der Strömungen der Oelseifenschaumtropfen erklärt sich daraus, dass sie in ihren Waben einen beträchtlichen Vorrath von Seifenlösung enthalten, der bei der Bewegung sehr allmählich verbraucht wird, und auch nach aussen diffundirt. Da die Schäume nach Erlöschen ihrer Bewegung keine Veränderung des Aussehens zeigen, so kann nicht eine Bauveränderung das Aufhören der Strömungen veranlassen, vielmehr muss die Abnahme des Seifengehalts in den Waben und die Zunahme desselben in

[1] Es wäre sehr wichtig, zu erforschen, wie sich ganz frei in Flüssigkeit befindliche ungepresste Schaumtropfen bewegen, um so mehr, als die Reibung am Objectträger und Deckglas die Bewegungen der stark gepressten Tropfen wesentlich beeinflussen muss. Da die Tropfen specifisch leichter wie Wasser sind, so liesse sich dies nur so bewerkstelligen, dass man ihnen fein vertheilte Partikel einer schweren Substanz, z. B. schwefelsauren Baryt, beimischte. Ich glaube, dass solche Versuche nicht schwer auszuführen sind und wichtige Resultate ergeben würden. Leider mangelte mir vorerst die Zeit, selbst dergleichen zu probiren.

der umgebenden Flüssigkeit die Ursache sein: sobald eine völlige Ausgleichung eingetreten ist, muss die Strömung definitiv erlöschen. Ich habe leider versäumt zu untersuchen, ob man an Tropfen, die eben ausgeströmt haben, durch Auswaschen des seifenhaltigen Glycerins mittelst frischen neue Strömungen hervorrufen kann, wie wahrscheinlich ist[1]. Dagegen versuchte ich, zur Ruhe gelangte Schaumtropfen neu zu laden, indem ich sie in einprocentige Lösung von K_2CO_3 brachte. Nachdem die Tropfen einige Stunden in dieser Lösung verweilt hatten und wieder ganz undurchsichtig geworden waren, geriethen sie nach dem Auswaschen und dem Zusatz von halbverdünntem Glycerin nochmals in gute Strömung; die Waben waren von neuem mit Seifenlösung gefüllt. Dagegen gelang ein ähnlicher Versuch, die Ladung mit einprocentiger Lösung venetianischer Seife zu bewirken, nicht gut, da die Schaumtropfen dabei sehr schlecht wurden. Ich glaube jedoch, dass man mit verdünnterer Seifenlösung bessere Resultate erzielen dürfte.

Wie wir früher fanden, bewirkt höhere Temperatur eine beträchtliche Steigerung der Strömungs-Intensität und des Fortschreitens. Die Ursache dieser Erscheinung suche ich darin, dass das zähflüssige Oel bei höherer Temperatur leichtflüssiger wird, wovon man sich ja an dickflüssigem Oel leicht überzeugt. Die grössere Flüssigkeit des Oels wird bei gleicher Kräftewirkung nicht nur ein intensiveres Strömen ermöglichen, sondern wohl auch ein leichteres Platzen von Waben, was die Bewegungserscheinungen fordern muss.

Mensbrugghe (1890—91) meint, dass die Verstärkung der Bewegungserscheinungen bei Zunahme der Temperatur auf grösserer Intensität der chemischen Einwirkungen beruhe, welche er als Ursache der Strömungserscheinungen annimmt. Er hält gerade deshalb die von mir gegebene Erklärung für irrig. Wenn nun auch, wie die Erfahrung gelehrt hat, die Oberflächenspannung durch Temperaturerhöhung im Allgemeinen herabgesetzt wird, so ist dies doch für die von mir versuchte Erklärung ohne Bedeutung, da dieselbe nicht mit dem absoluten Betrag der Oberflächenspannung, sondern mit dessen Differenz an verschieden Stellen der Tropfenoberfläche zu thun hat, und diese Differenz kann dieselbe bleiben, wenn auch die absolute Grösse der Oberflächenspannung sich vermindert.

8. Strömungen von Schaumtropfen in Zellen.

Im Hinblick auf die Plasmaströmungen innerhalb pflanzlicher Zellen schien es mir wichtig, zu versuchen, wie sich die Strömungen von Schaumtropfen gestalten mögen, die in kleinen geschlossenen Räumen enthalten sind. Man kann diesen Versuch folgendermaassen ausführen. Mässig dünne Schnitte von Hollunder- oder Sonnenblumenmark werden aus absolutem Alkohol in Chloroform und darauf in zur Schaumbildung geeignetes Olivenöl gebracht. Dabei füllen sich die Zellräume des Marks vollständig mit Oel an. Um das Chloroform gänzlich zu vertreiben, lässt man das Oel mit den Markschnitten noch einige Zeit bei höherer Temperatur im Wärmkasten stehen. Die mit Oel

[1] Nach Absendung des Manuscripts habe ich mehrfach an Tropfen, die schon längere Zeit nicht mehr strömten, durch Zuführung frischen Glycerins neue Strömungen entstehen sehen.

durchtränkten Schnitte werden mit Wasser gut abgespült und in 1—2% K_2CO_3-Lösung gebracht, entweder unter dem Deckglas oder in einem kleinen Reagensgläschen. Nach 24—48 Stunden ist das Oel milchweiss und ganz feinschaumig geworden. Die nochmals mit Wasser abgespülten, eventuell auch durch Abpinseln von äusserlich anhaftendem Oelschaum befreiten Schnitte werden hierauf in halbverdünntem Glycerin aufgestellt. An gelungenen Präparaten beobachtet man dann, dass der Oelseifenschauminhalt der einzelnen Markzellen in lebhafter Strömung ist, welche einige Stunden lang anhält. Da das Glycerin das Volumen des Oelseifenschaums verkleinert, so sind die Zellen nie völlig erfüllt, was die Annäherung an die Verhältnisse der Pflanzenzelle stört (siehe Fig. 17). Die Strömungserscheinungen waren in allen beobachteten Zellen wesentlich dieselben: stets zeigte der Inhalt nur ein Ausbreitungscentrum, das in der Regel an einem Ende der länglichen Zelle lag, seltener dagegen etwas gegen eine Seitenwand verschoben war, sehr selten in der Mitte einer der Langsseiten sich befand. Dem entsprechend war der axiale Zustrom zu dem Ausbreitungscentrum in der Regel längsgerichtet, seltener schief, sehr selten endlich quer zur Längsaxe der Zelle. Stets war demnach die Strömung eine doppelseitige, mit beiderseitigem Abfluss von dem Ausbreitungscentrum; nie wurde etwas von einer Rotationsströmung, wie sie in pflanzlichen Zellen so gewöhnlich vorkommt, beobachtet. Ich betone dies besonders, da ich gehofft hatte, unter den gegebenen Bedingungen möglicherweise etwas derartiges eintreten zu sehen. Zwar kamen vereinzelte Fälle vor, wo der Strom der einen Seite nur eine sehr kurze Strecke rückwärts zog, der der anderen Seite dagegen einen weiteren Theil des Umfangs des Inhalts umkreiste. Obgleich man solche Zustände als Annäherungen an die Rotation auffassen kann, fand sich, wie gesagt, doch keine eigentliche Rotationsströmung vor. Nicht ohne Interesse ist, dass die Strömung in einer grossen Zahl der Zellen gleich gerichtet war; doch traten hier und da auch Zellen mit umgekehrter oder sonst abweichender Stromrichtung auf.

Fig. 17.

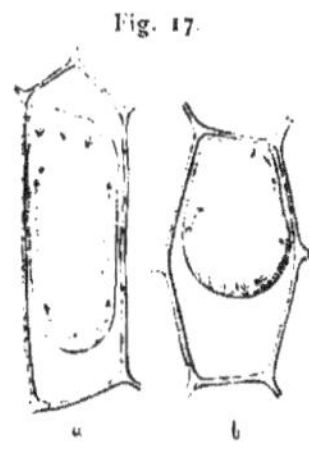

Wenn daher die bis jetzt angestellten Versuche nicht gerade erfolgreiche genannt werden können, so dürfte doch ihre weitere Fortsetzung und Modification eventuell zu Aufschlüssen über gewisse Erscheinungen der Plasmaströmung in geschlossenen Zellen führen. Dass dies bei den beschriebenen Versuchen nur in sehr geringem Maasse der Fall sein konnte, ist leicht verständlich, da die Bedingungen innerhalb der Pflanzenzelle zweifellos ganz andere sind, was in einem späteren Abschnitt etwas näher besprochen werden soll.

9. Bemerkungen über Frommann's Versuche an Oelseifenschaumtropfen.

Frommann hat 1890 einige Mittheilungen über Versuche veröffentlicht, welche er an nach meinen Angaben bereiteten Oelseifenschaumtropfen anstellte und über die ich mich zu äussern verpflichtet halte. Ich muss jedoch voraus sagen, dass mir dies nur schwer möglich ist, da mir Frommann's Angaben grossentheils nicht genügend klar geworden sind. Ich greife daher nur zwei Punkte heraus, auf welche es dem Verfasser bei den, gegen mich gerichteten Bemerkungen jedenfalls wesentlich ankam. P. 666 u. ff. sucht Frommann zu zeigen, dass »in Tropfen mit nicht fliessendem Inhalt« kein vollkommener Wabenbau mehr vorhanden sei, sondern dass sowohl die Wabenwände wie die äussere Grenzschicht solcher Tropfen vielfach von Lücken durchbrochen würden. Obgleich Frommann leider nicht näher angiebt, was er unter »Tropfen mit nicht fliessendem Inhalt« versteht und wie er solche darstellte, so muss ich vermuthen, dass er damit Schäume meint, welche aus sehr stark eingedicktem, ganz zähem Oel dargestellt wurden, wie auch ich sie oben beschrieb. Da solche Schäume verhältnissmässig rasch zerstört werden und ihr Oelgerüst gleichzeitig eine sehr zähe Beschaffenheit besitzt, so will ich durchaus nicht bestreiten, dass bei ihrer allmählichen Zerstörung Lücken in den Wabenwandungen auftreten können; wiewohl ich selbst an den untersuchten sehr zähen unbeweglichen Schäumen dergleichen nicht beobachtete (s. vorn p. 15 u. 31). Wie in den vorhergehenden Abschnitten dargelegt wurde, richtete ich meine Aufmerksamkeit bis jetzt hauptsächlich auf die vollkommen flüssigen Schäume, und in diesen ist das Auftreten solcher Lücken eine einfache physikalische Unmöglichkeit. Frommann scheint zwar diese Grundlehren der Physik bestreiten zu wollen, da er auf p. 667 mittheilt: »Zahlreiche Lücken in den Vacuolenwandungen bis zum Verschwinden einer vacuolären Structur lassen sich auch von Tropfen einer Emulsion erhalten, die ohne K_2CO_3 nur durch Verreiben eines Tropfens Leinöl mit Wasser hergestellt ist. Die Tropfen erweisen sich als mehr oder weniger gleichmässig und dicht vacuolisirt, die Vacuolenwände nur hier und da von Lücken durchsetzt; werden aber die Tropfen auf dem Objectträger glatt verstrichen, so zerreissen die Vacuolenwände vielfach und werden ausgezogen, so dass streckenweise an Stelle der Vacuolen nur ein vielfach durch theils schmälere, theils weitere Lücken durchbrochenes Oelgerüst entsteht.« Ich will mich hier nicht in nahe liegenden Vermuthungen ergehen, was wohl zur Entstehung dieses Oelgerüstes Veranlassung gab, als der Leinöltropfen, mit den Wassertröpfchen im Inneren, auf dem Objectträger verstrichen wurde. Es genügt mir, durch obiges Citat gezeigt zu haben, dass Frommann thatsächlich die Ansicht vertritt, dass zwischen benachbarten, in flüssigem Leinöl suspendirten Wassertröpfchen Lücken in der sie trennenden flüssigen Oellamelle existiren könnten, ohne dass die theilweise continuirlichen Wassertröpfchen zusammenflössen, und dass er ebenso die Ansicht hegt: ein aus flüssigem Oel bestehendes netzförmiges Gerüst könne in Wasser suspendirt bestehen. Da beides physikalisch unmöglich ist, so muss Frommann Lücken gesehen haben, wo keine vorhanden sein konnten. Dies aber macht uns auch seine Beobachtungen an den zähen Schäumen recht zweifelhaft, um so mehr, als er über die optischen Hülfsmittel, mit welchen untersucht wurde, nichts berichtet. Wir wissen aber, dass die genaue Untersuchung der Schäume die stärksten Systeme und Oculare verlangt. So scheint mir, dass Frommann die feinstschaumigen Partien überhaupt gar nicht erkannt hat; wenigstens spricht er davon, dass zwischen den Vacuolen der Schaumtropfen »eine überaus feine und blass granulirte Substanz sich befindet, die sehr wahrscheinlich aus Oel in feinster emulsionsartiger Vertheilung bestehe« (p. 665), oder bemerkt p. 667: »zwischen den Vacuolen blasses, feinkörniges oder undeutlich körnig-fädiges Material«. Soweit ich die Schäume kenne, kann dieses Material eben nur der feinste Schaum gewesen sein, woraus folgen dürfte, dass die Untersuchungen bei ungenügender Vergrösserung angestellt wurden.

Bei dieser Gelegenheit will ich aber noch bemerken, dass es an sehr dünn ausgebreiteten Randpartien von Schäumen, welche am Objectträger oder am Deckglas haften, oder auch an sehr kleinen Schaumtropfen, wo man manchmal Gelegenheit hat, grössere über den Rand vorspringende Schaumbläschen zu sehen, nicht selten sehr scharfer Einstellung bedarf, um die ganz minimal verdünnte äussere Wand solcher Schaumbläschen zu erkennen.

Wenn Frommann seine, an »dem nicht fliessenden Inhalt« von Tropfen gewonnenen Erfahrungen über die Lücken in den Vacuolenwandungen zur Stütze seiner Ansicht vom netzförmigen Bau des Plasmas verwerthet, so dürfte er vergessen, dass gerade dieses grossentheils fliessend ist.

Auch über die Strömungserscheinungen der Schaumtropfen theilt Frommann Einiges mit, woraus ich jedoch nur entnehmen kann, dass er nie gute Strömungen beobachtete. Soweit ich seine Mittheilungen verstehe, bezieht sich fast alles, was er hierüber bemerkt, gar nicht einmal auf Schaumtropfen, sondern auf jene unregelmässigen Strömungs- und Bewegungserscheinungen, welche die in Wasser übergeführten Breitropfen von Oel und K_2CO_3 zeigen.

B. Untersuchungen über Protoplasmastructuren.

Absichtlich habe ich es bei der Schilderung der Schaumtropfen vermieden, auf den Ausgangspunkt meiner Versuche, d. h. die Nachahmung und eventuelle Erklärung der Protoplasmastructuren einzugehen. Indem ich jetzt hierzu schreite, betone ich zunächst die wirklich frappante Aehnlichkeit, welche gut gelungene, in Glycerin aufgehellte und hinreichend gepresste Schaumtropfen mit Plasma darbieten. Da die Lichtbrechung des Oelgerüstes auch nach Aufhellung durch Glycerin noch grösser ist, wie die des Gerüstwerks lebenden Plasmas, so nähert sich der Eindruck, welchen die Schäume machen, mehr dem des fixirten, abgetodteten Plasmas. Ich habe ganz unbeeinflussten und in der Untersuchung plasmatischer Structuren nicht unerfahrenen Collegen mehrfach Schaumpräparate vorgelegt, mit der Frage, für was sie das Gesehene, dessen Natur sie nicht kannten, wohl hielten. Der Eine vermuthete eine Eizelle, der Andere Rhizopodenplasma oder dergleichen zu sehen. — Wenn auch die bildliche Wiedergabe den Eindruck des natürlichen Objects nicht voll erreicht, so dürfte doch eine Vergleichung der dieser Arbeit beigegebenen Photographien von Schaumtropfen und von Plasma verschiedener Zellen, unter welchen ich namentlich die der Ganglienzelle von Lumbricus (Taf. XIII) und die von Aethalium septicum (Taf. XV, XVII) hervorhebe, die grosse Aehnlichkeit überzeugend erweisen.

Obgleich es ursprünglich nicht in meiner Absicht lag, neuerdings eigene Studien über den Bau des Plasmas anzustellen, sah ich mich doch bald auf diese Bahn gedrängt. Ich benutzte daher Zeit und Gelegenheit, wie sie sich mir in den verflossenen beiden Jahren boten, um auf diesem Gebiet weitere Erfahrungen zu sammeln. Zunächst werde ich daher über diese Beobachtungen kurz berichten. Im voraus sei bemerkt, dass sie sämmtlich mit den besten optischen Hülfsmitteln der Neuzeit, d. h. mit den apochromatischen Objectiven von Zeiss 2 mm Brw. Ap. 1.30 und 1.40, bei gleichzeitiger Benutzung der stärksten Compens.-Oculare 12 und 18, angestellt wurden. Die bedeutende Lichtstärke des Objectivs Ap. 1.40 erlaubt die Anwendung des Oculars 18 noch recht gut.

Die Structurverhältnisse sind im Allgemeinen so klein und zart, dass die Anwendung der stärksten Vergrösserungen durchaus geboten erscheint. Als Beleuchtungsquelle wurde, wenn das Tageslicht, wie so häufig, nicht ausreichte, eine gute Petroleumlampe (Hinck's Doppelbrenner) verwendet, deren Licht durch eine mit schwach blau gefärbtem Wasser (Kupferoxydammoniak) gefüllte sog. Schusterkugel auf den Spiegel des Mikroskops concentrirt wurde. Der Abbe'sche Beleuchtungsapparat wurde theils angewendet, theils nicht, da ich vielfach zu bemerken glaubte, dass feinere Structurverhältnisse ohne ihn klarer hervortreten. Besondere Aufmerksamkeit ist bei solchen Untersuchungen auf die Regulirung der Beleuchtungsstärke des Objectes zu richten, da bekanntlich zu intensive Beleuchtung die Details vollkommen verwischt. Es ist daher sehr vortheilhaft, über eine Irisblende und namentlich über die Einrichtung zur vertikalen Verstellung des Beleuchtungsapparates und der gewöhnlichen Blende zu verfügen. Ich betone diese Punkte hier um so mehr, als ich überzeugt bin, dass viele abweichende Ergebnisse nur auf nicht genügender Berücksichtigung dieser Umstände beruhen.

1. Untersuchungen an Protozoen.

Da die protoplasmatischen Structuren gerade bei hochstehenden Protozoen zum Theil sehr gut im lebenden Zustand verfolgt werden konnten, ziehe ich es vor, diese Formen zuerst zu schildern.

Suctoria.

Die kleine, auf Taf. II Fig. 7 nach dem Leben abgebildete Acinetine wurde zuerst von Herrn Stud. Lauterborn in seinem Süsswasseraquarium aufgefunden. Da ich sie hinsichtlich ihrer systematischen Stellung nicht eingehender studirte, so bin ich leider ausser Stande, sie genauer zu bestimmen. Am meisten erinnert sie an die Claparède-Lachmann'sche Acineta notonectae, welche ich in meinem Protozoenwerke zu der Gattung Solenophrya zog (s. dort p. 1930); doch besitzt unsere Form im Gegensatz zu der Claparède's einen deutlichen, wenn auch sehr niedrigen Stiel, und lebte nicht auf Notonecta, sondern war auf Schmutztheilchen befestigt. Die sehr durchsichtige kleine Acinetine lässt im lebenden Zustande die Structurverhältnisse des Plasmakörpers ungemein klar erkennen. Das Plasma ist vollkommen netzig und die Maschenweite der Netze durch den ganzen Körper ziemlich gleich. Die Knotenpunkte treten nicht besonders stark hervor. Die äusserste Maschenlage, welche unter dem etwas pelliculaartigen Grenzsaum der Oberfläche liegt, ist überall radiär zur Oberfläche gerichtet und bildet also eine deutliche Alveolarschicht (*alv*). In gleicher Weise ist ein solcher Radiärsaum auch um den ziemlich im Centrum des Körpers liegenden Macronucleus (*mn*) und um die apical gelegene contractile Vacuole (*cv*) ausgebildet. Letztere liegt ziemlich tief unter dem Scheitel, da sie durch ein relativ langes Ausführröhrchen mündet, das vom Scheitel basalwärts in das Plasma hinabzieht. Die Wand dieses Röhrchens erscheint dunkel pelliculaartig, und ist jedenfalls etwas dicker und dichter wie die Pellicula der Körperoberfläche. Kleine Knotenpunkte der Röhrchenwand bilden die Ansatzpunkte der angrenzenden Protoplasmamaschen, welche zu dem Röhrchen senkrecht gerichtet sind. Dem Plasma des Körpers sind feinste bis gröbere dunkle, stark lichtbrechende Körnchen eingelagert, welche sich an gewissen Stellen, so z. B. in der Umgebung der contractilen Vacuole, stärker anhäufen. Die grösseren dieser Körperchen zeigen einen ziemlich breiten dunklen Randsaum. An den kleineren lässt sich stets gut erkennen, dass sie in die Knotenpunkte des protoplasmatischen Maschenwerks eingelagert sind. Der vordere Rand des Gehäuses scheint direct in die Pellicula des vorderen, aus der Schale hervorragenden Körpertheils überzugehen.

Sehr klar zeigt auch der lebende Macronucleus (*mn*) den Netzbau, deutlicher sogar wie das Plasma, da das Gerüstwerk des Kerns etwas dunkler und seine Maschen ein wenig weiter sind. Der äussere Grenzcontur des Kernes ist ziemlich dunkel und scharf, der Pellicula ähnlich. Die an ihn grenzende äusserste Lage der Kernmaschen ist radiär zur Kernoberfläche gerichtet, zeigt also die Verhältnisse einer Alveolarschicht. In den Knotenpunkten des Kerngerüstes lassen sich zahlreiche dunkle, stärker lichtbrechende Körnchen erkennen, zweifellos Chromatinkörnchen.

Die Tentakel untersuchte ich nicht näher, dagegen bei derselben Gelegenheit die von Tokophrya (Podophrya) elongata Clp. und L., deren optischer Querschnitt das auf Taf. VI Fig. 6 dargestellte Bild ergab. Das centrale Kreischen ist der optische Durchschnitt des Centralcanals, die radiär gestreifte Zone eine einzige Maschenlage von Plasma, welche die Tentakelwand bildet.

Ciliata.

An Ciliaten habe ich neuerdings nur wenige Beobachtungen gemacht, obgleich sie, wie aus Früherem bekannt ist, für die vorliegenden Fragen besonders geeignete Objecte sind.

Im lebenden Zustand beobachtete ich die Plasmastructur sehr deutlich an einer kleinen, etwas gelblichen, nicht näher bestimmten marinen Vorticella-Art, die sich auf von Neapel stammenden Rhizopodenschalen mehrfach fand. Betrachtet man eine randliche Stelle, etwas hinter dem Peristomwulst, der lebenden Vorticelle im optischen Längsschnitt (Taf. II Fig. 10), so bemerkt man zu äusserst die ziemlich dicke, doppelt conturirte dunkle Pellicula (*p*) und darunter die helle Alveolarschicht (*alv*), deren Radiärstreifung nur schwach, jedoch wohl erkennbar hervortritt. Hierauf folgt das innere netzige Plasma mit deutlichen Knotenpunkten und ziemlich reichlich eingelagerten dunklen, stark lichtbrechenden Körnern. Da, wo das Plasma die grosse Vacuole *v*) begrenzt, welche ich für die contractile halte, obgleich ich ihre Pulsationen nicht beobachtete, bildet es wieder eine sehr deutliche radiäre Lage, welche gegen die Vacuole von einem dunklen Grenzsaum abgeschlossen wird. Bemerkenswerth ist, dass hier auch die zunächst unter der Alveolarschicht folgende Maschenlage eine radiäre Anordnung zeigt. Es liegen demnach ähnliche Verhältnisse vor, wie sie von Schewiakoff und mir schon für andere Ciliaten geschildert wurden (s. Protozoen p. 1264 und Schewiakoff 1889).

Das Wabengerüst des inneren Plasmas befand sich in andauernder wogender Verschiebung, weshalb auch die dunklen Körnchen in zitternder Bewegung schienen.

Von der netzigen Beschaffenheit des lebenden Entoplasmas konnte ich mich ferner an stark gepressten Paramaecium caudatum und Stylonychia pustulata überzeugen, sowie die Alveolarschicht an den lebenden Exemplaren erkennen. Sehr schön trat die Netzstructur des Plasmas an Präparaten von Paramaecium bursaria hervor, welche mit Pikrinschwefelosmiumsäure getödtet und daher stark gebräunt waren. Taf. II Fig. 11 stellt eine kleine Partie des Corticalplasmas dar mit dicht eingelagerten Zoochlorellen (*z*); hier ist besonders die Radiärstellung der Maschen um die Oberfläche der Zoochlorellen sehr bemerkenswerth.

Bei Paramaecium caudatum, putrinum, Cyclidium, sowie bei Zoothamnium mucedo Entz, das ich in Neapel beobachten konnte, fiel mir auf, dass das gesammte Entoplasma von einer Unmenge kleiner Körperchen durchsetzt wird. Diese Körperchen sind so massenhaft vorhanden, dass zwischen ihnen nur eine bis wenige Maschen des Entoplasmas vorhanden sind (s. Taf. II Fig. 12 von Stylonychia, Fig. 13b von Paramaecium caudat.). Sie lassen sich beim Zerfliessen der Infusorien leicht isoliren. Ihre Grösse habe ich nicht bestimmt, taxire sie jedoch auf ca. 1 μ Durchmesser; bei Zoothamnium kamen auch viel grössere vor. Meist sind sie ziemlich kuglig, seltener oval bis länglich. Isolirt erscheinen sie mässig stark lichtbrechend, mit ziemlich breitem dunklem Randsaum und etwas hellerem Inneren. Es wird sich schwer sagen lassen, ob dieser Randsaum ein wirkliches Structurverhältniss oder nur eine optische Erscheinung ist, wie sie jedes kleine Kügelchen zeigt. Ausgezeichnet sind die Körperchen durch ihre intensive Tingirbarkeit mit Eosin oder Gentianaviolett, auch mit Delafield'schem Hämatoxylin lassen sie sich schwach röthlich färben. Das Plasmagerüst wird von allen diesen Farbstoffen nur sehr wenig, am meisten noch von Gentianaviolett (in Anilinwasser gelöst) tingirt.

Es scheint, dass die geschilderten Körperchen im Entoplasma der Ciliaten sehr verbreitet sind. Ob sie zum Theil mit den von Maupas erwähnten einfach brechenden Körperchen identisch sind, scheint mir zweifelhaft, dagegen lassen sie sich sicher den von Altmann beschriebenen Zellgranula an die Seite stellen.

An dem oben erwähnten Zoothamnium habe ich dem stark entwickelten Stielmuskel einige Aufmerksamkeit gewidmet, da bekanntlich bei dieser Gattung ein fibrillärer Bau des Muskelfadens mehrfach beschrieben wurde. Im lebenden Zustand konnte ich an dem Faden nur eine ganz schwache Längsstreifung beobachten. Beim Absterben tritt jedoch die fibrilläre Beschaffenheit sehr schön hervor und gleichzeitig zeigt sich, dass die Fibrillen in der Querrichtung durch zahlreiche zarte Linien verbunden sind, der Bau also ein längsgestreckt maschiger ist (Taf. VI Fig. 5).

Ich betonte schon früher mehrmals, dass auch die Macronuclei der Ciliaten einen sehr feinmaschigen Bau besitzen. Bei Gelegenheit der eben geschilderten Untersuchungen an Paramaecium caudatum konnte ich mich davon wieder gut überzeugen. Wenn man Paramäcien mit Jod-Alkohol (Alkohol von 45% mit Jod schwach gelbbraun gefärbt) abtödtet, darauf mit Delafield'schem Hämatoxylin so intensiv wie möglich färbt und sie in Nelkenöl in kleine Fragmente zerklopft, so erhält man neben Theilchen des Plasmas (Taf. II Fig. 13b) auch solche des Macronucleus (Taf. II Fig. 13a). Diese sind leicht daran kenntlich, dass ihr Gerüstwerk, welches im Uebrigen dem des Plasmas sehr gleicht, feinmaschiger und stärker blau gefärbt ist, sowie dass zahlreiche intensiv rothe Körnchen in die Knotenpunkte eingelagert sind; diese Körnchen, welche den von mir mittelst der gleichen Reaction bei zahlreichen thierischen wie pflanzlichen Kernen beobachteten Chromatinkörnern entsprechen (1890), sind viel kleiner wie die oben besprochenen des Plasmas und tingiren sich viel stärker.

Flagellata

habe ich nur wenige gelegentlich beobachtet. An lebenden Chilomonas paramaecium (Taf. III Fig. 4, Hinterende) konnte ich unter der ziemlich dicken und dunklen Pellicula (*p*) die radiärgestreifte Alveolarschicht, sowie den netzigen Bau des anschliessenden inneren Plasmas ungemein deutlich wahrnehmen. Präparate, die mit Osmiumsäure oder Jodalkohol hergestellt und in Delafield'schem Hämatoxylin gefärbt waren, zeigten die Alveolarschicht und die Netzstructur des inneren Plasmas ganz in der gleichen Weise, namentlich liess sich auch wieder feststellen, dass die den Kern umgebenden Maschen radiär zu dessen Oberfläche gerichtet sind. Alveolarschicht und Netzstructur wurden in ganz ähnlicher Ausbildung auch an Präparaten von Cryptomonas wahrgenommen. Ebenso war an den gelegentlich untersuchten Präparaten von Euglenen eine relativ dünne, jedoch deutliche Alveolarschicht und netziges, häufig von grösseren Vacuolen durchsetztes Entoplasma gut zu sehen. — Die erwähnten Ergebnisse harmoniren gut mit den von Kunstler neuerdings (1889) und ganz unabhängig beobachteten Bauverhältnissen dieser und anderer Flagellatenformen.

Wie ich schon an anderer Stelle erwähnte (1890), findet man im Entoplasma der Flagellaten, wenn sie mit Alkohol oder Jodalkohol getödtet und mit Delafield-schem Hämatoxylin vorsichtig gefärbt werden, kleinere oder grössere Mengen intensiv roth gefärbter kleiner Körnchen. Dieselben wurden bis jetzt namentlich bei Chilomonas, Cryptomonas, Euglena, Lepocinclis und Trachelomonas beobachtet und stimmen sowohl in Grösse wie Färbung sehr mit den Chromatinkörnern des Nucleus überein. Ich habe schon früher auf die Verbreitung entsprechender Körnchen im Plasma der Bacteriaceen, Cyanophyceen, Diatomeen und gewisser Fadenalgen hingewiesen. Den früher aufgezählten Objecten kann ich jetzt auch noch die schöne Diatomee Surirella und die Alge Chantransia zufügen.

Radiolaria.

Aus dieser Gruppe gelangte nur das intracapsuläre Protoplasma der grossen Thalassicolla nucleata zur Untersuchung. Da das von Neapel stammende vorräthige Material wegen ungeeigneter Conservirung ganz unbrauchbar war, konnte ich nur ältere und daher nicht sehr dünne Schnitte von Exemplaren, die ich s. Z. selbst in Osmiumsäure conservirt hatte, untersuchen. Ich habe nun kaum ein zweites Object gesehen, welches die Maschenstructur deutlicher zeigt, wie das intracapsuläre Plasma dieser Radiolarie. Fig. 2a auf Taf. III giebt davon ein keineswegs schematisirtes, sondern möglichst naturgetreues Bild. Die grosse Aehnlichkeit, ja eigentlich frappante Uebereinstimmung dieses Bildes mit dem Anblick, welchen die künstlichen Oelseifenschäume gewähren, ist überraschend. Die Knotenpunkte des Gerüstwerks treten sehr deutlich hervor und die radiäre Anordnung der an die Vacuolen oder sog. Eiweisskugeln grenzenden Maschenlage ist überaus gut zu sehen. Bekanntlich wird das intracapsuläre Plasma der Thalassicolla von zahlreichen grossen Vacuolen oder »Eiweisskugeln« (R. Hertwig) durchsetzt, welche zum Theil Concremente enthalten. Auf Fig. 2b ist ein Theil einer solchen grossen Vacuole, die ein Concrement enthielt, gezeichnet, während Fig. 2a Plasma einer der Brücken zwischen den grossen Vacuolen darstellt. Die sogenannten Eiweisskugeln zeigten auf den untersuchten Schnitten ausser den Concrementen keinen weiteren Inhalt und machten daher durchaus den Eindruck gewöhnlicher grosser Vacuolen. Die Weite der Plasmamaschen schwankt ziemlich. Da eine directe Messung so minimaler Dimensionen etwas schwierig ist, so habe ich die Zahl der Maschen um eine der auf Fig. 2a abgebildeten Vacuolen gezählt und aus dem berechneten Umfang der Vacuole die Maschenbreite auf ca. 0,0010 mm festgestellt; doch zeigt die Abbildung, dass auch Maschen von viel geringerem Durchmesser vorkommen.

Schon frühere Beobachter fanden, dass die oberflächlichste, an die Centralkapselwand angrenzende Zone des intracapsulären Plasmas deutlich radiär strahlig ist. Auch auf den untersuchten Schnitten trat diese Streifung gut hervor und gleichzeitig liess sich sicher feststellen, dass sie nur auf der radiären Hintereinanderreihung der Maschen beruht, wie es Fig. 2b deutlich lehrt, welche das an eine grosse Vacuole peripher grenzende gestreifte Plasma darstellt.

Heliozoa.

Schon 1885 habe ich berichtet, dass das Plasma des grossen Actinosphaerium nach Behandlung mit Chromosmiumessigsäure den feinen Maschenbau gut zeigt und dass auch die Pseudopodien diese Structur erkennen lassen. Neuerdings fand ich wieder Gelegenheit, diese Form, sowie Actinophrys sol zu untersuchen. Bei beiden konnte ich mich mit den jetzt zu Gebote stehenden optischen Hülfsmitteln von dem Maschenbau des Entoplasmas im lebenden Zustande gut überzeugen und auch beobachten, dass um die Nahrungsvacuolen der Actinophrys die radiäre Maschenlage deutlich vorhanden ist. Das Plasma der Pseudopodien von Actinophrys erschien zum Theil sehr schön längsfaserig und zwar liess sich dieses fibrillär modificirte Plasma der Pseudopodien durch das grossblasige Ectoplasma bis zum feinmaschigen Entoplasma verfolgen und gleichzeitig feststellen, dass die Faserzüge in das Maschenwerk des Entoplasmas übergehen.

Auch bei Actinosphaerium war jetzt die Maschenstructur des Plasmas der Pseudopodien schon im lebenden Zustande zu erkennen. Es hat dies natürlich wegen der fortwährenden Strömungen einige Schwierigkeiten. Da jedoch das maschige Bild, welches das Plasma der lebenden Pseudopodien gewährt, durch Abtödten mit Pikrinschwefelosmiumsäure in keiner Weise verändert, sondern nur verschärft und verdeutlicht wird, so beweist dies, wie mir scheint, dass auch die auf solche Weise abgetödteten Pseudopodien die normale Structur zeigen. An der Basis der Pseudopodien ist die Plasmalage, welche die Axenfäden umgiebt, mehrere Maschen dick und verschmälert sich gegen die Enden bis zu einer einzigen Lage. Wie es sich übrigens mit den sehr fein auslaufenden äussersten Pseudopodienenden verhält, habe ich bis jetzt nicht genauer untersucht. Bei dem Abtödten mit Pikrinschwefelosmiumsäure zieht sich das Plasma der Pseudopodien häufig zu varicösen Anschwellungen an den Axenfäden zusammen, wobei letztere streckenweise ganz entblösst werden (s. Taf. VI Fig. 2).

Im Ectoplasma des lebenden Actinosphaerium konnte ich die Maschenstructur nur sehr undeutlich wahrnehmen, wenn auf die Oberfläche der grossen Vacuolen eingestellt wurde; am deutlichsten trat sie hervor, wenn man die schief abfallende Wand der randständigen äusseren Vacuolen betrachtete.

Nach Behandlung mit dem erwähnten Säuregemisch ist aber auch im Ectoplasma die Maschenstructur überall sehr kenntlich. Ob auch den Axenfäden eventuell eine Maschenstructur zukommt, gelang vorläufig nicht festzustellen, doch schien es bisweilen so.

Marine kalkschalige Rhizopoden mit reticulären Pseudopodien.

Während eines Aufenthalts an der zoologischen Station zu Neapel, im Frühjahr 1890, hatte ich Gelegenheit, den in der Aufschrift genannten Rhizopoden einige Studien zu widmen. Zur Untersuchung gelangten besonders Vertreter der Gattungen Discorbina, Planorbulina, Polystomella, Cornuspira und verschiedene Milioliden. Ich richtete meine Aufmerksamkeit hauptsächlich auf die Pseudopodien, untersuchte jedoch auch das vom Gehäuse umschlossene Plasma ein wenig.

Ich beginne mit diesem. Wenn man eine der erwähnten Rhizopoden zerdrückt oder mit feinen Nadeln zerbricht, so überzeugt man sich, dass das hervordringende Plasma eine sehr zähflüssige Beschaffenheit hat. Es zieht sich zwischen den zerbrochenen

Schalenstücken zu Fäden aus, welche häufig am Glas oder den Nadeln ankleben. überhaupt zeigt das Plasma eine sehr klebrige Beschaffenheit. Bei D'scorbinen wurde das auf solche Weise freigelegte Plasma jedenfalls sofort oder sehr bald wesentlich alterirt, da es weder Bewegungen zeigte, noch die ausgesponnenen Fäden Neigung hatten, sich kuglig zusammenzuziehen. Anders verhalten sich in dieser Hinsicht die Milioliden. Hier wird das zähe Plasma zwischen den Schalentrümmern gleichfalls zu dunneren bis dickeren Fäden ausgezogen, in welchen lange Zeit strömende und wogende Bewegungserscheinungen zu beobachten sind. Auch kann das Plasma theilweise zertrummerter Milioliden noch lange Zeit Pseudopodien entsenden. Alles dies dürfte beweisen, dass das Plasma dieser Rhizopoden viel lebenszäher ist, wie das von Discorbina und vieler anderer.

Bei der Zertrümmerung der Milioliden losen sich nicht selten grossere oder kleinere Plasmapartien vollständig ab, welche sich sofort kuglig abrunden und grossere oder kleinere Tropfen bilden. Diese Tropfen zeigen noch lange leise amöboide Bewegungen, indem ihr Umriss sich wogend vor- und zurückbewegt und so ein fortdauernder, wenn auch nur geringer Gestaltswechsel vorhanden ist.

Solche Plasmatropfen zeigen nun mit grosser Deutlichkeit eine helle Alveolarschicht, die nach aussen von einem ziemlich kraftigen dunklen Saum pelliculaartig begrenzt wird. Die Dicke dieser Alveolarschicht habe ich bei mehrfacher Messung auf ca. 0.0006 mm taxirt. Bei starkerer Pressung der Tropfen ist auch die radiäre Streifung der Alveolarschicht deutlich zu erkennen (Taf. I Fig. 8b. Das auf diese Schicht folgende innere Plasma ist wegen zahlreicher ungefärbter Kornchen und brauner Fetttröpfchen, welche es einschliesst, sehr undurchsichtig: doch erkennt man, dass es gewöhnlich bis zu einer gewissen Tiefe radiär strahlig gebaut ist (s. Taf. I Fig. 8a. Die Aehnlichkeit solcher Plasmatropfen mit den früher geschilderten Oelschaumtropfen, die häufig eine solche Radiärstreifung zeigen, ist ganz frappant, wozu sich gesellt, dass auch die geschilderten Bewegungserscheinungen grosse Aehnlichkeit mit denen besitzen, welche die ungepressten Schaumtropfen in Wasser ausführen. Dass der Bau des inneren Plasmas der Tropfen ein maschiger ist, lässt sich trotz des Gehalts an Einschlussen erkennen und gleichzeitig feststellen, dass die Radiärstreifung auf der schon öfters geschilderten Anordnung der Maschen beruht.

Derartige Tropfen erhielten sich etwa dreiviertel Stunden in dem geschilderten Zustand. Hierauf schwand plötzlich die Alveolarschicht auf einer gewissen Strecke des Umfangs; das darunter liegende Plasma drang unregelmässig vor und starb jedenfalls sogleich ab, da es unregelmässige Umrisse beibehielt und daher fest geworden sein musste. Das Absterben schritt sprungweise durch den ganzen Tropfen fort, bis er, ganzlich in diesen Zustand übergeführt, einen unregelmässigen Klumpen darstellte, von viel grösserem Umfang wie der ursprüngliche Tropfen. In dem Klumpen trat jetzt die Netzstructur äusserst deutlich hervor.

Bei einer zerdrückten Miliolide zeigte sich bezüglich der in grosser Zahl abgelösten.

deutlich amöboiden kleinen Plasmakugeln noch folgende recht interessante Erscheinung. Der Haupttheil des zerquetschten Körpers entwickelte wieder ein reiches Pseudopodiennetz: sobald nun ein Pseudopodium mit einer Plasmakugel in Berührung kam, floss diese sofort mit ihm zusammen, so dass in verhältnissmässig kurzer Zeit die Mehrzahl der isolirten Kugeln wieder mit dem Hauptkörper vereinigt war. Diese Erfahrung spricht einerseits für die flüssige Beschaffenheit des Plasmas, ist aber andererseits auch für die Beurtheilung der Pseudopodien nicht unwichtig, worauf ich weiter unten zurückkommen werde.

Auch das Plasma der übrigen untersuchten Rhizopoden zeigt schon im lebenden Zustand eine recht deutliche Netzstructur, welche nach Fixirung mit geeigneten Reagentien und Färbung mit Gentianaviolett noch viel klarer wird. Sehr gewöhnlich trifft man auch auf faserig-netzige Partien, welche durch die Anordnung der Maschen bedingt werden. Dass dies der Fall ist, folgt auch sicher daraus, dass alle früher erwähnten brückenartigen Plasmazüge, welche zwischen den zertrümmerten Schalenpartien ausgespannt sind, schön faserig-netzig erscheinen; wobei die Richtung der Fasern stets der Zugrichtung entspricht. Taf. I Fig. 9 zeigt eine Strecke der Plasmabrücke einer Miliolide; das Plasma der Brücke war in lebhafter hin- und herströmender Bewegung, weshalb sich das Netzwerk beständig verschob. Auch wenn Plasmapartien am Objectträger oder Deckglas ankleben, wobei durch das Bestreben des Plasmas, sich kugelförmig zusammenzuziehen, zackige pseudopodienartige Ränder gebildet werden, ähnlich wie auch anklebende Oeltropfen sie zeigen, bemerkt man stets sehr deutlich die faserig-netzige Bildung, welche in der Richtung des Zuges verläuft.

Im inneren Plasma der untersuchten Discorbinen fanden sich grosse Mengen orangerother bis bräunlicher Fetttropfen, welche zähflüssig sind, da sie sich bei Druck spindelförmig ausziehen; bei Zusatz von 70 % Alkohol flossen sie zum Theil zusammen und lösten sich in absolutem Alkohol leicht auf. Ferner fanden sich noch kleine ungefärbte Körnchen oder Tropfen, welche häufig in Gruppen, wie zusammen gebacken, vorkamen. In absolutem Alkohol waren sie unlöslich, färbten sich in schwacher Jodlösung nur wenig, in saurem Delafield'schen Hämatoxylin nicht sehr intensiv. Bei Eosinfärbung zerquetschter Discorbinen fanden sich neben ungefärbten Körnchen, ähnlich den beschriebenen, auch gefärbte in sehr verschiedenen Grössen vor.

Das Studium lebender Pseudopodien der genannten Rhizopoden bestätigte überall die Erfahrungen über den Maschenbau des Plasmas. Ueberall, wo im Pseudopodiennetz grössere Anhäufungen von Plasma auftreten — wie in dickeren Pseudopodien, oder in Anschwellungen feinerer, an den sogenannten schwimmhautartigen Ausbreitungen, wo sich eine grössere Anzahl Fäden des Pseudopodiennetzes vereinigen, ferner in der saumartigen Plasmaausbreitung, die bei reicher Pseudopodienentwickelung aus der Schale hervordringt und die Pseudopodien entsendet — an allen diesen Stellen bemerkt man die maschige Structur; obgleich die beständigen raschen Verschiebungen des Netzes die Beobachtung erschweren. Die dickeren Pseudopodienstämme und der basale Saum sind gewöhnlich faserig-maschig, ähnlich den oben beschriebenen Plasmabrücken. Natürlich erscheint diese Faserung immer mehr oder weniger verworren. — Besonders deutlich ist der Maschenbau gewöhnlich an den schwimmhautartigen Ausbreitungen. Diese sind in der Regel ungemein dünn, sie werden nämlich nur von einer einzigen Maschen- oder Wabenlage gebildet, und zeigen daher auch die Structur am klarsten (Taf. II Fig. 5 u. 6). Fig. 5 stellt eine solche Ausbreitung einer Miliolide im lebenden Zustand dar; Fig. 6 dagegen die einer Discorbina nach Fixirung mit Osmiumsäuredämpfen und sehr starker Färbung mit Delafield-schem Hämatoxylin. Es ist zweifellos, dass in beiden Fällen die Beobachtung ganz das Gleiche ergiebt. Da es sich um eine minimal dünne Plasmaschicht handelt, so ist selbst an dem intensiv gefärbten Präparat die Zeichnung sehr blass und erfordert viel Aufmerksamkeit beim Studium. Deutlich bemerkt man auf den Figuren auch die dunklen, mit Hämatoxylin sich ziemlich intensiv färbenden Körnchen, welche bekanntlich im Pseudopodienwerk dieser Rhizopoden so zahlreich vorkommen und die sogenannte Körnchenbewegung zeigen. Fig. 6 lässt übrigens auch die Knotenpunkte des Maschenwerks recht gut erkennen.

Besonders klar tritt die Netzstructur vielfach an den Plasmaklümpchen hervor, welche ähnlich den Körnchen an den feinen Pseudopodienfäden hin und her geführt werden. Die Deutlichkeit ihrer Maschenstructur scheint hauptsächlich darauf zu beruhen, dass ihr Plasma sich in relativ ruhendem Zustand befindet, das Maschenwerk keine Verschiebungen erleidet. Man bemerkt, wie solche Klümpchen an den Pseudopodien gelegentlich ganz ruhig verharren, während die Körnchenbewegung an ihnen ununterbrochen vorübereilt.

Das schwierigste Problem bilden die feinen fadenförmigen Pseudopodien, deren Dicke selbst bei Anwendung der stärksten Vergrösserungen kaum messbar ist und welche sich in den peripherischen Ausbreitungen des Pseudopodiennetzes so verfeinern können, dass sie eben noch als Linien sichtbar sind. Man findet an diesen feinen Pseudopodien keine deutliche Maschenstructur, dagegen in mässigen, natürlich im Leben stets veränderlichen Abständen dunklere, wie schwache Knotchen erscheinende Punkte, deren Verschiebung längs des Pseudopodiums die Strömung anzeigt. Dazu gesellen sich aber noch sichere Körnchen, wie sie schon vorhin erwähnt wurden; durch die intensive Färbung, welche letztere in Hämatoxylin annehmen, erweisen sie sich zweifellos als besondere Gebilde. Sind nun die ersterwähnten knötchenartigen Punkte auch Körnchen von geringerer Grösse oder entsprechen sie etwa den Knotenpunkten des Maschenwerks? Diese Frage sicher zu beantworten, war mir nicht möglich. Die meisten dieser Knotenpunkte der feinen Pseudopodien sind den Knotenpunkten des Maschenwerks sehr ähnlich. Man könnte daran denken, ein solch' feines Pseudopodium als eine Reihe langgestreckter Maschen des Plasmagerüstes und die Knotenpunkte als die Scheidewände der hintereinander gereihten Maschen zu betrachten; doch scheint dies kaum zulässig, da wenigstens an den Präparaten die Punkte der feinen Pseudopodien in Abständen auf einander folgen, die etwa der gewöhnlichen Maschenbreite gleichkommen (s. Taf. II Fig. 1, 2, 6). Auch treten an den feinen Pseudopodien noch recht eigenthümliche Erscheinungen auf. Darunter finde ich besonders wichtig und beachtenswerth, dass man nicht selten zu bemerken glaubt, wie ein oder das andere der am Pseudopodienfaden hineilenden Körnchen sich eine kleine Strecke von demselben entfernt, um sich ihm hierauf wieder anzuschmiegen. Auch glaube ich mehrfach gesehen zu haben, dass Körnchen, die am Faden hineilten, auf kleinen sehr blassen, flachen oder höheren Vorsprüngen sassen, die sich eine Strecke weit über den Faden erhoben, was es erklären würde, dass die Körnchen den Faden scheinbar verlassen können. Ferner wurden zuweilen blasse bläschenartige Gebilde bemerkt, die am Faden hineilten (Taf. II Fig. 1), und daneben kleine plasmatische Ansammlungen, welche nur aus ganz wenigen Maschen bestanden. — Auch das sorgfältige Studium meiner besten Präparate (Taf. II Fig. 6) liess an den Pseudopodienfäden zum Theil Andeutungen von ganz zarten Verbreiterungen erkennen, welche gelegentlich eine maschige Beschaffenheit zeigten.

Alle diese Erfahrungen erwecken den Verdacht, dass in den zunächst allein deutlich sichtbaren dunkleren Pseudopodienfäden das ganze Wesen dieser Bildungen noch nicht erschöpft ist, sondern dass ihnen möglicherweise noch eine sehr schwer sichtbare Verbreiterung zugehört. Man konnte daran denken, dass die feinen Pseudopodienfäden eigentlich die Rolle eines Axenfadens spielen, wie er bei den Heliozoen und zum Theil auch bei Radiolarien vorkommt, und dass sich an diesem Axenfaden eine sehr schwer sichtbare und dünne Plasmabekleidung bewege. Dieser Gedanke erhält noch dadurch eine gewisse Stütze, dass, bei raschem Abtödten der Rhizopoden mit Osmiumsäuredämpfen[1] oder anderen schnell wirkenden Reagentien, die Pseudopodien nur selten ganz intact conservirt werden. Gewöhnlich nehmen sie eine varicöse Beschaffenheit an, indem sich an ihnen zahlreiche, dicht aufeinander folgende, spindelförmige Plasmaanhäufungen bilden. Diese Anhäufungen, welche die maschige Structur, zuweilen aber auch eine Alveolarschicht deutlich zeigen, sind durch einen feinen Faden, welcher meist ganz structurlos ist, untereinander verbunden. Auch erhielt ich mehrfach Präparate, wo dieser Faden durch die Anschwellung hindurch zu verfolgen war. Die Aehnlichkeit solcher Bilder mit jenen abgetödteter Pseudopodien von Heliozoen, deren Plasma auf dem Axenfaden zu Varicositäten zusammengelaufen ist, ist recht gross. Obgleich ich daher keine sicheren Beweise für einen derartigen Bau der feinen Pseudopodien beizubringen vermag, halte ich die aufgestellte Vermuthung doch für erwägenswerth. Erst nachträglich fand ich, dass schon M. Schultze (1863) durch ähnliche Beobachtungen an den Pseudopodien der Milioliden zu derselben Vermuthung geführt wurde.

Bei langsamerer Abtödtung der Pseudopodien wird der geschilderte Verbindungsfaden

[1] Die best fixirten Pseudopodiennetze erhielt ich auf die Weise, dass ich den Objectträger mit dem in einem kleinen Wassertropfen befindlichen Rhizopoden rasch in eine Glasschale brachte, in welcher reichlich Osmiumdämpfe durch Erhitzen einer einprocentigen Lösung auf dem Wasserbad entwickelt worden waren. Wie gesagt, lassen sich die Pseudopodiennetze auf diese Weise in voller Entwicklung conserviren, doch giebt auch schnelles Abtödten mit flüssigen Fixirungsmitteln unter dem Deckglas häufig ganz annehmbare Resultate.

zwischen den Varicositaten zerstort oder eingezogen und das Scheinfüsschen in eine Reihe kleiner Plasmakügelchen zerfällt, welche seinen ursprünglichen Verlauf häufig noch deutlich verfolgen lassen. Eine solche Zerlegung in einzelne Kügelchen könnte übrigens auch an einem nur aus zäher Flüssigkeit bestehenden Faden eintreten, wenn derselbe rasch verflüssigt würde; er müsste dann in eine grosse Anzahl kleiner Tröpfchen zerfallen.

Gromia Dujardinii. M. Schultze 1854.

Diese sehr grosse und interessante Rhizopode konnte ich in Neapel reichlich beobachten, wo sie mit vielen anderen Rhizopoden an der Küste von Capri aus beträchtlicher Tiefe hervorgeholt wurde. Sie hielt sich lange lebendig, so dass ich sie nach Heidelberg überführen und hier noch längere Zeit studiren konnte.

Obgleich der Schalenbau dieser Gromia mancherlei eigenthümliche Verhältnisse darbietet, will ich hier nicht näher darauf eingehen, da ich ihn nicht specieller studirte. Nur soviel muss zum Verständniss der Abbildungen bemerkt werden, dass die Mündungsregion eine etwas verschiedene Beschaffenheit annehmen kann, je nachdem das Plasma reichlich aus der Mundung hervortritt, oder sich ganz in die Schale zurückgezogen hat. Im ersteren Fall springt die Mündungsregion zitzenartig vor, wie es auf Taf. I Fig. 2 dargestellt ist. Im anderen Fall hingegen, wo auch die Mündung gewöhnlich sehr verengt bis nahezu geschlossen erscheint, ist der zitzenartige Vorsprung ganz niedrig und abgeflacht (Taf. I Fig. 1). Die ziemlich dicke Schalenhaut erscheint auf dem optischen Längsschnitt fein radiär gestreift. Am vorderen Pol wird sie allmählich stärker, um an der Mündung selbst eine beträchtliche Dicke zu erreichen. Bis in eine gewisse Entfernung von der Mündung bewahrt die Schale die radiärgestreifte Beschaffenheit auf dem Durchschnitt Fig. 1, b). Der dickste Theil ihrer Mündungspartie ist dagegen anders beschaffen; er erscheint auf dem Durchschnitt fein granulirt Fig. 1. a) und setzt sich mit scharfer, meist etwas geschwungener Linie gegen den angrenzenden gestreiften Theil ab. Die Mündungszitze wird nun von diesem granulirten Theil und dem anschliessenden dickeren gestreiften Theil der Schale gebildet, welche beim Andrängen des Plasmas und bei der Erweiterung der Mündung emporgehoben und auseinander getrieben werden. Ich glaube, dass die besondere Beschaffenheit der Mündung im Wesentlichen dazu dient, einen elastischen Verschlussapparat herzustellen, welcher die Mündung nach Rückfluss des Plasmas selbstthätig wieder verschliesst.

Gewöhnlich klebt der Mündung ein mehr oder minder grosser Klumpen von Detritus verschiedenster Art an, der zuweilen den Umfang des Thieres beträchtlich übertreffen kann. Dieser Schmutzklumpen besteht aus den verschiedenartigsten Theilchen, welche das Protozoon mit seinen Pseudopodien herbeigeholt und vor der Mündung angesammelt hat. Da man nicht selten beobachtet, dass Pseudopodien anscheinend direct aus dem Rande dieses Klumpens entspringen, so erachte ich es für sicher, dass sich das Protoplasma zwischen die Theilchen des Klumpens erstreckt, sie zusammenhält und als Nahrung verwerthet. Für die Untersuchung ist dieser Umstand recht lästig, da die Mündung und besonders das aus ihr hervorgedrungene Plasma von dem Schmutz gewöhnlich stark verdeckt werden. Entfernt man den Klumpen vorsichtig, so schliesst sich die Mündung meist sofort und auch bei längerem Aufbewahren des Thieres werden nur selten neue Pseudopodien entwickelt.

Das die Schale erfüllende Plasma ist vollkommen undurchsichtig, da es von grossen braunen Körpern (Fig. 1, c) dicht durchsetzt wird, welche schon M. Schultze (1854) wegen ihrer grossen Resistenz gegen verschiedene Reagentien auffielen.

An Exemplaren, deren Pseudopodienentwicklung zu verfolgen ist, kann man nun Folgendes wahrnehmen. Durch die mehr oder weniger geöffnete Mündung tritt eine sie ganz erfüllende Plasmamasse aus, welche sehr schön längsfasrig-maschig ist (Fig. 1, 2). Es ist nicht etwa ein Pseudopodienbüschel, welches aus der Mündung hervorgestreckt wird, wie es M. Schultze darstellt, sondern eine zusammenhängende, in der angegebenen Weise structurirte Masse. Ich will jedoch nicht leugnen, dass gelegentlich auch ein Pseudopodienbüschel die Mündung durchsetzen könne; die Regel bildet jedoch das eben Angegebene. An dem die Mündung durchziehenden Plasma habe ich mich vielfach auf das Deutlichste von der maschigen Beschaffenheit überzeugt und Fig. 1 Taf. I giebt davon ein möglichst naturgetreues Bild. Den Abstand der Längsfasern taxire ich nach Messungen auf ca. 1 μ.

Das austretende Plasma häuft sich zunächst vor der Mündung zu einer unregelmässigen Masse an, welche den Anblick eines verworren fasrig-maschigen Busches darbietet. Auf Taf. II Fig. 2 ist ein kleiner Busch im optischen Längsschnitt abgebildet, welcher die fasrig-netzige Beschaffenheit des Plasmas gut zeigte. Grössere solche Büsche erscheinen in der Regel viel verworrener, lassen jedoch bei sorgfältiger Untersuchung ebenfalls feststellen, dass ihr Bau ein maschig-fasriger ist.

Von diesem Busch entspringen nun die Pseudopodien, welche, wie schon Schultze hervorhebt, stets vollkommen hyalin- und körnchenfrei sind und daher auch keine Spur von Strömung zeigen. An Exemplaren mit reich entwickelten Pseudopodien strahlen sie nach den verschiedensten Richtungen von der Mündungsregion, oder scheinbar auch dem Schmutzklumpen aus, werden zum Theil sehr lang und dann auch recht dick und senden viele seitliche, zunächst meist unter spitzen Winkeln abgehende Seitenzweige aus. An ansehnlichen Pseudopodien treten die Seitenzweige, welche sich selbst wieder verästeln können, zuweilen auch rechtwinklig ab und sind so zahlreich, dass das Pseudopodium einem Tannenbaum gleicht. Da es nicht in meiner Absicht lag, die allgemein morphologischen Verhältnisse der Pseudopodien eingehend zu verfolgen, so verweile ich nicht länger bei diesen Dingen, sondern erwähne nur noch, dass ich nie Anastomosen zwischen benachbarten Scheinfüsschen bemerkte.

Auffallend ist es, dass zuweilen einzelne Pseudopodien an gewissen Stellen wie geknickt aussehen, was den Charakter der Starrheit, welchen diese Scheinfüsschen überhaupt zeigen, noch vermehrt.

Wie schon betont wurde, erscheinen die Pseudopodien auch bei den stärksten

Vergrösserungen völlig structurlos und glasartig. Das Einzige, was ich an stärkeren Stämmen deutlich wahrnehmen konnte, ist ein ziemlich dicker dunkler Grenzsaum, welcher pelliculaartig erscheint, und darunter ein heller Rand. Beides erinnert lebhaft an eine Alveolarschicht. Mit Rücksicht auf diese Beschaffenheit der Pseudopodien verdiente natürlich ihr Ursprung aus dem fasrig-maschigen Plasmabusch besondere Beachtung. Ich habe mich denn auch mehrmals bestimmt überzeugt, dass die structurlose Plasmamasse der Scheinfüsschen ganz direct aus der fasrig-maschigen des Busches hervorgeht. Man sieht die plasmatische Structur des letzteren rasch blässer werden und schliesslich völlig erlöschen (Taf. I Fig. 7). Auch lässt sich die Faserung zuweilen noch bis in die Basalregion der Pseudopodien verfolgen. Es scheint mir daher sicher, dass das hyaline Plasma direct aus dem structurirten hervorgeht. — Das Studium der lebenden Gromia liefert für diesen unmittelbaren Uebergang zwischen den beiden Plasmasorten übrigens noch weitere Beweise. Gelegentlich wurde beobachtet, dass ein hyalines Pseudopodium distalwärts in eine fasrig-maschige Plasmaanschwellung auslief, welche durchaus an den Faserbusch der Mündung erinnerte, auch darin, dass von ihr eine grössere Anzahl feinerer hyaliner Pseudopodien ausstrahlte. Diese Beobachtung liefert einerseits einen erwünschten Beweis für den directen Ursprung der hyalinen Pseudopodien aus dem fasrigen Plasma, andererseits beweist sie jedoch ebenso bestimmt, dass das hyaline Plasma wieder in fasrig-netziges übergehen kann; denn auf andere Weise ist das Hervorgehen der beschriebenen Structur im Verlaufe des Pseudopodiums nicht wohl zu erklären.

Für die eben erwähnte Rückbildung des hyalinen Plasmas in maschiges sprechen noch weitere Erfahrungen. An den feinen Pseudopodien beobachtet man gelegentlich seitlich mehr oder weniger unregelmässige Plasmabuckel oder auch hautartige Ausbreitungen, welche deutlich netzig erscheinen. Sie erinnern an ähnliche, welche oben von den reticulären Pseudopodien geschildert wurden. Den klarsten Beweis für die plötzliche Umbildung des hyalinen in netziges Plasma liefern aber die Vorgänge bei der Einziehung der Pseudopodien. Dieser Act beginnt immer damit, dass das Pseudopodium plötzlich welk und schlaff wird und sich wellig schlängelt. Hierauf kann es sich ohne weitere bemerkbare Veränderung allmählich verkleinern und schliesslich ganz eingehen, oder es wird nicht selten gegen den Faserbusch oder gegen andere Pseudopodien zurückgebogen und verschmilzt dann mit diesen. In anderen Fällen hingegen beobachtet man folgenden interessanten Vorgang. Das wellig gewordene Pseudopodium erhält zuerst ein körniges Aussehen, indem in seinem Verlauf dunklere Punkte auftreten: darauf zieht es sich zu unregelmässiger Gestalt zusammen und in dem Maasse, wie dies geschieht, wird es immer deutlicher netzig, so dass es schliesslich wie einer der oben erwähnten unregelmässigen netzigen Plasmaauswüchse an dem hyalinen grösseren Pseudopodium sitzt, aus dem es entsprang. Auf Taf. I Fig. 3a ist ein solches, in Rückziehung befindliches Pseudopodium abgebildet, das schon an zwei Stellen deutlich netzig geworden ist, und die Figg. 3b und c stellen zwei Stadien der Einziehung des Pseudopodienästchens * dar, welches dabei deutlich netzig wurde und mit dem netzigen Anhang der anderen

Seite **, der wohl auch ein eingezogenes Seitenäschen ist, zu dem netzigen Endanhang der Fig. 3c zusammenfloss.

Presst man den Faserbusch der Mündung etwas mit dem Deckglas, so wandelt sich sein fasrig-netziges Plasma leicht in ganz homogen erscheinendes um, das in Gestalt lappiger hyaliner Fortsätze aus dem Busch hervorquillt, sich jedoch nach einiger Zeit netzig umbildet, worauf der Busch seine normale Beschaffenheit wieder erlangt. Auch innerhalb der Schale, wenn sich das Plasma in der Mundungsregion etwas von der Hülle zurückgezogen hatte, beobachtete ich mehrfach solch' unregelmässige, ganz hyaline, amöboide Plasmafortsätze. An diesen liess sich gleichfalls verfolgen, wie sie ganz allmählich in das fasrig-netzige Plasma des inneren Körpers übergehen.

Wenn aus den geschilderten Beobachtungen schon sehr wahrscheinlich wird, dass auch die scheinbar ganz hyalinen Pseudopodien eine netzige Structur besitzen, welche nur aus gewissen Gründen unkenntlich geworden ist, so wird diese Vermuthung durch die Behandlung der Pseudopodien mit Reagentien weiterhin bestätigt. Obgleich es an getödteten und gefärbten Pseudopodien nicht immer gelang, eine Structur sicher nachzuweisen, erhielt ich doch auch Präparate, welche sie recht deutlich zeigen. Fig. 6 Taf. I stellt ein dickes, gegen das Ende reich verzweigtes Scheinfüsschen dar, welches mit Chromosmiumessigsäure rasch abgetödtet und darauf mit Delafield'schem Hämatoxylin gefärbt ward. Fast durch das ganze Pseudopodium tritt eine längsfasrige Structur deutlich hervor und lässt sich namentlich an der Basis und gegen das Ende des Scheinfüsschens gut als eine maschige erkennen. An den dünnen Pseudopodienästchen, welche von dem Stamm ausstrahlen, vermag ich keine Structur aufzufinden; wie der Hauptstamm zeigen jedoch auch sie überall einen dunklen, etwas stärker gefarbten Grenzsaum.

Amoben.

Bei verschiedenen Gelegenheiten habe ich mehrere Vertreter der Gattung Amöba und der nahe verwandten Cochliopodium studirt; da ich mein Augenmerk hauptsächlich auf die Structurverhaltnisse des Plasmas richtete, nicht die Absicht hatte, die beobachteten Formen allseitig zu studiren, so werde ich auch hier nur über diese Fragen im Zusammenhang berichten, nicht aber in Einzelschilderungen eingehen.

An den kleineren untersuchten Amöben, wie A. (Dactylosphaerium) radiosa Ehrb. in ihren verschiedenen Gestalten und A. limax ist schon im lebenden Zustand der netzmaschige Bau des granulirten Binnen- oder Entoplasmas häufig gut zu erkennen. Auch konnte ich mich an lebenden Amöben mehrfach von der Radiärschicht um die contractile Vacuole, und einer ähnlichen Schicht um den Kern überzeugen. — Ein sog. Ectoplasma von hyaliner, anscheinend structurloser Beschaffenheit ist, wie ich auch schon früher betonte, keineswegs immer vorhanden, sondern kann stellenweise oder gänzlich fehlen; so wurde es zuweilen bei der grossen Amöba proteus ganz vermisst, ebenso in der Regel auch bei A. limax. Da es jedoch bei A. proteus nicht selten streckenweise recht schön auftritt und auch die Pseudopodien dieser Amöbe, wenigstens gegen die Enden, stets den Charakter solch' hyalinen Plasmas zeigen, so ergiebt sich, wie mir scheint, zweifellos, dass das hyaline Ectoplasma hier wie bei der eben geschilderten Gromia Dujardini durch Umwandlung des maschigen Plasmas entsteht und auch wieder in solches umgebildet werden kann. Die Oberfläche des Korpers, gleichgültig ob sie von hyalinem Ectoplasma oder deutlich maschigem Plasma gebildet wird, zeigt stets einen verhältnissmässig dicken und dunklen Grenzsaum, der sowohl an lebenden, wie an präparirten Exemplaren pelliculaartig erscheint. Auch auf die Pseudopodien lässt sich dieser Saum verfolgen, gegen ihre feineren Enden wird er zarter und blasser. Unter dem pelliculaartigen Saum zieht eine helle schmale Zone hin, an welche, wenn kein hyalines Ectoplasma entwickelt ist, direct das netzmaschige Plasma grenzt. Der pelliculaartige Grenzsaum sammt der hellen schmalen Zone bieten völlig das Bild einer Alveolarschicht dar; ich zweifle auch nicht, dass sie überall eine solche darstellen und nicht etwa nur auf optischen Verhältnissen beruhen; obgleich ich mich an lebenden Amöben bis jetzt noch nicht mit Sicherheit von der radiären Streifung dieser Alveolarschicht überzeugen konnte. Dagegen gelang dies, wie ich gleich hier bemerken will, an den mit Pikrinschwefelosmiumsäure oder auch mit Jod-Alkohol conservirten Exemplaren häufig recht gut. Auf Taf. II Fig. 9 bemerkt man an einer Amöba actinophora Auerbach, unter der hier vorhandenen, deutlich radiär gestreiften Hülle, über welche später noch einige Worte zuzufügen sind, die gleichfalls radiär gestreifte Alveolarschicht (*alv*) sehr schön. Dass die radiärstreifige Hülle nicht selbst die wirkliche Alveolarschicht repräsentirt, folgt auch daraus, dass sie sehr hell und blass ist und die unter ihr gelegene eigentliche Alveolarschicht, auf der Grenze gegen die Hülle, den dunkeln pelliculaartigen Saum aufweist, welcher bei Mangel einer solchen Hüllschicht direct die Oberfläche der Amöbe bildet. An demselben Präparat sieht man unter der Alveolarschicht das netzmaschige Plasma recht deutlich; bei *o* ist dasselbe in der Ansicht auf die Oberfläche dargestellt. Auch um den Nucleus trat die Radiärmaschenschicht recht klar hervor. Die grosse Schärfe und Dunkelheit der Knotenpunkte in dem Maschengerüst des Entoplasmas beruht zweifellos auf der Einlagerung kleiner stark lichtbrechender Körnchen.

Wenngleich die Pseudopodien der Amöben gewöhnlich aus anscheinend structurlosem, hyalinem Plasma bestehen, so gilt dies doch nicht durchaus. Die mässig langen strahligen Pseudopodien von Amöba radiosa sah ich schon im Leben bis gegen die Enden deutlich blass netzmaschig und zum Theil etwas faserig. An den Enden wird ihre Structur immer blasser, bleibt jedoch noch kenntlich; dabei war um die gesammten Pseudopodien die oben beschriebene Alveolarschicht zu verfolgen, wenn auch nicht ihre Structur. Amöba radiosa kann jedoch häufig in Zustände übergehen, welche grosse Mengen anscheinend hyalinen Plasmas aufweisen. Sie geht nämlich nicht selten aus der eben beschriebenen Form mit allseitig ausstrahlenden, mässig langen und ziemlich dicken Pseudopodien in einen sehr flach ausgebreiteten Zustand mit zackigen spitzigen Pseudopodien uber, welche hauptsächlich aus dem flach ausgebreiteten Randsaum entspringen.

Dieser Randsaum besteht aus nahezu hyalinem Plasma, welches die maschige

Structur nur schwierig erkennen lässt. Endlich fand sich in demselben Wasser, dem die A. radiosa entstammte, häufig eine kleine Amöbe von sehr eigenthümlicher Gestalt und Bewegungsweise. In der Regel hatte sie etwa die Form eines ausgebreiteten Fächers, wobei der convexe Rand des Fächers bei der Bewegung voran ging und von einem mehr oder weniger breiten, hyalinen Saum gebildet wurde, auf welchen, das zugespitzte Ende des Fächers bildend, das sehr schön netzmaschige Plasma folgte, das Kern und contractile Vacuole enthielt. Ich habe diese Amöbe häufig beobachtet und lange für eine besondere Art gehalten, bis ich eines Tages bemerkte, dass ein Exemplar, unter Ausbildung einer Anzahl strahliger Pseudopodien, in die typische Gestalt der A. radiosa überging. Daher zweifle ich jetzt nicht, dass sie nur eine der Erscheinungsformen der sehr vielgestaltigen A. radiosa ist.

Bei einer während der Bewegung länglichgestreckten Amöbe, welche in der Regel an dem Vorderende einige mässig lange, fingerförmige Scheinfüsschen bildet, rücken diese Pseudopodien in dem Maasse, als die Amöbe in der Richtung ihrer Längsaxe geradlinig fortschreitet, nach hinten und werden dann allmählich eingezogen. Während nun die Pseudopodien, so lange sie am Vorderende stehen, in der Regel homogen und structurlos erscheinen, werden die nach hinten gerückten deutlich netzig und zwar durch und durch bis zu dem äusseren Grenzsaum. Es dürfte sich demnach hier die gleiche Erscheinung wiederholen, welche wir bei der Einziehung der Pseudopodien von Gromia Dujardini beobachteten. Die Pseudopodien dieser Amöbe zeigten im conservirten Zustand (Pikrinschwefelosmium) gewöhnlich bis zu ihren äussersten Enden eine sehr hübsche Netzstructur und die alveolare Grenzschicht gleichzeitig recht deutlich (Taf. I Figg. 10 u. 11).

Im Jahre 1878 habe ich zuerst darauf hingewiesen, dass die im Enddarm von Blatta orientalis nicht seltene Amöba Blattae eines der besten Beispiele faserigen Plasmas darbietet. Das Plasma dieses Organismus erweist sich bei Untersuchung im lebenden Zustand sehr schön faserig und die Faserung folgt den Bewegungen durchaus. Ich verweise in dieser Hinsicht auf die früher gegebene Beschreibung. In neuerer Zeit konnte ich diese interessante Amöbe gelegentlich wieder beobachten, leider jedoch noch nicht eingehender studiren. Immerhin vermag ich die früher gegebene Beschreibung dahin zu ergänzen, dass die scheinbaren Fibrillen auch hier nicht unzusammenhängend, sondern netzartig verbunden sind. Verfolgt man die Amöbe in ihren Bewegungen, so erhält man die sichere Ueberzeugung, dass die Faserung nur eine Folge der durch die Strömungen verursachten Zugwirkungen ist. Man sieht dies am schönsten am Hinterende einer nach Art der A. limax kriechenden solchen Amöbe. Entsprechend dem axialen Vorstrom gegen das Vorderende durchzieht ein axialer Faserzug die Amöbe, welcher hinten büschelförmig ausstrahlt, indem das Plasma des Hinterendes allseitig in diesen Vorstrom hereingezogen wird.

Dass übrigens strahliges Plasma auch gelegentlich anderweitig bei Amöben anzutreffen ist, lehrt die folgende gelegentliche Beobachtung. In einem der Präparate mit

Am. actinophora fand ich ein längliches Exemplar, dessen eines Ende zu einer helleren saumartigen Ausbreitung entwickelt war. Obgleich die charakteristische Hülle der Am. actinophora an diesem Exemplar nicht sicher nachzuweisen war, halte ich es doch für wahrscheinlich, dass es zu der genannten Art gehört. Der breite Saum, (Taf. II Fig. 8), der wohl zweifellos das in Vorwärtsbewegung begriffene Ende der Amöbe darstellt, war in seiner ganzen Tiefe auf das Schönste radiär gestreift. Obgleich die Structur des Saumes verhältnissmässig blass war, liess sich doch recht gut erkennen, dass es sich um radiäre Anordnung der Waben handelte. Das nach innen an den Saum grenzende Plasma erschien sehr scharf netzförmig mit recht dunklen, von der Einlagerung feiner Körnchen herrührenden Knotenpunkten. Ich glaube um so mehr annehmen zu dürfen, dass sich dieser schön radiär gestreifte Saum im Leben als scheinbar hyaliner Randsaum repräsentirt hätte, da Gruber (1882) auf Taf. 30 Fig. 17 eine Am. actinophora mit einem ähnlichen Randsaum abbildet, an dem eine radiäre Streifung schwach angedeutet ist.

Da Greeff (1891) in neuerer Zeit wieder die Entleerung der contractilen Vacuole der Amöben nach aussen bezweifelt, so bemerke ich, dass ich bei Gelegenheit dieser Studien an verschiedenen der untersuchten Amöben sehr klar beobachtete, dass die Vacuole stets erst schwindet, wenn sie direct an die Oberfläche stösst, und dass sie hierbei stets von innen nach aussen zusammensinkt. Ich zweifle daher nicht an ihrer Entleerung nach aussen.

Bekanntlich enthält das Entoplasma der Amöben meist zahlreiche körnige Einschlüsse der verschiedensten Grösse. Wo es mir gelang, über die Lagerung dieser Körnchen in dem Maschenwerk des Plasmas klar zu werden, fand ich sie stets dem Netzwerk eingelagert, nie dagegen in dem helleren Inhalt der Maschen. Die Körnchen zeigen fast stets eine wogende bis nahezu tanzende Bewegung, welche in letzterem Fall häufig an Molekularbewegung erinnert. Dies beweist jedenfalls, dass das innere Plasma verhältnissmässig sehr flüssig ist. Jedenfalls ist das Gerüstwerk in beständiger wogender Verschiebung begriffen.

2. Ueber protoplasmatische Structuren bei den Bacterien und verwandten Organismen.

In einer zu Beginn des Jahres 1890 erschienenen Arbeit versuchte ich zu zeigen, dass Bacterien und Cyanophyceen im Wesentlichen den gleichen Bau haben, dass sich bei beiden ein sehr ansehnlicher, schön wabig structurirter Kern nachweisen lasse, der wenigstens bei den grösseren Formen der Bacterien und ganz allgemein bei den Cyanophyceen von einer dünnen wabig gebauten Plasmalage umschlossen werde. Ich hätte mich begnügt, hier auf jene Arbeit einfach hinzuweisen, als Beweis, dass auch diese Organismen, welche in vieler Hinsicht die grösste Einfachheit des Baues zeigen, die Wabenstructur der lebendigen Substanz erkennen lassen, und vielleicht noch hervorgehoben, dass auch Kunstler (1889) ganz unabhängig bei einer als Spirillum tenue bezeichneten Bacterie durch Färbung mit Noir de Collin dieselbe wabige Structur des Körpers beobachtete, welche ich nach etwas anderen Methoden bei Spirillum undula Ehrb. und einer Anzahl weiterer Bacterien feststellte, wenn nicht mittlerweile Alfred Fischer in einer Arbeit über »die Plasmolyse der Bacterien« gegen die von mir, auf Grund eingehender Studien vertretene Auffassung des Baues der Bacterien und Cyanophyceen Einwände erhoben hätte, die ich etwas näher zu beleuchten verpflichtet bin. Ich halte zwar diese Einwände nicht für bedenklich und hätte daher anfänglich ihre Widerlegung gerne dem Urtheil einsichtiger und auf diesem Gebiet erfahrener Dritter überlassen; da jedoch für so Viele Derjenige Recht zu haben scheint, welcher das letzte Wort gesprochen, und das Gewicht der früher angeführten Thatsachen schnell in Vergessenheit geräth, weil Jeder kaum Zeit findet, sein begrenztes Gebiet einigermaassen zu beherrschen, so habe ich mich doch entschlossen, das etwas eigenthümliche Verfahren des Herrn Fischer an dieser Stelle zurückzuweisen.

Fischer hat sich keineswegs damit beschäftigt, etwa eine der von mir untersuchten Formen, insbesondere eine der typischen grossen Bacterien, auf deren Untersuchung meine ganze Darstellung beruht, seinerseits zu studiren; selbst die Oscillarien, welche jederzeit zur Verfügung stehen, hat er nicht im Geringsten nach den von mir angegebenen Methoden geprüft. Nichtsdestoweniger hält er sich für voll berechtigt, auf Grund einiger Versuche über die plasmolytische Zusammenziehung des Inhalts gewisser Bacterienzellen meine Ansichten über den Bau der fraglichen Organismen als irrige zu verurtheilen. Was ich bei den grossen Bacterien, wie Chromatium okenii und Ophidomonas jenensis, sowie den zahlreich untersuchten Oscillarien als wabig structurirte, radiär gestreifte dünne Plasmalage schilderte, wäre nach ihm nichts anderes, als, bei der plasmolytischen Zurückziehung des Inhalts der Zellen, an gewissen Stellen der Wand haften gebliebenes Plasma, das sich fädig oder strahlig ausgezogen habe. Daher könne denn auch von einem besonderen Centralkörper oder Kern bei diesen Organismen keine Rede sein; das, was ich als solchen ansehe, sei eben nichts weiter wie die Centralmasse des zusammengezogenen Zellplasmas.

Wer diese Deutung meiner Beobachtungen, welche meine Befähigung zur Untersuchung derartiger Objecte in etwas zweifelhaftem Licht erscheinen lässt, liest, kommt vielleicht auf die naheliegende Vermuthung, dass Fischer bei seinen Studien über die Plasmolyse des Inhalts der Bacterienzelle dergleichen Vorgänge gefunden habe, wie er sie als Quelle meiner Irrthümer bezeichnet. Darnach sucht man jedoch vergeblich: er hat nichts weiter wie die Zusammenziehung des Inhalts der Zelle unter Einwirkung gewisser Lösungen beobachtet; auf seinen Abbildungen suchen wir umsonst nach einer Spur von Structurverhältnissen. Seine ganze Deutung der von mir beschriebenen Bilder ist daher hypothetisch und gründet sich nur auf die Erfahrung, dass bei der Plasmolyse »gewöhnlicher Pflanzenzellen« »gar nicht selten« einzelne Plasmafäden an der Wand der Zelle haften bleiben, die sich nach Fischer in die Poren der Zellwand fortsetzen sollen. Soviel ich weiss, ist diese Erscheinung bei der Plasmolyse »gewöhnlicher Pflanzenzellen« keineswegs häufig, sondern die Ausnahme; in der Regel zieht sich der Inhalt allseitig ohne solche Fadenbildung von der Wand zurück, und wenn sie überhaupt vorkommt, dann tritt sie meist sehr unregelmässig hier und da auf.

Wenn es deshalb schon ganz unzulässig und kritiklos erscheint, die von mir sowohl bei den grossen Bacterien wie bei den Oscillarien ganz regelmässig beobachtete strahlig-wabige Plasmaschicht auf eine so abnorm auftretende Erscheinung an den Zellen höherer Pflanzen zurückführen zu wollen, so wird dies noch durch eine Reihe anderer Thatsachen weiterhin erwiesen. Fischer behauptet, wie gesagt, dass alle von mir geschilderten Verhältnisse durch plasmolytisch veränderte Zellen vorgetäuscht worden seien, und beruft sich darauf, dass ich mit Alkohol fixirtes Material untersucht habe, welches leicht mehr oder weniger plasmolysirt sei. Hätte er sich etwas mehr Zeit genommen, meine Arbeit, welche zwar nur die Bedeutung einer vorläufigen Mittheilung beanspruchte, aufmerksam zu lesen, so wäre ihm nicht entgangen, dass ich keineswegs nur mit Alkohol conservirte, sondern dass ich gleichzeitig recht verschiedenartige und vorzügliche Fixirungsmittel, wie Pikrinschwefelsäure, ohne und mit Osmiumsäure, Chrom-Osmium-Essigsäure, Osmiumsäuredämpfe u. s. f. verwerthete, und dass alle diese verschiedenen Mittel im Wesentlichen zu den gleichen Ergebnissen führten. Wenn ich gewöhnlich schwachen Alkohol, und zwar meist mit einem Zusatz von Jod, zur Fixirung anwandte, so geschah dies deshalb, weil ich mich überzeugt hatte, dass er ganz dasselbe leistet, wie die übrigen Mittel, und gleichzeitig den Vortheil bietet, dass die Färbungen an derartig fixirtem Material besser und namentlich charakteristischer ausfallen. Ich kann auch versichern, dass bei guter Anwendung dieses Fixirungsmittels keine Plasmolyse eintritt, vielmehr, wie ich bemerkte, umgekehrt häufig ein Platzen der Membran unter theilweisem Austritt des Inhalts.

Ich halte es jedoch für unnöthig, bei diesen Dingen länger zu verweilen, da sich Fischer's ganz unbegründete Einwände ohne Schwierigkeit durch eine Reihe Thatsachen widerlegen lassen, die ihm ebenso zugänglich waren wie mir und welche er sich daher selbst hätte vorhalten müssen, wenn er es für nöthig erachtet hätte, sich in dieser Frage genauer zu orientiren, bevor er ein Urtheil abgab. Bekanntlich wurde der Centralkörper oder Kern der Oscillarien schon vor mir von E. Zacharias beobachtet, und dieser Forscher hat später gleichzeitig mit mir und unabhängig diesen Gegenstand weiter verfolgt [1]). Ob Fischer Zacharias' Arbeiten nicht kennt, da er sie nirgends erwähnt, bleibe dahingestellt. Jedenfalls hat sich Zacharias ebenso wie ich überzeugt, dass die Oscillarienzelle einen ansehnlichen centralen ungefärbten Körper von besonderen Eigenschaften enthält. Ob dieser Körper als Kern zu deuten ist, erscheint als eine Sache für sich; jedenfalls hat sich erfreulicher Weise auch in dieser Hinsicht genügende Uebereinstimmung zwischen Zacharias und mir ergeben. Ich darf ganz zufrieden sein, wenn Zacharias anerkennt, dass dieser Körper als die Vorstufe eines Kerns betrachtet werden dürfe [2]:

[1] Botanische Zeitung 1887. p. 301. ibid. 1890. p. 1.
[2] Botanische Zeitung 1890. p. 463.

dann ist er eben der Vertreter des Kerns der höheren Zelle, wie ich ihn auch auffasse. Ob ihm alle Eigenschaften des letzteren zukommen, ist eine Frage, welche weiterer Untersuchung bedarf, und schliesslich erscheint dies auch nicht unbedingt nöthig. Dieser Centralkörper der Oscillarienzelle ist nun sowohl nach Zacharias' wie meinen Erfahrungen, denen übrigens die einiger älterer Forscher vorhergehen, schon in der lebenden Zelle als ungefärbter Centraltheil ganz deutlich wahrzunehmen; ebenso hob ich hervor, dass dies von dem entsprechenden Centralkörper des Chromatium okenii gilt, ja dass sogar der des Bacterium lineola schon im Leben zu beobachten ist. Wie man unter diesen Umständen die Behauptung zu vertheidigen wagen kann, dass der Centralkörper nur die Centralmasse des plasmolytisch zusammengezogenen Zellinhalts sei, bleibt mir wenigstens unergründlich und liefert wohl einen Beweis für die seltsame Art, in welcher heutzutage häufig argumentirt wird. Ueberlegen wir nun ferner, dass, wie ich und Zacharias ausführlich darlegten, der Centralkörper sich sowohl durch ganz besondere Färbungsfähigkeiten, wie auch durch sein Verhalten gegen Verdauungsflüssigkeiten auszeichnet, so wird die Haltlosigkeit der Fischer'schen Behauptung immer zweifelloser. Zu guter letzt kommt uns ausserdem noch ein absolut beweisfähiger Punkt zu Hülfe, welchen ich früher nicht betont habe, da es mir unmöglich schien, den fraglichen Einwand zu erheben. Bei Chromatium okenii sowohl wie bei den Oscillarien hatte ich häufig Gelegenheit, in den Präparaten verschiedengradig plasmolysirte Zellen zu beobachten, d. h. solche, deren Inhalt von der Zellmembran mehr oder weniger zurückgezogen war. An solchen Exemplaren lässt sich auf das Bestimmteste feststellen, dass sich bei der Plasmolyse das gesammte strahlig-wabige Plasma mit scharfer glatter Begrenzung von der Haut ablöst. Besonders von Chromatium habe ich Exemplare gefunden, deren gesammter Inhalt stark von der Membran zurückgezogen war und dennoch auf das Schönste sowohl die plasmatische Rindenschicht wie den Centralkörper zeigte. Selbst an Bacterium lineola gelang es, ähnliche Zustände sicher zu beobachten.

Da ich durch vorstehende Ausführungen Fischer's Einwände genügend zurückgewiesen und gekennzeichnet zu haben glaube, halte ich es für unnöthig, auf die weiteren Angriffe näher einzugehen, welche er gegen meine Deutung der kleineren Bacterien als des Plasmas entbehrender oder doch daran sehr armer Centralkörper richtet[1]. Da meine

[1] Ich ergreife die Gelegenheit, um einen Irrthum, der sich in meine Bacterienarbeit eingeschlichen hat, zu berichtigen. Auf p. 34 derselben wurde bemerkt, dass auch schon frühere Forscher gelegentlich die Bacterien wegen ihrer intensiven Tingirbarkeit mit den Kernen der höheren Organismen verglichen hätten, namentlich sei dies meines Wissens von Klebs Allgem. Pathologie, 1887, Bd. I p. 75—76 geschehen. Herr Prof. Hüppe hatte die Freundlichkeit, mich darauf hinzuweisen, dass er es war, welcher diesen Vergleich schon etwas früher aussprach Hüppe, Die Formen der Bacterien. Wiesbaden 1886, p. 94—95, wie ich hier gern berichtige. Da ich wegen der Arbeiten, welche den Gegenstand der vorliegenden Schrift bilden, über meine Bacterienstudien nur kurz vorläufig berichten konnte, so fehlte mir auch die Zeit, die so umfangreiche Bacterien-Literatur eingehend durchzusehen. Bei der fraglichen Angabe folgte ich daher Ernst, welcher dieselbe Bemerkung auf p. 44 seiner Arbeit machte. Uebrigens hat diese historische Frage keine sehr erhebliche Bedeutung, da sowohl Hüppe wie Klebs die angedeuteten Beziehungen der Bacterien zu den Kernen echter Zellen für recht unsicher erachteten und ihnen jedenfalls keine grössere Bedeutung zuschrieben.

Argumentation nämlich eine einfache Folge aus den Ermittelungen ist, welche sich an den grossen Bacterien und Cyanophyceen ergaben, so bleiben sie zu Recht bestehen, wenn die von **Fischer** gegen die Richtigkeit dieser Beobachtungen erhobenen Einwände als irrig und unbegründet dargelegt worden sind. Dass dies aber der Fall, wird, wie ich hoffe, genügend klar geworden sein.

3. Einige Beobachtungen am strömenden Protoplasma pflanzlicher Zellen.

Ohne dieses Gebiet ernstlicher in Angriff zu nehmen, habe ich doch gelegentlich einige der bekannten Objecte, welche die sog. Circulationsströmung des Plasmas gut zeigen, nämlich die Staubfadenhaare von **Tradescantia virginica**, die Brennhaare von **Urtica urens** und Haare einer **Malva** sp. untersucht. Die Ergebnisse waren im Wesentlichen überall dieselben. Fast stets beobachtet man an den langausgezogenen Plasmasträngen, welche den Zellsaft in den verschiedensten Richtungen durchsetzen, eine sehr schöne längsfibrilläre Structur, wobei die Richtung der Faserung der Längsrichtung, respect. der Streckung der Stränge stets parallel läuft. An günstigen Stellen kann man sich auch schon am lebenden Object überzeugen, dass es sich nicht um isolirte Fibrillen handelt, sondern um maschig verbundene. Die Structur ist durchaus diejenige, welche uns schon an den stärkeren Pseudopodienstämmen der Rhizopoden begegnete. Natürlich wird die Beobachtung auch hier durch die beständigen Verschiebungen und Veränderungen des gedehnten Maschenwerks beträchtlich erschwert.

Im Allgemeinen fand ich in den Haaren von Urtica und Malva deutlichere Bilder wie bei Tradescantia. Wo sich die Strömungen vorübergehend stauen, resp. da, wo Partien der Plasmastränge gelegentlich zur Ruhe gelangen, findet sich besonders günstige Gelegenheit zur Beobachtung des Maschenwerks, welches in den massigen Ansammlungen, die bei Stromstockungen entstehen, deutlich seinen Structurcharakter verändert, indem es aus der faserig-maschigen in die gewöhnliche netzmaschige Beschaffenheit übergeht. Umgekehrt lässt sich der Uebergang solcher netzmaschigen Partien in faserige verfolgen, wenn sie wieder zu Strängen ausgezogen werden. Fig. 14 Taf. II stellt die Randpartie eines strömenden Plasmastranges von **Malva** dar, in welche seitlich ein anderer Strang mündet, dessen Strömung an der Einmündungsstelle ins Stocken gerathen ist. Diese etwas angeschwollene Stelle erscheint daher deutlich netzmaschig, wogegen die Fortsetzung des Stranges, sowie der strömende Strang sehr schön faserig-maschig sind. Bei dieser Malva, wie gelegentlich auch an den anderen Objecten, überzeugte ich mich ferner sehr bestimmt, dass die Structur der Plasmastränge bei der Abtödtung durch geeignete Reagentien, wie Alkohol, Pikrinschwefelsäure etc., keine Veränderung erleidet, abgesehen davon, dass sie schärfer und deutlicher wird. Man hat häufig Gelegenheit, zu minimaler Dünne ausgezogene Plasmafädchen zu beobachten, an welchen von einer Structur nichts mehr wahrzunehmen ist. Wo diese Fädchen Anschwellungen besitzen, ist dagegen die Netzstructur stets klar zu erkennen. Auf Taf. VI Fig. 3 ist solch' ein structurloses Fädchen mit einer deutlich netzigen Anschwellung abgebildet. Die Beurtheilung der eventuellen Structurverhältnisse der dünnsten Fädchen stösst auf dieselben Schwierigkeiten, welche wir schon für die feinsten Pseudopodien der Rhizopoden erörterten.

An der dünnen Plasmaschicht, welche als continuirliche Lage die Innenwand der Zellhaut überzieht, ist die Netzstructur sehr blass und nur schwierig zu erkennen, was wegen der minimalen Dünne dieser Lage[1] nicht sehr erstaunlich ist. Dennoch konnte ich sie auch hier in der Flächenansicht beobachten.

Nach Behandlung mit geeigneten Reagentien tritt sie sehr deutlich hervor. Da, wie wir sahen, die Stellen mit im Leben deutlicher Structur durch die angewandten Reagentien keine Veränderung erfahren, so haben wir alles Recht, auch die netzige Structur der wandständigen dünnen Plasmaschicht, obgleich sie erst durch Reagentienbehandlung ganz deutlich wird, als normale Erscheinung zu beurtheilen.

Im Allgemeinen erweisen meine Erfahrungen über die Structurverhältnisse des lebenden, wie des mit Reagentien behandelten strömenden Plasmas der Pflanzenzellen seine nahezu vollkommene Uebereinstimmung mit dem ja auch in den Bewegungserscheinungen so ähnlichen der reticulosen Rhizopoden.

4. Beobachtungen an einigen Eizellen[2].

Um auch hier wieder mit den Erfahrungen am lebenden Object zu beginnen, erwähne ich zunächst, dass die reifen Eier des sehr durchsichtigen Räderthiers Hydatina senta bei einiger Pressung die netzmaschige Structur recht deutlich zeigen. Gleichzeitig lässt sich feststellen, dass die Oberfläche des Eies, unter der dünnen Dotterhaut, von einer

[1] Obgleich ich im optischen Durchschnitt die netzige Beschaffenheit dieser wandständigen Plasmaschicht noch nicht deutlich bemerken konnte, bin ich doch der Ansicht, dass sie nur die Dicke einer Maschenlage besitzen kann.

[2] Einige wenige Bemerkungen über gewisse, im Folgenden zur Anwendung gebrachte Methoden der Untersuchung möchte ich hier mittheilen. Die mehrfach angewandte Färbung mit sog. Eisenhämatoxylin wurde derart ausgeführt, dass die Objecte oder Schnitte zuerst in eine schwach braune wässerige Lösung von essigsaurem Eisenoxyd kamen und dann, nach dem Auswaschen, in $^1/_2$ % wässeriger Lösung von Hämatoxylin gefärbt wurden. Man erzielt auf diese Weise äusserst intensive blau- bis braunschwarze Färbungen, wie sie für dünnste Schnitte (1 μ) durchaus nöthig sind. Auch gewisse Differenzirungen der Färbung ergiebt diese Methode zum Theil. Häufig wurde jedoch auch, um möglichst intensive Färbungen dünnster Schnitte zu erzielen, mit Anilinfarben, speciell Gentianaviolett in Anilinwasser tingirt. Sog. saures Hämatoxylin, von dem mehrfach die Rede ist, ist starkverdünntes Delafield'sches Hämatoxylin, dem einige Tropfen Essigsäure zugesetzt werden, bis die Farbe deutlich ins Rothe geht. Diese Mischung giebt ganz besonders gute Kernfärbungen, welche namentlich die von mir früher schon beschriebenen Farbendifferenzen des Kerninhalts zeigen. Um feinste Schnitte herzustellen, habe ich die Schnittfläche der in Paraffin eingebetteten Objecte vor dem Schneiden mit einem feinen Celloidinhäutchen überzogen; auf diese Weise gelingt es sehr gut, Schnitte von 1 μ, ja noch beträchtlich dünnere zu erhalten. Die Untersuchung der Schnitte geschah zunächst stets in Wasser, da die zarten plasmatischen Structuren in dem schwach brechenden Wasser natürlich viel deutlicher hervortreten, wie in Harzen oder dergleichen. Zur ersten Untersuchung empfiehlt sich daher dieses Verfahren sehr, wenngleich der mit den Dingen Vertraute die Structuren gewöhnlich auch an den in Damar- oder Canadabalsam eingeschlossenen Präparaten wiederfindet. Die Deutlichkeit der Bilder ist jedoch in Wasser so viel

schön radiär gestreiften Alveolarschicht gebildet wird, welche durch einen recht dunkeln und ziemlich dicken Grenzsaum nach aussen abgeschlossen ist. Sehr stark gepresste Eier, deren Plasma hervorgequetscht wird, zeigen die netzmaschige Structur ganz ungemein deutlich mit massenhafter Einlagerung feinerer bis gröberer, stark lichtbrechender Körnchen in die Knotenpunkte (s. Taf. IV Fig. 4). Da das Eiplasma bei der Quetschung gleichzeitig in lebhaft fliessende Bewegung gerieth, so folgt daraus, das es vollkommen flüssig ist.

Feinste Schnitte durch in Pikrinschwefelsäure conservirte und hierauf in einprocentiger Osmiumsäure gebräunte Eier von Sphaerechinus granularis zeigen die fein netzmaschige Beschaffenheit des Plasmas sehr gut. Die Schnitte wurden auf dem Objectträger noch mit Delafield'schem Hämatoxylin gefärbt, wobei das eigentliche Plasmagerüst wie gewöhnlich nur sehr schwach oder nicht tingirt wird. Die relativ dunkle Färbung, welche das Plasma in Hämatoxylin meist annimmt, beruht vielmehr hauptsächlich auf der Einlagerung zahlreicher feiner, sich lebhaft tingirender Körnchen in die Knotenpunkte des Gerüstwerks.

Auf der Oberfläche des Dotters ist eine Alveolarschicht klar zu erkennen (s. Taf. III Fig. 1 b), und die zweigetheilten Eier, welche zur Untersuchung kamen, zeigten auch auf den zusammenstossenden Grenzflächen beider Furchungskugeln jederseits die Alveolarschicht ganz deutlich.

Die Untersuchung der in Theilung befindlichen Eizellen ergiebt, dass die strahlige Erscheinung der sogenannten Aster oder Sonnen um die Pole der Kernspindel nur auf der Anordnung der Maschen des Plasmagerüstes beruht. Dies lässt sich schon an mit Pikrinschwefelsäure abgetödteten ganzen Eiern feststellen (s. Taf. III Fig. 1 c), klarer und besser natürlich auf möglichst dünnen Schnitten. Die Uebereinstimmung in der Anordnung der Maschen mit der früher geschilderten im strahligen Plasma der Centralkapsel von Thalassicolla ist sehr gross. Auf Taf. III Fig. 1 b ist ein feiner Durchschnitt durch eine der Sonnen der Kernspindel eines in Zweitheilung begriffenen Eies abgebildet. Der Schnitt verläuft etwas schief zur Axe der Kernspindel, welche auf dem nächsten Schnitt erscheint und eine deutliche äquatoriale Kernplatte aufweist. Im Centrum der Sonne oder des Asters bemerkt man das relativ stark tingirte sogenannte Pol- oder Centralkörperchen, das aus drei mit stark gefärbten Wandungen versehenen Bläschen zu bestehen scheint. Dies Centralkörperchen liegt in dem hellen, ganz ungefärbten Centralhof der Strahlung (Attractionssphäre Beneden, Archoplasma Boveri), der seinerseits wieder von dem ziemlich intensiv tingirten und strahligen äusseren Plasma umschlossen wird. Auch der Centralhof ist durchaus radiär-strahlig. Zunächst wird das Central-

grösser, dass dies Verfahren dringend zu empfehlen ist. Wie bemerkt, ist bei Untersuchung so feiner Schnitte die intensivste Färbung kaum ausreichend, um so mehr, als das eigentliche Plasmagerüst sich selbst dann nur äusserst wenig tingirt, kräftige Tinctionen aber zur Erkennung so zarter Structurelemente nahezu unerlässlich erscheinen. Ein Schnitt von ca. 0,5—1 μ durch ein Object, welches nach der Färbung mit Eisenhämatoxylin absolut schwarz erscheint, ist doch so blass gefärbt, dass man häufig zu nochmaliger Tinction auf dem Objectträger schreiten wird.

körperchen von einer wenig umfangreichen Zone unregelmässig netzmaschigen Plasmas umgeben, welches direct in das strahlig maschige des grösseren Theils des Hofes übergeht. Dass dies strahlige Plasma thatsächlich netzmaschig ist, liess sich ganz deutlich nachweisen. Das Plasma des Centralhofes geht seinerseits unmittelbar in das stärker gefärbte äussere strahlige Plasma über. Auf diesem Schnitt war die radiäre Anordnung des äusseren Plasmas weniger stark ausgesprochen, als es sonst in der Regel der Fall ist, immerhin jedoch vielfach klar zu erkennen. Wie ich schon oben betonte, beruht die stärkere Tingirbarkeit des äusseren Plasmas sicherlich auf der Einlagerung zahlreicher stark farbbarer Granula, nicht dagegen auf veränderter Beschaffenheit der eigentlichen Gerüstsubstanz. Wenn dies Verhältniss in dem Bild ganz klar hervortreten sollte, müsste der Schnitt natürlich nur eine einzige Maschenlage dick sein. So dünn waren aber diese Schnitte nicht (ca. 0.002 mm), weshalb die äussere Plasmamasse noch eine scheinbar diffuse Färbung zeigt.

Schnitte durch Ovarialeier von Barbus fluviatilis (conservirt in Müller'scher Flüssigkeit) zeigen (namentlich die durch grössere Eier) deutlichst die feine Maschenstructur und unter der Eihaut eine gut entwickelte, radiär gestreifte Alveolarschicht von 1 μ Dicke. An den grössten Eiern geht die strahlige Zeichnung jedoch etwa 4 bis 5 mal tiefer, was vermuthen lässt, dass hier ähnliche Verhaltnisse vorliegen, wie sie in der peripherischen Zone des Centralkapselplasmas der Thalassicolla bestehen. Auch um das Keimbläschen der grösseren Eier fand sich mehrfach radiarstrahliges Plasma, dessen Hervorgehen aus besonderer Anordnung der Maschen zu erkennen war. — Die Maschenstructur des Plasmas und die Alveolarschicht liessen sich auch an den Ovarialeiern von Dreissensia polymorpha bei der Untersuchung alterer Schnitte erkennen, wenn auch nicht ganz so deutlich wie bei den ersterwahnten Eiern.

5. Rothe Blutkörperchen von Rana esculenta.

Gelegentlich einiger Untersuchungen über den Bau der Kerne dieser Zellen konnte ich auch Einiges über die Structurverhältnisse ihres Plasmas ermitteln. Da es bei der Untersuchung der Kerne auf die von mir früher (1890) beschriebenen Färbungsunterschiede mit Hämatoxylin ankam, welche sich nur an mit Alkohol conservirtem Material deutlich zeigen, so wurden die zu beschreibenden Beobachtungen an Blutkörperchen angestellt, welche mit Jod-Alkohol von 40% conservirt, hierauf mit saurem Hämatoxylin gefärbt und in Damar eingeschlossen waren. Da eine grosse Zahl der auf diese Weise präparirten Blutkörperchen sich in ihrer äusseren Form untadelhaft conservirt erweist und aus vielen direct unter dem Deckglas ausgeführten Versuchen mit Jod-Alkohol bekannt ist, dass er auch feinste Structurverhältnisse des Plasmas gut erhält, so habe ich nicht die geringste Sorge, dass die etwas ungewöhnliche Conservirung abnorme Veränderungen der Blutkörper hervorgerufen haben könnte.

Bei Durchmusterung einer grösseren Anzahl gut conservirter solcher Blutzellen erkennt man nun zunächst, dass sie auf ihrer Oberfläche von einer ziemlich dicken, ja deutlich doppelt conturirten pelliculaartigen Membran (Taf. V Fig. 5 *p*) umschlossen werden, unter welcher ein heller, deutlich radiär gestreifter Saum hinzieht *alv*. Dieser Saum ist sowohl auf der Flächenansicht des Blutkörperchens Fig. 5 a, wie im optischen medianen Längsschnitt Fig. 5 b ganz gut zu verfolgen. Namentlich in letzterer Ansicht ist er vielfach sehr schön zu beobachten. Die pelliculaartige Haut sammt dem radiär gestreiften Saum repräsentiren zweifellos eine äussere Alveolarschicht von ähnlicher Bildung, wie wir sie z. B. oben von lebenden Vorticellen schilderten. Unter der Alveolarschicht bemerkt man in der Flächenansicht eine gürtelartige Zone feinmaschigen inneren Plasmas, welche jedoch nur etwa $^1/_4$ bis $^1/_3$ des Querradius des Körperchens erreicht *g*). Dies wird auf dem optischen Medianschnitt noch deutlicher, wo man beobachtet, dass das innere Plasma nur einen randständigen Wulst oder Ring bildet (*g*), der sich etwas auf die Flächen des Körperchens herabzieht, hier jedoch bald ganz ausläuft, so dass die Flächenseiten in ihrer grössten Ausdehnung nur von der Alveolarschicht gebildet werden, welche dem centralen Kern dicht aufliegt. Die Blutkörper besitzen demnach eine innere Zellsafthöhle, in welcher ich gelegentlich Andeutungen vereinzelter radiärer Plasmazüge beobachtete, ohne jedoch diesen Punkt vorerst genauer zu verfolgen. Betrachtet man die Oberfläche des Blutkörpers in der Flächenansicht bei genauer Einstellung, so bemerkt man, dass das Netzwerk der Alveolarschicht mehr oder weniger faserig ist, wie es Fig. 5 a bei *o* auf einer kleinen Strecke darstellt.

Der Zellkern (*n*) zeigt ein sehr deutliches, ziemlich zartes Maschengerüst, welches sich bei der angegebenen Präparationsmethode schön blau färbt. In den Knotenpunkten dieses Kerngerüstes liegen zahlreiche roth gefärbte Chromatinkörner, wie ich es schon früher kurz schilderte (1890). Wie die Figur zeigt, ist das Gerüstwerk des Kernes viel weiter als das des ganz ungefärbten Plasmas und unterscheidet sich von diesem daher nicht nur durch Färbung, sondern auch durch Bau; da dies auch in vielen anderen Fällen so klar und deutlich zu beobachten ist, erscheint es schwer begreiflich, dass die Lehre von dem directen Uebergang des Plasmagerüstes in das des Kerns immer wieder neue Vertreter findet.

Obgleich ich an dieser Stelle unmöglich auf die ausgedehnte Literatur über die Blutkörperchenfrage eingehen kann, muss ich doch einiger neueren Erfahrungen gedenken, ohne damit auf Vollständigkeit Anspruch zu erheben. Leydig erwähnte schon 1876 den schwammigen Bau der rothen Blutkörper von Triton: »auch hier gehe vom Kern weg in strahliger Vertheilung ein feines Fädchenwerk zum Umfang der Zelle«. Die Abbildung der Netze, welche er 1885 in den Blutkörpern zeichnet, ist jedoch viel zu grob und stellt kaum das eigentliche Netzwerk dar.

Auch Frommann beobachtete schon 1880 in den rothen Blutzellen von Salamandra maculosa eine Netzstructur, ist jedoch der Ansicht, dass das Plasma der Blutkörper ursprünglich ganz homogen sei und sich erst unter dem Einfluss des angewendeten Inductionsstroms netzig differenzire.

Netzstructuren, wie sie oben beschrieben wurden, finde ich bei Pfitzner 1883 am besten beschrieben, namentlich wenn die 1886 mitgetheilten Abbildungen verglichen werden. Auch die strahlig-faserige Beschaffenheit wurde schon theilweis angedeutet. Die von Pfitzner erwähnte Zellmembran entspricht der Pellicula; die Netzfäden sollen sich in diese Haut einsenken, was ja auch thatsächlich der Fall ist.

Nachdem ich meine Untersuchungen im Juni 1890 angestellt und auch schon über die Anwesenheit einer Alveolarschicht kurz berichtet hatte (1890,2), erschien eine Mittheilung Auerbach's, welche in manchen Punkten mit dem von mir Berichteten übereinstimmt. Auerbach hat die Alveolarschicht ebenfalls beobachtet, jedoch ihre Radiärstreifung nicht gesehen. Er fasst sie als Zellmembran auf. Interessant ist, dass sie sich bei Doppelfärbung mit Eosin und Anilinblau blau, das angrenzende Plasma dagegen roth färben soll. Ferner bemerkte Auerbach auch die Höhle im Blutkörper, hält sie jedoch für ein farb- und structurloses Plasma, das er Marksubstanz nennt, im Gegensatz zu dem, was ich allein als Plasma betrachten kann und was von ihm als Corticalsubstanz bezeichnet wird. Die Netzstructur des Plasmas, welche er nach Pikrinsäurebehandlung beobachtete, gilt ihm als Kunstproduct, als eine Vacuolisirung, wobei es nur seltsam erscheint, dass seine jedenfalls viel wasserreichere Marksubstanz keine solche Vacuolisirung zeigt. Alle meine Erfahrungen über die Fixirung deutlich structurirten lebenden Plasmas durch Pikrinschwefelsäure (reine Pikrinsäure verwandte ich nicht) sprechen gegen diese Auslegung der Netzstructur. Abgesehen von manchen anderen Differenzen weichen meine Beobachtungen von denen Auerbach's auch in Rücksicht auf die Vertheilung des Plasmas oder seiner Corticalsubstanz sehr wesentlich ab. Dieselbe soll als gleichmässig dicke Lage unter der gesammten Oberfläche des Körperchens hinziehen, wie aus einem optischen Längsschnitt, der abgebildet wird, hervorgeht. Dieser Schnitt muss jedoch von einem deformirten Körperchen entnommen sein, da er die eigentliche Gestalt desselben nicht wiedergiebt und den Kern durch eine dicke Lage sog. Corticalsubstanz jederseits von der Alveolarschicht getrennt zeigt, was meinen Befunden direct widerspricht.

Obgleich ich diesen Gegenstand vorerst nicht zum Thema einer Specialstudie gemacht habe, möchte ich doch nochmals betonen, dass mir die Centralhöhle der Blutkörper thatsächlich eine Zellsafthöhle zu sein scheint, welche jedoch, wie oben schon hervorgehoben, wohl noch von zarten Plasmazügen, ähnlich wie in Pflanzenzellen, durchsetzt wird. Dass meine Darstellung in letzterer Hinsicht nicht erschöpfend ist, geht auch daraus hervor, dass der Kern jedenfalls durch eine zarte Plasmaschicht gegen die Centralhöhle abgegrenzt sein wird, obgleich ich davon bis jetzt nichts Sicheres beobachten konnte.

6. Beobachtungen an einigen Epithelialzellen.

Da mir aus früheren Erfahrungen bekannt war, dass die Epithelzellen der Keimblätter von Gammarus pulex schon im lebenden Zustand ein sehr deutlich längsgestreiftes Plasma zeigen, so wählte ich dieses Object, um über die feinere Beschaffenheit der

Structur weitere Aufklärungen zu erlangen. Sowohl die Untersuchung eben abgeschnittener Kiemenblätter, als auch die kleiner, ganz intakter lebender Thiere ergiebt, dass die Structur keine fibrilläre, sondern eine deutlich netzmaschige ist. Fig. 10 Taf. III zeigt den optischen Schnitt durch das Epithel eines eben abgeschnittenen Kiemenblattes, wie er am Rande desselben gut zu beobachten ist. Aeusserlich findet sich die relativ dünne Cuticula (*c*); darunter folgt ein zarter heller Saum, dessen Bedeutung mir nicht klar wurde; darauf endlich das Plasma der Epithelzellen mit sehr schöner netzmaschiger Structur. Wie gesagt, ist klar zu erkennen, dass die Streifung nur auf der Anordnung des Maschengerüstes beruht. Die Zellgrenzen waren auf dem optischen Durchschnitt nicht deutlich zu sehen, wogegen sie auf der Flächenansicht der Kiemenblätter recht klar hervortraten. Direct um die Kerne der Epithelzellen zeigt sich ziemlich deutlich eine Modification der streifigen Structur, indem die Maschenlage, welche den Kern direct umgiebt, radiär zur Kernoberfläche gerichtet ist.

Auch auf der Flächenansicht der Epithelzellen ist die netzförmige Structur schon im Leben sehr schön zu beobachten; hier natürlich nicht streifig, sondern unregelmässig netzig. Die zwei Epithelschichten der beiden Flächen des Kiemenblattes stehen bekanntlich durch eigenthümliche Pfeiler, welche den Blutraum des Blattes senkrecht durchsetzen, unter einander in Verbindung. Auf ihrem optischen Querschnitt erscheinen diese Pfeiler als längliche Gebilde, welche zahlreiche Kerne einschliessen und aus schön netzigem Plasma bestehen, auf dessen Oberfläche (gegen den Blutraum zu) eine deutliche Alveolarschicht ausgebildet ist. Der optische Längsschnitt eines solchen Pfeilers zeigt, dass ihn in der Mitte eine deutliche quere Grenzlinie durchzieht, und dass die Pfeiler aus sehr schön streifigmaschigem Plasma, wie die gewöhnlichen Epidermiszellen der Kiemenblätter, bestehen. Die Kerne liegen in der tieferen Region der Pfeiler, nahe der eben erwähnten Grenzlinie. Soweit ich daher die Natur der Pfeiler nach der zwar nur flüchtigen Untersuchung beurtheilen kann, glaube ich, dass sie durch in die Tiefe hinabsteigende Epithelzellen gebildet werden, die, von beiden Flächen des Kiemenblattes ausgehend, in dessen Mittelebene zusammenstossen. Nicht ganz erklärlich ist mir, dass ich auch auf dem optischen Querschnitt der Pfeiler keine Zellgrenzen sah, obgleich zahlreiche Kerne darin liegen, während die Zellgrenzen in der Fläche des Kiemenblattes sehr deutlich zu verfolgen sind. Eine genauere Untersuchung der Kiemenblätter auf Schnitten wird ihre Bauverhältnisse jedoch leicht sicher stellen.

»Das streifige Wesen« der Epithelzellen der Kiemenblättchen von Asellus beobachtete Leydig schon 1855; betonte es 1864 wieder und stellte die Verhältnisse 1878 etwas genauer dar (Asellus, Porcellio und Gammarus). Es schien ihm, dass die Streifung von »Längskanälen oder Lücken« herrühre, welche das Protoplasma durchsetzen. In der Flächenansicht erschienen die Zellen wie von feinsten, dicht zusammenstehenden Löchelchen durchbohrt. Bei Gammarus erwähnte R. Hertwig[1] 1876 die streifige Beschaffenheit.

[1] Der Organismus der Radiolarien. Jena 1879. p. 112.

Der oben kurz besprochenen Pfeiler oder Balken, welche den Blutraum der Blätter durchsetzen, gedenkt Leydig auch 1878 und scheint der Ansicht zu sein, dass sie aus Chitin bestehen. In der Mitte des Blutraums soll sich bei Gammarus Fett finden, an welches sich die Balken begäben, wovon ich durchaus nichts bemerkte. Uebrigens spricht er von den Kiemen des Gammarus nur ganz kurz bei der Beschreibung einer darauf bezüglichen Figur.

Bei Gelegenheit einiger Studien an dem Räderthier Hydatina senta konnte ich die sehr schön fibrillär-streifige Beschaffenheit des Plasmas der grossen Zellen beobachten, welche die Cilien der beiden Wimperkränze des Räderorgans tragen. Namentlich die Zellen des hinteren Kranzes eignen sich gut zu dieser Beobachtung. Sowohl an etwas gepressten Thieren, als namentlich auch an solchen, die mit Hydroxylamin gelähmt worden waren, kann man sich von dieser Structur der Epithelzellen vortrefflich überzeugen. Soweit ich sehen konnte, ist nicht das gesammte Plasma fibrillär differenzirt, sondern nur eine mittlere Lage, von welcher äusserlich die Cilien entspringen; die höhere und tiefere Lage des Plasmas hingegen ist unregelmässig netzmaschig und enthält gleichzeitig zahlreiche eigenthümliche längliche bis etwas nierenförmige Körperchen, welche dem Gerüst sehr dicht eingelagert sind und fast an Bacteroidien erinnern (Taf. IV Fig. 5). Die Fibrillen der mittleren Lage steigen tief in die grosse Zelle hinab, bis gegen den ansehnlichen Kern, ohne jedoch den Grund der Zelle zu erreichen. Sie sind deutlichst knotig und genaueres Zusehen ergiebt sicher, dass die Knötchen benachbarter Fibrillen durch zarte Querfädchen verbunden sind. Die Structur erweist sich demnach auch hier als eine streifig-maschige, nicht eigentlich fibrilläre.

Die Oberfläche der Zelle wird wenigstens da, wo die Cilien entspringen, von einem radiär gestreiften Saum begrenzt, welcher etwa den Charakter einer Alveolarschicht besitzt. Die Streifen dieses Saumes sind directe Fortsetzungen der Fibrillen und gehen andererseits nach aussen unmittelbar in die Cilien über. Auf Photographien, welche ich von solchen Zellen herstellte, bemerke ich ferner an ihrem inneren Umfang eine Alveolarschicht ziemlich deutlich, sowie um den Kern eine radiäre Maschenlage.

Der vordere Wimperkranz besteht bekanntlich aus einer Anzahl Wimperbüschel. Jedem dieser Büschel entspricht in der unterliegenden Zelle ein Fibrillenbündel, das gleichfalls im lebenden Zustand gut zu beobachten ist.

Bei der Untersuchung der lebenden Hydatina beobachtete ich auch die Maschenstructur im Plasma anderer Zellen ganz deutlich, worüber ich gleich kurz berichten will. Recht gut trat sie in den Zellen des sog. Kaumagens hervor, hier mit sehr ausgesprochenen Knotenpunkten des Gerüstes, welche jedoch theilweise durch Einlagerung von Granula hervorgerufen wurden. Auf der Oberfläche der Zelle war die Alveolarschicht deutlich. Auch an den Zellen der Darmdrüse liess sich die Alveolarschicht erkennen. Das Plasma dieser Zellen war entweder bloss netzmaschig oder streifig-maschig, wobei die Streifung gegen die Mündungsstelle der Drüse in den Mitteldarm gerichtet war. Besonders in der Umgebung dieser Stelle liess sich die Netzstructur stets sehr bestimmt beobachten, was zum Theil darauf beruht, dass zahlreiche Granula in die Knotenpunkte eingelagert sind. Es handelt sich jedenfalls um die Secretionsproducte der Drüsen, welche sich hier im Gerüstwerk des Plasmas reichlich ansammeln.

Besonders deutlich erschien die Maschenstructur häufig in den beiden eigenthümlichen Strängen, welche von dem Enddarm nach vorn und schief nach aussen emporziehen. Ob diese Stränge Drüsen sind oder eine Art Aufhängebänder dieses Darmabschnittes, wage ich nicht zu entscheiden. Endlich zeigen auch die Fussdrüsenzellen vielfach die Netzstructur ziemlich gut, obgleich nicht so klar, wie die letzterwähnten histologischen Elemente.

Sehr dünne Quer- oder Längsschnitte durch die Körperwand von Lumbricus terrestris zeigen den längsstreifigen Bau der nicht zu Drüsenzellen modificirten Epithelzellen (indifferente oder Stützzellen) sehr schön (Taf. III Fig. 8). Ich will hier nicht specieller auf die Anordnungsverhältnisse der Drüsen- und Stützzellen eingehen, da dieselben in neuerer Zeit schon von anderer Seite eingehend erläutert wurden. Feine Längsschnitte durch die Stützzellen (s. die Fig.) zeigen den längsstreifig-maschigen Bau des Plasmas recht klar. In die Knotenpunkte des Maschenwerks sind sehr kleine Granula eingelagert, welche schwierig zu beobachten sind. An in Jod-Alkohol conservirtem und mit saurem Delafield'schem Hämatoxylin gefärbtem Material lässt sich jedoch deutlich erkennen, dass diese Granula röthlich gefärbt sind. Ihrer Kleinheit entsprechend ist die Farbe natürlich wenig intensiv, doch immerhin ganz kenntlich. Da auch die Chromatinkörnchen des Zellkerns bei dieser Präparationsmethode die rothe Färbung ungemein deutlich zeigen gegenüber dem schön blau tingirten Gerüst, so lassen sich die Granula des Kernes und des Plasmas direct vergleichen, und ihre grosse Aehnlichkeit in der Färbung und sonstigen Erscheinung feststellen. Ich zweifle nicht, dass beide nahe verwandte Gebilde sind und dass hier ähnliche Verhältnisse vorliegen, wie sie früher für Flagellaten, Diatomeen etc. geschildert wurden (s. oben p. 62). Ich betone besonders, dass die Kerne der Epithelzellen von Lumbricus terrestris den Unterschied der Färbung zwischen Gerüst und Chromatinkörnchen ganz besonders schön zeigen, ebenso gut, ja noch deutlicher, als ich es bei Cyanophyceen, Euglenen etc. sah. Auch die Kerne der Drüsenzellen zeigen die gleichen Verhältnisse: doch ist ihr Gerüstwerk etwas dichter und anders angeordnet wie das der Stützzellen: es gleicht sehr dem der Euglenenkerne, welche ich früher kurz schilderte (1890, 1).

Auf dem Fig. 8 Taf. III abgebildeten Längsschnitt einer Stützzelle ist ferner ziemlich gut wahrzunehmen, dass die direct unter der Cuticula folgende äusserste Maschenlage eine Art Alveolarschicht bildet, indem sie sich gegen das innere Maschenwerk durch eine ziemlich gerade Linie absetzt, welche wohl nur daher rührt, dass diese äusserste Grenzlage aus nahezu gleichgrossen Maschen besteht. Ferner lässt sich auch ziemlich gut erkennen, dass die den Kern umschliessende Maschenlage radiär zu dessen Oberfläche geordnet ist.

Auf Flächenschnitten, welche durch die äusserste Zone des Epithels gehen und daher die Körper der Drüsenzellen noch nicht getroffen haben, sondern nur deren Ausführröhrchen, die zwischen je zwei zusammenstossenden Stützzellen aufsteigen, kann man weiterhin Folgendes nachweisen. Jeder Querschnitt einer Stützzelle ist von einer sehr schön entwickelten Alveolarschicht umgeben, die sich durch starke Färbung in Hämatoxylin auszeichnet. Die Alveolarschichten der benachbarten Zellen stossen direct zusammen, so dass ihre Pelliculae nur eine scharfe dunkle Grenzlinie bilden. Auch jedes Ausführröhrchen der Drüsenzellen wird demnach von den Alveolarschichten zweier benachbarter Zellen umfasst, welche hier eine kleine Strecke auseinander weichen, um das Lumen des Röhrchens zu bilden. Das Plasma der Stützzellen erscheint auf dem Querschnitt schön netzmaschig, zuweilen mit etwas strahlig radiärer Anordnung.

7. Peritonealzellen am Darm von Branchiobdella astaci.

An feinsten Querschnitten durch in Pikrinschwefelsäure conservirte Exemplare dieses Wurmes habe ich namentlich an den vorstehend erwähnten Zellen die Plasmastructur schön beobachtet, ähnlich jedoch noch an zahlreichen anderen Zellen des Körpers. Fig. 2 Taf. II stellt einen Schnitt durch eine solche Zelle dar, welcher auf dem Objectträger intensiv mit Gentianaviolett in Anilinwasser gefärbt war. Die Dicke des Schnittes beträgt im Maximum 1 μ, war jedoch zweifellos noch geringer, da die Untersuchung bestimmt ergiebt, dass nicht mehr wie eine Lage des Maschengerüstes auf dem Schnitt erscheint. Natürlich ist daher auch das Bild des Kernes ein Durchschnittsbild. Wie die Figur zeigt, tritt das Plasmagerüst mit ausnehmender Deutlichkeit hervor und zeichnet sich durch Einlagerung zahlreicher sehr intensiv gefärbter Granula in die Knotenpunkte aus. Bestimmt ist jedoch zu sehen, dass keineswegs sämmtliche Knotenpunkte des Gerüstes Granula enthalten, sondern ziemlich ansehnliche Partien des Gerüstwerks ganz körnchenfrei sind. In Färbung und Aussehen ist ein Unterschied zwischen den Granula des Plasmas und des Kernes nicht zu erkennen. Das Plasmagerüstwerk erscheint fast ganz ungefärbt und daher sehr blass. Die Figur giebt von seiner Anordnung ein möglichst naturgetreues Bild, kein Schema; die Maschen wurden, soweit sie deutlich zu verfolgen waren, genau der Natur entsprechend gezeichnet. Die Lücken im Gerüst rühren demnach theils daher, dass das Maschenwerk hier nicht so deutlich war, um die genaue Zeichnung zu gestatten, zum anderen Theil sind es wirklich Lücken, welche auf der Gegenwart grösserer Vacuolen, hier und dort auch auf theilweiser Zerstörung beruhen, welche bei der Herstellung so dünner Schnitte sehr leicht eintritt.

Den Maschenbau des Plasmas konnte ich fernerhin an den Darmepithelzellen der Branchiobdella gut beobachten, nur sind die Maschen hier längsgerichtet und daher das Plasma längsstreifig. Das innere Ende dieser Zellen besitzt einen cuticularen Saum, der sich sehr intensiv färbt und häufig deutlich gestreift ist. Schliesslich trägt dieses Ende zahlreiche cilienartige Fäden, welche den Cuticularsaum zu durchbohren scheinen. Das Plasmagerüst ist ebenfalls von intensiv gefärbten Granula ganz vollgepfropft.

Auch die Epidermiszellen der Haut sind schon netzmaschig mit grossen Mengen stark gefärbter Granula in den Knotenpunkten (Taf. IV Fig. 3a).

An günstigen Schnitten der Cuticula, welche sich gar nicht färbte, bemerkt man, dass sie aus einigen Schichten besteht, deren Höhe etwa dem Durchmesser einer Wabe des Gerüstwerks der Epidermiszellen gleich kommt. Jede der Lagen ist deutlich senkrecht gestreift (Taf. IV Fig. 3a) und bietet daher etwa das Bild einer Alveolarschicht dar. An anderen Stellen der Cuticula hingegen waren die abwechselnden gestrichelten Lagen etwas different, die einen hell, die anderen dunkel, das Bild daher wie es Fig. 3b wiedergiebt. In der Flächenansicht erscheint die Cuticula, wie Fig 3c zeigt, kreuzstreifig mit dunklen deutlichen Knotenpunkten. Aus diesen Erfahrungen scheint mir hervorzugehen, dass auch der Cuticula ein Maschen- oder vielmehr Wabenbau zukommt und dass sie demnach wohl durch Umbildung des Wabenwerks der Epidermiszellen entstehen dürfte.

Bei dieser Gelegenheit erwähne ich gleich, dass auch die viel dickere Cuticula von Phascolosoma elongatum auf dem Quer- und Längsschnitt häufig ganz dieselbe Structur sehr deutlich zeigt; nur ist entsprechend der grösseren Dicke die Zahl ihrer Schichten eine viel ansehnlichere.

Cuticula und sog. Haken von Distomum hepaticum. Auf feinsten Längsschnitten durch mit Pikrinschwefelsäure conservirte und darauf mit Eisenhämatoxylin intensivst gefärbte Exemplare dieses Trematoden lässt sich über den Bau der Cuticula Folgendes ermitteln. Die ganze Cuticula färbt sich sehr intensiv und zwar die eigentliche Cuticula mehr violett, die in ihr liegenden Haken dagegen schön blau. Die äussere Hälfte der Cuticula zeigt jedoch einen etwas mehr schmutzigvioletten Ton, die innere erscheint mehr blauviolett, was aber ohne Zweifel von der Einlagerung grosser Mengen stark blau gefärbter Granula herrührt. Die gesammte Cuticula ist sehr deutlich netzmaschig, wobei das Gerüstwerk einen ziemlich blauen Ton besitzt, die Zwischensubstanz dagegen violett erscheint, weshalb der Gesammtton ein violetter wird (Taf. VI Fig. 1). An den Haken ist dies insofern anders, als auch die Zwischensubstanz blau gefärbt ist, so dass sie durchaus blau erscheinen. Die Oberfläche der Cuticula wird von einem sehr deutlichen blauen dunklen Grenzsaum gebildet, der wie eine Pellicula erscheint, unter welcher sich eine etwas hellere, radiär gerichtete Maschenlage ausbreitet, die durchaus den Charakter einer Alveolarschicht besitzt. Die äussere Hälfte der Cuticula zeigt im Uebrigen ein unregelmässiges Maschengerüst, welches gegen die innere Hälfte mehr radiärfaserig wird und in letzterer diesen Charakter recht ausgesprochen erlangt. Ausserdem lagern sich in dieser tieferen Hälfte zahlreiche sehr intensiv blau tingirte Granula in die Knotenpunkte des Gerüstwerks ein. Da diese Knotenpunkte und daher auch die Granula wegen der fibrillären Anordnung des Maschenwerks in mehr oder weniger deutlichen Reihen hintereinander liegen, so tritt die Faserstructur der tieferen Schicht recht scharf hervor.

Auch die Haken zeigen die Maschenstructur sehr deutlich und zwar in ganzer Ausdehnung längsfaserig modificirt, worauf ihre längsstreifige Beschaffenheit beruht. Blaue Granula sind auch ihrem Gerüstwerk eingelagert, obgleich nicht sehr reichlich. Zahlreiche,

Längsspalten ähnliche Lückenräume treten in der Hakensubstanz auf. Ueber die Cuticula ragen die Haken nicht frei hinaus, sondern stecken vollkommen in ihr, indem sie bis an ihr spitzes äusseres Ende von einem sich allmählich mehr und mehr verdünnenden Ueberzug der Cuticula bekleidet werden. Dagegen springt das innere Ende der Haken uber die innere Grenze der Cuticula in den Körper hinein vor. — Zwischen den Ring- und Längsmuskeln breitet sich ein plasmatisches Gerüstwerk aus, das zahlreiche stark blau tingirte Granula in den Knotenpunkten führt. Obgleich ich nicht hinreichend ermittelte, welchen zelligen Elementen dieses Gerustwerk eigentlich zugehört, namentlich ob nicht etwa die sog. Drüsenzellen, welche so reichlich unter der Muskulatur auftreten, dazu gehören, möchte ich doch erwahnen, dass sich die faserigen Gerüstbalken der Cuticula ganz deutlich in die jenes plasmatischen Gerüstes zwischen der Muskulatur fortsetzen. Hieraus scheint mir sicher hervorzugehen, dass die Cuticula sammt den Haken durch directe Umbildung eines Plasmagerüstes entstanden ist, obgleich ja die eigentliche Herkunft dieser Bedeckung des Trematodenkörpers immer noch etwas zweifelhaft erscheint.

Recht bemerkenswerthe Verhältnisse zeigt auch der eigenthümliche, sehr dicke Stäbchenbesatz oder Cuticularsaum der Darmepithelzellen dieses Wurmes. Die Epithelzellen selbst sind sehr schön längsfaserig-maschig und von blauen Körnchen dicht erfüllt, daher auch relativ dunkel. Der hohe Stabchenbesatz färbt sich nur schwach schmutzigblau. Wenn man diesen Besatz auf dünnsten Flächenschnitten durch das Epithel (daher eigentlich Querschnitten durch den Besatz und die Epithelzellen) beobachtet, wozu die Längsschnitte des Thiers häufig Gelegenheit bieten, so bemerkt man folgende eigenthümliche Structur (Taf. VI, Fig. 4). Der Besatz besteht aus dickeren und dunkler gefarbten rundlichen oder ovalen Gebilden, welche ziemlich verschiedene Durchmesser haben. Die Gebilde sind deutlich maschig structurirt und führen in ihren Knotenpunkten zahlreiche stark gefärbte Granula. Unter einander verbunden erscheinen sie durch ein blasseres weniger gefärbtes Maschenwerk, das jedoch gleichfalls einzelne Granula in seinen Knoten enthält. Nachdem man diese Beschaffenheit der Flächenschnitte ermittelt hat, gelingt es denn auch, die entsprechenden Verhältnisse auf Längsschnitten durch den Saum zu beobachten; die stärker gefärbten Durchschnitte erscheinen auf dem Längsschnitt als kegelförmige Gebilde, welche durch blasseres zwischenliegendes Wabenwerk vereinigt werden. Da die kegelförmigen, gegen die innere Oberfläche des Besatzes sich zuspitzenden Gebilde nicht ganz gleich lang und dick sind, so erscheinen sie auf einem Flächenschnitt ziemlich verschieden gross, wie die Figur es zeigt.

8. Leberzellen von Rana esculenta und Lepus cuniculus.

Da gerade die Leberzellen so häufig zu Studien uber die Structurverhältnisse des Plasmas gedient haben, untersuchte auch ich sie auf möglichst feinen Durchschnitten. Die betreffenden Leberstückchen waren in Pikrinschwefelosmiumsäure gehärtet und dann in der angegebenen Weise mit Eisenhämatoxylin gefarbt. Die Dicke der feinsten Schnitte blibe sicher unter 1 μ, betrug also jedenfalls nicht mehr wie die mittlere Dicke einer Masche des zu beschreibenden Plasmagerüstes.

Auf solche Weise hergestellte Schnitte durch die Froschleber, welche zum Theil auch noch mit Eisenhämatoxylin oder Vesuvin auf dem Objectträger nachgefärbt wurden, zeigen nun auf das Klarste und Ueberzeugendste ein sehr schön netzförmiges Plasmagerüst, von welchem die Taf. IV Fig. 1 sowie die Photographie Taf. VIII eine Vorstellung geben. Ich bemerke ausdrücklich, dass die Abbildung mit aller Sorgfalt gezeichnet, keineswegs schematisirt ist. Das eigentliche Plasmagerüst erscheint wieder sehr blass und wenig gefärbt; seine scheinbar starke Färbung auf dickereren Schnitten rührt vielmehr von der Einlagerung zahlreicher intensiv tingirter Granula in die Knotenpunkte des Netzwerks her. Obgleich diese Granula, wie gesagt, sehr reichlich vorhanden sind, so ist doch nicht etwa jeder Knotenpunkt mit ihnen ausgestattet. vielmehr beobachtet man häufig ziemlich ausgedehnte Partien des Gerüstwerks, die frei von ihnen sind. Die eigentlichen Knotenpunkte treten dennoch ziemlich deutlich hervor Wenn sich auch stellenweise eine etwas faserige Beschaffenheit des Maschenwerks zeigt, so war sie doch an den von mir studirten Präparaten nie sehr ausgesprochen und bei der Dünne der Schnitte jede Möglichkeit ausgeschlossen, die Structur etwa als eine Verkittung oder Uebereinanderlagerung gesonderter Fibrillen zu deuten. Diese Möglichkeit wird weiterhin noch mehr beseitigt, wenn wir sehen, dass auch hier das Plasmagerüst dieselben Eigenthümlichkeiten darbietet, welchen wir schon so häufig begegneten. Untersucht man die Grenzen der Zellen genauer, wozu natürlich die dünnsten und besten Stellen auszuwählen sind, so ist deutlich zu beobachten, dass die beiden äussersten Maschenlagen der aneinandergrenzenden Zellen senkrecht zu der Grenzlinie gestellt sind; selbst auf der Photographie Taf. VIII tritt dies stellenweise hervor. Die Grenzlinie zweier Zellen ist stets sehr dunkel tingirt, was wenigstens zum Theil auf der reichlichen Einlagerung stark gefärbter Granula beruhen dürfte. Jedenfalls liegt jedoch auch eine pelliculaartige Modification der äussersten Lamelle des Maschenwerks vor. Wie Fig. 1 Taf. IV zeigt, war diese Grenzlinie häufig auch deutlich zickzackartig gestaltet, entsprechend den zusammenstossenden Maschen beider Grenzschichten; zuweilen schien sie stellenweise geradezu unterbrochen, so dass das Plasmagerüst der benachbarten Zellen direct in einander überging. Da es jedoch zunächst ausser dem Bereich meiner eigentlichen Aufgabe lag, diese Verhältnisse auf der Grenze der Zellen eingehender zu verfolgen, so habe ich diesen Dingen nur eine flüchtige Beachtung geschenkt. Ich will daher auch nur kurz erwähnen, dass die dunkle Grenzlinie zuweilen etwas dicker und dann selbst maschig erscheinen kann; es ist aber zu beachten, dass etwas schiefe Schnitte durch die Grenzlamelle derartige Bilder hervorrufen können, obgleich ich ihre Realität vorerst nicht vollkommen leugnen möchte.

Wie wir auf der Oberfläche der Leberzellen eine Alveolarschicht nachzuweisen vermochten, so kann man sich auch nicht selten überzeugen, dass um die Kerne eine radiär geordnete Maschenlage vorkommt.

Die durchschnittliche Weite der Maschen dieser Leberzellen möchte ich auf 1 μ taxiren.

Schnitte durch entsprechend präparirte Stückchen Kaninchenleber zeigten gleichfalls die Netzstructur des Plasmas sehr schön. Neben Zellen, deren Plasmagerüst ähnlich fein und blass structurirt war, wie es eben vom Frosch geschildert wurde, fanden sich hier auch solche mit beträchtlich gröberer und daher viel deutlicherer Structur. In diesen Fällen waren auch die Bälkchen des Maschenwerks dicker und dunkler wie gewöhnlich. Die Photographie auf Taf. IX giebt von solchen Zellen eine ziemlich gute Vorstellung. Vorerst habe ich mich mit der Feststellung der Maschenstructur des Plasmas auch bei diesen Zellen begnügt, ohne specieller auf die noch zu lösenden zahlreichen Detailfragen einzugehen.

9. Dünndarmepithel von Lepus cuniculus.

Mit Pikrinschwefelosmiumsäure gehärtete und in Eisenhämatoxylin stark gefärbte Stückchen der Dünndarmwand des Kaninchens zeigen auf feinsten Durchschnitten die Structur der Epithelzellen sehr schön. Wie bei allen ähnlich gebauten Zellen handelt es sich auch hier um die längsfaserig-maschige Structur mit zahlreichen in die Knotenpunkte eingelagerten stark gefärbten Granula. Soweit ich die Structur des Plasmagerüstes untersuchte, stimmt sie im Wesentlichen ganz mit der überein, welche oben für die Epidermiszellen von Lumbricus geschildert wurde. Ich glaube daher eine genauere Beschreibung unterlassen zu können und begnüge mich mit dem Hinweis auf die Photographie Taf. X, welche jedoch sowohl in Hinsicht auf Güte des Schnitts wie der photographischen Aufnahme noch wesentlich übertroffen werden kann.

10. Pigmentzellen des Parenchyms von Aulastomum gulo.

Ich gedenke dieser gelegentlich beobachteten braunen Pigmentzellen hauptsächlich deshalb, weil sie die Maschenstructur ganz besonders klar und deutlich zeigten und ausserdem das Verhältniss der Pigmentkörnchen zu dem Gerüstwerk vortrefflich erkennen liessen. Die untersuchten Zellen wurden bei Gelegenheit von Muskelisolationen erhalten. Die Maceration kleiner Stücke der Körperwand von Aulastomen geschah in 10 °/₀ Jod-Alkohol und hatte 2 Tage gedauert. Taf. IV Fig. 6 giebt das möglichst naturgetreue Bild einer kleinen Partie des Plasmagerüstes einer isolirten Zelle. Die sehr kleinen Pigmentkörnchen sind stets den Knotenpunkten des Gerüstwerks eingelagert, doch ist wegen ihrer Färbung besonders deutlich zu erkennen, dass keineswegs sämmtliche Knotenpunkte solche Einlagerungen enthalten. Im Uebrigen glaube ich, bedarf die Figur keiner weiteren Erläuterung.

11. Capillaren aus dem Rückenmarke des Kalbes.

An Macerationspräparaten des Rückenmarks vom Kalb erhält man häufig Isolationen reicher Netze feinster Capillaren. Untersucht man den feineren Bau einer solchen Capillare etwas näher (Taf. V Fig 1), so findet man, dass sie eine sehr dünne protoplasmatische Wand besitzt, welcher hie und da längliche grosse Kerne (*n*) eingelagert sind. Diese Kerne bewirken da, wo sie sich finden, ein Vorspringen der Wand ins Lumen der Capillare.

Der optische Längsschnitt der Wand lässt erkennen, dass sie netzig gebaut ist und nur aus einer einzigen Maschenlage besteht. Dementsprechend sind die Maschenwände zu der inneren wie äusseren Grenzlamelle der Wand senkrecht gestellt. Am Kern spaltet sich die Maschenlage in zwei, so dass er aussen wie innen von einer dünnen Lage von Plasma umgeben ist, dessen Maschen sowohl zu ihm wie zu der Grenzlamelle senkrecht stehen. Stellt man auf die Wandfläche der Capillare ein *o*, so erhält man die Bestätigung des maschigen Baues, welcher natürlich auch in dieser Ansicht zu bemerken ist. Es ergiebt sich, dass entsprechend der Längsstreckung der Capillare eine längsfaserig-maschige Structur besteht. Ob das den einzelnen Kernen zugehörige Plasma durch Zellgrenzen gesondert ist, konnte ich an derartigen Präparaten nicht feststellen, habe jedoch auch diesen Punkt nicht eingehender verfolgt.

Leydig hat 1885 (p. 15) schon ganz richtig beobachtet, dass die Zellen der Blutcapillaren (Kiemen von Salamandra) auf dem Durchschnitt aus einer einzigen Wabenlage bestehen und daher gestrichelt erscheinen. Nur zeichnet er die dunklen Wabenwände sehr dick und die hellen Zwischenräume ganz schmal. Aus dieser Beobachtung will er jedoch schliessen, dass der plättchenartig dünne Leib dieser Zellen porös sei. "Unter Umständen möchten sich die feinen Poren zu grösseren Oeffnungen erweitern und so Blutkörperchen den Durchtritt gestatten. Dass diese Ansicht, welche zu physiologisch unhaltbaren Consequenzen führen würde, auch anatomisch nicht gerechtfertigt erscheint, dürfte aus der oben gegebenen Schilderung hervorgehen.

12. Bindegewebszellen zwischen den Nervenfasern des Ischiadicus von Rana esculenta.

Auf Zupfpräparaten des N. ischiadicus isolirt man zahlreiche lang spindelförmige Bindegewebszellen, welche zwischen die Nervenfasern eingeschaltet sind. Bei gelungener Isolation beobachtet man häufig, dass diese Zellen der Länge nach kettenförmig zusammenhängen, wie es Taf. IV Fig. 11a zeigt, wobei ihr Plasma direct in einander übergeht. Die Zellen haben, je nach der Ansicht, in der man sie betrachtet, ein etwas verschiedenes Aussehen. Sie sind nämlich in einer auf die Längsausdehnung senkrechten Richtung etwas abgeplattet (Fig. 11c). Der Kern besitzt in der Ansicht auf diese abgeplattete Seite eine länglich ovale bis wurstförmige, symmetrische Gestalt und wird jedenfalls von einer einzigen Maschenschicht des Plasmas umsäumt. An den Enden des Kernes setzt sich das Plasma in den schmäleren Theil der Zellen fort und nimmt hier einen etwas längsfaserigen Bau an. Auf die Breite des bandförmig ausgezogenen Theils der Zelle kommen jedoch nicht mehr wie etwa 3 Maschen.

In der zu der erwähnten senkrechten Ansicht, in welcher man die Zellen gewöhnlich zu sehen bekommt, wenn sie den isolirten Nervenfasern noch anliegen, ist der Kern asymmetrisch (Taf. IV Fig. 11 b) und wölbt die Zelle einseitig stark auf. Diese Vorwölbung liegt, soweit ich auf diese Dinge geachtet habe, was nur nebenbei geschah, stets in der von einem Ranvier'schen Schnürring der Nervenfaser gebildeten Bucht und füllt dieselbe aus. Der fadenförmige Theil der Zellen erscheint in dieser Ansicht nur eine einzige Masche dick, zeigt daher die gleichen Verhältnisse, welche vorhin von der Wand der Capillaren geschildert wurden. Auf der ebenen Seite des Kernes konnte ich deutlich die einfache Lage des Plasmas verfolgen; ob sich auf der vorgewölbten eine ähnliche plasmatische Umhüllung findet, war nicht sicher zu ermitteln; doch möchte ich nicht daran zweifeln.

13. Ganglienzellen und Nervenfasern.

Ganglienzellen.

Ganglienzellen habe ich aus dem Rückenmark des Kalbs sowie aus dem Bauchmark von Lumbricus terrestris und Astacus fluviatilis auf verschiedene Weise isolirt und mich stets von ihrer maschig-faserigen Structur auf das Beste überzeugt. Da schon ziemlich viele genügend gute Abbildungen existiren, welche diese Structurverhältnisse der Ganglienzelle darstellen, so hielt ich es nicht für nöthig, meinerseits weitere zu geben. Ich theile hier nur die recht gelungene Photographie des sehr dünnen Durchschnitts einer Ganglienzelle aus dem Bauchmark von Lumbricus mit, welche die netzmaschige Structur schön erkennen lässt. Das Präparat war mit Eisenhämatoxylin gefärbt, was auch die Einlagerung zahlreicher stark tingirter Granula in die Knotenpunkte des Netzes deutlich machte. Uebrigens lassen sich diese Granula auch an isolirten und nichtgefärbten Ganglienzellen dieses Wurms ganz deutlich beobachten. An letzteren Präparaten beobachtete ich zuerst eine ganz sichere Alveolarschicht an der Oberfläche der Zellen, wie sie auf Taf. IV Fig. 10 abgebildet ist. Auch die Photographie Taf. XIII zeigt diese Schicht streckenweise recht gut. Dass die radiäre Maschenschicht auch um den ansehnlichen Kern der Ganglienzellen vorkommt, liess sich an den isolirten Zellen vom Kalb sicher ermitteln (Taf. IV Fig. 9).

Wie ich schon hervorhob, beruht die faserige oder fibrilläre Beschaffenheit des Plasmas der Ganglienzellen nur auf der Anordnung, respect. der Dehnung und Streckung der Maschen. Es hat zwar manchmal den Anschein, als wenn stärkere und dickere Fibrillen oder »Reiser« (Frommann) durch das Maschenwerk zögen. Meiner Ansicht nach beruht dies jedoch einerseits nur darauf, dass die Züge des Gerüstwerks um so deutlicher hervortreten, je mehr sie in gerader Linie hintereinander gereiht sind, und andererseits auf der dichten Einlagerung von Granula, wofür wir ja schon klare Beispiele beobachteten.

Die von den Ganglienzellen entspringenden Fortsätze sind stets deutlich längsfaserig-maschig. Auf Fig. 2 Taf. V habe ich die Structur eines breiten Protoplasmafortsatzes einer Ganglienzelle des Kalbs wiedergegeben, die ganz besonders deutlich und klar war;

die Breite der Maschen berechne ich auf ca. 0,8 μ. Die Structur solcher Plasmafortsätze ist stets klarer und schärfer wie die der später zu besprechenden Axencylinder, was wohl auf Granulaeinlagerungen beruhen dürfte.

Für die Nansen'sche Ansicht (1886), dass in die Ganglienzelle Nervenröhrchen eintreten, sich im netzigen Plasma derselben in bündeligen Zügen verbreiten und schliesslich wieder austreten, habe ich keinerlei Anhaltspunkte gefunden, vielmehr halte ich diese Ansicht für unrichtig. Nansen glaubt, dass das Plasma der Ganglienzellen aus zwei verschiedenartigen Bestandtheilen zusammengesetzt sei, einmal dem reticulären sog. Spongioplasma, welches sich aus der faserigen Neurogliascheide in die Ganglienzelle erstreckte, und zweitens den eigentlichen Nervenröhrchen, welche, wie angegeben, durch die Fortsätze in die Ganglienzelle eindringen und auf demselben Wege wieder austreten. Jedes solche Nervenprimitivröhrchen werde von einer zarten spongioplasmatischen Scheide umhüllt, die mit dem reticulären Spongioplasma der Ganglienzelle in directer Verbindung stehe. Wie gesagt, halte ich diese Ansicht über den Aufbau der Ganglienzelle aus zwei verschiedenen Bestandtheilen, womit dieses Gebilde eigentlich aus der Reihe der typischen Zellen ausscheiden müsste, keineswegs für begründet. Nansen's Ansicht stützt sich wesentlich auf die bei Homarus und einigen anderen Thieren beobachteten Verhältnisse der Ganglienzellen. Hier sollen sich auf den Schnitten in der Peripherie der Zellen, oder auch durch ihren ganzen Leib zerstreut, durchschnittene Bündel solcher Nervenröhrchen finden, welche sich durch lichteres Aussehen von der spongioplasmatischen Grundsubstanz unterscheiden und sich wegen ihrer deutlich reticulären Structur als Querschnitte von Bündeln solcher Nervenröhrchen erwiesen, ähnlich den peripheren Nervenfasern, die ebenfalls als derartige Bündel aufgefasst werden.

Mir scheint nun zweifellos, dass sich Nansen hinsichtlich dieser angeblichen Bündel von Nervenröhrchen getäuscht hat, dass dieselben nämlich nichts anderes waren als grössere Vacuolen, wie sie im Plasma der Ganglienzellen gar nicht selten auftreten. In den Zellen des Bauchmarks von Lumbricus habe ich häufig eine grosse Anzahl solcher Vacuolen beobachtet und auch andere Beobachter, so Rohde (1887) haben sie bei Polychaeten namentlich in der Peripherie der Zelle häufig gefunden. Rohde glaubt sie für Ansammlungen der als Paramitom bezeichneten Zwischenmasse des Plasmas halten zu müssen. Bei Lumbricus hat auch Nansen diese Vacuolen häufig gesehen, ist jedoch geneigt, sie für die Durchschnitte von Bündeln der Nervenröhrchen zu erklären. Die Richtigkeit meiner Deutung dieser vermeintlichen Bündel dürfte noch dadurch gestützt werden, dass Nansen ihre Aehnlichkeit mit Vacuolen selbst mehrfach betont. Die anscheinende Reticulation dieser Vacuolen erklärt sich wohl dadurch, dass bei nicht allzuscharfer Einstellung bald die netzmaschige Beschaffenheit ihres Bodens, bald die ihrer Decke zur Ansicht kommt und die irrige Vorstellung eines reticulirten Inhalts erweckt. Handelte es sich wirklich um Bündel von Nervenröhrchen, welche das sog. Spongioplasma durchzögen, so müssten dieselben doch auf den Schnitten wohl relativ häufig längs oder schief getroffen sein, wovon jedoch auf Nansen's Abbildungen sehr wenig zu erkennen ist.

Im Hinblick auf die angebliche Zusammensetzung der Ganglienzellen aus Spongioplasma und Nervenröhrchen darf weiterhin noch betont werden, dass Nansen in bei weitem den meisten Fällen eine solche Zusammensetzung gar nicht direct nachzuweisen vermochte. Die Mehrzahl der von ihm untersuchten Ganglienzellen bestand vielmehr aus einem dichten Knäuel solcher Nervenröhrchen und die Reticulation ihres Plasmas beruhte demnach auf den Durchschnitten der zahlreichen, dicht zusammengedrängten Röhrchen sammt ihren zarten spongioplasmatischen Scheiden. Da jedoch, wie ich bei der Besprechung der Nervenfasern näher erörtern werde, sowohl die Annahme von Nervenröhrchen als auch die ihrer spongioplasmatischen Hülle unhaltbar ist, so bleibt für derartige Ganglienzellen nur die einfache und auch natürlichste Deutung übrig, dass die Reticulation ihrer Leibessubstanz nicht von besonderen, nur Nervenzellen eigenthümlichen Verhältnissen herrührt, sondern die gewöhnliche netzmaschige Structur des Plasmas ist, welche nur Modificationen aufweist, die sich grossentheils aus den besonderen Gestaltsverhältnissen dieser Zellen und ihrer Ausspinnung in Fortsätze erklären. Es liegt mir hier fern, die ausgedehnte Litteratur über die Nervenzellen eingehender zu besprechen, nur auf die erwähnte Arbeit, welche in Bezug auf das Thatsächliche meinen Resultaten so nahe steht, glaubte ich etwas eingehen zu sollen.

Nervenfasern.

Untersucht man Stücke des Nervus ischiadicus vom Frosch, welche mit den verschiedensten Reagentien, wie Pikrinschwefelsäure, Pikrinschwefelosmiumsäure, Müller'scher Flüssigkeit oder schwachem Alkohol (45%), conservirt wurden, durch Zerzupfen, so beobachtet man, mit oder ohne gleichzeitige Färbung, über den feineren Bau des Axencylinders im Allgemeinen Folgendes. Derselbe ist stets deutlich längsfibrillär, mit einem Abstand der Fibrillen von ca. 0,6—0,7 μ. Da die Dicke der Axencylinder wechselt, so schwankt die Zahl der Fibrillen natürlich ziemlich; ich sah so feine Axencylinder, dass nur 4 Fibrillen auf die Breite kamen. Die anscheinenden Fibrillen sind stets punktirt, d. h. sie zeigen in ziemlich regelmässigen Entfernungen, welche etwas grösser sind wie ihr Breitenabstand, dunklere punktförmige Stellen, welche den Eindruck schwacher knötchenartiger Anschwellungen machen.

Scharfe Beobachtung, namentlich solcher Präparate, welche nachträglich auf die gewöhnliche Weise mit Goldchlorid gefärbt waren, ergiebt nun auf das Deutlichste, dass die Fibrillen keineswegs isolirt nebeneinander verlaufen, sondern dass sie durch zahlreiche blasse quere Fädchen unter einander verbunden sind. Diese Fädchen entspringen stets von den erwähnten Knotenpunkten der Fibrillen. Demnach ergiebt sich der Bau der Axencylinder auf das Klarste als ein netzmaschiger, mit etwas gestreckten und ziemlich regelmässig in der Längsrichtung hinter einander gereihten Maschen (Taf. IV Figg. 8, a—b).

Da gelegentlich behauptet wurde, es beschränke sich die fibrilläre Beschaffenheit nur auf die äussere Oberfläche des Axencylinders, so betone ich besonders, dass man dasselbe Bild sowohl bei Einstellung auf die Oberfläche wie auf dem genauen optischen

Schnitt des Axencylinders wahrnimmt. Es kann daher kein Zweifel darüber bestehen, dass der Axencylinder durch seine ganze Masse die erwähnte Structur besitzt. Dazu gesellt sich das später zu schildernde Querschnittsbild, welches das Gleiche vollkommen bestätigt[1].

Natürlich beobachtet man die beschriebenen Structurverhältnisse an isolirten Axencylindern, wie man sie bei der Zerzupfung nicht selten erhält, am klarsten. Auf der Oberfläche solcher Cylinder schien gelegentlich eine aus einer einfachen Maschenlage bestehende Alveolarschicht vorhanden, die sich in der Flächenansicht durch einfach netzmaschigen Bau von dem faserig-maschigen des eingeschlossenen Theils unterschied. Da ich dies jedoch nur selten ganz deutlich beobachtete, so lege ich darauf vorerst keinen grösseren Werth.

Dagegen konnte ich mich an solchen isolirten Axencylindern mehrfach ganz bestimmt überzeugen, dass die scheinbaren Fibrillen sich zuweilen theilen, respect. dass an Stellen, wo der Axencylinder dünner wird (s. Taf. IV Fig. 8, b), die Fibrillen an Zahl abnehmen, was auch durchaus natürlich erscheint, wenn wir in der Substanz des Axencylinders nur eine Modification des gewöhnlichen netzmaschigen Plasmas erblicken. Die abgebildete stark verengte Stelle eines isolirten Axencylinders (Fig. 8, b) entspricht höchst wahrscheinlich

[1] Bei dieser Gelegenheit erlaube ich mir einige Worte über Apathy's (1891) Bemerkungen zu meiner vorläufigen Mittheilung über die Schaumstructur des Plasmas und die entsprechenden Structuren der Nerven- und Muskelfaser zu sagen. Ich verzichte darauf, Apathy's Ansicht über den Bau des Axencylinders hier genauer zu erörtern, da eine eigentliche Auseinandersetzung erst möglich sein wird, wenn die ausführliche, von Abbildungen begleitete Arbeit Apathy's vorliegt. Dagegen kann ich nicht unterlassen, zu betonen, dass seine Einwände meine Ueberzeugung von der Richtigkeit meiner Angaben nicht im mindesten erschüttert haben. Apathy will auf der einen Seite zugeben, dass Schaumstructuren im Plasma sehr verbreitet sind, sich sogar selbst vielfach davon überzeugt haben. Dies sei ja auch gar nichts Neues, sondern schon vor mir von zahlreichen Forschern gefunden worden. Demnach war es also auch ganz unnöthig, dass ich viel Zeit und Mühe verschwendete, um wahrscheinlich zu machen, dass die so vielfach geschilderten Netzstructuren des Plasmas als wabige oder schaumige aufzufassen seien; obgleich meines Wissens Niemand diesen Gedanken vor mir ernstlich vertreten hat.

Nichtsdestoweniger glaubt nun Apathy die von mir und später von Schewiakoff und mir beschriebenen Netzstructuren der contractilen Elemente der Muskelzellen sämmtlich als Kunstproducte verdammen zu müssen, da seiner Ansicht nach die Muskelfibrille ein völlig homogenes Abscheidungsproduct des Plasmas ist, welches mit dessen Structur nichts zu thun hat.

Er versteigt sich in dieser Hinsicht zu der Behauptung: »Bütschli's Untersuchungsmethode bietet alles Mögliche, um eine Wabenstructur in übrigens homogenen Colloidsubstanzen durch Quellung hervorzurufen.« Es ist mir nicht erinnerlich, dass ich andere Methoden angewendet hätte, als die gebräuchlichen und die jedenfalls von Apathy selbst benutzten.

Die von mir und Schewiakoff beschriebenen Structuren der contractilen Elemente der Arthropodenmuskeln als Kunstproducte, welche durch Quellung von Colloidsubstanzen hervorgerufen worden seien, zu deuten, überrascht mich thatsächlich. Für die unregelmässigen Structuren des gewöhnlichen Plasmas liegt ja eine solche Idee ziemlich nahe; sie jedoch gerade für die so regelmässigen der contractilen Elemente geltend zu machen, ist etwas seltsam. Ohne hier auf eine weitere Vertheidigung unserer Befunde gegen Apathy's Behauptung einzugehen, erlaube ich mir auf Schäfer's Arbeit (1891. 2 u. 3) zu verweisen, welche einen grossen Theil unserer Beobachtungen durchaus selbständig ebenfalls nachweist, wenn sie auch das Gesehene abweichend beurtheilt.

Eine Besprechung der von Apathy in dem erwähnten Aufsatz geäusserten allgemeinen Vorstellungen über Protoplasma und der bei dieser Gelegenheit gegen meine Theorie gerichteten Angriffe glaube ich ebenfalls unterlassen zu dürfen, da mir der Gedankengang des Autors vielfach unverständlich blieb, auch viele der darin besonders betonten Punkte mir von ganz untergeordneter Bedeutung erscheinen.

der Stelle eines Schnürringes, wo ja nach den meisten Beobachtern auch der Axencylinder sich vorübergehend verschmälert. Bei dieser Gelegenheit will ich jedoch nicht zu erwähnen versäumen, dass ich bei vielfacher Beobachtung solcher Schnürringe in der Regel keine Verschmälerung des Axencylinders bemerkte, denselben vielmehr als ganz gleich dicken Strang durch den Schnürring verfolgen konnte.

Ganz ebenso schöne, ja geradezu prächtige Bilder der geschilderten Structur des Axencylinders erhielt ich an Macerationspräparaten vom Rückenmark des Kalbs. Die Maceration geschah theils in 10—15 % Alkohol, der mit Jodtinctur gelb gefärbt war, theils in Müller'scher Flüssigkeit. An diesen Axencylindern, welche sich bekanntlich wegen des Mangels einer Schwann'schen Scheide besonders leicht isoliren, habe ich ganz deutlich gesehen, dass die Maschen nicht genaue Rechtecke sind, sondern, wie zu erwarten, etwas polyedrisch, dass also auch die scheinbaren Fibrillen nicht ganz gerade verlaufen, sondern Linien mit schwachen zickzackartigen Knickungen sind (Taf. V Fig. 3).

Zieht man nun zum Vergleich die Querschnittsbilder der Axencylinder des Frosches heran, so wird die gefundene Structur noch weiter erläutert. Die Querschnitte wurden entweder an Pikrinschwefelsäurematerial oder an mit Pikrinschwefelosmiumsäure behandeltem ausgeführt und hatten ca. 1 μ Dicke. Gefärbt wurden sie theils in Delafield'schem Hämatoxylin, theils mit Eisenhämatoxylin oder auch in Goldchlorid. Ihre Untersuchung geschah in Wasser oder Methylalkohol. — Auf solchen Präparaten erkennt man nun auf das Deutlichste, dass der Axencylinder nicht etwa punktförmige Durchschnitte isolirter Fibrillen zeigt, sondern einen recht schön maschig-netzigen Querschnitt besitzt (s. Taf. IV Fig. 4, a—c und die Photographien Taf. XI u. XII). Die Knotenpunkte des Netzwerks treten in der Regel sehr deutlich hervor und es scheint auch, dass einige feine Granula in sie eingelagert sein dürften. Von besonderem Interesse ist ferner, dass die äusserste Maschenlage des Netzwerks auch hier wieder deutlich senkrecht zur Oberfläche des Axencylinders gerichtet und das innere Maschenwerk keineswegs immer ganz unregelmässig ist, sondern häufig eine einfachere oder mehr mäandrisch verschlungene faserige Bildung aufweist. Die Maschen ordnen sich eben, wie wir auch an anderen Objecten schon mehrfach beobachteten, in gewissen Zügen hintereinander, wodurch die Faserstructur entsteht.

Ganz denselben Bau des Axencylinders habe ich auch auf entsprechend hergestellten Querschnitten durch den I s c h i a d i c u s des Kaninchens schön beobachtet; Fig. 6 Taf. V giebt davon ein mit dem Zeichenapparat hergestelltes Bild, welches einem möglichst dünnen Schnitt entnommen ist, der nur Bruchstücke des Nerven aufwies.

Da sich auf den Querschnitten durch den Ischiadicus des Frosches auch einige Besonderheiten d e r S c h w a n n'schen S c h e i d e beobachten liessen, so will ich hierüber kurz berichten. Die Scheide färbt sich mit Delafield'schem Hämatoxylin stets sehr intensiv, wogegen der Axencylinder sehr blass bleibt. Es ist nun deutlich wahrzunehmen, dass die Substanz der Scheide maschig structurirt ist, und zwar besteht sie aus einer einzigen Maschenlage, deren Wände senkrecht zur Oberfläche der Scheide gerichtet sind (Taf. V Fig. 4, a—c). Da, wo der Scheide ein Kern eingelagert ist, verdickt sie sich, wobei sie gleichzeitig zu zwei Maschenlagen anwächst, von welchen dann je eine den Kern äusserlich und innerlich überzieht, so dass er in das Plasma zu liegen kommt. Wir finden also ganz dieselben Verhältnisse, wie sie schon für die Zellen der Capillaren und jene eigenthümlichen Bindegewebszellen im Ischiadicus geschildert wurden.

Da ich über die Marksubstanz keine besonderen Studien anstellte, will ich hier nur kurz bemerken, dass sie sowohl an ganzen, isolirten Fasern, welche mit Pikrinschwefelosmiumsäure behandelt waren, wie an deren Längs- und Querschnitten einen netzmaschigen Bau sehr gut erkennen lässt. Ebenso finde ich um den Axencylinder stets eine dunkle Axenscheide ganz deutlich, wie sie namentlich auf der Photographie Taf. XIV hübsch hervortritt. Ueber das Verhältniss der beiden Scheiden zu einander und zu der Marksubstanz kann ich nur beiläufig die Vermuthung äussern, dass diese drei Theile zusammen wohl ein einheitliches Ganze bilden dürften.

Fasern des Scherennervs von Astacus fluviatilis.

Isolirt man die Fasern dieses Nervs durch Zerzupfen nach Maceration in Jodalkohol, so kann man, namentlich an den mittelstarken, Structurverhältnisse nachweisen, welche jenen der Wirbelthiere vollkommen entsprechen. Zunächst besitzen auch sie eine Scheide, welche in allen Punkten mit der Schwann'schen der Ischiadicusfasern übereinstimmt. Auf dem optischen Längsschnitt erscheint sie ziemlich dunkel und glänzend und lässt den Aufbau aus einer einfachen Wabenlage sehr schön erkennen (s. Taf. IV Fig. 7, s). Auch bei scharfer Einstellung auf die Oberfläche erkennt man die etwas unregelmässig netzige Structur der Scheide ganz deutlich (*os*); stellenweise erscheint ihre Oberflächenstructur jedoch auch etwas längsfaserig-maschig. In der Scheide liegen grosse längliche Kerne (*n*), welche nach aussen nur wenig, stärker dagegen ins Innere der Fasern vorspringen (*n'*). Ganz wie es von der Schwann'schen Scheide geschildert wurde, theilt sich die Maschenlage des Plasmas der Scheide in der Nähe der Kernenden in zwei, so dass Innen- und Aussenfläche des Kerns deutlich von einer Wabenlage überzogen sind. An den dickeren Fasern scheint jedoch die Scheide auch stärker, zuweilen 2—3 Maschenlagen dick zu werden. An solch' dickeren Fasern füllte der Axencylinder die Scheide nicht ganz aus, wogegen dies an den dünneren stets der Fall war.

Obgleich nun die Structur des Axencylinders sehr blass ist, so lässt sich doch klar erkennen, dass sie mit der früher für die Wirbelthiere geschilderten vollkommen übereinstimmt. Die Längsfibrillen stehen auch hier durch quere Verbindungsfädchen deutlich im Zusammenhang (Fig. 7, f) und zeigen die Knotenpunkte an den Vereinigungsstellen der Fibrillen mit den Querfädchen sehr schön.

Auch die Untersuchung der Querschnitte solcher Nervenfasern ergiebt eine deutlich netzmaschige Structur der Axencylinder, wie sie schon Nansen bei Homarus und anderen Krebsen entdeckt und gut abgebildet hat, weshalb ich auf die von ihm gegebenen Figuren verweisen kann.

In der Litteratur liegen, soviel mir bekannt, zwei Arbeiten vor, welche zu Resultaten gelangten, die den meinigen sehr nahe kommen, nämlich die Untersuchungen von Nansen 1887) und Joseph (1888). Ich glaube daher besonders betonen zu müssen, dass ich erst nachträglich von diesen Arbeiten Kenntniss erhalten habe, also ganz unbeeinflusst zu den gleichen Ergebnissen gelangte. Beide Forscher beobachteten auf feinen Querschnitten der Nervenfasern die Reticulation schon deutlich; Nansen bei zahlreichen wirbellosen Thieren, Amphioxus und Myxine, Joseph hingegen an markhaltigen Fasern zahlreicher Wirbelthiere. Letzterer kam übrigens insofern noch einen Schritt weiter wie Nansen, als er auch auf Längsschnitten durch die mit Osmiumsäure conservirten Axencylinder die Fibrillen häufig durch Querfädchen verknüpft fand. Nansen hat davon nie etwas beobachtet, vielmehr eine Ansicht über den Bau der Axencylinder aufgestellt, welche mit der Existenz solcher Querfädchen unverträglich ist. Im Anschluss an Leydig's (1885) Ansichten über die eigentlich nervöse Bedeutung des sog. Hyaloplasmas, d. h. der hellen Zwischenmasse des Gerüstwerks der Ganglienzellen und des Plasmas uberhaupt, gelangte Nansen zu der Vorstellung, dass der Axencylinder aus zahlreichen feinen Röhrchen von ca. 1 μ Durchmesser bestehe, welche von einer »viscösen« hellen structurlosen Substanz gebildet würden. Jedes solche Primitivröhrchen werde von einer dünnen Scheide von Spongioplasma umgeben. Indem nun die Primitivröhrchen bei der Bildung eines Axencylinders oder einer entsprechenden Nervenfaser dicht zusammengepresst würden, vereinigten sich ihre Spongioplasmascheiden zu einem Gerüstwerk, da das Spongioplasma nicht als »eine ganz feste und inadhärente Substanz« betrachtet werden dürfe. Das in solcher Art entstandene Spongioplasmagerüst erscheine demnach auf dem Querschnitt als die geschilderte Reticulation. Ich kann Nansen insofern zustimmen, als auch ich aus dem Vergleich des Längs- und Querschnitts für bewiesen erachten muss, dass es sich in dem Axencylinder nicht um isolirte Fibrillen handelt, sondern um ein Längsfachwerk, dessen Kanten in der Längsansicht als die vermeintlichen Fibrillen erscheinen. Dagegen beweist der Längsschnitt vollkommen klar, dass die Hohlräume dieses Fachwerks gewiss nicht von zusammenhangenden Primitivröhrchen ausgefüllt sein können, denn sie sind durch Querfädchen in zahlreiche einzelne hintereinander gereihte Kämmerchen getheilt.

Obgleich sich natürlich durch einfache Betrachtung nicht mit absoluter Schärfe beweisen lässt, dass diese Querfädchen Scheidewände sind, welche die Längsfächer durchsetzen, und nicht nur Fädchen, so scheint dies doch schon aus der nicht zu bezweifelnden Thatsache, dass die anscheinenden Längsfibrillen ein Fachwerk darstellen, mit grosser Wahrscheinlichkeit zu folgen. Wenn wir nun ferner sehen, dass die Structur der Nervenfaser der Structur gewohnlichen faserigen Plasmas ganz entspricht, und gleichzeitig den Wabenbau des Plasmas durch eine ganze Reihe von Gründen sehr wahrscheinlich machen können, so scheint mir die Auffassung der Querfädchen als Scheidewände als die einzig plausible nachgewiesen zu sein. Beachten wir ferner die grosse Uebereinstimmung der Structur der Fortsätze der Ganglienzelle mit jener der Axencylinder und die Thatsache, dass Axencylinder direct in ihrer ganzen Masse in Ganglienzellen übergehen können, so scheint es mir sicher, dass der Axencylinder nichts weiter ist wie ein Plasmastrang, dessen

Structur sich entsprechend der Umbildung, welche längsgedehnte Plasmazüge überhaupt zeigen, faserig-maschig modificirt hat und der sich von gewöhnlichem Plasma, auch dem der Ganglienzellen, in der Regel durch schwache Tinctionsfähigkeit in den gebräuchlichen Farbemitteln auszeichnet. Letzterer Umstand dürfte jedoch vornehmlich auf der geringen Zahl und der Feinheit der eingelagerten Granula beruhen, welche die intensive Tingirbarkeit des Plasmas überhaupt bedingen.

Obgleich Joseph 1888, wie oben bemerkt wurde, in der Beobachtung einen Schritt weiter gelangte, blieb er meiner Ansicht nach in der Deutung des Gesehenen eher hinter Nansen zurück. Ihm gilt das auf dem Quer- wie Längsschnitt des Axencylinders beobachtete Netz als ein Gerüstwerk, das eine directe Fortsetzung desjenigen der Markscheide sei. Es handle sich um ein stützendes Gerüstwerk des Axencylinders; das eigentlich nervöse sei die Zwischensubstanz, ähnlich wie auch Nansen meinte. Obgleich nun Joseph diese Zwischensubstanz natürlich stets homogen und structurlos fand, glaubt er die unhaltbare Ansicht vertreten zu können, dass sie eigentlich fibrillär sei. Die von M. Schultze und so vielen Anderen beobachtete Fibrillirung des Axencylinders gehöre nämlich dieser Zwischensubstanz an; die Behandlung mit Osmiumsäure sei ungeeignet, die eigentlichen Nervenfibrillen zur Ansicht zu bringen. Ich glaube nun, es wird Jedermann zugeben, dass die von Joseph beobachteten Längsfibrillen dasselbe sind, was auch Schultze und seine Nachfolger als Fibrillen des Axencylinders bezeichneten, um so mehr, als gerade die Osmiumsäure für den Nachweis dieser Fibrillen stets sehr beliebt war. Ich halte deshalb Joseph's Annahme besonders gearteter nervöser Fibrillen, welche in der Zwischensubstanz des vermeintlichen Gerüstwerks des Axencylinders verliefen, für ganz unhaltbar, um so mehr, als er sich selbst nirgends von der Existenz solcher Fibrillen überzeugte. Auf den Streit, ob die Gerüstsubstanz des plasmatischen Axencylinders oder das Enchylema die eigentlich nervöse Substanz sei, einzugehen, halte ich an dieser Stelle für überflüssig.

Wiewohl Leydig 1885 gelegentlich auch von einem spongiösen Bau der Nervenfasern spricht (speciell bei Aulastomum und Lumbricus), vertritt er doch offenbar die Ansicht, dass der Axencylinder der Wirbelthierfasern structurlos sei, d. h. aus structurlosem sog. Hyaloplasma (= Enchylema) bestehe, welches sich im Centrum der markhaltigen Faser ansammle, während das netzige Spongioplasma die Markscheide um den Axencylinder bilde.

Eine Stelle bei Dietl (1878 p. 95) liesse sich wohl darauf beziehen, dass er netzförmige Zusammenhänge der sog. Nervenfibrillen bei Wirbellosen gesehen hat, während er sie für Wirbelthiere leugnet; doch ist es schwierig, darüber ganz klar zu werden. Dennoch halte ich diese Auffassung der Dietl'schen Angaben für richtig.

Auch Heitzmann 1883 p. 296) spricht von einem »zarten netzförmigen Bau« der Axencylinder der Vertebrata, hat jedoch offenbar diesen Verhältnissen keine genügende Aufmerksamkeit geschenkt, da er gegen Schultze und Andere die längsfibrilläre Structur leugnet. Er kann daher wohl keinen Anspruch erheben, in dieser Frage ernstlich berücksichtigt zu werden, um so weniger, als auch keine Abbildungen vorliegen.

ZWEITER ABSCHNITT.

Allgemeiner Theil.

Obgleich ich dem Studium der zahlreichen Arbeiten über die Structurverhältnisse des Protoplasmas viel Zeit gewidmet habe, wollte es mir bei mehrfacher Ueberlegung fast gerathen erscheinen, historisch-kritische Erörterungen lieber ganz zu unterlassen und das Beobachtete sowie die daraus gezogenen Schlüsse einfach mitzutheilen. Einerseits ist ja dieser Gegenstand schon mehrfach recht ausführlich in seiner allmählichen Entwickelung dargelegt worden; andererseits bin ich über den Werth solcher Ausführungen, speciell in einer Frage, welche noch so wenig zu einem Abschluss reif ist, etwas zweifelnd geworden, wozu sich gesellt, dass in unserer Zeit der Massenproduction die Aufnahmefähigkeit des Einzelnen auf eine schwere Probe gestellt wird und daher Kürze als das ersehnte Ideal erscheint.

Auf die Gefahr hin, nicht gelesen zu werden, entschloss ich mich dennoch, hier eine gedrängte Uebersicht der allmählichen Entwickelung der Structurfrage zu geben. Ich habe, wie gesagt, die mir zugänglichen Schriften, soweit ich konnte, gewissenhaft durchgearbeitet, ohne jedoch irgendwie auf Vollständigkeit Anspruch erheben zu wollen: insbesondere ist dies für die neuere Zeit, nachdem die Frage einmal in lebhafteren Fluss gerieth, überhaupt kaum möglich. Da es sich übrigens für uns nicht etwa darum handelt, sorgfältig über jede Einzelarbeit zu berichten, in welcher von Structurverhältnissen des Plasmas gewisser Zellen die Rede ist, sondern nur darum, die verschiedenen Ansichten in ihren Hauptvertretern und mit den wichtigsten, für sie geltend gemachten Gründen kennen zu lernen, so wird aus dieser Unvollständigkeit wohl kein erheblicher Schaden erwachsen.

A. Die Lehre von dem netzförmigen oder reticulären Bau des Plasmas.

Bekanntlich wurden die ersten Erfahrungen über die eigenthümlichen Structuren im Plasma gewisser Zellen schon recht frühzeitig gemacht. Wenn wir, wie in dieser Arbeit überhaupt, von den Muskelzellen zunächst absehen, so waren es die Beobachtungen an den Ganglienzellen und den sog. Axencylindern, welche zuerst besondere Structuren kennen lehrten.

Schon 1837 fand Remak (p. 39. Anm.), dass der Axencylinder markhaltiger Nervenfasern der Wirbelthiere (das sog. Primitivband Remak's) aus sehr feinen Fasern zusammengesetzt zu sein scheine, welche in ihrem Verlaufe zuweilen knotchenartige Verdickungen zeigten. 1843 entdeckte er den fibrillären Bau des Axencylinders der grossen Nervenfasern im Bauchmark von Astacus fluviatilis, war jedoch uber die Gleichwerthigkeit dieses faserigen Strangs mit dem Axencylinder der Wirbelthiernervenfasern nicht ganz sicher. 1844 äusserte er sich bestimmter über diese Homologie und erwies gleichzeitig die fibrilläre Beschaffenheit der Ganglienzellen des Flusskrebses, während Will in demselben Jahre auch in den Ganglienzellen von Helix pomatia eine concentrische Streifung beobachtete.

Da es nicht unsere Absicht ist, die Weiterentwickelung der Frage nach der Structur der Ganglienzellen und Nervenfasern ausführlich darzustellen, so beschränken wir uns auf die Bemerkung, dass namentlich durch die Arbeiten von Remak (1852), Stilling (1856), Leydig (1862 und 64), Walter (1863), Deiters (1865) und besonders auch jene M. Schultze's (1868 und 1871) die Lehre von dem fibrillären Bau des Plasmas der Nervenzellen bestätigt und weiter ausgebaut wurde.

Frommann, der sich schon 1864 und 65 mit der Untersuchung der faserigen Structur der Ganglienzellen eingehend beschäftigt und hauptsächlich nachzuweisen gesucht hatte, dass die Fasern des Plasmas aus dem Kern und dem Kernkörperchen entspringen, gelangte 1867 zu der Ueberzeugung, dass die faserigen Structuren nicht nur eine spezifische Eigenthümlichkeit der Nervenzellen seien, sondern dass sie wahrscheinlich eine allgemeine Eigenthümlichkeit des Plasmas bildeten. Da mir seine Arbeit von 1867 leider nicht zugänglich ist, beschränkt sich mein Urtheil auf das, was er selbst (1884) und Andere darüber berichteten. Wie gesagt, hatte Frommann einerseits ähnliche Fasergebilde, die vom Kern ausgehen, auch in zahlreichen anderen Zellenarten beobachtet, weiterhin jedoch gelegentlich fädige Verbindungen zwischen den Körnchen des Plasmas und ähnliche zwischen denen des Kernes bemerkt. Auf diese Erfahrungen gestützt, schien ihm schon damals die Frage erwägenswerth, ob nicht ein Netzwerk die Körnchen des Plasmas verbinde und ob diese selbst nicht nur die Knotenpunkte eines solchen Netzes seien. Wenngleich also Frommann 1867 keineswegs die Netzstructur des Plasmas eigentlich beobachtet hat, gebührt ihm doch das wesentliche Verdienst, auf die Möglichkeit einer solchen hingewiesen und gleichzeitig die bei Ganglienzellen schon früher ermittelten Structurverhältnisse als eine wahrscheinlich allgemeine Eigenthümlichkeit des Plasmas erkannt zu haben.

Gleichzeitig und unabhängig hatte auch J. Arnold (1865 und 1867) sowohl in den Ganglienzellen des Sympathicus wie denen des Ruckenmarks netzig verbundene Fasern beobachtet und von den feinen Körnchen des Plasmas nach verschiedenen Seiten Faserchen auslaufen sehen. Auch er betonte den Zusammenhang dieser Fasern mit den Kernkörperchen, resp. den Fasern des Kernes.

Faserige oder streifige Structuren waren jedoch schon recht frühzeitig in gewissen

Epithelzellen gesehen worden. Friedreich schilderte 1859 den streifigen Bau der Wimperzellen des Ependyma ventriculorum des Menschen. 1866 wurde ein entsprechender Bau auch an den Wimperzellen des Darms der Anodonta von Eberth und Marchi erkannt und recht überzeugend dargelegt, dass es sich um eine wirkliche Differenzirung des Plasmas handle. Marchi konnte Aehnliches noch an den Wimperepithelzellen der Mundlappen und der Kiemen dieser Muschel beobachten. Seit jener Zeit haben zahlreiche Beobachter festgestellt, dass diese Structur in den Flimmerzellen sehr verbreitet, wenn nicht allgemein vorhanden ist. Besondere Erwähnung verdienen die Arbeiten von Stuart (1867), Arnold (1875), Eimer (1877), Nussbaum (1877), Engelmann (1880), Gaule (1881) und Frenzel (1886).

Noch bevor diese Erfahrungen an den Wimperepithelzellen gesammelt waren, hatte jedoch schon Leydig 1854 darauf aufmerksam gemacht, dass die Darmepithelzellen der Isopoden ähnlich längsgestreift seien. Henle (p. 53) und Pflüger beobachteten 1866 eine theilweise Längsfaserung des Plasmas der Epithelzellen, welche die Ausführgänge der Speicheldrüsen der Vertebrata auskleiden. Später bemühten sich hauptsächlich Pflüger (1869, 71), Heidenhain (1868 p. 21, 1875) und zahlreiche weitere Forscher, diese Beobachtungen auszubauen. Dabei wurde denn festgestellt, dass die streifige Plasmastructur eine sehr weit, ja man konnte sagen, fast allgemein verbreitete Erscheinung an Cylinderepithelzellen der Haut, des Darms und zahlreicher Drüsen ist.

Wie oben bemerkt wurde, hatten Frommann und Arnold eigentlich nur ziemlich vereinzelte Fäden beobachtet, welche hier und da netzartige Zusammenhänge aufwiesen. Frommann's weitergehende Vermuthung war eine Hypothese, deren Berechtigung erst durch künftige Beobachtungen zu prüfen war. Bald darauf erschienene Arbeiten sprachen für die Richtigkeit dieser Vermuthung. — Pflüger fand (1869), dass das Plasma der Leberzellen fibrillär sei, und in seiner ausführlichen Arbeit wird der Bau sogar als recht hübsch faserig-netzig dargestellt, da die Fasern unter einander anastomosirten. Interessanter Weise drückt er sich auch so aus, dass die fibrillären Axencylinder, deren directer Zusammenhang mit den Leberzellen angegeben wird, unter Anastomosirung der Fibrillen zu den Leberzellen anschwöllen. Die gezeichneten und geschilderten Netze sind ziemlich grobe, wie es bei den ersten Beobachtungen über Plasmastructuren überhaupt der Fall war, weshalb es sich bei allen diesen Erfahrungen nur um Theile der eigentlichen Structur, eventuell jedoch auch um grob vacuoläre Beschaffenheit gewissen Plasmas handeln konnte, was im einzelnen Fall häufig nicht mehr sicher zu entscheiden ist.

1870 schilderte Kupffer das Plasma lebender Follikelzellen der Eier von Ascidia canina schon netzförmig und sah auch schon, dass die äussersten Maschen, sowie diejenigen um den Kern sich radiär anordnen. Er beurtheilte die Structur als einen Zerfall des Plasmas in »Bläschen«. Den Durchmesser der gezeichneten Waben schätze ich auf ca. 2 μ, weshalb es wahrscheinlich, wenn auch nicht ganz sicher ist, dass die eigentliche Plasmastructur beobachtet wurde.

Ich beschrieb 1873 an den flachen Epidermiszellen des Pilidium eine hübsch netzförmige Structur in der Flächenansicht; die Betrachtung des optischen Querschnitts der Zellen lehrte, dass es sich um einen feinen kämmerigen oder alveolären Bau ihres Plasmas handelte. Obgleich genauere Maassangaben dieser Structurverhältnisse leider nicht vorliegen, möchte ich dennoch annehmen, dass sie nicht die eigentliche feine Plasmastructur, sondern eine gröbere, durch Vacuolisation hervorgerufene waren.

Indem ich dazu schreite, die Bedeutung der von J. Heitzmann 1873 veröffentlichten Arbeiten über den Bau des Protoplasmas und der Zelle, ja des gesammten Organismus kurz zu charakterisiren, befinde ich mich in einer etwas schwierigen Lage. Berücksichtigt man nämlich die Ausbildung der optischen Hülfsmittel zu Beginn der 70er Jahre, ferner die grosse Schwierigkeit, welche gerade das grundlegende Object, das Heitzmann für seine Beurtheilung des Plasmabaues auswählte, bietet, kleine Amöben nämlich, so kann man gewisse Zweifel, welche sich bezüglich seiner Beobachtungen erheben, schwer überwinden. Heitzmann fand im Plasma lebender kleiner Amöben, dem der farblosen Blutkörper von Astacus, Triton und des Menschen sowie in den Colostrumkörperchen ein netziges Gerüstwerk. Hinsichtlich der Beobachtungen über die Blutkörper glaube ich sicher, dass Heitzmann, ähnlich wie auch später Frommann, Absterbeerscheinungen, welche unter Vacuolisation verliefen, zum Theil für normale Netzstructuren gehalten hat: hierfür sprechen auch die Angaben über vermeintliche Differenzirung oder Neubildung von Kernen in diesen Blutkörpern unter den Augen des Beobachters. Denn dass es sich dabei nur um Deutlichwerden der Kerne handelte, wie es beim Absterben in der Regel eintritt, dürfte keinem erfahrenen Beobachter zweifelhaft sein.

Was die Amöben betrifft, so möchte ich vermuthen, dass Heitzmann gleichfalls Formen beobachtete, deren Plasma dicht vacuolisirt war; denn dass es ihm gelungen wäre, die eigentliche Netzstructur des Amöbenplasmas mit seinen optischen Hulfsmitteln am lebenden Object zu verfolgen, halte ich, wie gesagt, kaum fur möglich. Auch lässt sich aus Heitzmann's Darstellung leicht erkennen, dass er sofort lebhaft schematisirte und speculirte, indem er die andeutungsweise gesehenen Netzstructuren auf das gesammte Plasma übertrug. Ich kann demnach nicht umhin, seinen Arbeiten von 1873 einen stark hypothetischen Charakter zuzuschreiben, welcher sich auch dadurch rächte, dass sie nicht nach Gebühr beachtet wurden. Dazu gesellte sich, dass Heitzmann seine Beobachtungen über die netzige Structur des Plasmas sofort zu einer Theorie der gesammten lebenden Substanz erweiterte, welche mit den Thatsachen vielfach in heftigen Widerspruch trat. Seine Darstellung der Entstehung des netzförmigen Plasmas aus sog. primitiver compacter lebender Materie durch Vacuolisation war ganz hypothetisch und die angeblichen Beweise zweifellos vollkommen unsicher; seine Bemühungen, Plasma, Kern, Kernkörperchen sowie die Intercellularsubstanzen als blosse Modificationen der einzigen lebenden Materie und dementsprechend auch den leichten Uebergang desselben in einander zu erweisen, standen, abgesehen von der Mangelhaftigkeit der thatsächlichen Unterlagen, auf welchen so weitgehende Schlüsse aufgebaut wurden, mit so vielen gut beglaubigten Erfahrungen im Widerspruch, dass diese weitgehenden und sehr apodiktisch auftretenden Behauptungen den

Heitzmann'schen Ideen nur schädlich sein mussten, auch insofern sie durch spätere Erfahrungen als richtig erwiesen wurden. Ebenso konnte der Versuch, die Zellen als elementares Glied im Aufbau der Organismen ganz zu eliminiren, den Widerstand der Gegner nur verschärfen. Da wir die Einzelheiten der Heitzmann'schen Lehre vom Bau des Plasmas, wie er sie schon 1873 und eingehender 1883 entwickelte, später genauer besprechen müssen, so können wir uns an dieser Stelle mit dem Bemerkten begnügen.

1875 gelangte auch Frommann bei der Untersuchung der Blutkörperchen von Astacus in vielen Punkten zu denselben Resultaten wie Heitzmann. Obgleich Frommann sicherlich in den lebenden Blutzellen feine Netze beobachtete, wenn sie auch auf den Abbildungen nicht deutlich hervortreten, so scheint mir doch ebenso sicher, dass die angeblichen Veränderungen, welche er an den beiden Arten der Blutkörper, den sog. grauen und den Körnerzellen beschreibt, nichts anderes wie Absterbeerscheinungen waren. So halte ich es für zweifellos, dass die auf Taf. XV Fig. f, g, h, k, p und die auf Taf. XVI a—g und k—v abgebildeten Blutkörper abgestorbene waren, dass daher auch die schon von Heitzmann geschilderte Vacuolisation der gelben Körner der Körnerzellen, ferner die Bildung von Körnchen und Netzen aus ihnen, ebenso jedoch auch die angebliche Neubildung eines Kernes in den Körnerzellen nur auf dem allmählichen Absterben der Zellen beruhten. Auch in den Ganglienzellen des Krebses konnte sich Frommann jetzt von der Netzstructur deutlich überzeugen und betonte, dass deren Plasmakörnchen nur die Knotenpunkte des Netzwerks seien. Hinsichtlich der Beziehungen zwischen den Gerüstwerken von Kern und Plasma stimmte Frommann, wie früher, wesentlich mit Heitzmann überein, da er ihren directen Zusammenhang eifrig vertheidigte, ähnlich wie auch schon Arnold.

In demselben Jahre 1873, in welchem Heitzmann den Netzbau des Amöbenplasmas beschrieb, berichtete auch der Botaniker Velten, welcher ebenfalls in Wien arbeitete, über seine Erfahrungen am strömenden Plasma der Pflanzenzelle. Deutlicher wie bei Heitzmann tritt in Velten's Mittheilung der Einfluss hervor, welchen Brücke's 1861 erschienene Erörterungen über die Nothwendigkeit einer Organisation des Plasmas, eines Aufbaus desselben aus festeren und flüssigeren Theilen, auf die Wiener Biologen ausübte. Velten fand die lebenden Plasmastränge, welche den Zellsaft durchziehen spec. bei Cucurbita pepo häufig deutlich fein fibrillär, wobei die Zwischenräume zwischen den Fibrillen die gleiche schwache Lichtbrechung zeigten wie der Zellsaft. Seine Deutung des Beobachteten ist folgende. Das Plasma werde von einem System feiner, mit wässeriger Flüssigkeit erfüllter Kanälchen gebildet, welche gegen den Zellsaft ganz abgeschlossen seien und häufig von »Querwänden« durchsetzt würden. Die Configuration der so gebildeten Kämmerchen wird durch »die Bewegung der plasmatischen Wände fortwährend verändert«. Die Plasmakörnchen fänden sich in oder an den Wänden, nicht in der Zwischenflüssigkeit; jedoch komme es unter anormalen Verhältnissen vor, dass Körnchen in letztere gerathen, wo sie dann lebhafte Molekularbewegung zeigen. Velten betonte besonders, dass dies Kanalsystem des Plasmas durchaus nicht mit »einem schwammigen Gerüst« zu verwechseln sei. Während er diese Bauverhältnisse 1873 nur an Zellen beobachtet haben will, die längere Zeit schwachen Inductionsströmen ausgesetzt, jedoch lebend waren, wird dies 1876, wo sich auch eine Abbildung findet, nicht mehr bestimmt angegeben. Das Mitgetheilte, wie die Abbildung von 1876 beweisen wohl bestimmt, dass Velten den fibrillären Bau der lebenden und strömenden Plasmastränge wirklich wahrgenommen und auch schon netzförmige Verbindungen der Fibrillen gut beobachtet hat. Zweifellos und natürlich erscheint es aber, dass er nur einzelne Züge und Fäden des Maschenwerks deutlich sehen konnte und daher die Maschenweite viel zu gross angegeben hat, ein Umstand, welcher, wie schon früher bemerkt, für die älteren Beobachtungen ziemlich gleichmässig gilt.

Kupffer beobachtete 1874 die Netzstructur des Plasmas in den Speicheldrüsenzellen von Periplaneta orientalis recht gut, sowohl in frischem Zustand wie nach Behandlung mit den verschiedensten Reagentien. Da die Maschenweite nach Behandlung mit concentrirter Kalilauge, in welcher die Netze aufquellen, ca. 0,002 mm beträgt, so dürfte wohl die eigentliche Plasmastructur vorgelegen haben. Die Epithelzellen der Ausführgänge fand er längsfibrillär structurirt. Dass die Granulation des Plasmas auf die Netzstructur zurückführbar sei, scheint ihm für dieses Object sicher. 1875 dehnte er seine Untersuchungen namentlich auf die Leberzellen der Vertebraten aus und sah hier ein netzförmiges Gerüstwerk, das um den Kern häufig compacter werde. Wie früher findet er, dass die Structur schon im frischen Zustand zu erkennen ist und durch Reagentienwirkung nur deutlicher wird: er will sogar bei Erwärmung der frischen Leberzellen auf dem Objectträger träge Bewegungen der Fädchen beobachtet haben.

Ich glaube, dass es zu weit führen würde, wenn wir die sich allmählich mehrenden Bestätigungen der netzförmigen Plasmastructur hier Schritt für Schritt verfolgen wollten; daher werde ich in der Folge cursorischer verfahren und nur die wichtigeren und ausgedehnteren Beobachtungen besonders hervorheben.

1876 schloss sich Schwalbe auf Grund eigner Beobachtungen an den farblosen Blutkörpern des Krebses, Tritons und verschiedener Ganglienzellen der Lehre vom netzförmigen Bau an; er verfolgte diese Structurverhältnisse auch an möglichst frischen Objecten und gelangte zu der wichtigen Auffassung, die wohl hier zuerst bestimmt ausgesprochen wurde: dass die von M. Schultze und seinen Vorgängern beobachteten Structurverhältnisse der Nervenzellen auf regelmässiger Anordnung der Netzbälkchen beruhten. »Aus allem diesem gehe hervor, dass isolirte Fibrillen in der Ganglienzelle nicht anzunehmen sind«, schloss Schwalbe aus seinen Erfahrungen. Von Interesse ist ferner, dass er netzförmige Verbindungen der Axencylinderfibrillen für wohl möglich hielt.

In demselben Jahr schilderte auch Trinchese bei Gelegenheit der anatomischen Untersuchung einer Opisthobranchiate (Caliphylla) den netzförmigen Plasmabau verschiedener Zellen und der Bindegewebskörperchen des Frosches nach Präparaten. Da die Maschenweite der beschriebenen Netze im Allgemeinen etwas gross ist (0,0027 bei der mit Vergrösserungsangabe versehenen Figur) und der Inhalt der Maschen selbst fein punktirt gezeichnet wird, so erscheint es etwas zweifelhaft, ob die eigentliche Plasmastructur vorlag.

Zweifel dürfen auch hinsichtlich der 1876 von Strasburger für das Plasma pflanzlicher Zellen erwähnten netzförmigen Structuren erhoben werden. Sowohl in der Abhandlung über das Protoplasma wie in der 2. Auflage seines Buches über die Zellbildung und Zelltheilung sind es fast ausschliesslich gröbere vacuolige Structuren, welche als netzförmige geschildert werden. Dies folgt aus den Grössenverhältnissen der Maschen ziemlich sicher, deren Weite in der Regel zwischen 0,005—0,01 schwankt, gelegentlich jedoch auch auf 0,0015 herabsinkt. Es bleibt daher gewiss nicht ausgeschlossen, dass Strasburger auch die eigentliche Maschenstructur des Plasmas gelegentlich beobachtet hat. Was aber besonders beachtenswerth erscheint, ist, dass er hier ausdrücklich bemerkt (Zellbild p. 217): die netzförmige Structur sei eigentlich eine »kämmerige Vertheilung des Plasmas, wobei die Hohlräume der Kämmerchen von einer mehr oder weniger concentrirten Eiweisslösung erfüllt würden«. Die Unterscheidung, welche er in der Abhandlung über das Plasma zwischen Vacuolen und Kämmerchen in dem Körnerplasma ziehen will, ist mir nicht recht klar geworden. Vacuolen seien Tropfen einer wässerigen Flüssigkeit im Plasma, die Kammern dagegen würden gebildet, wenn das Plasma in dünnen netzförmig verbundenen Platten die Zellflüssigkeit durchsetze. Diese Auffassung des netzförmigen Baues scheint uns um so bemerkenswerther, als Strasburger sie bald vollständig aufgegeben und an ihrer Stelle die einer netzförmigen oder spongiösen Structur adoptirt hat.

Wenn wir sahen, dass schon Schwalbe die besonderen Structurverhältnisse der Ganglienzellen auf die netzförmige Beschaffenheit zurückzuführen suchte, so interessirt es uns namentlich auch, dass Eimer schon 1877 die Längsstreifung der Wimperzellen verschiedener Objecte mit der besonderen Anordnung des gewöhnlichen Maschennetzes in Zusammenhang brachte. Er beobachtete nämlich deutlich, dass die Längsfibrillen vielfach netzig untereinander verbunden sind.

Wie oben angedeutet wurde, gab ich schon 1878 meiner Ansicht Ausdruck, dass die geschilderten Netzstructuren eigentlich alveoläre sein dürften, dass es sich also dabei um eine schaumartige Bildung des Plasmas handle.

In zwei Abhandlungen aus den Jahren 1878 und 79 bestätigte Klein den netzförmigen Bau des Plasmas für recht zahlreiche Zellen der Wirbelthiere und erklärte sich in vieler Hinsicht für Frommann's und Heitzmann's Ansichten. Besonders gilt dies für den innigen Zusammenhang und Uebergang, welchen er wie jene Forscher zwischen Kern- und Plasmagerüst annimmt; ja er geht so weit, mit Stricker an eine häufige Verschmelzung des Kerns mit dem Plasma (spec. für die farblosen Blutkörperchen) zu glauben. Der Kern sei nur ein von einer durchlöcherten Membran abgegrenzter Theil des Zellplasmas. Dies deckt sich, wie gesagt, wesentlich mit den von Frommann und Heitzmann entwickelten Ansichten. Obgleich ich nicht behaupten will, dass alles, was Klein beschreibt und abbildet, thatsächlich die eigentliche Plasmastructur gewesen ist, namentlich für die Drusenzellen ist dies mehrfach fraglich, so gilt es doch für viele der geschilderten Structuren.

Wie Eimer, erkannte auch er ganz richtig, dass die Langsstreifung nur eine Modification des gewöhnlichen Netzbaues ist.

Im Gegensatz zu diesen Erfahrungen sprach sich Arnold (1879) in einer Besprechung der seitherigen Forschungen über Zellstructuren noch zweifelnd über die Fundamentalfrage aus, ob fädige oder netzige Bildungen im Plasma vorliegen; »ob die Kernfäden unter sich in Verbindung treten, ob ein solches Verhältniss zwischen den Fäden des Zellkörpers besteht, in wie weit die netzförmige Anordnung der Fäden überhaupt als typisch betrachtet werden darf, ob endlich zwischen den Fäden des Kerns und denen des Protoplasmas ein regelmässiger Zusammenhang besteht, das sind Fragen, die behufs ihrer endgültigen Beantwortung noch die eingehendste Beobachtung erheischen« (p. 12). Gleichzeitig bestätigte Arnold Fadenstructuren in den Zellen zahlreicher Geschwülste.

Auf botanischem Gebiet trat Schmitz (1880) lebhaft für die allgemeine Verbreitung der Netzstructur des Plasmas auf. Er beobachtete sie an mit concentrirter Pikrinsäure conservirtem Material. Wohl sicher lässt sich behaupten, dass Schmitz die eigentliche feine Plasmastructur nicht gesehen, sondern ähnlich Strasburger gröber vacuolige Structurerscheinungen. Er schildert nämlich das ursprüngliche Plasma allgemein feinpunktirt und lässt in diesem erst die netzige Structur entstehen. Auch die mehrfach wiederholte Bemerkung, dass die Zellsafthöhle durch Zusammenfluss solcher Maschenräume des Plasmanetzes entstehe, spricht in diesem Sinne. Schmitz ist jedoch der Ansicht, dass die Punktirung des nicht deutlich netzigen Plasmas nur der optische Ausdruck eines sehr feinen Netzbaues sei, dass daher die beiden Plasmamodificationen in einander übergingen. Andererseits sucht er die etwaige Deutung der beobachteten Structuren als Gerinnungserscheinungen oder anderweitige Kunstproducte zurückzuweisen.

Frommann veröffentlichte seit 1879 eine Reihe Mittheilungen über seine weiteren Studien der plasmatischen Structuren, die hier einzeln aufzuzählen zu weit führen würde. Sie erstreckten sich sowohl auf verschiedene Zellen des thierischen Körpers, wie Knorpel-, Ganglien-, Epidermiszellen, Blutkörperchen, als auch auf pflanzliche Zellen. 1884 fasste er diese Untersuchungen grossentheils zusammen und führte sie erweitert genauer aus. Wir wollen daher versuchen, die Ansicht, welche sich Frommann auf Grund seiner zahlreichen Studien gebildet hat, mit Hülfe der Darstellung von 1884 etwas näher zu charakterisiren. Zunächst muss betont werden, dass er Netzstructuren überall in dem untersuchten Plasma auffand. Das Netz- oder Gerüstwerk sei jedoch kein allseitig und überall zusammenhängendes, vielmehr fänden sich auch häufig isolirte Partien desselben. Ueberhaupt sei es sehr wandelbar, indem spontan und fortdauernd Veränderungen an ihm stattfänden. Häufig seien Verschmelzungen von Fädchen und Körnchen des Netzes zu beobachten, andererseits könnten sich jedoch auch die Netze in Körnchen auflösen. Ja es lasse sich sogar verfolgen, dass vorübergehend sämmtliche geformten Theile ganz verschwänden, das Plasma also ganz homogen werde; umgekehrt könne sich solch homogenes Plasma durch Wiederauftreten der Gerüste zu netzförmigem umbilden. Durch Verschmelzungen, wie sie oben angedeutet wurden, könnten Vacuolenwände, ja ganze Kerne gebildet werden. So vertritt er denn auch hier noch den Standpunkt, dass Kerne unter dem Einfluss des Inductionsstroms oder spontan im Plasma entstünden. Wie früher vertheidigt er auch jetzt den directen Zusammenhang der Kern- und Plasmagerüste; die Kernmembran sei von feineren oder groberen Lücken zum Durchtritt der Netzfäden durchbrochen, ja eigentlich überhaupt nur eine Verdichtung des Gerüstwerks. Ebensowenig werde die Oberfläche der Zellen von einer zusammenhängenden Gerüstschicht oder -Lamelle umschlossen, sondern in ähnlicher Weise begrenzt wie die Kernoberfläche.

Schmitz' Ansicht über die Beschaffenheit des pflanzlichen Plasmas wurde bald darauf von Reinke und Rodewald (1881 und 1882) für das Plasma von Aethalium septicum adoptirt und durch weitere Gründe gestützt. Aus ihren Pressversuchen schlossen beide Forscher, dass das Plasma der Aethalien (spec. das der fructificirenden Kuchen, welche sich auf der Oberfläche der Lohe sammeln), aus fester Gerüstsubstanz und flüssigem Enchylema bestehe. Es gelang ihnen, 66% flüssigen Enchylems durch starkes Auspressen zu gewinnen, während die zurückbleibende Gerüstsubstanz einen festen und ziemlich trockenen Kuchen bildete. Mit der Centrifuge war es dagegen nicht möglich, beide Substanzen zu scheiden. Auf Grund dieser wie anderer Erwägungen nahmen sie im Plasma eine spongiöse Gerüstsubstanz von plastischer und contractiler Beschaffenheit an, welche von dem flüssigen, eiweisshaltigen Enchylema durchtränkt werde. Den Abschluss gegen aussen bilde eine aus Gerüstsubstanz bestehende dünne Hautschicht. Reinke ist geneigt zuzugeben, dass die von Enchylema erfüllten Hohlräume »hie und da durch zarte Diaphragmen der Gerüstsubstanz septirt werden«, worin wir wohl eine Annäherung an den wabigen Bau erkennen dürfen. Auf den Figuren, welche Kratschmar zu der Arbeit von 1883 lieferte, wird die netzige Structur des Plasmas von Aethalium zwar etwas fein und undeutlich, jedoch ganz kenntlich dargestellt.

Von 1882 liegen noch einige Beiträge anderer Beobachter vor; so constatirte Freud wieder netzförmige anastomosirende Fasern in den Ganglienzellen des Astacus fluviatilis, ohne jedoch das eigentliche feine Plasmanetz zu beobachten; er schloss sich daher Schwalbe's Auffassung vom Bau der Ganglienzellen durchaus an. Paladino fand netzige Structuren in den Endothelzellen der Arachnoidea, Schmidt in den Pancreaszellen.

Auch Strasburger stimmte jetzt (1882 Zellhäute) den neueren Erfahrungen, dass der Bau des Plasmas ein netziger sei, zu, stellte jedoch in der gleichzeitigen Arbeit über »Theilungsvorgänge der Zellkerne etc.« das Plasma in der Manier Flemming's als ein Gewirr kurzer lockiger Fädchen dar. Aeusserlich werde es von einer sogenannten Hautschicht umschlossen, welche durch Verengerung oder auch Obliteration der Maschen des Gerüstwerks entstehe, wie es ähnlich auch schon Schmitz angenommen hatte.

1883 brachte zwei für unsere Frage sehr wichtige Arbeiten; einmal die umfangreichen Untersuchungen Leydig's, welche sich über sehr zahlreiche histologische Objecte erstreckten und durch eine 1885 erschienene Arbeit erweitert wurden, und dann die Forschungen E. van Beneden's, welche sich auf die Geschlechtsorgane und Geschlechtsproducte von Ascaris megalocephala beschränkten.

Leydig konnte am frischen wie fixirten Plasma den netzigen oder spongiösen Gerüstbau überall deutlich beobachten. Die sog. Plasmakörnchen seien grossentheils nur die Knotenpunkte des Gerüstwerks, doch fänden sich auch häufig zahlreiche Körnchen verschiedenster Art vor, welche wenigstens ursprünglich in der Substanz des Gerustwerks liegen. Dass die streifigen, radiären und verworrenfaserigen Structuren, welche im Plasma gewisser Zellen häufig beobachtet werden, nur Modificationen des spongiösen Gerüstwerks seien, gilt ihm für sicher und wird durch ihre häufigen Uebergänge in gewöhnliches Plasma klar erwiesen. In Consequenz dieser Anschauung, welche nur gelegentlich durch den Hinweis auf vacuoläres Plasma etwas schwankend wird (1885. Anm. p. 2), gelangte er wie Frommann zu der Ansicht, dass die Oberfläche des Plasmas poros, von feineren oder gröberen Lücken durchbrochen sein müsse, welche in Gestalt und Umfang grossem Wechsel unterworfen seien. Er denkt sich also die Oberfläche der Zelle etwa in der Art porös, wie die eines Badeschwammes. Damit hängt dann zusammen, dass die Zwischensubstanz oder der Inhalt des Gerüstwerks, sein »Hyaloplasma«, »weich, hell und halbflüssig« sein soll, jedenfalls mit dem umgebenden Wasser nicht direct mischbar, da er ihm in weiterer Consequenz der eben erörterten Vorstellung gewisse seltsame Eigenschaften zuschreibt. So soll dieses Hyaloplasma aus dem Gerüstwerk »gleichsam hervorkriechen« und die Pseudopodien der Protozoen oder sonstiger Zellen bilden; es soll fernerhin in ähnlicher Weise 1) die Sinnesborsten, -Knöpfe, -Haken, Gehörstifte, Sehstäbe und die eigentliche Nervensubstanz überhaupt, 2) die contractile Materie der Flimmerhaare und Muskeln, 3) die homogene Substanz der Cuticularlagen und 4) gewisse Secretmassen bilden.

Aus dieser Anschauung folgt ohne Weiteres, dass Leydig im Hyaloplasma das eigentlich Lebendige, Contractile und Nervöse erblickt, während das Gerüstwerk, sein Spongioplasma, nur eine stützende Rolle spielen soll. Ganz consequent blieb er sich aber nicht, da er 1885 p. 105 doch gesehen haben will, dass die Flimmerhaare auf den Epithelzellen der Geruchsschleimhaut der Katze Fortsätze des Spongioplasmas seien, und auf p. 161 den Cilien sogar eine Zusammensetzung aus beiden Plasmasorten zuschreibt.

Da wir auf Leydig's Anschauungen später noch mehrfach einzugehen haben, wird diese kurze Darlegung seiner Meinung an dieser Stelle genügen.

E. van Beneden war bei seiner Untersuchung der Plasmastructur der Eier etc. von Ascaris anfänglich jedenfalls auf dem, meiner Anschauung nach richtigen Weg, da er die netzförmige Structur des Plasmas auf die Gegenwart zahlreicher Vacuolen zurückführen wollte und zum Vergleich auf Actinosphaerium und Aehnliches verwies (p. 82). Doch war er zweifelhaft, ob die Vacuolen, welche die Netzstructur bewirkten, gegeneinander ganz abgeschlossen sind. Im weiteren Verlauf der Arbeit tritt jedoch diese Auffassung völlig zurück und an ihre Stelle eine andere, welche speciell durch das Studium der interessanten Structuren der Spermatozoen in den Vordergrund gerückt zu sein scheint. Hier, wie in dem allgemeinen Abschnitt über Protoplasmastructuren, bezeichnet van Beneden nämlich consequent die Fibrille als das Structurelement des Plasmas. Das Plasma bestehe aus knotigen Fibrillen und einer Zwischensubstanz. Die Fibrillen seien nach den drei Richtungen des Raums orientirt und ihre Knotenpunkte, welche wirkliche Verdickungen darstellten, durch feinere Fibrillen verbunden. Auf diese Weise resultire ein »protoplasmatisches Gitterwerk« (treillage). Die Fibrillen seien contractil und daher das Gerüstwerk veränderlich. Zweifelhaft erscheine, ob die Zwischensubstanz identisch sei mit dem Inhalt der grösseren Vacuolen; wäre dies der Fall, so müsste, ähnlich wie schon Heitzmann und Schmitz annahmen, um die Vacuole eine besondere Wand mit äusserst verengten Maschen gebildet werden.

Pfitzner, der schon 1880 bei der Schilderung der Epithelzellen der Salamanderlarve ein Maschenwerk des Plasmas beschrieben hatte, welches an der Oberfläche der Zelle in den radiär gestreiften Saum deutlich übergehe, schilderte 1883 die Netzstructur der rothen Blutkörper der Amphibien ganz gut und gab später 1886 eine recht zutreffende Abbildung. Gleichzeitig entwickelte er seine theoretischen Ansichten über die Entstehung solcher Structuren, die zweierlei Art seien, einmal »passive«, d. h. solche, welche durch Vacuolisation hervorgerufen würden, und dann »active«, welche durch Gruppirung der Granula zu Fäden oder Netzen bedingt würden. Es wird hier genügen, diese Ansicht angedeutet zu haben, da wir in der Folge noch eingehender auf sie zurückkommen müssen.

Indem wir die gelegentlichen Berichte über Netzstructuren in Leberzellen von Affanasiew und Langley nicht eingehender berücksichtigen, wenden wir uns gleich zu den ausgedehnten Untersuchungen, die Carnoy 1884, 85 und 86 über die Plasmafrage publicirte. Da er hinsichtlich der Structur vollständig auf dem von Heitzmann entwickelten und auch in den Ansichten von Schmitz, Leydig und van Beneden wesentlich wiederkehrenden Standpunkt steht, so bedarf es hier keiner ausführlicheren Darlegung desselben. Lebendes Protoplasma untersuchte Carnoy nur wenig; daher erörtert er auch nirgends die doch sehr wichtige Frage, wie das Vorkommen von anscheinend ganz homogenem Plasma bei allgemeiner Voraussetzung der Netzstructur zu erklären sei.

Auch er erkennt die Entstehung der faserigen und strahligen Structurerscheinung durch Modification der netzigen vollkommen an. Das Gerüstwerk gilt ihm bestimmt für fest, oder doch sehr zähe und contractil; die Zwischensubstanz dagegen sei »hyalin und viskos«. Immerhin glaube ich sicher, dass Carnoy zum Theil auch grobvacuoläre Structuren für die eigentliche feine Plasmastructur gehalten hat: dies geht deutlich daraus hervor, dass er die groben Plasmabalkennetze von Noctiluca dem feinen Plasmagerüst identificirt und den Zellsaft dieser Protozoe dem Enchylem oder der Zwischensubstanz des Plasmas gleichsetzt. Andererseits möchte ich dies zum Theil auch daraus schliessen, dass Carnoy das Enchylem mehrfach ganz fein granulirt darstellt, was vermuthen lässt, dass er gelegentlich nur gröbere Netze gesehen und die feineren für Granulationen gehalten hat. Gegenüber Leydig verlegt er die körnigen Einschlüsse des Plasmas unrichtiger Weise stets in das Enchylema, welches manchmal sogar gröbere Einlagerungen enthalten soll. — Da Carnoy's Untersuchungen von 1885 und 1886 über die Zellen zahlreicher

Arthropoden und die Geschlechtsproducte der Nematoden an seinen Grundanschauungen nichts Wesentliches änderten, dieselben vielmehr auch für diese Objecte allseitig bestätigten, so braucht nicht specieller auf diese späteren Arbeiten eingegangen zu werden.

Wie schon in der Einleitung hervorgehoben wurde, vertheidigte ich 1885—86 bei Gelegenheit der Schilderung der netzigen Plasmastructuren von Noctiluca und einigen Rhizopoden den schon 1878 eingenommenen Standpunkt: dass es sich nicht um eine netzige, sondern eine alveoläre oder wabige Structur handle.

Schon Flemming hatte 1882 hinsichtlich der von Klein beschriebenen Netzstructuren gewisser Drüsenzellen, insbesondere der Becher- oder Schleimzellen, vermuthet, dass die relativ groben Netzstructuren des Secretballens dieser Zellen jedenfalls nichts mit der eigentlichen feinen Plasmastructur zu thun haben. Dieser Ansicht muss ich mich vollkommen anschliessen. Die Vergleichung zahlreicher Arbeiten, welche seither über diesen Gegenstand erschienen sind, so der Untersuchungen von Schiefferdecker (1884), List (1885, 86), Paulsen (1885, 86), Zerner (1886), spricht durchaus hierfür. Nach diesen Ergebnissen scheint es mir, wie gesagt, zweifellos, dass es sich um grobvacuoläre Bildungen handelt, deren Entstehen aus dem feinnetzigen Plasma der ursprünglichen Drüsenzelle weiterer Aufklärung bedarf. Namentlich die Darlegungen List's lassen deutlich erkennen, dass der sog. Stiel der Zellen noch aus dem ursprünglichen feinnetzigen Plasma besteht; auch die Theca scheint nur eine Fortsetzung desselben zu sein. Die Hauptfrage, deren Lösung aussteht, dürfte sein, ob der grobnetzige Secretballen durch directe Umbildung des ursprünglichen Plasmas entsteht oder ob er eine abgeschiedene vacuoläre Masse ist.

Wie ich schon mehrfach hervorhob, ist ja überhaupt häufig recht schwierig zu entscheiden, ob die von früheren Beobachtern beschriebenen Netzstructuren eigentliche feinste Plasmastructuren oder ob sie auf gröberen Vacuolisationen beruhten. Da sich beide sehr ähnlich sehen, so kann man sich hierüber nur auf Grund der Grössenverhältnisse ein einigermaassen gesichertes Urtheil gewinnen, indem wir durchgängig fanden, dass die Maschenweite der eigentlichen Plasmastructuren 1 μ kaum überschreitet. So muss ich deshalb z. B. das von Sedgwick (1886) im Ei des Peripatus capensis geschilderte Reticulum grossentheils für ein gröberes halten, welches nicht der eigentlichen Plasmastructur entspricht, da die Maschenweite häufig sehr gross gezeichnet ist und selbst an den feinsten Stellen nicht unter 2 μ herabgeht. Ich vermuthe daher, dass in diesem wie in vielen ähnlichen Fällen die Bälkchen des sog. Reticulums selbst noch die feinere Plasmastructur aufweisen. Hinsichtlich der allgemeinen Auffassung des plasmatischen Netzwerks schliesst sich Sedgwick am nächsten an Heitzmann und Frommann an.

Auf dem Gebiet der Protozoen haben sich in neuerer Zeit namentlich Schuberg (1886) für Bursaria etc., Bütschli und Schewiakoff (1887 und 1889) für zahlreiche Ciliaten, Fabre-Domergue (1887) für die gleiche Abtheilung Verdienste erworben. Auf Künstler's Anschauungen (1882 und 1889), welcher die Netzstructur bei den Flagellaten ebenfalls gut verfolgte, soll weiter unten näher eingegangen werden.

Auf histologischem Gebiet liegen ferner so zahlreiche Angaben in Einzelarbeiten zerstreut vor, dass es nicht gerathen erscheint, dieselben ausführlicher zusammenzustellen. Nur auf Nansen's Arbeit (1887) über die netzförmige Structur der Ganglienzellen, welche schon oben (p. 95) erörtert wurde, sei hier nochmals hingewiesen.

B. Uebersicht der abweichenden Ansichten.

1. Die Lehre von der fibrillären Structur des Plasmas.

Im Gegensatz zur Lehre vom netzförmigen Gerüst des Plasmas halten einige Forscher an der in der früheren Periode der Untersuchungen allgemeiner verbreiteten Auffassung fest, dass es sich um isolirte oder doch nur secundär gelegentlich verbundene Fibrillen in der Zwischensubstanz des Plasmas handle. Zwar erfuhren wir schon, dass auch nicht wenige der im vorigen Abschnitt kurz besprochenen Arbeiten von Fibrillen des Plasmas reden, gleichzeitig aber zugeben, dass diese Fibrillen in der Regel netzförmig anastomosirten, wenn auch isolirte gelegentlich vorkämen.

Die Annahme eines fibrillären Plasmabaues fand namentlich in Flemming's Buche von 1882 eine bestimmtere Vertretung. Auch die früheren Arbeiten von Frommann, Arnold (1879) und Schleicher (1879) über die Beschaffenheit des Plasmas der Knorpelzellen) können in gewissem Grade als Vorläufer einer solchen Auffassung angeführt werden. Speciell Schleicher leugnete Netzbildungen im Plasma der Knorpelzellen gegenüber Heitzmann u. A. ganz bestimmt, beobachtete dagegen in deren lebendigem Plasma vielfach isolirte Fädchen.

Zwar lässt sich nicht behaupten, dass Flemming (1882) die fibrilläre Beschaffenheit des Plasmas bestimmt behauptet; sein Standpunkt gegenüber Heitzmann, Klein und Anderen ist vielmehr ein skeptischer. Er giebt nämlich netzformiges Zusammenhängen der Fadenwerke des Plasmas »für viele Objecte als völlig möglich zu, kann jedoch keine Sicherheit dafür finden« (p. 58). Auch schienen ihm die Dinge zu sehr an der Grenze des Sichtbaren zu stehen, um eine bestimmte Entscheidung zu treffen. Jedenfalls neigte er auf Grund seiner zahlreichen Erfahrungen mehr der Annahme einer fibrillären Structur zu, hielt auch die Mannigfaltigkeit der Structuren für zu gross, um sie sämmtlich dem Begriff des zusammenhängenden Netzgerüstes unterzuordnen (p. 64), das ihm unbewiesen und unwahrscheinlich dünkt. Dass die sog. Plasmakörnchen nur die Knotenpunkte eines Netzgerüstes seien, scheint ihm daher gleichfalls nicht erwiesen. Dagegen erachtet es Fl. für sicher, dass das Plasma in der Regel eine fädige Structur zeige, wenn auch das zeitweise Auftreten homogenen Plasmas wohl möglich sei, das entstehe, indem »die Fäden . . . . . . bis zur Berührung genähert, vielleicht zeitweise verschmolzen sind« (p. 66). Die sog. Zwischensubstanz oder seine »Interfilarmasse« hält er für möglicherweise flüssig; doch wäre auch möglich, dass sie »festweich« sei, da sie nach Reagentienwirkung zuweilen feinkörnig erscheine. Ich glaube jedoch, dass die von Fl. gesehene feine Körnung der sog. Interfilarmasse in den meisten Fällen die eigentliche feine Netzstructur war, die er nie bestimmt beobachtete.

Man wird jedoch fragen, wie Flemming, ein so sorgfältiger, mit den besten Hülfsmitteln ausgerüsteter Beobachter, vielfach versichern konnte, dass er sich »nie« von der netzigen Structur mit Bestimmtheit zu überzeugen vermochte und sie deshalb auch bezweifle. Ich glaube nun sowohl aus dem Hauptwerk von 1880 wie aus der gleichzeitigen Abhandlung über die Structur der Spinalganglienzellen schliessen zu dürfen, dass Flemming gewissen, damals noch neuen Hülfsmitteln etwas zu sehr vertraut hat, dem Abbeschen Beleuchtungsapparat nämlich. In beiden Abhandlungen finden sich Stellen, aus welchen hervorgeht, dass Flemming in der Regel bei sehr »hellem Licht« des Abbeschen Beleuchtungsapparats und ohne Blende untersuchte (s. p. 43, Spinalganglienzellen p. 15) und die Ansicht hegt, dass die auf solchem Wege erhaltenen Bilder die eigentlich maassgebenden seien. Bei »schlechterem Licht« sah auch er die netzförmige Zeichnung des Plasmas. Ich glaube nun, dass sich Flemming irrte, wenn er das Bild bei hellem Licht mit weit geöffnetem Beleuchtungskegel für das correctere hielt; denn, wie auch von Anderen schon vielfach hervorgehoben wurde, leidet die Deutlichkeit der Structuren unter intensiver Beleuchtung sehr, was sich ja ganz natürlich dadurch erklärt, dass unser Auge die bei starker Beleuchtung relativ sehr geringen Helligkeitsdifferenzen nicht mehr zu unterscheiden im Stande ist.

Ich bin daher auch keineswegs der Ansicht Flemming's, dass die bei Abdämpfung der Beleuchtung hervortretenden netzförmigen Zusammenhänge der Fädchen oder Fibrillen auf dem Unklarwerden der Bilder beruhen, was bewirke, dass nun die übereinander wegziehenden Fädchen für zusammenhängend erachtet würden. Ueberhaupt lässt sich gewiss nicht behaupten, dass das mikroskopische Bild bei Dämpfung der Beleuchtung »undeutlicher« werde; im Gegentheil wird sich jeder leicht überzeugen, dass es dabei viel deutlicher und schärfer wird. Jedenfalls könnten die höher oder tiefer ziehenden Fäden nicht gleichzeitig in der Ebene deutlichen Sehens liegen, während netzige Zusammenhänge der Fäden in derselben Einstellungsebene vielfach auf das Sicherste zu constatiren sind. Alle diese Gründe machen es mir zweifellos, dass Flemming's Ablehnung des netzförmigen Gerüstes wesentlich auf die falsche Beurtheilung der Correctheit des mikroskopischen Bildes zurückzuführen ist.

Dazu gesellt sich ein weiterer Grund, welchen ich gleich an dieser Stelle etwas eingehender erörtern will. Bei Betrachtung der Netzgerüste fallt gewöhnlich eine mehr oder weniger verworrene faserige Bildung auf; dieselbe beruht darauf, dass bald hier bald dort einige der Maschenwände auf eine grössere oder kleinere Strecke zu einer geschwungenen Linie hintereinander gereiht sind und daher als längere Linie imponiren. Es lässt sich nun leicht zeigen, dass unser Auge längere zarte Linien leichter wahrnimmt wie kürzere, dass daher auch die Netzzüge um so deutlicher beobachtet werden, je mehr sie sich zu längeren linienartigen Strecken zusammenreihen. Darauf beruht es denn auch, dass die ausgesprochen faserigen Structuren der Ganglienzellen, die Streifungen der Epithelien, des

Axencylinders u. A. schon relativ so frühzeitig aufgefunden, während die netzigen Structuren erst viel später entdeckt wurden. Wenn man, wie dies Fig. 7 Taf. VI darstellt, ein System langer paralleler, gleichweit entfernter Linien zeichnet, welche durch senkrechte, unregelmässig angeordnete, gleich starke Verbindungslinien zusammenhängen, so lässt sich bei der Betrachtung dieser Zeichnung Folgendes wahrnehmen. Beobachtet man nämlich die Figur in einer mässigen Entfernung, welche sie deutlich erkennen lässt, und entfernt hierauf das Auge allmählich weiter von ihr, so gelangt man schliesslich zu einem Abstand, in welchem allein noch die langen parallelen Linien deutlich zu erkennen sind, die Querverbindungen dagegen dem beobachtenden Auge entschwinden[1].

Ganz die gleichen Verhältnisse bietet uns das mikroskopische Bild eines Axencylinders, was meiner Ansicht nach eine genügende Erklärung der Thatsache giebt, dass die Längsfibrillen hier relativ so frühzeitig aufgefunden wurden, während ihre Querverbindungen erst so spät zur Ansicht gelangten und auch jetzt noch scharfes Zusehen und sehr deutliche Ausprägung der Structur überhaupt erfordern, wenn sie klar wahrgenommen werden sollen. Die gleiche Thatsache gilt jedoch auch für die Netzstructur überhaupt. Zeichnet man sich eine solche auf, so werden in gewisser Entfernung die eigentlichen Netzfäden schwächer und endlich restiren noch die dickeren und dunkleren Knotenpunkte, wenn sie hinreichend dunkler sind wie die Netzfädchen, wodurch natürlich der Anschein der Granulation hervorgerufen wird. Sind jedoch gewisse Netzzüge zu längeren Linien hintereinander gereiht, so bleiben diese entsprechend länger deutlich und man erhält das Bild isolirter Fädchen in einer granulirten Zwischensubstanz[2].

Die gleichen Einwände, welche ich soeben gegen Flemming's Ansicht vom fibrillären Bau des Plasmas geltend machte, muss ich natürlich auch gegen die entsprechenden Darstellungen früherer und späterer Forscher erheben. Für die Ganglienzellen sprachen sich H. Schultze (1878) und Rohde (1887) in diesem Sinne aus. Ebenso haben Pfeffer (1886) und Pflüger (1889) den fibrillären Plasmabau angenommen, ohne jedoch

[1] Man wird gleichzeitig auch die längsgerichteten kürzeren Linien verschwinden sehen, woraus, wie gesagt, folgt, dass die Deutlichkeit der Linien, die übrigen Verhältnisse gleich gesetzt, mit ihrer Länge wächst. Die geschilderten Wahrnehmungen gelingen ebenso gut, ja eher noch besser, wenn man sich aus grösserer Entfernung der Figur allmählich nähert.

[2] In seiner neuesten Arbeit (1891. Archiv f. mikroskop. Anat. Bd. 37. p. 736) spricht sich Flemming über die plasmatischen Structuren folgendermaassen aus: »Ich gehöre zu denen, welche auf Grund sichtbarer Dinge eine wirkliche formelle Structur in der Zelle annehmen, wenn auch keine starre und feststehende, und die sich nicht der Meinung anschliessen können, dass die Zelle eine Emulsion und die darin erkennbaren Fasern nur der Ausdruck von Strömungen seien«. Eine genauere Besprechung dieser gelegentlichen Aeusserung, insofern sie sich auf meine Anschauungen beziehen sollte, scheint mir unnöthig, da das vorliegende Werk als eine gründliche Widerlegung derselben gelten darf. Nur auf die Unsicherheit der Ausdrücke, wie »formelle Structur«, die »keine starre und feststehende sei«, möge hier doch hingewiesen werden. Ich hoffe, dass Flemming sich auch in diesen Dingen ebenso noch von der principiellen Richtigkeit meiner Ansicht überzeugen wird, wie er dies seiner Zeit in der Frage nach der Kerntheilung gethan hat. Nicht unterlassen möchte ich noch, darauf hinzuweisen, dass er zwar in der citirten Arbeit mehrfach von netzigen Fasern im Plasma spricht, auf den Abbildungen jedoch dasselbe Gekräusel von welligen Fäserchen ohne deutliche netzige Verbindungen zeichnet, wie er es seither gewöhnlich that. Dass dasselbe der Wirklichkeit in keiner Weise entspricht, geht schon aus den Untersuchungen meiner Vorgänger zur Genüge hervor.

selbst eigene Untersuchungen hierüber vorzubringen. Besonders Pflüger drückt sich sehr bestimmt aus. Der gallertige Zustand des Zellinhalts stellt nach ihm »ein Gemenge von absolut flüssiger mit absolut fester Materie dar«. Die feste Substanz sei theils körnig, theils dagegen, und zwar der Hauptmasse nach, ein Filz feinster Fädchen (p. 30).

Aehnlicher Ansicht ist Ballowitz (1884), welcher das Plasma gleichfalls aus verflochtenen, contractilen, jedoch untereinander nicht verbundenen Fädchen bestehen lässt, während Rabl (1889) diese Auffassung insofern adoptirt, als er wenigstens zu gewissen Zeiten, speciell während der Theilung der Zellen, isolirte Fibrillen annimmt, die in Form der Strahlensysteme hervortreten. Während der Ruhe der Zellen sollen sich aber die Fibrillen netzförmig untereinander verbinden, wie es in ähnlicher Weise auch für das Kerngerüst gelte.

Eine beredte Vertheidigung hat die fibrilläre Structur endlich in einer jüngst erschienenen Arbeit von Camillo Schneider (1891) gefunden. Da sich seine Ausführungen insbesondere gegen meine Auffassung der Plasmastructuren wenden, so muss ich sie etwas eingehender erörtern. Schneider hat zum Theil dieselben Objecte untersucht, welche auch ich studirte, so besonders die Eier von Seeigeln und Ascaris, Vorticellen, Trichoplax adhaerens etc. Ueberall findet er im Plasma verschlungene Fibrillen von durchaus gleicher Dicke, ohne Spur von knötchenartigen Verdickungen; ja es scheint ihm sogar nicht unmöglich, dass die gesammte Zelle aus einem einzigen ungeheuer verschlungenen Faden bestehe. Die Untersuchungen wurden mit Zeiss 1/18 homog. Immersion angestellt, während ich, wie bemerkt, mit den Apochromaten Zeiss 2 mm Ap. 1.30 und 1,40 und den Ocularen 12 und 18 arbeitete. Wenn nun Schneider behaupten zu dürfen glaubt (p. 5): »ein Wabenwerk oder eine netzartige Verknüpfung der Fäden liegt bei Strongylocentrotus in den untersuchten Eiern thatsächlich nicht vor«, so muss ich dem ebenso bestimmt entgegnen, dass beides vorliegt und dass Schneider eine ganz falsche Darstellung des mikroskopischen Bildes giebt. Ich will mich nicht darauf berufen, dass die grosse Mehrzahl der Beobachter, und darunter eine ganze Anzahl solcher ersten Ranges, hinsichtlich des mikroskopischen Bildes die gleiche Ansicht wie ich vertreten, ich will vielmehr die von Schneider gegebenen Abbildungen einer kurzen Besprechung unterziehen. Er bemerkt (p. 2) hinsichtlich derselben, dass die zuerst angefertigten das Gerüst nicht ganz correct darstellen, und verweist diesbezüglich auf die Figurenerklärung. In dieser finde ich nun nur bei Figur 19 angegeben: »Gerüst sehr genau gezeichnet«. Die Figur stellt einen Schnitt durch eine Spermatogonie von Ascaris dar. Bei genauer Betrachtung wird man auf dieser Figur eine ganze Anzahl netzförmiger Zusammenhänge von Fibrillen, ja Gabelungen derselben eingezeichnet finden. Noch auffallender tritt dies auf Fig. 21 hervor, von der es heisst, dass das Gerüst nur theilweise genau gezeichnet sei; hier ist überhaupt fast nichts von Fibrillen, sondern nur ein zusammenhängendes Netzgerüst zu bemerken. Endlich zeigt Figur 14 ein ganz deutliches Netzwerk, doch heisst es von ihr, dass sie »das Gerüst so darstelle, wie es bei oberflächlicher Betrachtung erscheint, ohne Rücksichtnahme auf die Isolirtheit der Fasern in den Kreuzungspunkten«.

Es ist nun wohl sicher, dass die auf Ascaris bezüglichen Abbildungen die späteren und genaueren sein sollen, denn die von den Eiern des Strongylocentrotus mitgetheilten sind Schematismen, wie sie in der Natur nie vorkommen. Ich glaube wohl der Zustimmung aller Beobachter, welche derartige Dinge einmal aufmerksam betrachtet haben, sicher zu sein, wenn ich dies bestimmt behaupte. Der Schematismus dieser Abbildungen, besonders der von Figur 9, geht so weit, dass die einzelnen Fibrillen, welche vielfach in einer Länge, die dem halben Eidurchmesser nahe kommt, zusammenhängend gezeichnet sind, zum grossen Theil Schatten werfen, und daher ungemein plastisch hervortreten. Im Allgemeinen muss ich jedoch den gesammten Abbildungen Schneider's den Vorwurf machen, dass sie mit wenig Ausnahmen ein ganz falsches Bild der thatsächlichen Verhältnisse geben, indem sie die Fibrillen hell, die Zwischensubstanz hingegen ganz dunkel zeigen, während die Sachlage thatsächlich gerade umgekehrt ist, was nicht nur von mir, sondern von allen anderen Beobachtern, mit einziger Ausnahme Künstler's, angegeben wird und was auch jede Photographie natürlich auf das Schönste zeigt.

Später werde ich auf die Schwierigkeiten, ja Unmöglichkeiten genauer eingehen, welche sich einer solchen Ansicht, wie sie Schneider vorträgt, weiterhin entgegen stellen. Dies gilt besonders für die so häufigen Vacuolenbildungen im Plasma, deren Begrenzung Schneider aus den Fibrillen hervorgehen lässt, die dabei durch einen besonderen Kitt verbunden werden sollen.

Alle diese Ueberlegungen lassen mich aber nicht im Geringsten zweifeln, dass Schneider's Ansicht eine durchaus irrige ist, dass er den Fibrillenbau des Plasmas nicht aus den Objecten entnommen, sondern in sie hinein construirt hat.

Endlich hätte ich noch einige Worte über die recht merkwürdige Ansicht vom Bau des Protoplasmas zu bemerken, welche Fayod (1890) entwickelte. Nach seinen Erfahrungen, welche sich hauptsächlich auf die Untersuchung pflanzlicher Zellen gründen, bestehen Plasma und Kern aus langen, schraubenförmig gewundenen hohlen Fibrillen, den sog. »Spirofibrillen«. Gewöhnlich sollen mehrere solcher Spirofibrillen »derart gedreht sein, dass sie die Wandung von wiederum spiralig gedrehten Hohlschnüren bilden«. Letzterwähnte »Hohlschnüre« bezeichnet Fayod als »Spirosparten«. Die Hohlräume der Spirosparten und Spirofibrillen seien im Normalzustand von »Körnerplasma« erfüllt. Spirosparten treten aus dem Plasma in den Kern und umgekehrt und lassen sich auch häufig aus einer Zelle in die benachbarten verfolgen, so dass »die Zelle ihren Werth als morphologische und physiologische Einheit verliert«.

Diese Ergebnisse wurden an den pflanzlichen Zellen hauptsächlich durch Injectionen mit Quecksilber erzielt, wobei Fayod die Hohlräume der Spirosparten und Spirofibrillen mit Metall ausgefüllt haben will. Bei thierischen Zellen, welche er gleichfalls untersuchte, bediente er sich in der Regel anderer Mittel. Ich brauche wohl kaum zu betonen, dass ich, auf die Ergebnisse meiner Untersuchungen gestützt, Fayod's Angaben durchweg in Abrede stellen muss. Es konnte sich nur darum handeln, aufzuklären, was dieser Forscher eigentlich mit Quecksilber injicirt hat; denn dass dies nicht Protoplasmafibrillen waren, dürfte wohl keiner Frage unterliegen. Da ich nicht selbst in der Lage war, seine Versuche zu wiederholen, so unterlasse ich es, mich darüber vermuthungsweise zu äussern. Zur Charakteristik der Fayod'schen Ansichten möchte ich aber auf seine Bemerkungen über das Blut der Wirbelthiere hinweisen. Fayod will sich nämlich überzeugt haben, dass auch das »Blutplasma« aus Spirofibrillen bestehe und dass dieselben hier und da in die »Hämatoblasten« eindringen. In diesem Fall dürfte es doch wohl hinreichend klar sein, dass Fayod Fibringerinnsel für Spirofibrillen gehalten hat.

2. Die sogenannte Kügelchenlehre Künstler's.

Im Jahre 1882 entwickelte Künstler für eine Anzahl genauer studirter Flagellaten eine ganz besondere Ansicht über den Aufbau des Plasmas. Dasselbe sollte nach seinen Erfahrungen aus zahlreichen protoplasmatischen Kügelchen (»sphérules protoplasmatiques«) bestehen, welche, dicht aneinander gelagert, das Plasma bildeten, ähnlich etwa wie die Zellen ein Zellgewebe. Dass gerade eine solche Analogie für das Entstehen der Künstler'schen Auffassung von grosser Bedeutung war, lässt sich in seinen Auseinandersetzungen deutlich erkennen. Jedes solche Plasmakügelchen sollte von einer äusseren dichteren und festeren Wand und einem flüssigen Inhalt gebildet werden und sei daher eigentlich ein Bläschen. Wegen dieses Aufbaues erscheine das Plasma häufig wie aus dicht stehenden kleinsten Vacuolen zusammengesetzt, welche von dichten und sehr zarten Partien geschieden würden (1882, p. 86).

Obgleich diese Darstellung, in der Form, in welcher sie Künstler vortrug und im Verein mit eigenthümlichen Anschauungen über die Anatomie und Biologie der Flagellaten, welche diese Protozoen zu hochcomplicirten Wesen erheben sollten, zunächst ziemliches Befremden erregen musste, so schien doch bei näherer Ueberlegung sehr wahrscheinlich, dass vermuthlich Beobachtungen über die Netzstructur des Plasmas jene eigenthümlichen Deutungen veranlasst hatten: ich äusserte mich daher auch schon 1883 (s. Protozoen p. 681) in diesem Sinne. Neuere eigene Beobachtungen gewisser Flagellaten, wie auch die in vieler Hinsicht wichtigen und schönen Studien, welche Künstler dieser Gruppe neuerdings (1889) widmete, erheben es über jeden Zweifel, dass ich vollkommen recht hatte, als ich die Künstler'schen Angaben von 1882 in solcher Weise deutete. Künstler giebt in seiner letzten Arbeit zahlreiche recht gute Darstellungen der Wabenstructur des Plasmas, der Chromatophoren, des Kernes etc. dieser Protozoen, ja er glaubt wie früher auch an den Geisseln Anzeichen eines solchen Baues beobachten zu können, was mir bis jetzt noch nie gelang. Hinsichtlich des Thatsächlichen besteht daher im Allgemeinen eine erfreuliche Uebereinstimmung zwischen Künstler und mir, abgesehen von einem Punkt, welcher mir in mancher Hinsicht sogar schwer erklärlich ist. Schon 1882 und ebenso wieder 1889 hebt Künstler hervor, dass die Art, wie er auf den Abbildungen das Wabenwerk gezeichnet habe, dem natürlichen Aussehen eigentlich nicht entspreche. Auf den Figuren bildet er es nämlich in der Regel so ab, wie ich und wie es in gleicher Weise die zahlreichen Beobachter der plasmatischen Netzstructuren thaten. In Wirklichkeit dagegen, führt Künstler aus, erscheine der Inhalt der Waben dunkel, ihre Wände aber hell. So sagt er auch auf p. 454 (1889): das Wabenwerk bestehe »aus Vacuolen, die allseitig von einer dichten, weissen (»plus blanche«) Substanz umschlossen würden, welche sich in den Präparationen weniger färbe und die eine sich stärker färbende dunklere und wahrscheinlich flüssige Substanz enthalte« (Inhalt der Waben = Enchylema). Ich muss gestehen, dass mir diese Angaben, welche sowohl meinen Erfahrungen, wie denen sämmtlicher früheren Beobachter der Netzstructur direct widersprechen, kaum erklärlich erscheinen. Bei zu hoher Einstellung giebt zwar der Wabeninhalt, wie es schon früher für die Oelseifenschäume geschildert wurde (s. oben p. 18), das Bild eines dunklen Punktes, doch scheint es mir kaum möglich, dass dieser Umstand Künstler auf seine Ansicht brachte. Namentlich ist mir auch die Behauptung über die stärkere Tingirbarkeit des Wabeninhalts nicht erklärlich. Da ich jedoch in diesen Fragen mit den zahlreichen übrigen Beobachtern der sog. Netzstructur vollständig übereinstimme, so glaube ich diese Widersprüche bei Künstler auf sich beruhen lassen zu dürfen.

Künstler erkennt bei dieser Gelegenheit an (p. 454), dass meine Vergleichung der Plasmastructur mit den Bauverhältnissen eines Schaumes »une idée assez exacte, de ce que l'observation microscopique directe révèle« gebe. Obgleich er, wie gesagt, diesen Vergleich gern acceptirt, zieht er doch in einer Anmerkung sehr energisch gegen meine Versuche, die plasmatischen Structuren mit Hülfe künstlich erzeugter Schäume aufklären oder erlautern zu wollen, zu Felde. Da seine Bemerkung über diese Frage als Prototyp für ähnliche, welche mit der Zeit gegen meine Bestrebungen wohl auftreten werden, wird gelten können, so erlaube ich mir, sie hier in extenso zu citiren. »Si, pour la simplicité avec laquelle elle fait saisir cette structure, j'accepte volontiers la comparaison faite par Bütschli entre la constitution de la mousse de savon et celle du protoplasma, il n'en saurait être de même de ses expériences récentes sur les émulsions, d'après lesquelles il prétend expliquer cette structure par le mélange de deux liquides. Quelques spécieuses que puissent paraître ses données, je m'élève contre cette interprétation. Le protoplasma est une substance vivante, hautement structurée, dont la constitution est le résultat d'une évolution particulière, qui ne saurait avoir rien de commun avec ces mixtures. Comparer ces deux ordres de faits me paraît aussi inutile, au point de vue de la compréhension réelle de cette structure, que de comparer une Méduse à une ombrelle, une Oursin a une pélote d'épingles ou certains Bryozoaires à de la dentelle. Ce sont là des jeux du hasard, amenant des apparences plus ou moins analogues sans qu' il y ait aucun autre point commun«.

Aus dem vorhin angeführten Grunde dürfte es angezeigt sein, diese absprechende Aeusserung über meine Versuche etwas eingehender zu kritisiren. Die Quintessenz von Künstler's Gedankengang ist, wie er selbst sagt, die, dass das Protoplasma eine »lebende hochstructurirte Substanz sei, deren Constitution das Resultat einer besonderen Entwickelung sei«. Was zunächst die Bedeutung des Plasmas als »lebender« Substanz angeht, so bin ich davon natürlich ebenso sehr überzeugt wie Künstler; dagegen trennen sich unsere Wege offenbar, wenn es sich darum handelt, die eigenthümlichen Thätigkeitsäusserungen, welche eben das Plasma auszeichnen und es zur lebenden gegenüber den nichtlebenden Substanzen machen, zu erklären. Indem Künstler seinen Widerspruch mit der Betonung der Lebendigkeit des Plasmas beginnt, gehört er offenbar zu jener nicht geringen Zahl von Biologen, welche es trotz eifrigen Forschens über das Leben und seine Erzeugnisse sehr ungern sehen würden, wenn es gelänge, den wirklichen Ursachen der Lebenserscheinungen näher zu treten, d. h. dieselben durch das Zusammenspiel physikalisch-chemischer Kräfte unter bestimmten Bedingungen zu erklären. Der geheimnissvolle Schleier und das mystische Dunkel, die zur Zeit noch über diesen Vorgängen ruhen, sind es gerade, wodurch diese Art von Forschern, welche mir schon häufig begegneten, zum Studium der Lebenserscheinungen hingezogen werden und die sie sogar nicht selten anspornen, die Vorgänge und Verhältnisse durch Hereintragen von Complicationen und falschen Analogien mit höheren Entwicklungsformen zu verdunkeln und geheimnissvoller zu gestalten. Auch bei Künstler trat dieses Bestreben in seiner früheren Arbeit über die Flagellaten sehr deutlich hervor. Zu einer ähnlichen Kategorie gehören ja auch die von Zeit zu Zeit auftauchenden Gelehrten, welche sich mit Vorliebe dem Paradoxen weihen, die ein geheimes Grauen vor allen einfachen und schlichten Lösungen der Probleme empfinden, und daher erst zufrieden sind, wenn sie eine möglichst sonderbare, mit den übrigen Erfahrungen so recht im Widerspruch stehende Lösung gefunden zu haben glauben.

Wer den Versuchen zur Erklärung einzelner Lebenserscheinungen von vornherein entgegenhält, dass sie deshalb nichts bedeuten, weil sie nicht am lebenden Körper oder am Plasma angestellt seien, der verzichtet überhaupt auf jede Erklärung dieser Vorgänge, und zeigt, dass es ihm um ihre Erklärung nicht ernstlich zu thun ist, sondern dass er es für richtiger erachtet, wenn die Lebenserscheinungen als der Ausfluss einer geheimnissvollen mystischen Ursache, an der zu rühren nicht erlaubt ist, angesehen werden. Wer dagegen diesen Standpunkt nicht theilt, der wird zwar so wenig wie ich selbst der Ansicht sein, dass ich durch meine Versuche lebendiges Plasma dargestellt hätte, aber zugeben, dass es gelungen ist, Gebilde herzustellen, welche nicht nur in ihren Bauverhältnissen eine grosse Aehnlichkeit mit lebendem Plasma besitzen, sondern auch gewisse Eigenschaften darbieten, wie sie seither in dieser Weise und Dauer nur an lebendem Plasma wahrgenommen werden konnten. Diese Resultate nun zur Erklärung der Erscheinungen am lebenden Plasma heranzuziehen, scheint nicht nur erlaubt, sondern geradezu geboten.

Künstler erklärt nun das Plasma nicht nur für eine lebende, sondern auch für eine »hochstructurirte« Substanz. Insofern sich dieser Ausspruch auf thatsächlich beobachtete Structurverhältnisse bezieht, und nicht etwa auf uns angeblich noch verborgene, welche mit dem geheimnissvollen Leben dieser Substanz nothwendig verknüpft sein müssten, vermag ich demselben keineswegs zuzustimmen. Das Plasma ist, soweit unsere Kenntnisse reichen, durchaus nicht höher structurirt, wie die von mir künstlich dargestellten Schäume, und wenn ihm ausserdem nothwendiger Weise eine sehr hohe Complication zukommen muss, so haben wir diese voraussichtlich auf chemischem Gebiet zu suchen, wie ich schon anderwärts darzulegen suchte (1891). — Schliesslich soll das Plasma nach Künstler »das Resultat einer besonderen Entwickelung sein, die nichts mit den von mir dargestellten Mischungen gemein haben könne«. Ich glaube nun, dass es Künstler schwer fallen würde, zu antworten, wenn ihn Jemand bäte, ihm doch etwas Näheres über diese besondere Art von Entwickelung mitzutheilen, deren Resultat das Plasma sei. Mir wenigstens wurde, so sehr ich mich natürlich auch dafür interessirt hätte, bis jetzt leider von einer Entwickelungsgeschichte des Plasmas nichts Genaueres bekannt. Soviel ich hörte, hat man von dem Wachsthum des Plasmas geredet und darüber auch einige Hypothesen aufgestellt, die sich jedoch nur auf die Art der Einfügung fertiger Plasmamolekule oder -micellen zu den schon vorhandenen beziehen; von einer besonderen Art der Entwickelung des Plasmas aber, welche gegen die Verwerthbarkeit meiner Versuche für die Erklärung gewisser Erscheinungen des Plasmas angeführt werden könnte, weiss ich, wie gesagt, nichts.

Was nun schliesslich die nicht gerade geschmackvolle Erläuterung betrifft, welche Künstler am Schlusse seiner Anmerkung meiner Vergleichung zwischen künstlichen Schäumen und Plasma zukommen lässt, so mögen mir darüber noch einige Worte gestattet sein. Diese Vergleichung soll ebenso »unnütz« sein, wie die »einer Meduse mit einem Sonnenschirm etc.«. Ja, wenn sich ergeben würde, dass die Meduse aus einem Schirmgestell bestände, das mit Seide, Leinwand oder sonst einem Stoff überzogen wäre, dann wäre es doch gar nicht unzulässig, diesen Vergleich vorzunehmen, auch wenn die Meduse von der Natur aus besonderen Stoffen und der Sonnenschirm in der Fabrik von X & Co. in gewöhnlicher Weise hergestellt worden wäre. Das ist nun aber leider nicht der Fall; eine Meduse hat eben nicht mehr innere Aehnlichkeit mit einem Sonnenschirm als ein Professor von Bordeaux mit einer Bildsäule. Wäre die Aehnlichkeit zwischen den künstlichen Schäumen und dem Plasma entsprechenden Grades, dann hätte ich natürlich allen Grund, die Flagge zu streichen. So schlimm liegt jedoch die Sache nicht. Wenn ich bei dem obigen Vergleich der beiden Sonnenschirme bleiben darf, so liesse sich der Unterschied und die Aehnlichkeit des Plasmas und der künstlichen Schäume etwa folgendermaassen auffassen. Das Plasma aus der Fabrik der Natur ist im Wesentlichen gerade so gebaut, wie das künstliche aus der Fabrik von Bütschli, nur geniesst es den erfreulichen Vortheil, dass die Substanz seines Gerustwerks nicht Olivenöl, sondern die eigenthümliche Plasmasubstanz ist und dass auch sein Enchylema viele Stoffe enthält, welche diesem nicht zukommen.

Wer leugnet, dass die an den Schäumen zu beobachtenden Erscheinungen mit denen des Plasmas verglichen und zu deren Erklärung herangezogen werden dürfen, der kann mit demselben Recht auch behaupten, dass alles, was seither uber die Verbrennung organischer Substanzen bei dem Stoffwechsel der thierischen Maschine angegeben wurde, unnütz sei, denn das Thier lebe und bestehe aus dem höchst eigenthümlichen Plasma, während alle Verbrennungsprocesse, die wir kennen, an nicht lebendem Material und ohne Mitwirkung von Plasma geschehen.

Wie gesagt, hat Künstler jedoch, was die allgemeine Erscheinung der Plasmastructur betrifft, meine Auffassung adoptirt. Dennoch glaubt er seine frühere Ansicht über die Zusammensetzung des Plasmas aus hohlen Kügelchen nicht ganz aufgeben zu sollen. Er sucht nämlich wahrscheinlich zu machen, dass die Lamellen, welche die Wände der Waben bilden, sich gelegentlich spalten und die einzelnen Waben sich auf diese Weise, unter Auftreten einer Zwischenflüssigkeit, als Kügelchen isoliren könnten. Diese Möglichkeit will er namentlich durch Beobachtungen am Plasma einer eigenthümlichen beschalten Foraminifere erweisen, über welche schon zwei Arbeiten aus dem Jahre 1888 handeln. Ohne auf diese Beobachtungen genauer einzugehen, möchte ich nur meine Ueberzeugung aussprechen, dass die kleinen bläschenartigen Körperchen, welche Künstler einzeln oder in Gruppen vereinigt in dem als nahezu flüssig und granulirt geschilderten Entoplasma dieser Foraminifere beobachtete, sicherlich nicht auf die geschilderte Weise durch Isolirung der Waben eines früher bestandenen plasmatischen Gerüstwerks entstanden sind. Meine eigenen älteren, wie die jüngst wiederholten Beobachtungen über das Plasma der marinen Rhizopoden zeigen vielmehr, dass solche Einschlüsse sehr gewöhnlich in dem Plasma dieser Protozoen vorkommen und sicherlich nichts mit den Waben des daneben deutlich alveolär structurirten Plasmas zu thun haben. Dass Künstler's Bläschen nichts anderes als derartige, so gewöhnliche Granula oder Einschlüsse des Rhizopodenplasmas waren, scheint mir zweifellos auch aus seiner Bemerkung hervorzugehen, dass diese Bläschen bei gut genährten Foraminiferen der Sitz der rothen Färbung seien. Den Sitz der rothen Färbung bilden jedoch, wie bekannt, in der Regel Fetttröpfchen, welche mit gelöstem Pigment imprägnirt sind, was schon aus ihrer leichten Löslichkeit in Alkohol hervorgeht; andererseits sind es zuweilen wahrscheinlich auch zooxanthellenartige Gebilde, wie ich 1886 für Peneroplis zu zeigen versuchte. Jedenfalls ist es aber ungerechtfertigt, diese Einschlüsse, wie Künstler will, auf die Isolirung ursprünglich zusammenhängender Plasmawaben zurückzuführen; auch dürften seine wenigen Beobachtungen sicherlich nicht genügen, um eine so schwer verständliche Annahme zu unterstützen. Ich kann vielmehr in ihr nur einen misslungenen Versuch erkennen, von der 1882 behaupteten Zusammensetzung des Plasmas aus bläschenartigen Kügelchen Einiges zu retten. Dass ich jedoch diese Ansicht jetzt wie früher für irrig halte, bedarf nach den eingehenderen Auseinandersetzungen in den früheren Abschnitten dieser Arbeit keiner genaueren Besprechung.

3. Die sogenannte Granulatheorie des Plasmas.

Bekanntlich lautete die früheste Ansicht über die Constitution des Plasmas: dass es aus einer zähflüssigen oder schleimigen Grundsubstanz bestehe, welcher zahlreiche Körnchen eingebettet seien. Diese Körnchen, welche seit alter Zeit als ein sozusagen unerlässlicher Bestandtheil des Plasmas betrachtet wurden, unterschied man von anderen körnigen Einschlüssen, welche dem Plasma eingelagert sind und über deren chemische Natur, als Fette, Stärke, Pigmente oder anderes, man sich Aufschluss geben konnte, häufig auch durch die Bezeichnung »Plasmakörnchen«. Die Taufe als »Mikrosomen«, welche Hanstein 1882 an ihnen vollzog, macht sie gewissermaassen hoffähig; denn was mit einem griechischen Namen bezeichnet ist, erscheint Manchem plötzlich viel bekannter und als etwas, mit dem man bestimmt rechnen kann.

Mit der allmählichen Ausbreitung der Lehre vom netzförmigen Bau des Plasmas hatte sich die Ansicht entwickelt, dass ein grosser Theil dieser Plasmakörnchen nur die Knotenpunkte des Netzgerüstes seien, obgleich die Vertreter dieser Lehre das Vorkommen körniger Einschlüsse im Plasma natürlich häufig genug betonten. Auch fehlte es nicht an Versuchen, die beobachteten Plasmastructuren selbst auf besondere Anordnung der Plasmakörnchen zurückzuführen.

Sehr consequent hat schon Martin 1882 diese Ansicht entwickelt. Das Plasma besteht nach ihm aus einer Grundsubstanz, sog. »gangue protoplasmatique«, und eingelagerten Granulationen. Die Grundsubstanz sei das eigentlich contractile. Die eingebetteten Granulationen könnten nun 1) entweder ohne irgend welche regelmässige Anordnung in der Grundsubstanz liegen, so z. B. bei den Leukocyten und zahlreichen anderen Zellen; oder 2) sie könnten sich in Längsreihen hintereinander ordnen, wodurch eine streifige Structur des Plasmas entstehe, wie z. B. bei den Flimmerepithelzellen. 3) endlich bilde sich ein Zerfall der Grundmasse oder »gangue protoplasmatique« in »Stäbchen oder Cylinder« aus, von welchen jedes in seiner Axe eine Reihe solcher Körnchen enthalte; dieser Zustand sei in zahlreichen Drüsenzellen, sowie den glatten und quergestreiften Muskelzellen ausgebildet und bedinge deren Längsstreifung, resp. ihre fibrilläre Beschaffenheit[1].

Schliesslich erörtert Martin auch schon die Frage, ob die Granulationen des Plasmas vielleicht lebende Gebilde seien, und kommt zum Schluss, dass diese schon von Béchamp (1867) aufgestellte Ansicht wohl richtig sei. Er bemerkt hierüber nämlich: »la granulation protéique du protoplasme est peut-être un élément vivant, une cellule, dont la vie et la fonction régulariseraient et specifieraient dans un sens physiologique déterminé, l'être complexe, que nous désignerons encore sous le nom de cellule simple ou primitive.« Als Grund für diese Annahme gilt ihm die grosse Aehnlichkeit der Granulationen mit den Micrococcen.

Auch Pfitzner suchte 1883 theoretisch darzulegen, dass die Plasmastructuren durch Aneinanderreihung von Körnchen entständen. Dieser Gedanke lag ja insofern nahe, als die Strahlenphänomene bei der Theilung schon seit ihrer ersten Beobachtung gewöhnlich auf reihenförmige Anordnung der Plasmakörnchen zurückgeführt wurden. Wie oben schon erwähnt, unterscheidet Pfitzner zwischen passiven und activen Structuren des Plasmas. Unter ersteren versteht er die durch Vacuolisation hervorgerufenen netzförmigen Structuren: er ist der Ansicht, dass die Mehrzahl der bis dahin beschriebenen Plasma-

[1] Schon Heidenhain hatte 1875 die Streifung der inneren Region der Pankreaszellen auf eine Einlagerung feiner Röhrchen in die Grundsubstanz der Zellen zurückzuführen gesucht, in welche Röhrchen die Körnchen des Plasmas eindringen könnten, weshalb letztere auch häufig reihenweis geordnet erschienen.

structuren zu dieser Kategorie gehörten. Active Structuren dagegen seien solche, welche durch Anziehung und Abstossung der kleinen Partikel, die in dem Plasma suspendirt sind, erzeugt würden. Diese Partikel stellt sich Pfitzner selbst als zähflüssig vor und die Grundsubstanz, in welcher sie sich befinden, als flüssig. Ueberwiege die Anziehung, so flössen die Partikel zu grösseren Tropfen zusammen, wie z. B. in den Fettzellen zu ansehnlichen Fetttropfen. Ueberwiege hingegen die Abstossung, so vertheilten sich die Partikelchen gleichmässig in der Grundsubstanz, wie z. B. die Pigmentkörnchen in den Pigmentzellen. Wenn aber Abstossung und Anziehung gleich seien, so träten die Theilchen nur in Berührung und reihten sich aneinander, wodurch, wenn sie das Licht stärker wie die Grundmasse brächen, gewisse Structuren entständen. Die Form, welche das durch Aneinanderreihung der Partikel gebildete Fadenwerk annehme, hänge von der »Intensität der Anziehung« ab. Bei einer gewissen Stärke derselben vermöge je ein Theilchen zwei benachbarte Theilchen »zu binden«; dann bildeten sich Fäden; könne jedoch ein Theilchen drei andere binden, so entständen Netze. Als Beispiele solch' activer Structuren betrachtet er die der Kerne und die feinen Plasmastructuren, welche er selbst von den rothen Blutkörpern der Amphibien schilderte (siehe oben p. 84 und p. 112).

Ich glaube kaum hervorheben zu müssen, dass sich Pfitzner bei diesen Speculationen nicht auf wirklich physikalischem Boden bewegt, dass vielmehr die ins Spiel gezogenen Anziehungs- und Abstossungskräfte eigens zu diesem Behuf construirte sind. Einen Punkt möchte ich jedoch noch besonders betonen. Bei Pfitzner's passiven netzförmigen Structuren ist natürlich das Gerüst die eigentliche durch Vacuolenbildung netzförmig gewordene Plasmasubstanz. Bei den activen Structuren hingegen wäre umgekehrt der Netzinhalt oder die Zwischensubstanz das eigentliche ursprüngliche Plasma. Meine Auffassung hingegen beurtheilt beide Structuren wesentlich als dasselbe.

Auch Brass (1883—85) meint, dass die von ihm gelegentlich beobachteten Netzstructuren durch Aneinanderreihung von Körnchen gebildet würden. Ebenso beurtheilte Kultschitzky (1883) die Streifungen in den Tastzellen der Grandry'schen Körperchen und Schiefferdecker (1887) die fibrilläre Structur der Ganglienzellen. Ferner hat auch Vejdovský (1888) aus seinen Untersuchungen über die Bildung und Entwickelung der Eier von Rhynchelmis den Schluss gezogen, dass das Plasma ursprünglich ganz homogen und structurlos sei (p. 19); hierauf treten in ihm feinste Körnchen auf, welche sich »zu gruppiren beginnen«; »etwas später entstehen aus diesen Körnchen, namentlich in der Umgebung des Kernes, unregelmässig verlaufende und zu wiederholtenmalen sich verzweigende Fädchen« —, »so entsteht das Cytoplasmareticulum« (p. 20). Auch im Laufe der Furchung der Eier glaubt Vejdovský vielfach gesehen zu haben, dass netziges Plasma homogen werde und sich auch wieder zu structurirtem differenzire. Er erblickt daher in den Structuren des Plasmas und der Zellen »Producte der Ernährungs-, Assimilations- und Wachsthumsprocesse« (p. 119), hervorgegangen durch Differenzirung des ursprünglich structurlosen, homogenen Plasmas. Ich glaube kaum betonen zu müssen, dass das sog. Plasmareticulum, welches Vejdovský in den reifen Eiern von Rhynchelmis beschreibt, nicht eine eigentliche Plasmastructur ist, sondern ein grobes Plasmagerüst, das von Dotterkörnchen frei bleibt. Er selbst wurde schon zu dieser Annahme gedrängt (p. 120), ohne jedoch die eigentliche Plasmastructur in diesem Reticulum auffinden zu können. Dagegen hat er in den sog. Attractionssphären an den Enden der Kernspindeln, seinen sog. Periplasten, wohl sicher Vieles von der eigentlichen Plasmastructur wahrgenommen. — Endlich hat Altmann seit 1886 den Protoplasmakörnchen eingehende Studien gewidmet, in deren Verlaufe er zu ähnlichen Ansichten gelangte, wie sie schon früher Béchamp und namentlich Martin aufgestellt hatten. Es ist ein unbestreitbares Verdienst Altmann's, nachgewiesen zu haben, dass im Plasma wohl ganz allgemein zahlreiche, mit gewissen Anilinfarben sehr stark tingirbare Körnchen vorkommen; dagegen geht er in der Beurtheilung dieser sog. »Granula«, wie in der hierauf gegründeten Lehre von der Constitution des Plasmas entschieden zu weit.

Wenn wir uns über Altmann's Ansichten und ihre Berechtigung Rechenschaft geben wollen, müssen wir ihre allmähliche Entwickelung ein wenig verfolgen, da sie mit der Zeit gewisse Umgestaltungen erfuhren. 1886 führte Altmann zuerst den Nachweis, dass das Plasma fast aller Zellen Granula enthalte, welche er selbst bei einer Anzahl Zellen zuerst aufgefunden habe. Es ist eine ziemlich bunte Versammlung, welche hier als Granula zusammengestellt wird. An der Spitze stehen die Chlorophyllkörner der pflanzlichen Zelle, ferner werden hierher gerechnet die Pigmentkörnchen jeder Art, die Granulationen der Plasmazellen (Waldeyer), der Leukocyten (Ehrlich), die Körnchen der Pankreas-, Leber- und anderer Drüsenzellen, die Eleidinkörner der verhornten Zellen und die Dotterkörnchen oder Dotterplättchen des Eiplasmas. Auf Grund von Altmann's späteren Arbeiten können wir auch noch die Fettkörnchen und Fetttropfen hinzuzählen, welche aus der Umbildung von Granula durch »Fettspeicherung« hervorgehen sollen. Die Granula sind einer »gallertigen Grundsubstanz« eingebettet (1887) und spielen die wichtigste Rolle bei den Lebenserscheinungen des Plasmas. Schon 1886 wies Altmann auf ihre Analogie mit den Bacterien hin, welch' letztere sicherlich keine Zellen seien. Die grosse, ja ausschlaggebende Bedeutung, welche er ihnen 1886 als den eigentlichen Trägern und Bewirkern der Stoffwechselprocesse zuschrieb, tritt in den späteren Arbeiten mehr zurück; namentlich die 1886 aufgestellte Annahme, dass sie die Sauerstoffüberträger seien, findet sich später nicht mehr. Das hängt wohl damit zusammen, dass diese angebliche Thätigkeit der Granula jedenfalls auf ihren vermeintlichen Beziehungen zu den Chlorophyllkörnern basirte; nachdem aber diese Gebilde 1890 nicht mehr unter den Granula erscheinen, indem Altmann sich doch wohl allmählich überzeugt hatte, dass eine solche Auffassung unhaltbar ist, so musste diese Seite der Thätigkeit der Granula damit wohl mehr zurücktreten[1].

[1] Zimmermann hat in zwei Arbeiten die Altmann'sche Methode der Granulauntersuchung bei pflanzlichen Zellen studirt. Er scheint die dort beobachteten Granula jedoch im Gegensatz zu Altmann keineswegs als so identische Dinge zu betrachten. Auch für die Deutung der Chlorophyllkörner und Leukoplasten als Granula vermag ich bei Zimmermann keinen Anhaltspunkt zu finden; da diese Gebilde zum Theil selbst granulaartige Einschlüsse führen, so dürfte an einen solchen Vergleich nicht zu denken sein.

Die Grundsubstanz des Plasmas spielt nach ihm hauptsächlich bei dem Zustandekommen der physikalischen Lebenserscheinungen eine Rolle. 1886 wie 1887 wird das Auftreten besonderer Fibrillen in dieser Grundsubstanz, welche nichts mit den Granula zu thun hätten, noch zugegeben. So ist 1886 davon die Rede, dass der Axencylinder aus Fibrillen bestehe, zwischen welchen die Granula in Reihen lägen. 1887 wird das Vorkommen von Fibrillen und Netzen im Plasma gleichfalls zugegeben, doch werden diese jetzt aus Aneinanderreihungen der Granula hergeleitet, in derselben Weise wie die Fadenbacterien zusammenhängende, aus zahlreichen Einzelindividuen bestehende Faden bildeten. Dass Altmann diese durch Aufreihung der Granula gebildeten Fäden »Nematoden« nannte, klingt wenigstens für den Zoologen sehr störend.

1890 endlich bleiben nur noch die Fibrillen übrig, die Netze im Plasma werden dagegen auf irrthümliche Beobachtungen zurückgeführt. Die anscheinende Netzstructur soll dadurch vorgetäuscht werden, dass man die dicht gedrängten ungefärbten Granula übersehen und als Maschenräume eines Netzwerks deutete, das von der sie einschliessenden Grundsubstanz gebildet wird. Ich glaube über diese Ansicht hier nur wenig sagen zu müssen. Altmann dehnt sie in gleicher Weise auch auf die Nuclei aus, deren Bau ganz dem des Plasmas entspreche. Auch das Netzgerüst der Kerne gilt ihm daher für eine Täuschung. Wer aber Granula des Nucleus und des Plasmas im ungefärbten Zustand gesehen hat, und sie sind dann natürlich ebenso sichtbar wie im gefärbten, der weiss, dass sie dichtere, dunklere, stärker lichtbrechende Gebilde sind, welche daher von keinem einigermaassen erfahrenen Mikroskopiker mit den hellen Maschenräumen des plasmatischen Netzwerks verwechselt werden können. Andererseits haben wir Granula bei den oben aufgezählten Untersuchungen häufig genug angetroffen und stets gefunden, dass sie in dem Gerüstwerk des Plasmas liegen. Bei Färbungsversuchen mit den verschiedensten Anilinfarben etc. zeigt sich stets auf das Deutlichste, dass die Maschenräume des Netzwerks farblos bleiben, während das Plasmagerüst eine nur sehr schwache Farbe annimmt. Was sich im Plasma intensiv färbt, sind nur die Granula. Zur Constatirung dieser Thatsache bedarf es natürlich Schnitte, welche nur 1—2 Maschen dick sind. Die angebliche Tinction der Maschenräume, welche frühere Beobachter vielfach angaben, ist auf die Dicke ihrer Schnitte zurückzuführen und erklärt sich ohne jede Schwierigkeit, ja ist nothwendig, wenn unsere Ansicht über den Wabenbau des Plasmas für richtig erachtet wird.

Wie aber, wird man fragen, konnte Altmann seinerseits das Gerüstwerk des Plasmas vollständig übersehen? Die Erklärung hierfür scheint ziemlich naheliegend. Er selbst empfiehlt, die Präparate mit »offenem Beleuchtungskegel« zu untersuchen, also unter Bedingungen, welche alle feineren blassen, wenig oder nicht gefärbten Structurelemente einfach auslöschen, wie ja schon oben (p. 115) näher erörtert wurde. Betrachten wir uns eine der Abbildungen Altmann's, z. B. die auf Taf. I (1890) abgebildete Pigmentzelle, welche gewissermaassen den typischen Bau der Zelle darstellen soll, so wird das so eben Bemerkte noch klarer hervorgehen. Wir vermissen auf dieser Abbildung überhaupt jeden deutlichen Grenzcontur der Zelle; vielfach bemerkt man Häufchen oder Stränge von Pigmentkörnchen, die ganz isolirt, ohne jede Verbindung mit der übrigen Zelle daliegen. Daraus dürfte doch wohl bestimmt hervorgehen, dass Altmann eben nur die Granula beachtet, das Plasmagerüst dagegen übersehen hat.

Aehnliches ergiebt sich jedoch auch, wenn wir die angebliche Fibrillenbildung durch Aneinanderreihung der Granula schärfer ins Auge fassen. Auf den meisten Figuren ist deutlich zu erkennen, dass die Fibrillen gar nicht aus dicht aneinander gereihten Granula bestehen, sondern zwischen den Granula helle Zwischenräume bleiben. Nur in verhältnissmässig wenigen Fällen sind die Fibrillen als zusammenhängende rothe Linien gezeichnet, welche ziemlich zerstreut in der Zelle liegen. Ich lasse diese letzteren Fälle, von denen ich gleichfalls vermuthe, dass die zusammenhängenden Fibrillen bei genauerem Zusehen als aus Granula bestehend sich ergeben dürften, einstweilen dahingestellt und verweile nur bei den häufigeren ersterwähnten einen Augenblick. Meiner Ansicht nach sprechen diese Befunde gerade für das, was Altmann leugnen möchte, dafür nämlich, dass Etwas vorhanden sein muss, welches die aufgereihten Körnchen in ihrer Anordnung zusammenhält, d. h. für die Gegenwart einer von den Granula verschiedenen Fibrille, respect. eines fibrillenartigen Maschenzuges des Plasmagerüstes.

Aus den aufgezählten Gründen muss ich schliessen, dass Altmann's Einwände gegen das netzförmige Plasmagerüst hinfällig sind.

Obgleich es unserer eigentlichen Aufgabe ferner liegt, die Bedeutung, welche Altmann den Granula zuschreibt, eingehender zu erörtern, so kann ich dies doch nicht völlig übergehen, da einige kritische Betrachtungen darüber wohl zeitgemäss sein dürften. Altmann hält die Granula oder Cytoblasten, wie er sie auch nennt, für eigentlich lebend und für homolog den Bacterien. Einen entscheidenden Beweis für diese Ansicht vermissen wir, denn die mehrfach behauptete Vermehrung durch Theilung wird nirgends erwiesen. Dass sie ausserhalb des Plasmas weiter leben, speciell sich vermehren könnten, wird sogar gegen Béchamp direct geleugnet. In der Arbeit von 1890 wird schliesslich besonders ihre von Altmann und seinen Schülern entwickelte Antheilnahme am Fettumsatz als Beweis für die Vitalität der Granula herangezogen. Obgleich mir dieser Punkt noch keineswegs genügend sicher gestellt scheint, will ich doch auf ihn nicht weiter eingehen, da mir eigene Erfahrungen auf diesem Gebiet fehlen. Uebrigens wird es, so lange man einzelne Bestandtheile der Zelle nicht isolirt fortdauern sieht und deutliche Lebenserscheinungen an ihnen beobachtet, stets sehr misslich sein, von ihrem Leben als etwas für sich Bestehendem zu reden; sie sind insofern lebend, so lange nicht das Gegentheil erwiesen ist, als sie Theile eines lebendigen Organismus sind, auch die Granula können daher lebend sein ähnlich dem Kern, auch wenn sie nach ihrer Isolirung keinerlei Lebenszeichen mehr verrathen.

Haben wir nun die Granula in der Allgemeinheit, wie es Altmann annimmt, für Homologa der Bacterien zu halten, sie von solchen phylogenetisch abzuleiten und daher die sogenannte Grundmasse des Protoplasmas mit Altmann als eine Art Zoogloeagallerte anzusehen? Ich glaube, wir dürfen dies nicht. Ich sehe ganz davon ab, dass die genetische Zusammengehörigkeit der zahlreichen körnigen Einschlüsse der verschiedenartigsten Zellen, welche Altmann als Granula vereinigt, erst noch bewiesen werden soll. Ich stütze mich vielmehr auf die von mir und Anderen gemachte Beobachtung, dass die Bacterien ebenfalls Granula enthalten und zwar Granula, welche wir durchaus berechtigt sind, den Chromatinkörnern der Zellkerne gleichzusetzen. Dazu können sich jedoch bei den mit den Bacterien so übereinstimmenden Cyanophyceen noch besondere, sich anders verhaltende Granula gesellen; und warum will Altmann nicht auch die Schwefeltröpfchen zahlreicher Bacterien als Granula betrachten? Die Chromatinkörner der Nuclei gelten ihm ja als ganz sichere Granula, daher muss er doch wohl zugeben, dass die Bacterien selbst Granula enthalten können. Wie ich über die Bacterien denke, habe ich übrigens anderwärts genügend dargelegt (1890), weshalb ich darauf verweisen kann. Damit halte ich aber auch Altmann's Ansicht, dass die Bacterien kernlose Ur-Organismen besonderer Art, vergleichbar den Granula der Kerne und des Plasmas seien, für widerlegt. Die Bacterien sind meiner Auffassung nach theils vergleichbar den Kernen der Höheren, ohne sicher nachweisbare Spuren von Plasma, abgesehen von der Cilie, theils dagegen Kerne mit spärlicher Umhüllung von Plasma. Noch weniger gerechtfertigt ist jedoch Altmann's Behauptung, dass auch viele sonstigen Protisten, z. B. Sarkodinen, kernlos seien und dass wir den Kernbildungsprocess etwa mit der Encystirung einer solchen moneren Sarkodine vergleichen dürften, wobei sich ein Theil des ursprünglichen Plasmas als Nucleus abkapsele, ein anderer Theil aber als Zellplasma um die Kernkapsel erhalten bleibe. Leider hat Altmann unterlassen, jene Fälle von Encystirung bei den Protisten genauer namhaft zu machen, die ihm als solche beginnende Kernbildungen gelten zu dürfen scheinen. Ich vermuthe, dass er überhaupt nicht eigentliche Encystirungen, sondern etwa den Bau der Radiolarien oder der beschalten Rhizopoden im Sinne hat. Da jedoch in allen diesen Fällen, wie auch bei den eigentlichen Encystirungen der Protisten Kerne genügend sicher bekannt sind, so beweist diese ganze Vergleichung überhaupt nicht das, was sie soll.

Andererseits ist es jedoch wohl möglich, dass unter den sich lebhaft färbenden Granula des Plasmas wirklich Gebilde sind, welche den Bacterien homologisirt werden dürfen, sog. Bacteroidien, wie man sie nannte und in pflanzlichen wie thierischen Zellen mehrfach nachgewiesen hat. Ich habe schon früher darauf hingewiesen, dass mich die zahlreichen Granula, welche das Entoplasma der Ciliaten erfüllen, lebhaft an Micrococcen erinnern, und kann in dieser Hinsicht auch noch eine Beobachtung anführen, welche Herr Dr. Säfftigen im Sommer 1890 in meinem Laboratorium an Epistylis Galea machte. Bekanntlich enthält das Ectoplasma dieser Form wie das der Vorticellinen überhaupt zahlreiche runde, ziemlich stark lichtbrechende Granula, welche Leydig seiner Zeit für Kerne gehalten hat. Es liess sich nun feststellen, dass diese Granula, welche ich mit den oben erwähnten der übrigen Ciliaten für identisch halte, zu Zeiten in sehr lebhafter Vermehrung durch Theilung begriffen waren, was natürlich ihre Deutung als Bacteroidien sehr bestärkt.

Da es mir wichtig schien, die schon früher aufgefundenen stäbchenförmigen Bacteroidien gewisser thierischer Zellen bezüglich ihres Verhaltens zum Gerüstwerk des Plasmas zu untersuchen, so habe ich mir Blochmann's Schnitte durch die mit solchen Stabchen erfullten Zellen des Fettkörpers von Blatta orientalis näher betrachtet. Dabei ergab sich, dass die nach der Gramm'schen Methode stark gefärbten Bacteroidien ziemlich zerstreut in einem sehr blassen, jedoch deutlichen netzigen Plasmagerüst eingebettet liegen (Taf. III Fig. 9). Ausser den Bacteroidien sind keinerlei kornige Einschlüsse im Plasmagerüst vorhanden. Die Kerne und speciell ihre Chromatinkörner sind sehr intensiv tingirt.

Auf die Arbeiten Zimmermann's (1890 u. 91), Mithrophanow's (1889) und Luckjanow's (1889), welche sich in der Auffassung des Plasmas mehr oder weniger an Altmann anschliessen, glaube ich nach den obigen Erorterungen nicht specieller eingehen zu müssen.

4. Versuche, die Netzstructuren als Gerinnungs- oder Fällungserscheinungen zu deuten.

Es ist eigentlich verwunderlich, dass nicht schon früher die Frage eingehender erörtert wurde, ob nicht die sog. Structuren des Plasmas nur durch Gerinnung oder Ausfallung der Eiweisskörper bei der Präparation erzeugt würden. Dass dies nicht ausführlicher geschah, rührt wohl daher, dass namentlich die Forscher, welche auf zoologischem Gebiet über diesen Gegenstand arbeiteten, schon frühzeitig das Studium des lebenden Objectes heranzogen, um sich über die Existenz der Structuren im lebenden Plasma zu versichern. Da ferner die lebendigen Nuclei häufig noch viel deutlicher ähnliche Structuren zeigen, so schien es um so gerechtfertigter, auch die Existenz der plasmatischen Structuren im Leben für sicher zu erachten.

Wie bekannt, haben später einige Beobachter, so besonders Berthold, Fr. Schwarz und im Anschluss an Letzteren auch Kölliker bestritten, dass die netzförmigen Structuren im lebenden Plasma vorhanden seien. Nach ihrer Meinung sind dieselben, soweit sie nicht etwa auf pathologischer Vacuolisation beruhen, Kunstproducte, d. h. durch Fällung oder Gerinnung des Plasmas künstlich hervorgerufene Erscheinungen. Berthold, welcher 1886 zuerst diese Ansicht aussprach, trat bekanntlich mit guten Gründen und in sehr dankenswerther Weise wieder für die früher fast allgemein angenommene flüssige Beschaffenheit des Plasmas ein. Dasselbe besitzt nach ihm den Charakter einer Emulsion, d. h. es ist eine Mischung zweier oder mehrerer, in einander unlöslicher oder doch nur beschränkt löslicher Flüssigkeiten. Natürlich konnen jedoch nach ihm auch feste Abscheidungen in Gestalt von Kornchen oder Krystallen im Plasma auftreten. Den emulsiven Charakter des Plasmas sucht Berthold sehr richtig auf sog. Entmischungsvorgänge zurückzuführen, wie sie oben schon kurz erläutert wurden, und welche ja auch wir bei der Bildung der Oelschäume als das eigentlich Wirksame erkannten. Wenn Berthold seine Auffassung des Plasmas, speciell auch die Angabe über dessen flüssige Beschaffenheit nur als eine

Hypothese bezeichnet, so glaube ich, dass er darin zu skeptisch ist; ich werde später, wie ich dies auch schon früher that, genauer darzulegen versuchen, dass vielmehr die flüssige Beschaffenheit des meisten gewöhnlichen Plasmas aus allen beobachteten Erscheinungen mit grosser Bestimmtheit folgt. Dort soll auch näher erörtert werden, wie sich allmählich die Ansicht entwickelte, dass das Plasma nicht flüssig sein könne, oder dass es doch ein Gemenge fester und flüssiger Theile sein müsse. Wenn nun Berthold auf Grund seiner Ansicht von der flüssigen und emulsiven Natur des Plasmas dazu gelangte, ein Netzgerüst durchweg zu leugnen, so scheint dies wohl begreiflich, denn ein solches Gerüst liesse sich eben nur als festes Gebilde denken, womit dann die behauptete flüssige Beschaffenheit des Plasmas unvereinbar gewesen wäre. Denn ein mit Flüssigkeit vollgesaugter Schwamm, wie man sich etwa auf Grund der geläufigen Ansichten über das Netzgerüst das Plasma vorstellen müsste, könnte doch unmöglich die Erscheinungen einer Flüssigkeit zeigen. Dennoch konnte Berthold das Auftreten von Fädchen im Plasma nicht leugnen, er hat sie sogar seit 1882 im pflanzlichen lebenden Plasma selbst vielfach beobachtet. Dagegen leugnet er, dass diese Fädchen netzförmig verbunden seien, dass sie ein zusammenhängendes Gerüst bildeten; er glaubt sich in dieser Beziehung an Flemming anschliessen zu müssen, welcher dieselbe Ansicht vertrete. Was diese fädigen »torulösen« Gebilde im Plasma eigentlich sind, geht aus Berthold's Erörterungen nicht klar hervor. Soweit ich mir ein Urtheil zu bilden vermag, stellt er sie in dieselbe Kategorie wie die körnigen und sonstigen Einschlüsse, welche durch Entmischungsvorgänge aus der flüssigen Grundmasse des Plasmas ausgeschieden werden. In diesem Punkt dürfte er jedoch von Flemming's Ansicht, auf dessen Uebereinstimmung er grosses Gewicht legt, wesentlich abweichen. Ueberhaupt ist aber ersichtlich, dass, wenn im Plasma fädige feste Gebilde so massenhaft vorkämen, wie es z. B. auch nach Flemming und zahlreichen anderen Forschern der Fall ist, der flüssige Charakter des Plasmas wohl vollkommen aufgehoben würde. Denn denken wir uns einen Haufen fester Fädchen, welche durch Flüssigkeitsschichten von 0,5 — 1 μ Dicke verbunden werden, so müsste die Adhäsion der Flüssigkeit und der Fädchen wohl zweifellos bewirken, dass das gesammte Fadenklümpchen höchstens den Charakter eines plastischen Körpers annähme, während das Plasma die Natur einer zähen Flüssigkeit darbietet. Uebrigens will Berthold (p. 62) zugeben, dass im Plasma gelegentlich »Differenzirungsproducte oder Ausfällungen in Form feiner Gerüste auftreten könnten«, wenngleich er selbst derartiges nie beobachtete.

In vieler Hinsicht ähnlich, nur unbestimmter spricht sich auch Fr. Schwarz (1884) über die Netzstructur des Plasmas aus.

Wie er sich eigentlich das Plasma denkt, wird mir aus seiner umfangreichen Abhandlung nicht genügend klar. Er betont (p. 130), dass alle Autoren einig seien, »dass das Protoplasma aus festen und flüssigen Theilen bestehe«, woraus wohl zu schliessen ist, dass er gleichfalls dieser Ansicht huldigt. Andererseits spricht er jedoch auch von der »halbflüssigen« Beschaffenheit des Plasmas. Da er nun auf das Bestimmteste leugnet, dass die feste Substanz des Plasmas in Form eines Gerüstwerks auftrete, so kommt er zu dem Schluss, dass eine »Mischung« vorliegen müsse, »welche dem äusseren Ansehen nach homogen ist, aber immerhin noch eine verschiedene Vertheilung der einzelnen Substanzen möglich erscheinen lässt« (p. 130). Auch auf p. 125 ist in Bezug auf die Untersuchungen von Reinke und Rodewald die Rede davon, dass eine »homogene Mischung der Gerüstsubstanz und des Enchylema bestehen könne«, welche sich durch Einwirkung von Centrifugalkraft nicht scheiden lasse. Was aber eigentlich diese »homogene Mischung« sein soll, wird mir nicht klar. Wenn das Plasma aus festen und flüssigen Theilen bestehen soll, so wären dieselben doch nur dann nicht zu unterscheiden, wenn sie vollkommen gleiche Lichtbrechung besässen. Da dies aber als allgemeines Vorkommen nicht wohl denkbar ist, so bleibt mir auch unverständlich, wie Schwarz zu dem Ausspruch gelangt (p. 130), dass man sich wohl niemals von der Gegenwart eines Gerüstes im lebenden Plasma werde überzeugen können; ein Satz, der um so ungerechtfertigter war, als sich schon vor Schwarz zahlreiche Forscher von der Existenz eines solchen Gerüstes im lebenden Plasma überzeugt hatten. — Leider hat Schwarz, der doch über das Plasma ganz allgemein spricht, die zahlreichen Erfahrungen auf thierischem Gebiet fast gar nicht berücksichtigt; er beruft sich zwar ebenfalls auf Flemming, ohne jedoch das dort Mitgetheilte zu verwerthen oder specieller zu berücksichtigen.

Was er selbst von fädigen Plasmastructuren in pflanzlichen Zellen beschrieben hat, waren nach meiner Ansicht überhaupt keine solche, sondern Netze feinster Plasmabälkchen, welche den Zellsaft durchsetzen, respective zuweilen auch den Wandbelag der Zelle bilden. Eigentliche innere Structuren des Plasmas hat er dagegen nicht beobachtet, weshalb auch erklärlich ist, wie er zu der Vorstellung gelangte, dass die fädigen Plasmastructuren allmählich in die Plasmabälkchen, welche den Zellsaft der Pflanzenzelle gewöhnlich durchziehen, übergingen. Ein flüchtiges Studium der so zahlreich beschriebenen Plasmastructuren thierischer Zellen hätte lehren müssen, dass es sich dabei um fädige Structuren handelt, welche das gesammte Plasma durchsetzen, die daher in keiner Weise der von Schwarz versuchten Deutung zugänglich sind.

Ich glaube jedoch, dass gegenüber den in dieser Arbeit, wie den früher so zahlreich beigebrachten Nachweisen, dass nicht allein fädige, sondern auch netzige Structuren im lebendigen Plasma häufig zu beobachten sind, ihre Deutung als Gerinnungs- und Fällungsproducte keiner weiteren Widerlegung bedarf. Es wurde oben gezeigt, dass sich die fibrilläre Structur des Plasmas bei genauerer Untersuchung stets als eine Modification der netzigen ergiebt, weshalb, wie ich auch schon früher darlegte, aus dem Nachweis fibrillärer Structuren im lebenden Plasma mit hoher Wahrscheinlichkeit, wenn nicht Gewissheit, auf das Bestehen sog. netziger geschlossen werden darf.

Gegenüber den Bestrebungen, die Structuren als Kunstproducte zu beseitigen, dürfte es angezeigt erscheinen, in Kürze eine Uebersicht der älteren Beobachtungen zu geben, welche sie im lebendigen Plasma nachwiesen. Natürlich sind diese Angaben nicht alle gleichwerthig, da ja gelegentlich auch Täuschungen oder mortale Veränderungen des

Plasmas vorgelegen haben können, was namentlich bei den aus ihrer natürlichen Umgebung herausgelösten Zellen der höheren Organismen gar leicht eintreten kann.

Dass die Structuren der Ganglienzellen auch in möglichst frischem Zustand erkennbar sind, wurde seit M. Schultze (1863) von den meisten Beobachtern bestätigt, so von Schwalbe (1876), Arnold (1879), Dietl (1878 für Helix), Freud (1882), Leydig (1883), Frommann (1879—1884). In der lebendigen Knorpelzelle beschrieben fädige oder netzige Structuren Flemming (1878), Frommann (1879, 80), Schleicher (1879). Für farblose Blutzellen haben Frommann (1875, 1880), Schwalbe (1876), Leydig (1885) netzige Structuren angegeben und Stricker (1890) hat dieselben neuerdings in einer mir nicht zugänglichen Arbeit nach dem Leben photographirt, wie ich aus einer Schrift von Schäfer entnehme, der durch diese Photographie von seiner langjährigen Leugnung der Netzstructur der Leukocyten bekehrt wurde. In den Speichelkörperchen schilderte Stricker (1880) ein Balkenwerk. Zahlreich sind ferner die Angaben über die Existenz von Streifungen der Epithelzellen im lebenden Zustand. Heidenhain beobachtete sie 1875 an frischen Pankreaszellen; Stricker und Spina bemerkten streifige Structuren in den frischen Zellen der Hautdrüsen der Amphibien (1880), Nussbaum (1887) die der frischen Darmzellen der Anodonta. Leydig (1885) constatirte die streifige Structur häufig an den frischen Epithelzellen der Insecten und Carnoy (1885) hebt ausdrücklich hervor, dass das Netzgerüst in den lebenden Zellen der Insecten deutlich zu erkennen sei. Bekanntlich hat Kupffer schon 1870 ein Netzgerüst in den lebendigen Follikelzellen des Ascidieneis, 1874 das der Speicheldrüsenzellen von Blatta geschildert; auch die netzförmigen Structuren der Leberzellen sah er, obgleich blasser, in der frischen Zelle.

Im pflanzlichen strömenden Plasma fand schon Velten (1873 u. 1876) die früher beschriebenen Structuren und auch Frommann (1879) hat sie dort zweifellos vielfach beobachtet, wenn auch Mancherlei, was er speciell 1884) beschreibt, pathologisch gewesen sein muss, da er die Zellen häufig recht lange Zeit in Zuckerwasser untersuchte und ganz ähnliche Vorgänge in ihnen beschreibt, wie sie schon früher für die Krebsblutkörperchen erwähnt und als pathologische gedeutet wurden. Dagegen finde ich die Behauptung von Schwarz, dass »diese von Frommann beobachteten lokalen Netzstructuren nichts anderes seien, als die an bestimmten Stellen« (natürlich im Zellsaft!) »ausgeschiedenen Niederschläge, die später vacuolig werden«, für viel zu weit gehend und in der Hauptsache unbegründet, da es sich dabei jedenfalls nicht um Niederschläge im Zellsaft gehandelt hat.

Endlich erwähnen wir noch, dass sich auch van Beneden (1883) überzeugte, dass das Wichtigste der von ihm beschriebenen Structuren der Geschlechtsproducte von Ascaris schon im lebenden Zustand wahrzunehmen sei.

Bei den Protozoen, welche für die Structur des lebenden Plasmas besonders wichtig sind, haben schon Bütschli (1887), Fabre (1887), Schewiakoff (1889) und Andere die lebenden Structuren verfolgt.

Wenn man das Aufgezählte, welches sich durch scrupulösere Durchforschung der Litteratur wohl noch vermehren liesse, und andererseits die weiteren Belege, welche ich in dieser Arbeit mitgetheilt habe, berücksichtigt, so wird man wohl behaupten dürfen, dass die Structuren im lebenden Zustand häufig ganz deutlich zu beobachten sind und daher auch keine künstlich erzeugten Fällungs- oder Gerinnungserscheinungen sein können.

Schwarz giebt nun für die Kerne wie die Chlorophyllkörner netzige oder fädige Structuren zu, welche durch die Reagentien gefällt und fixirt würden, dagegen leugnet er sie für das Plasma, und warum? Er behauptet nämlich, dass in dem fixirten Gerüste des Plasmas eine chemische Differenz zwischen dem Gerüstwerk und dessen Inhalt nicht nachweisbar sei. Der Inhalt der Maschen sei gleichfalls tingirbar und enthalte demnach auch eine coagulirbare Substanz. Der Unterschied zwischen dem Gerüstwerk und dem Inhalt bestehe nur in einer etwas verschiedenen Dichte; beide beständen aus Plastin. Der Inhalt der Maschen sei keine Flüssigkeit (p. 131); damit contrastirt sehr die auf p. 140 gegebene Schilderung des gleichen Gerüstwerks des fixirten Plasmas, wo es heisst, »die Hohlräume« (d. h. die des Gerüstwerks) »sind zumeist von Flüssigkeit ausgefüllt, können jedoch unter Umständen auch von einer weniger dichten Substanz erfüllt sein«. Ich glaube nun, dass Schwarz wenig Anhänger für seine Ansicht von der chemischen Gleichheit des Gerüstwerks und dessen Inhalts finden dürfte, und ich kann wie früher nur auf das Bestimmteste versichern, dass ich auf den feinsten Schnitten und bei den intensivsten Färbungen nie eine Tinction des Mascheninhalts oder der Zwischensubstanz erzielen konnte. Wie ich schon früher bemerkte, beweist die Untersuchung dickerer Schnitte oder gar ganzer Plasmalagen, wie sie Schwarz jedenfalls ausführte, in dieser Beziehung gar nichts; denn wenn auch nur wenige Wabenlagen über einander liegen, muss es natürlich so aussehen, als wenn die Zwischensubstanz gleichfalls eine blassere Färbung habe, da ja über und unter der gerade eingestellten Masche eine Menge gefärbter Substanz liegt, welche das durchgehende Licht afficirt. Ganz dasselbe, glaube ich, gilt jedoch auch für die von Schwarz durch Fällungen künstlich hergestellten netzförmigen Niederschläge, für welche er gleichfalls eine aus derselben Substanz bestehende homogene oder granulirte Zwischensubstanz annimmt. Wenn Schwarz anfänglich homogene Niederschlagsmembranen später körnig und netzig werden sah, so vermuthe ich bis auf Weiteres, dass es sich hierbei nicht um Structuren handelte, die innerhalb der homogenen Membran zur Ausbildung kamen, sondern um nachträglich in Form der Körner, Netze und Krystalle auftretende Auflagerungen.

Ich will diesen Gegenstand nicht weiter verfolgen, da mir bis jetzt noch wenig eigene Erfahrungen über netzige Niederschläge und Gerinnungen zu Gebote stehen. Doch stimme ich Schwarz völlig zu, dass geronnene Tropfen von Hühnereiweiss, jedoch auch der Niederschlag von Ferrocyaneisen (aus ziemlich concentrirten Lösungen) ganz feinnetzig erscheinen und mit den Plasmastructuren grosse Aehnlichkeit besitzen. Dass es sich nun bei dem Niederschlag von Berlinerblau doch wohl nur um Aneinanderreihungen feinster gefärbter Körnchen handeln kann, dürfte schwerlich zu bezweifeln sein, und das Gleiche wird auch für die Niederschläge colloidaler Körper gelten müssen[1]. In dieser Beziehung und auch in Rücksicht auf die Beurtheilung der plasmatischen Structuren überhaupt, erschien

[1] Siehe hierüber im Anhang meine jetzt veränderte Ansicht. Zusatz bei der Corr.

es mir von Wichtigkeit zu prüfen, wie sich feinste Körnchen, die in einer Flüssigkeit dicht zusammenliegen, oder die auf einem Deckglas aufgetrocknet wurden, verhalten, d. h. wie sie sich bei starken Vergrösserungen ausnehmen.

Wenn man ziemlich dick angeriebene chinesische Tusche oder auch aufgeschwemmte Sepia, die dem Tintenbeutel entnommen ist, auf ein Deckglas in dünner Schicht aufstreicht, antrocknen lässt und darauf das Deckglas mit Damar auflegt, so zeigt die dünne Tusche- oder Sepiaschicht bei Betrachtung mit den stärksten Vergrösserungen Folgendes. Man beobachtet ein sehr feinmaschiges, jedoch deutliches Netzwerk, dessen Knotenpunkte die minimalen Tusche- oder Sepiatheilchen zu bilden scheinen Photogr. Taf. VII). Dass die Erscheinung nicht daher rührt, dass ein löslicher Stoff der Tusche eingetrocknet ist und netzförmige Züge zwischen den Tuschekörnchen gebildet hat, folgt daraus, dass man die Deckgläser mit der aufgetrockneten Tusche, nachdem sie einige Male durch die Flamme gezogen wurden, mit Wasser, concentrirter Salzsäure, Natronlauge, Alkohol und Aether etc. lange behandeln kann, ohne dass das Bild verändert wird. Uebrigens lässt auch die in Wasser suspendirte Tusche oder Sepia das Netzbild schon deutlich beobachten, sobald sie sich nicht wie gewöhnlich in heftiger Molekularbewegung befindet. Wenn man mit Wasser angeriebene Tusche unter dem Deckglas untersucht, so beobachtet man, dass da, wo eine Luftblase zwischen Deckglas und Objectträger eingeklemmt ist, sich eine dünnste Lage von Tusche zwischen der Luft und dem Deckglas befindet. In dieser dünnen Flüssigkeitsschicht findet keine Molekularbewegung statt und man kann darin sehr deutlich sehen, dass die Tuschekörnchen die netzförmigen Zusammenhänge zeigen.

Ganz dieselben Bilder erhält man übrigens auch, wenn man ein Deckglas über der Flamme schwach berusst und mit Damar aufstellt.

Aus diesen Erfahrungen geht also hervor, dass auch dicht zusammenliegende feinste Körnchen das Bild eines Netzwerks darbieten. Dass die Körnchen der aufgetrockneten dünnen Tuscheschicht aber dicht zusammengedrängt sind, folgt daraus, dass sich die Schicht bei der Behandlung mit Säuren etc. häufig theilweise als zusammenhängende Membran ablöst. Woher rührt aber das Bild des Netzwerks, welches für unsere Plasmastudien so verhängnissvoll werden kann? Dass die Körnchen thatsächlich vielfach direct aneinander hängen, ist sicher; man kann sich davon auch überzeugen, wenn man ganz wenig Tusche mit Glyceringelatine anreibt und aufstellt; ebenso jedoch, wenn man etwas Russ von schwach berussten Deckgläschen mit Oel anreibt und untersucht. Man sieht dann häufig Körnchen zusammenhängen und anscheinend durch ein dunkles kurzes Fädchen verbunden, wodurch also etwa hantelförmige Gebilde entstehen. Letztere Erscheinung halte ich übrigens grossentheils für eine optische, deren Erklärung hier nicht weiter versucht werden soll. Wenn man feine Oeltröpfchen, wie man sie durch Schütteln von Olivenöl mit schwacher Sodalösung leicht erzeugen kann, untersucht, bemerkt man auch, dass zwei sich dicht berührende Tröpfchen bei scharfer Einstellung durch eine dunkle Brücke an der Berührungsstelle direct in einander überzugehen scheinen. Dass in diesem Fall ein wirklicher Zusammenhang der Tröpfchen nicht besteht, ist selbstverständlich, da sie sonst zusammenfliessen müssten. In ähnlicher Weise, glaube ich, müssen wir auch die erwähnten hantelförmigen Figuren der aneinander klebenden Tuschekörnchen beurtheilen. Auf diesem Zusammenhängen der Tuschekörnchen kann jedoch das geschilderte Netz nur zum Theil beruhen, in der Hauptsache dürfte es von einer anderen optischen Erscheinung herrühren.

Wenn man einzelne isolirte ruhige Tuschekörnchen in Glyceringelatine oder Oel untersucht, so bemerkt man, dass jedes Körnchen bei möglichst genauer Einstellung, wo es dunkel und scharf konturirt erscheint, von einem hellen Hof umgeben ist, der etwa den Durchmesser des Körnchens, eher mehr an Breite besitzt und sich gegen das übrige Gesichtsfeld durch einen etwas dunkleren matten Saum abgrenzt. Es ist dies der sog. Beugungshof, welcher um alle stärker oder schwächer brechenden Gebilde im mikroskopischen Bild auftritt und von Nägeli und Schwendener (1877 p. 230—236) zum Theil auf directe Reflexion des einfallenden Lichtes an dem Rand der betreffenden Gebilde, zum Theil auf die Interferenz dieses reflectirten mit dem unreflectirt zutretenden Licht zurückgeführt wird. Hebt oder senkt man den Tubus etwas, so verschwindet das Körnchen, dagegen bleibt in beiden Fällen der Hof als heller Kreis sichtbar. Liegen nun zwei oder mehrere Tuschekörnchen dicht zusammen und hebt oder senkt man den Tubus, so gehen die Körnchen in ein Netzwerk von ebensoviel Maschen über, als ursprünglich Körnchen sich fanden. Die Erklärung für diese Erscheinung kann nur in dem oben Angeführten gesucht werden, dass statt der Körnchen die hellen Zerstreuungskreise auftreten, welche theilweise übereinander fallen und durch ihre dunklen Säume das Bild des Maschenwerks hervorrufen. Da nun bei Betrachtung einer Tuscheschicht, wie sie oben beschrieben wurde, stets zahlreiche Körnchen in nicht scharfer Einstellung das Bild solcher durch die Zerstreuungskreise hervorgerufenen Netze darbieten müssen, so glaube ich, dass die geschilderte Netzerscheinung wesentlich auf dem letzterwähnten Umstand beruht.

Die eben geschilderte Entstehung netzförmiger Bilder, welche keine Realität besitzen, sondern nur auf optischen, mit den Besonderheiten des mikroskopischen Sehens zusammenhängenden Erscheinungen beruhen, habe ich noch etwas weiter verfolgt, da die Kenntniss dieser Dinge, welche bis jetzt ganz vernachlässigt wurde, für die Beurtheilung der Netzstructuren ungemein wichtig sein muss, ja Zweifel hervorrufen kann, ob nicht überhaupt alle netzförmigen Structuren nur solche optischen Erscheinungen sind. Aus diesen Gründen habe ich denn auch oben ausführlich die Frage erörtert und, wie ich glaube, sicher erledigt, ob das netzförmige Structurbild der Schäume thatsächlich auf schaumiger Beschaffenheit beruht, da die Möglichkeit nicht ausser Auge zu lassen war, dass dichte körnige Einlagerungen das netzige Bild bewirken könnten.

Wenn man sich durch Schütteln von etwas Olivenöl mit 1 % Sodalösung eine Emulsion von feinsten Oeltröpfchen bereitet und sie in dünner Schicht bei stärksten Vergrösserungen untersucht, so lässt sich Folgendes beobachten. Ist die Flüssigkeitsschicht dick, so befinden sich alle Tröpfchen in heftigster Molekularbewegung; presst man jedoch das Deckglas durch Absaugen stark an, so werden die grösseren Tröpfchen festgelegt und um diese versammeln sich gewöhnlich Gruppen der feinsten, welche nun gleichfalls ruhen. Bei genauer Einstellung auf die Mittelebene dieser Tröpfchen ergiebt sich zweifellos, dass sie sich gegenseitig berühren. Letzteres folgt namentlich auch daraus, dass die aneinander gelagerten grösseren Tröpfchen an der Berührungsfläche deutlich abgeplattet sind. Um jedes Tröpfchen zeigt sich der oben erwähnte helle Zerstreuungskreis, welcher deutlich von einem dunkleren Saum gegen das übrige, etwas schwächer erleuchtete Gesichtsfeld abgegrenzt wird. — Senkt man den Tubus ganz wenig, so verkleinern sich die Tröpfchen und werden dunkel, wie dies bei stärker brechenden Tropfen Regel ist; dabei wird das Bild der etwas grösseren deutlich polygonal, was das oben über ihre directe Berührung und Abplattung Bemerkte bestätigt (s. Taf. V Fig. 9 a, b). Die Bilder der Tropfchen berühren sich nun nicht mehr, sondern sind durch helle Zwischenräume getrennt. Diese Zwischenräume aber werden auf das Deutlichste von blassen, mässig dunklen Fädchen durchsetzt, welche die dunklen Bilder der Tröpfchen unter einander verbinden. Auf diese Weise kommt ein ganz exquisites Netzwerk zu Stande, mit ansehnlich dicken Knotenpunkten. Die Maschen dieses Netzwerks sind stets dreieckig, die Netzbalken meist sehr fein, gelegentlich jedoch auch viel dicker.

Die Entstehung dieses Netzwerks erklärt sich leicht, wenn man die äussersten Tröpfchen solcher Gruppen ins Auge fasst. Dann ergiebt sich, dass der oben beschriebene Zerstreuungskreis mit dunklem Grenzsaum um jedes der Tröpfchen besteht; indem nun diese dunklen Säume der benachbarten Zerstreuungskreise in einander greifen und gleichzeitig über die benachbarten Tröpfchen hinwegziehen, erklären sich die Verbindungsfädchen als Theile jener dunklen Säume der Zerstreuungskreise. Soweit ein solcher Saum mit einem benachbarten Tröpfchen zusammenfällt, ist er nicht sichtbar. Auch die dickeren Verbindungsfädchen erklären sich sehr einfach. In der Regel fallen bei kleinsten Tröpfchen die dunklen Säume zweier benachbarter Zerstreuungskreise so dicht nebeneinander, dass sie als gemeinsames Verbindungsfädchen zwischen den Tröpfchen erscheinen. Wenn dagegen zwei solche Säume von einander weiter abstehen, so kommt eine dickere dunkle Verbindungsbrücke zu Stande, indem der ganze Zwischenraum zwischen diesen benachbarten Säumen dunkler erscheint. In der Regel wird nämlich je eine der dreieckigen Maschen des Netzwerkes von den übereinander fallenden Zerstreuungskreisen dreier benachbarter Tröpfchen erhellt. In dem erörterten Fall jedoch wird der Raum zwischen den zwei von einander abstehenden benachbarten Säumen nur von zwei Zerstreuungskreisen belichtet, und erscheint daher ein wenig dunkler, was durch den Contrast gegen die benachbarten sehr hellen Maschenräume verstärkt wird. Man kann die Entstehung der dickeren Brücken z. B. sehr deutlich beobachten, wenn eine Reihe kleiner Tröpfchen der Oberfläche eines grossen anliegt (s. Fig. 9 c Taf. V).

Die eben geschilderten Beobachtungen mahnen nun zu allergrösster Vorsicht bei der Beurtheilung netziger Plasmastructuren; es wird im Einzelnen noch vielfacher Untersuchung bedürfen, um die früheren Beobachtungen hinsichtlich ihrer Realität zu prüfen.

Wir haben gesehen, wie solche Netzerscheinungen an dicht zusammengelagerten, stärker brechenden Tröpfchen in einem schwächer brechenden Medium entstehen; es lässt sich jedoch das Gleiche feststellen, wenn es sich um dichte Zusammenlagerung schwächer brechender Tröpfchen in einem stärker brechenden Medium handelt, also z. B. um die früher beschriebenen Oelschäume. Untersucht man eine ganz dünne Schicht eines solchen Schaums, die nur eine Wabenlage dick ist, so kann man ganz genau dasselbe Phänomen beobachten, wenn man ein wenig höher als auf die genaue Mittelebene einstellt. Bei höherer Einstellung geht das Bild jedes schwächer brechenden Tröpfchens bekanntlich in das eines dunkleren Punktes oder Körnchens über; um jeden dieser Punkte besteht jedoch ein ebensolcher Zerstreuungskreis, wie um das stärker brechende Tröpfchen, und diese Zerstreuungskreise mit ihren Säumen rufen denn auch genau dieselbe Netzerscheinung hervor mit dunklen Knotenpunkten, wie sie oben geschildert wurde. Die Photographie Taf. II giebt dieses falsche Netzbild sehr schön wieder, während Taf. I dieselbe Stelle bei einer Einstellung zeigt, die etwas unter der mittleren liegt.

Aus diesen Ergebnissen wird nun sicherlich zu folgern sein, dass bei der mikroskopischen Betrachtung einer dickeren Lage solchen Schaumes dem thatsächlichen Netzbild an vielen Stellen auch Andeutungen des falschen beigemischt sein müssen, indem hier und da Partien des Schaums zu hoch eingestellt sind und daher das falsche Netzbild zeigen. Zukünftig wird überhaupt jedes derartige feine Netzbild, dessen Maschen durchgehends dreieckig sind, sehr verdächtig erscheinen müssen und ohne sicheren Nachweis nicht als wirkliches Structurbild betrachtet werden dürfen. Wie gesagt, folgt nämlich aus dem oben Dargelegten, dass die Maschen dieser Scheinnetze stets dreieckig sein müssen. Mehrfache Ueberlegung der möglichen Verhältnisse hat mir wenigstens keinen Anhalt ergeben, dass auf solchem Wege auch vier- bis mehreckige Maschen entstehen könnten. Natürlich ist aber dem Umstand Rechnung zu tragen, dass aus verschiedenartigen Gründen einzelne Verbindungsfädchen weniger deutlich markirt sein und daher leicht übersehen werden können, auf welche Art scheinbar mehreckige Maschen entstehen dürften.

Jedenfalls können aber auf die geschilderte Weise unmöglich derartige längsfaserige Modificationen des Netzes zu Stande kommen, wie sie das Plasmagerüst so häufig zeigt, namentlich auch in so deutlichen Uebergängen in das gewöhnliche Netzgerüst.

Schon aus den angeführten Gründen halte ich es für ausgeschlossen, dass das Plasmagerüst einer solchen optischen Erscheinung seine Entstehung verdanken könne. Doch gesellen sich dazu noch andere Beweise. Wie wir sahen, entstehen die geschilderten Netzbilder, wenn Tröpfchen oder Körnchen sich dicht berühren oder doch ein äusserst minimaler Abstand zwischen ihnen ist. Beruhte nun das Netzwerk des Plasmas auf entsprechenden Verhältnissen, so müsste bei richtiger Einstellung jedenfalls die dichte Aneinanderlagerung der Körnchen oder Tröpfchen hervortreten und das Bild daher bei solcher Einstellung wesentlich anders erscheinen. Dies ist jedoch nie der Fall. Daher kann meines Erachtens die Plasmastructur nicht durch dichte Zusammenlagerung von Körnchen hervorgerufen werden. Sie könnte jedoch umgekehrt sehr wohl die Folge dichter, schaumiger

Zusammenlagerung schwächer lichtbrechender Tröpfchen sein, denn eine solche Bildung giebt, wie vorhin schon erörtert wurde, sowohl bei scharfer wie unscharfer Einstellung ein Netzbild: nur dass beide Bilder etwas verschieden sind. Die nebenstehende schematische Figur zeigt die Beziehungen dieser beiden Netzbilder zu einander, des reellen (a) bei scharfer und des optischen (b) bei höherer Einstellung. Der Unterschied beider besteht darin, dass das erstere weitmaschiger und irregulärer, das zweite hingegen dichter und regelmässiger, speciell mehr gekreuztstreifig erscheint. Wenn wir nun nachweisen können, dass an sehr feinen Plasmaschnitten, welche höchstens 1—2 Waben Dicke haben, die beiden verschiedenen Netzbilder wirklich zu beobachten sind, so dürfte dies vielleicht den sichersten Beweis geben, dass die von mir behauptete Structur thatsächlich vorhanden ist, dass nämlich die Maschenstructur des Plasmas auf dichter, schaumiger Einlagerung schwach lichtbrechender Tröpfchen beruht. Dies ist nun aber thatsächlich der Fall. Sowohl an den feinen Durchschnitten durch Leberzellen wie anderwärts war mir diese seltsame Erscheinung schon früh aufgefallen, ohne dass ich damals eine Erklärung für sie wusste, und ich darf wohl sagen, dass sie mir damals manche unruhige Stunde bereitete. Man bemerkt, wie gesagt, zwei Netzbilder, eins bei etwas tieferer Einstellung, welches ich schon früher allein als das der scharfen Einstellung beurtheilen konnte, und ferner ein zweites, welches bei etwas höherer Einstellung hervortritt, eher deutlicher ist wie das erstere, feiner und mehr gestreift erscheint, daher ganz jenem entspricht, welches die Beobachtungen an den Oelschäumen und die theoretische Betrachtung erfordert[1].

Fig. 18.

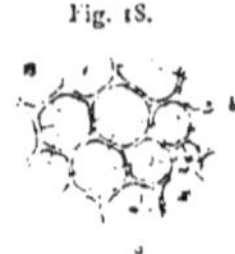

Die Auffindung der optischen Netzbilder, zu welcher ich erst gegen Ende meiner Untersuchungen gelangte, hat mich natürlich zunächst sehr beunruhigt, ja ich hielt sogar meine ganze Ansicht von der Netzstructur des Plasmas überhaupt eine Zeit lang für verloren, bis ich, wie geschildert wurde, bei etwas tieferem Eindringen in den Gegenstand allmählich fand, dass diese Erfahrungen sogar weitere Beweise für die Richtigkeit meiner Auffassung zu liefern im Stande sind.

5. Die Structur des Plasmas ist eine alveoläre oder wabige (schaumige).

Nachdem die verschiedenen Ansichten über die Structurverhältnisse des Plasmas kurz geschildert wurden, müssen wir endlich dazu übergehen, die Meinung eingehender zu begründen, welche ich seit längerer Zeit vertrat und durch die vorliegenden Untersuchungen schärfer zu begründen versuche.

Diese Ansicht gipfelt, um mich möglichst kurz auszudrücken, im Wesentlichen darin, dass das Plasma eine Structur hat, wie wir sie an den künstlich erzeugten Oelseifenschaumtropfen kennen lernten und eingehender studirten, also eine Schaumstructur.

Es liegt mir daher zunächst ob, die Gründe zu entwickeln, welche es wahrscheinlich oder sicher machen, dass im Plasma nicht das gewöhnlich angenommene schwammige

[1] Siehe Weiteres hierüber im Anhang.

Gerüstwerk oder die netzförmig zusammenhängenden Fibrillen vorhanden sein können. Denn es bedarf keiner besonderen Erörterung, dass dem mikroskopischen Bild allein die Entscheidung zwischen diesen beiden Moglichkeiten nicht zu entnehmen ist. Bei der Kleinheit der Structuren ist es unmöglich, direct zu entziffern, ob das beobachtete Netzbild einem Schwammgerüst oder einem Wabenwerk entspricht, das mikroskopische Bild muss, wie gesagt, bei der Kleinheit der Structuren in beiden Fällen dasselbe sein.

Um jedoch dieser Frage näher zu treten, müssen wir uns zuerst ein Urtheil über den Aggregatzustand des Plasmas bilden, denn die Entscheidung wird wesentlich von dieser Vorfrage abhängen. Bekanntlich ist über diesen Punkt viel gestritten, ja sogar die Ansicht geäussert worden, dass man eigentlich von einem Aggregatzustand des Plasmas, in dem Sinne wie von jenem eines homogenen Körpers, gar nicht reden könne (Brücke 1861), da eben das Plasma kein homogener Körper, sondern ein Gemenge von Festem und Flüssigem sei.

Ich würde es gerne vermeiden, auf das Historische dieser Frage näher einzugehen, doch scheint es nicht wohl möglich, das Problem scharf zu erörtern ohne eine solche Uebersicht. Die älteren Beobachter waren bekanntlich ziemlich einig in der Auffassung des Plasmas als einer schleimigen, etwas zähen Flüssigkeit. Diese Ansicht wurde namentlich in den fünfziger und sechziger Jahren, welche der Plasmafrage ein lebhaftes Interesse entgegenbrachten, durch die Studien hervorragender Forscher wesentlich befestigt. M. Schultze's Untersuchungen über das Plasma der Rhizopoden und Pflanzenzellen und dessen Bewegungserscheinungen (1854—1863), welchen sich Häckel (1862 p. 90 ff.) auf Grund ausgedehnter Arbeiten über Rhizopoden und Radiolarien etc. anschloss, endlich die Studien Kühne's (1864) über das Protoplasma hatten besonders diese Auffassung befestigt. Man stützte sich dabei wesentlich auf die Verhältnisse der Strömungserscheinungen, welche auf die Beobachter ganz den Eindruck einer in Fluss befindlichen, also flüssigen Substanz machten, ferner auf das Zusammenfliessen von Plasmafortsätzen, die Aufnahme fester Theilchen ins Innere des Plasmas und das Bestreben isolirter Plasmapartien sich kuglig abzurunden.

Eine Reaction gegen diese Auffassung ging schon 1861 von Brücke aus. Brücke bestritt a priori die Möglichkeit, dass flüssiges Plasma die complicirten physiologischen Leistungen der Zelle erfüllen könne. Daher müsse die Zelle, d. h. eigentlich das Plasma, ausser ihrer Molecularstructur eine »besondere Structur« oder »Organisation« besitzen; das Plasma müsste daher aus festen und flüssigen Theilen bestehen. Nach dem Aggregatzustand des Plasmas zu fragen, sei eigentlich ebenso absurd, wie den einer Qualle zu erörtern. Thatsächliches brachte Brücke nur insofern vor, als er die Plasmaströmungen in den Haaren von Urtica nicht einfach als das Strömen einer Flüssigkeit zu deuten vermochte, vielmehr erweckten sie ihm den Eindruck, dass das Plasma »oder der contractile Zellleib eine Flüssigkeit enthalte und von dieser durchströmt wird, die zahlreiche kleine Körnchen enthalte«. Soweit es daher möglich ist, die nur kurz hingeworfene Idee Brücke's zu verstehen, darf man wohl annehmen, dass er sich ein festes contractiles, von Flüssigkeit durchtränktes Gerüstwerk im Plasma dachte, ähnlich wie es später von Heitzmann dargestellt wurde.

Dass Brücke's Ansicht, obgleich sie von M. Schultze 1863 bekämpft wurde, Beifall fand, geht daraus hervor, dass sich die Annahme fester und flüssiger Theile im Plasma immer mehr ausbreitete. Wenn auch de Bary (1862) Brücke's Ansicht über die Strömungsvorgänge des Plasmas leugnete, so glaubte er doch dessen Meinung von einer Organisation der Zelle acceptiren zu müssen. Cienkowsky (1863) gelangte bei dem Studium der Myxomycetenplasmodien ebenfalls zur Annahme einer dichteren hyalinen, contractilen und dehnbaren Grundsubstanz und einer flüssigen körnigen Substanz. Wie er sich das gegenseitige Verhältniss der beiden Substanzen beim Aufbau des Plasmas dachte, bleibt jedoch ziemlich unklar, um so mehr, als aus seiner Darstellung hervorgeht, dass ihm auch die contractile Grundsubstanz als flüssig galt. Wie wäre der Ausspruch auf p. 414 anders zu verstehen: »das Plasmodium giebt somit ein unzweifelhaftes Beispiel eines flüssigen Entwickelungsstadiums eines Organismus.« Obgleich de Bary (1864) diese Unterscheidung zweier Substanzen im Plasmodium, einer contractilen und einer fliessenden, bekämpfte und es mit Kühne als in seiner ganzen Masse contractil betrachtet, nimmt er doch insofern eine ähnliche Verschiedenheit an, als er locale Unterschiede in der »Cohäsion, der Flüssigkeit und Beweglichkeit« zugiebt, die jedoch häufig wechselten. Das Plasmodium bestehe also nur aus einer Substanz, deren physikalischer Charakter aber local vielfach variire. Das Plasma dieser Protisten besitze »eine weiche Consistenz«, jedenfalls seien sie »keineswegs etwa flüssig abtropfende Körper«.

Hofmeister, welcher 1867 das Plasma ein »zähflüssiges Gemenge verschiedener organischer Substanzen oder einen dicklichen Schleim« nannte und die physikalischen Eigenschaften der Flüssigkeiten zur Erklärung des Verhaltens plasmatischer Körper häufig heranzieht, sprach sich doch schon 1865 und ebenso wieder 1867 für eine besondere Organisation des Plasmas aus. Er bemerkt p. 8, dass jeder Versuch, eine Vorstellung von den Bewegungserscheinungen des Plasmas zu gewinnen, zur Voraussetzung habe »eine Organisation des Plasmas«, »einen eigenartigen Bau desselben, welcher von dem Aggregatzustand zäher flüssiger Körper wesentlich dadurch abweicht, dass die Molecüle des Protoplasmas nach verschiedenen Richtungen hin ungleich verschiebbar sind.« Von dieser angeblichen Voraussetzung jeder Erklärung machte er jedoch weder bei der Betrachtung der Bau- noch der Bewegungserscheinungen des Plasmas Gebrauch; die von ihm entwickelte Hypothese der Plasmabewegungen enthält davon kein Wort.

Gegenüber diesen Bestrebungen muss es uns besonders interessiren, dass zwei physikalisch so erfahrene Forscher wie Nägeli und Schwendener sowohl 1865 wie später 1877 die »zähflüssige Beschaffenheit« des Plasmas, ähnlich wie Gummischleim etwa, besonders betonen; dieselbe könne sogar unbeschadet einer Organisation bestehen. Ihre Beweise entnahmen sie hauptsächlich dem manchmal zu beobachtenden Zusammenfliessen von Plasmagebilden und dem Verhalten von Schwärmsporen bei gelegentlichem Zerreissen.

Die Brücke'sche Ansicht fand bald weitere Vertheidiger. 1870 äusserte sich Hanstein ähnlich: auch ihm scheint es ganz undenkbar, dass aus Flüssigem eine organische, »also in sich differente« Gestalt hervorgegangen sei. Uebrigens waren seine Vorstellungen vom Plasma damals ziemlich unklar. Er schreibt ihm »einen weichen und bildsamen, so doch zähen und gestalteten und sich gestaltenden Zustand« zu. Es enthalte neben flüssigen auch »weiche feste« Theile, es sei keine Substanz, sondern ein Organismus.

Namentlich Velten suchte aber in seinen Arbeiten (1873—76) für Brücke's Auffassung weitere Beweise zu sammeln. Auch für ihn steht fest (1873), dass das Plasma jedenfalls eine complicirte Organisation besitze und keine homogene Flüssigkeit sei. Wie er sich die Sache jedoch eigentlich denkt, wird nicht recht klar. 1876 hebt er hervor, dass das Plasma aus festen und flüssigen Theilen zusammengesetzt sei. So heisst es p. 138: »in dem Protoplasma befindet sich ein mehr oder weniger zusammenhängender Körper, welcher den festen Aggregatzustand besitzt, welch' letzterer mit dem des flüssigen zeitweise vertauscht werden kann.« Wenn die letztere Einschränkung die erstausgesprochene Ansicht schon ziemlich unklar macht, so trägt die folgende Stelle (p. 138) hierzu noch weiter bei, die sagt, »dass das Protoplasma feste und flüssige Theile in den kleinsten Raumtheilchen nebeneinander enthält«. Velten's Ansicht stützt sich theils auf die von ihm beobachteten Structuren (s. oben p. 106), theils auf die Besonderheiten der Strömungserscheinungen. Er bemüht sich aufrichtig, das von den Anhängern der Flüssigkeitslehre betonte Bestreben des Plasmas, Kugelform anzunehmen, mit seiner Ansicht zu vereinen. Wenn diese Erscheinung als normale auftrete, so beruhe sie auf der besonderen Organisation der festen Gerüsttheilchen, womit doch einfach für eine natürliche eine Scheinerklärung eingeführt wird. Meist sei aber die Annahme der kugligen Gestalt auf eine anormale Beschaffenheit des Plasmas zurückzuführen, so gelte dies für die Abkugelung bei der Plasmolyse, die Kugelform ausgetretener Plasmatropfen und dergleichen mehr. In diesen Fällen werde das Plasma gewöhnlich wasserreicher: das Gerüstwerk fester Plasmatheilchen zerfalle, könne sich jedoch nachträglich wieder restituiren. Ebensowenig will er die Kugelgestalt der Vacuolen als Beweis gelten lassen, da die Vacuolenbildung im anormalen Zustand eintrete, eine Behauptung, welche ziemliche Unerfahrenheit in diesen Verhältnissen verräth. Jedenfalls kann nicht behauptet werden, dass Velten seine Ansicht genügend begründet habe.

Hanstein hat seine schon 1870 geäusserten Anschauungen 1880 und 83 noch ausführlicher dargelegt. Es geht daraus hervor, dass er etwa die Meinung vertritt, welche auch schon de Bary hinsichtlich des Plasmas der Myxomyceten äusserte. Die »fliessenden« wie die nicht fliessenden Theile, aus welchen sich das Protoplasma zusammensetze, seien »Formen des gleichen Protoplastins, welche nur durch ihren Wassergehalt voneinander abweichen« (1880 p. 163). Die Scheidewände, welche das nicht fliessende wasserärmere Protoplastin zwischen dem fliessenden bilde, erklärt er bald für zäh, bald für fest. Den fliessenden Theil nannte er auch Enchylem (1882); die hyaline Grundsubstanz des gesammten Plasmas Hyaloplasma, die darin eingelagerten Körnchen die

Mikrosomen. Daher ist sein Enchylema selbst wieder gleich Hyaloplasma + Mikrosomen. Es bedarf daher kaum besonderer Betonung, dass der Gebrauch, welcher später von der Bezeichnung Enchylema gemacht wurde, mit der ursprünglichen Bedeutung dieses Begriffes bei Hanstein nichts zu thun hat.

Wir wenden uns nun zu den zahlreichen Beobachtern, welche fädige oder netzige Structuren des Plasmas beschrieben. Aus dem Vorhergehenden haben wir gleichzeitig erfahren, dass schon theoretische Erwägungen, sowie die Beobachtungen und Speculationen über die Bewegungserscheinungen zu der Annahme und schliesslichen Auffindung einer solchen Structur gedrängt hatten. Ich glaube die Ansichten der zahlreichen Beobachter der Faden- oder Netzstructuren nicht im Einzelnen durchgehen zu müssen, zum Theil wurden sie auch schon früher angedeutet. Es genügt, hervorzuheben, dass die meisten es mehr oder weniger deutlich aussprachen, dass sie sich die Fäden oder das Netzgerüst aus fester Substanz bestehend denken. Wenn die physikalischen Grundlagen überhaupt zu Rathe gezogen wurden, konnte dies ja auch gar nicht anders sein, da eine dauernde Existenz solcher Structuren nur denkbar war, wenn sie aus einer festen Substanz bestanden. Dazu gesellte sich bei zahlreichen Forschern noch der Gedanke, dass Contractionserscheinungen, überhaupt Gestaltsveränderungen, wie sie das Plasma zeigt, nur von festen Körpern bewirkt werden könnten. Dennoch wurde gleichzeitig auch das sehr flüssigkeitsähnliche Verhalten des Plasmas manchmal betont. So bemerkte Strasburger (1882 p. 232), welcher doch die Netzstructur des Plasmas vertritt, dass es »weich oder halbflüssig« sei; es stimme in vielen seiner Eigenschaften mit einem Colloid überein, nähere sich dagegen andererseits mehr einer Flüssigkeit, »denn es neigt in endlicher (?) Gleichgewichtslage Kugelform anzunehmen«. Bezeichnungen wie weich, festweich, gallertig, halbflüssig kehren bald hier bald dort wieder; am Entschiedendsten drückten sich noch Diejenigen aus, welche wie Pflüger 1889) annahmen, dass das Plasma sich aus »absolut festen und absolut flüssigen Theilen« zusammensetze.

Ich persönlich hatte mich schon 1876 (p. 203) dahin geäussert, dass »trotz der Einwendungen, welche dagegen erhoben worden sind, die dringendsten Gründe vorliegen, dass das Plasma den Grundgesetzen einer flüssigen Masse gehorche«. Auch meine Auffassung der Structuren gab mir keine Veranlassung, von dieser Ansicht abzugehen. 1886 vertrat Berthold in seinem gehaltreichen Buch wieder die sehr in Misscredit gekommene Lehre von der flüssigen Beschaffenheit des Plasmas, suchte sie jedoch nicht eigentlich durch directe Beweise zu stützen, sondern legte sie als Hypothese seinen Betrachtungen und Speculationen über Bau und Bewegungserscheinungen des Plasmas zu Grunde, um die Wahrscheinlichkeit der Hypothese an der Durchführbarkeit des Problems zu erweisen.

Wie sich eigentlich Schwarz (1887) zu der Frage nach dem Aggregatzustand des Plasmas stellt, wird mir aus seiner Schrift nicht recht klar, was ich auch schon oben andeutete. Er leugnet bekanntlich das Netzgerüst und spricht von dem »halbflüssigen Aggregatzustand« des Cytoplastins (p. 131); dagegen heisst es p. 136: »Im Cytoplasma sind keine präformirten Netze und Gerüste vorhanden, ein Theil desselben kann sich jedoch zu Fäden und Strängen umbilden. In Consequenz dessen muss ich annehmen, dass das Cytoplasma eine Mischung ist, in welche unter Umständen eine Trennung von festerer zäher und flüssiger gelöster Substanz eintreten kann.« Also unter Umständen kann doch ein festeres Gerüst auftreten. Da Schwarz sich p. 139 auf die Uebereinstimmung seiner Resultate mit denen Berthold's beruft, so muss ich wohl annehmen, dass er sich die »Mischung«, welche nach ihm das Cytoplasma ist, als eine flüssige denkt. Ausdrücke wie »halbflüssig« sind zu schwankend, um mit ihnen bestimmt rechnen zu können.

Ich selbst habe mich 1887 für die flüssige Natur des Entoplasmas der Infusorien und dementsprechend auch des meisten übrigen Plasmas, welches sich durchaus ähnlich verhält, ausgesprochen (p. 1392). Ich hob namentlich die stets kuglige Gestalt der im Plasma auftretenden Vacuolen hervor, welche beweise, dass sowohl der Vacuoleninhalt wie das umgebende Plasma durchaus flüssig sein müssten. Bei den Protozoen hat man ja so vielfach Gelegenheit, Vacuolen verschiedener Art, wie Nahrungsvacuolen, contractile und gewöhnliche Flüssigkeitsvacuolen zu beobachten, dass Niemand an ihrem regelmässigen Auftreten im normalen Plasma zweifeln wird. Ebenso sicher und deutlich ist jedoch, dass alle diese Vacuolen, wenn sie nicht durch feste Körper, welchen sie anhaften, durch gegenseitige Pressung, Strömungen oder sonstige besondere Kräfte, die auf sie einwirken, behindert werden, kuglige Tropfengestalt annehmen. Aus dieser sicheren Erfahrung, welche so beweiskräftig ist wie jede andere physikalische Thatsache, lässt sich jedoch nur ein Schluss ziehen, nämlich der oben schon ausgesprochene, dass sowohl der Vacuoleninhalt wie das Plasma, das ihn umschliesst, flüssig sein müssen. Dazu gesellt sich, dass wir von dem Inhalt der Nahrungsvacuolen bestimmt wissen, dass er Wasser ist; alle übrigen Vacuolen besitzen aber ganz dasselbe Aussehen und Verhalten, weshalb ihr Inhalt gleichfalls eine wässrige, sehr verdünnte Lösung sein muss. Ferner wissen wir, dass Vacuolen zusammenfliessen können und sich dabei genau so verhalten, wie etwa zwei Wassertropfen in dickflüssigem Oel. Das Studium der contractilen Vacuolen, welches leider von vielen Forschern, die sich über derartige Dinge äusserten, sehr wenig beachtet wird, giebt uns die schönsten Belege für solche Verschmelzungen und darauf folgende kuglige Abrundung des Verschmelzungsproductes. Gesellen wir hierzu die zahlreichen Erfahrungen über kuglige Vacuolen im Plasma der Zellen überhaupt, jene über die Verschmelzung solcher Vacuolen, ferner die Beobachtungen über die Verschmelzung von Plasmafäden, über die Tropfengestalt, welche isolirte oder von der Membran abgelöste Plasmapartien annehmen, endlich das Verhalten bei den Strömungserscheinungen, so scheint mir die dick- oder schwerflüssige Beschaffenheit des gewöhnlichen Plasmas durchaus nicht zweifelhaft sein zu können[1].

[1] Auch Pfeffer gelangte 1890 aus ähnlichen Gründen zu einer im Wesentlichen gleichen Beurtheilung des Aggregatzustandes des Protoplasmas. Sowohl das strömende Plasma der Myxomyceten wie die Hauptmasse des Plasmas der in Zellmembranen eingeschlossenen pflanzlichen Zellen hält er für »zähflüssig«, und wenn er vielfach die Bezeichnung »plastisch« gebraucht, so bemerkt er doch besonders, dass darunter nur ein gradweis von dem Zähflüssigen verschiedener, d. h. ein etwas cohärenterer Zustand, nicht jedoch etwa die

Dieser Schluss wird sogleich eine weitere Bestätigung erfahren, wenn wir sehen werden, dass die Annahme eines festen Netzgerüstes im Plasma mit gewissen Thatsachen sehr wenig übereinstimmt oder doch zu ihrer Erklärung complicirter Annahmen bedarf, welche die Voraussetzung höchst unwahrscheinlich machen.

Zu diesen Thatsachen gehört zunächst die so häufige Vacuolenbildung. Dass die Vacuolen Flüssigkeitstropfen sind, bedarf wohl bei der allgemeinen Uebereinstimmung, welche hierüber herrscht, keiner besonderen Beweise. Andererseits lehrt die Beobachtung auf das Deutlichste, dass jede Vacuole von einem geschlossenen, etwas dunkleren und ziemlich glänzenden zarten Saume umzogen wird, welcher dem äusseren pelliculaartigen Grenzsaum eines nackten Plasmakörpers ganz ähnlich ist. Bekanntlich hat man ja die

plastische Beschaffenheit des feuchten Thones zu verstehen sei. Pfeffer erkennt demnach ausdrücklich an, dass die Hauptmasse der plasmatischen Körper den Gesetzen flüssiger Substanzen gehorcht, und wenn er durch seine Erfahrungen an den Myxomyceten zur Annahme gezwungen wird, dass deren Rindenschicht eine grossere Cohäsion, respect. Festigkeit besitzt, und auch die äussere Schicht anderer Protoplasten, sowie die Cilien als fest zu beurtheilen sind, so stimmen auch in diesen Beziehungen unsere Ansichten völlig überein (vgl. hierüber auch unten p. 155). Was im Besonderen die Rindenschicht der Schleimpilze betrifft, so kann ich auch aus Pfeffer's Untersuchungen nur den Schluss ziehen, dass dieselbe eine beträchtlich grössere Zähigkeit wie das strömende Plasma besitzt, dass sie jedoch nicht eigentlich fest ist, sondern, wenn auch nur sehr langsam, den Gesetzen der Flüssigkeiten folgt. Dies dürfte sowohl aus der Art, wie Stoffe von den Plasmodien aufgenommen und abgegeben werden, wie aus ihrem leichten Uebergang in das flüssigere innere Plasma hervorgehen. Uebrigens halte ich es auch für möglich, dass ein Theil der Beobachtungen, die Pfeffer bestimmen, dieser Rindenschicht eine verhältnissmässig hohe Cohäsion zuzuschreiben, darauf beruhen können, dass die Myxomycetenplasmodien an der Unterlage adhäriren und die äussersten dünnsten Ränder hierdurch in ihrer Beweglichkeit wesentlich beeinträchtigt werden. In dieser Hinsicht möchte ich gewisse Erfahrungen an den strömenden Schaumtropfen anführen, die ich gelegentlich machte. Wenn diese Tropfen, wie es zuweilen vorkommt, stark an dem Objectträger anhafteten, so war zuweilen die sehr auffallende Erscheinung gut zu beobachten, dass der äusserste Rand der Schäume in vollkommener Ruhe verharrte, während die Strömung innerhalb dieses ruhenden Saumes sehr lebhaft stattfand. Da in diesem Falle keinerlei Grund besteht, eine grössere Cohäsion oder Zähigkeit des Randes anzunehmen, so vermag ich nur die Adhäsion als Ursache der Erscheinung zu betrachten. Wie wir schon früher (s. oben p. 26) erörterten, ist der Randsaum eines solchen anhaftenden Schaumtropfens ungemein stark verdünnt, weshalb es wohl möglich erscheint, dass er in seiner Gesammtheit durch die Adhäsion an der Strömung gehindert wird. Sollte dieser Schluss richtig sein, so würde aus ihm wohl mit Bestimmtheit folgen, dass auch in seiner gesammten Masse zähflüssiges Plasma, soweit es einer festen Zellmembran adhärirt, stets eine sehr dünne ruhende Wandschicht besitzen muss. Natürlich schliesst jedoch dieses Ergebniss, wenn richtig, keineswegs aus, dass auch zum Theil eine wirkliche Cohäsionserhöhung der äussersten Schicht besteht, speciell nachdem sich das Plasma durch Plasmolyse von der Zellhaut entfernt hat und auch äusserlich von wässriger Lösung umgeben ist.

Auf Grund seiner Ansicht über die zähflüssige Beschaffenheit des Plasmas spricht dann auch Pfeffer die Meinung aus, „dass ... in keinem Falle ein fest zusammenhängendes, dauernd starres Gerüst im Protoplasma zulässig sei.“ — Auch meine Erfahrungen führten zu demselben Schluss, dagegen gehen wir hinsichtlich der Beurtheilung der Structurverhältnisse des Plasmas sehr wesentlich auseinander. Das was Pfeffer darüber 1890 p. 255 Anm. sehr kurz bemerkt, ist wenig klar und kann jedenfalls nicht als eine Erklärung der auch im lebenden Plasma vielfach so deutlich beobachteten Structuren gelten. Er sagt: »Möglicherweise differenziren sich auch in rückwandelbarer Weise Theile des Cytoplasmas und es ist sogar wahrscheinlich, dass innerhalb des Cytoplasmas sich Partien ungleicher Cohäsion und Dichte ausbilden, die unter Umständen direct oder an fixirten Präparaten optisch wahrnehmbar werden. Ich vermuthe, dass auf solche Weise, nöthigenfalls auch unter Mitwirkung räumlich verschiedener Vertheilung der Mikrosomen u. s. w., ein Theil der bisher beobachteten bezüglichen Structurverhältnisse zu Stande kommt.« Nur der Umstand, dass Pfeffer sich selbst nie eingehender mit der Untersuchung protoplasmatischer Structuren beschäftigte, lässt mich einigermaassen verstehen, wie er über diese Verhältnisse, welche zu den fundamentalen der Protoplasmafrage gehören, ein derartiges Urtheil fällen konnte.

Existenz einer besonderen Vacuolenmembran schon häufig behauptet. ohne aber sichere Beweise dafür erbringen zu können. Die Vertreter des spongiösen Gerüstwerks des Plasmas haben nun hinsichtlich der Begrenzung der Vacuolen etwas verschiedene Ansichten. Zunächst hat eigentlich Keiner derselben sich darüber Rechenschaft abgelegt, warum die Vacuolen stets kugelförmig sind, obgleich die Festigkeit des Gerüstes doch nothwendig zugegeben werden muss. Im Allgemeinen gelten ihnen ja diese Gebilde als grössere Flüssigkeitsansammlungen an gewissen Stellen des Gerüstwerks, wodurch dieses auseinander gedrängt werde. Nur darüber gehen ihre Ansichten auseinander, ob der Inhalt der Vacuolen als identisch mit dem allgemeinen Inhalt der Zwischensubstanz des Wabenwerks zu betrachten sei oder als verschieden davon. So bezeichnete schon Heitzmann die Vacuole »als einen See inmitten des Protoplasmakörpers« (1883). Wenn nun das Gerüstwerk fest ist, so lässt sich doch durchaus nicht einsehen, warum die unbehinderte Vacuole stets kugelförmige und nicht mehr oder weniger unregelmässige Umrisse besitzt. Noch unbegreiflicher bleibt aber, wie die Vertreter der Gerüstlehre von einem Zusammenfliessen der Vacuolen reden können, da dies doch einfach unmöglich ist.

Wenn die Vacuole nur eine Flüssigkeitsansammlung an gewissen Stellen des Gerüstwerks ist, so müsste wenigstens ursprünglich ein Zusammenhang zwischen dem Vacuoleninhalt und der Zwischensubstanz existiren. Dass dies jedoch dauernd nicht der Fall sein kann, bewies nicht nur die directe Beobachtung, welche den Grenzsaum der Vacuole stets deutlich und continuirlich zeigte, sondern auch die Erfahrung, dass die Zellsafthöhle der Pflanzenzelle, welche ja nichts weiter wie eine sehr ansehnliche Vacuole ist, häufig gefärbte Flüssigkeit enthält, während das Enchylem des Plasmas völlig ungefärbt ist. Diese wie andere Erfahrungen machten es unbedingt nöthig, dass der Vacuoleninhalt durch eine geschlossene Lamelle gegen das Enchylem abgegrenzt sein müsse. So nahm denn auch schon Schmitz (1881) an: die Vacuolen entständen auf die Weise, dass sich um Hohlräume in dem Gerüstwerk »eine besondere zusammenhängende Grenzschicht« bilde. Dies wäre doch nur so möglich, dass sich das Gerüstwerk unter Schluss seiner Maschen zu einer continuirlichen Membran um die Vacuole zusammenziehe. Auch van Beneden gelangte 1883 zu ähnlichen Anschauungen. Wenn der Vacuoleninhalt, führt er aus, identisch sei mit der interfibrillären Substanz, so müsse die Wand der Vacuole eine Gitterstructur mit äusserst verengten Maschen besitzen. Er denkt sich daher jedenfalls, dass diese Wand durch Zusammenziehung des Gerüstwerks entstehe. Leydig (1883), welcher die Vacuolen durch »Vergrösserung und Zusammenfliessen« der Maschenräume des Gerüstwerks entstehen lässt, scheint sich dieselben gewohnlich nicht bestimmt gegen das Enchylem abgeschlossen zu denken; wenigstens bemerkt er, dass sie selten eine abgegrenzte Hautschicht durch Verdichtung des Balkenwerks erhielten (p. 143). Endlich entwickelte auch Heitzmann (1883) ähnliche Ansichten. Die Vacuolen besitzen nach ihm stets eine besondere Wand, die sich in Form eines sog. »flachen Lagers« bilde. Unter einem solchen flachen Lager aber denkt er sich eine geschlossene zarte Membran, welche dadurch entstehe, dass die Knotenpunkte des Gerüstwerks, die in der Regel nur wenige Maschenfädchen aussendeten, in einer Ebene so zahlreiche Fädchen ausstrahlten, dass dieselben zu einer continuirlichen Lage zusammenflössen, während die Knotenpunkte dabei gleichzeitig schwänden. Indem nun die von den benachbarten Knotenpunkten gebildeten flachen Lager sich zu einem zusammenhängenden vereinigten, entstehe eine continuirliche Haut um die Vacuole. Auch Frommann giebt (1890 p. 10) an, dass die Vacuolen »zum grossen Theil eine zarte blasse oder etwas glänzende Membran« besitzen; ja er scheint diese Membran für fest zu halten, da er bemerkt, dass das Wachsthum der Vacuolen »durch Verschmelzung benachbarter unter Zerreissung oder Verflüssigung der Membran erfolge« oder durch Osmose.

Endlich hat auch C. Schneider (1891), dessen Ansichten über die fibrilläre Structur des Plasmas wir oben (p. 117) besprachen, die Bildung der Vacuolenwand erörtert. Er glaubt seine Fibrillen auch in der Vacuolenwand auffinden zu können: sie würden hier durch eine besondere Kittsubstanz zu einer Membran vereinigt. Was Schneider als die Fibrillen in der Vacuolenwand ansieht, ist sicherlich nichts anderes als die Flächenansicht der Wabenlage, welche die Vacuole umgrenzt.

Wir haben im Vorstehenden erfahren, zu welchen Annahmen die Vertreter der Gerüstlehre gezwungen sind, um die geschlossene Vacuolenwand zu erklären. Denken wir uns dazu nun noch den Apparat geheimnissvoller Kräfte, welche die Verdichtung oder gar den Schluss der Maschen des Gerüstwerks um die Vacuolen bewirken, andererseits jedoch nach dem Schwinden der Vacuole wieder den gewöhnlichen Zustand des Netzes hervorrufen sollen, so dürfte einleuchten, dass auf diesem Wege schwerlich das Richtige gefunden werden kann.

Dagegen erklärt die Waben- oder Schaumlehre des Plasmas die thatsächliche Erscheinung und das Verhalten der Vacuolen auf das Einfachste durch die physikalischen Gesetzmässigkeiten flüssiger Massen. Wir begreifen vollständig, dass jede Vacuole von einem zusammenhängenden pelliculaartigen Saum umgeben sein muss, welcher sie gegen die angrenzende Wabenschicht abschliesst; wir verstehen ihre Kugelgestalt, ihr gelegentliches Zusammenfliessen u. s. f. auf das Leichteste. Wir begreifen jedoch noch Weiteres, was die Gerüstlehre nicht zu erklären vermag. Wir verstehen nämlich, warum jede Vacuole von einer radiär geordneten Wabenschicht umgeben ist, wie ich es oben an einer Reihe von Beispielen zeigte. Ueber diesen Punkt vermag die Gerüstlehre keinen Aufschluss zu geben.

Ich kann hier eine Theorie der Vacuolen, welche auf botanischem Boden entsprossen ist und unter den Botanikern zahlreiche Anhänger gefunden hat, nicht ganz unerwähnt lassen, nämlich die de Vries'sche Tonoplastenlehre. de Vries ist bekanntlich der Ansicht, dass die Vacuolen ebenso selbständige Organe der Zelle seien, wie der Zellkern, die Chromoplasten und Anderes. Die Vacuolen würden von sog. Tonoplasten erzeugt, kleinen Körperchen etwa, welche stark osmotische Stoffe in sich bildeten und auf diese Weise zu Vacuolen anschwöllen. Die Vacuolen besässen stets eine besondere selbständige, von dem übrigen Plasma verschiedene Membran, welche aus den Tonoplasten hervorgehe und als das eigentlich Active und Lebendige dieser Gebilde zu betrachten sei. Für diese Ansicht, ihre Richtigkeit zugegeben, fiele daher die Schwierigkeit, die continuirliche Umgrenzung der Vacuole zu erklären, hinweg. Ich halte jedoch die de Vries'sche Lehre einerseits für unerwiesen, ja unwahrscheinlich, und andererseits die Entstehung der Vacuolen auch ohne die Tonoplastentheorie für vollkommen begreiflich.

Zunächst fehlt jede thatsächliche Unterlage für die Annahme der Tonoplasten; Niemand hat sie etwa in nicht vacuolisirtem Zustand gesehen; es müssen daher andere Gründe sein, welche jene Annahme rechtfertigen sollen. Unter diesen wäre natürlich der ausschlaggebend, welcher zeigte, dass die Vacuolen sich ähnlich den Kernen oder den Chromoplasten nur durch Vermehrung seitens Ihresgleichen bildeten. de Vries ist nun auch wirklich der Ansicht, dass dies stets der Fall sei. Was er jedoch (1886) an Thatsächlichem vorbringt, kann sicherlich nicht als der leiseste Beweis einer selbständigen Vermehrung der Vacuolen angesehen werden, vielmehr handelt es sich dabei ausschliesslich um Zerschnürung grosser Vacuolen in kleinere bei der Plasmolyse und ähnlichen Vorgänge, für welche es ersichtlich ist, dass hier die Theilung der Vacuole durch das umgebende Plasma bewirkt wurde. Auch was Went später (1888) in dieser Beziehung mittheilt, ist nicht beweiskräftig. Denn der Nachweis, dass Vacuolen durchgeschnürt werden, genügt ja nicht; vielmehr soll bewiesen werden, dass dies von der selbständigen eigenen Wand der Vacuole, nicht jedoch durch das umgebende Plasma bewirkt werde. Gerade diesen Punkt vermag jedoch Went nicht aufzuklären; sagt er doch selbst p. 318, »die Vacuolenwand ist so dünn, dass sie meistens nicht zu sehen ist«; dennoch glaubt er »nach Analogie« annehmen zu dürfen, dass die Vacuolenwand bei der Theilung activ mitwirke. P. 319 wird bemerkt: »Es kommt mir also vor (! B.), dass die Vacuolenwand sich activ betheiligt. Dieser Punkt muss aber durch spätere Untersuchungen ins Klare gebracht werden.« Dieser Punkt ist aber gerade der springende in der ganzen Frage nach der sog. Theilung der Vacuolen und diese daher, trotz gegentheiliger Versicherung, von Went nicht gelöst worden. Ebenso wenig hat aber Went bewiesen, dass sich Vacuolen nie neubildeten, wie er behauptet. Seine, wie auch de Vries' Untersuchungen erstreckten sich, wie schon die Abbildungen zeigen, nur auf relativ grosse grobe Vacuolen. Da nun neue Vacuolen ursprünglich jedenfalls minimal klein sind, so beweisen ihre Angaben in dieser Beziehung nichts. Was sollen aber überhaupt so grobschematische Figuren, wie sie die Arbeiten von de Vries und Went begleiten, in solch' subtilen Fragen beweisen? Wer die contractilen Vacuolen der Protozoen näher studirt hat, der wird keinen Augenblick zweifeln, dass hier fortgesetzt neue Vacuolen auftreten, welche ihre Entstehung nicht der Theilung früherer verdanken; es war dies, als de Vries und Went ihre Arbeiten verfassten, längst sicher ermittelt[1]. Neuerdings hat übrigens auch

[1] Neuerdings trat Künstler (1889) wieder energisch für das Vorhandensein einer »resistenteren Membran« um die contractile Vacuole der Flagellaten, insbesondere der Gattung Cryptomonas auf. Sowohl aus theoretischen Gründen, wie aus den speciellen Verhältnissen der contractilen Vacuole jener Form hält er diesen Schluss für unabweisbar. Ohne hier in Einzelheiten einzugehen kann ich nur auf die viel klareren Verhältnisse

Pfeffer (1890) durch Einführung von Asparaginkryställchen und anderen wasserloslichen Stoffen in das Plasma der Myxomyceten künstlich Vacuolen hervorgerufen, so dass auch von dieser Seite der Gegenbeweis geführt scheint.

Was de Vries über die selbständige eigene Wand der Vacuolen vorbringt, scheint mir ebenfalls wenig geeignet, sie zu erweisen. Gesehen hat er an der normalen Vacuole nichts mehr, wie den Grenzsaum, welcher sich nach unserer Ansicht leicht erklärt; dagegen haben er und Went häufig genug beobachtet, wie Vacuolen zusammenfliessen und sich nach Zusammenfluss wieder kuglig abrunden. Dies aber setzt doch unbedingte Flüssigkeit der Membran voraus, wenn wir eine solche einmal zugeben. Wie aber harmonirt damit, wenn de Vries (1886 Dros. p. 33) sagt: »diese Wand muss wie lebendiges Protoplasma äusserst dehnbar und elastisch und für Farbstoffe impermeabel sein.« Dehnbare und elastische, zugleich aber flüssige Membranen sind doch nicht wohl vorstellbar. Schon Pfeffer (1886) bemerkte daher auch sehr richtig, dass die Annahme von de Vries, es sei die Wand der grossen Centralvacuole der Pflanzenzellen in hohem Grad elastisch gespannt, sehr unwahrscheinlich sei, da sich bei Durchschneidung der Zellen davon nichts zeige. de Vries hat nun seine Ansicht von der besonderen eigenen Membran der Vacuole hauptsächlich durch plasmolytische Versuche an Spirogyren zu beweisen gesucht. Unter dem Einfluss der zu diesen Versuchen benutzten Lösung von 10 % KNO_3 + Eosin contrahire sich die Vacuole mit ihrer Wand stark und letztere bleibe lange lebendig, während das Plasma rasch absterbe. Letzteres wird namentlich daraus erschlossen, dass das Plasma von dem Eosin bald gefärbt wird, während der Farbstoff in den Inhalt der Vacuole nicht diffundirt, was die Lebendigkeit der Wand anzeige. Ich habe nun schon oben bemerkt, dass die Abbildungen von de Vries recht grobschematische sind und über feinere Verhältnisse keinerlei Auskunft gewähren, weshalb ich die Vermuthung nicht für unzulässig erachte, dass der Verfasser sich mit den feineren mikroskopischen Details nicht eingehender beschäftigt hat. Es scheint mir deshalb auch nicht unmöglich, dass die von de Vries gegebene Deutung des mikroskopischen Bildes hier wie bei Drosera (s. 1886) unrichtig ist. De Vries giebt uns nämlich gar keinen Aufschluss darüber, was sich eigentlich zwischen der Wand der stark contrahirten Vacuole und dem häufig nur sehr wenig contrahirten dünnen Plasmaschlauch befindet. Ich möchte nun vermuthen, dass zwischen beiden sehr stark vacuolisirtes Plasma liegt. Ich stelle mir vor, dass durch Einwirkung der KNO_3-Lösung der Vacuole Wasser entzogen wird und sie sich daher bedeutend verkleinert, gleichzeitig jedoch das an die Vacuole grenzende Plasma stark vacuolisirt und auf diese Weise der Zwischenraum zwischen der scheinbaren Wand

der Infusorien hinweisen (s. hierüber mein Werk über die Protozoen), für welche die Entstehung der contractilen Vacuolen durch Verschmelzung zahlreicher kleiner so häufig erwiesen wurde, dass die Gegenwart einer eigentlichen und beständigen Membran ganz unmöglich erscheint. Da auch bei Flagellaten eine entsprechende Entstehung der contractilen Vacuolen mehrfach beobachtet wurde, so können hier die Verhältnisse unmöglich andere sein, wenn das bei Cryptomonas a's contractile Vacuole bezeichnete Gebilde nicht etwa dem Reservoir der Euglenen entspricht, was ich für recht unwahrscheinlich halte.

der Vacuole und dem äusseren Theil des Plasmaschlauches gebildet werde. Auf die angegebene Weise erklärt sich die vermeintliche Wand der Vacuole als eine dünne Lage des die Vacuole zunächst umschliessenden Plasmas, welches durch Vacuolisation von dem übrigen Plasma abgedrängt wurde. Dass sich unter diesen Umständen auch die Vacuole mit ihrer umgebenden Plasmawand gelegentlich ganz isoliren kann, ist nicht unbegreiflich. Ebenso kann die scheinbare Vacuolenwand als der innerste Theil recht wohl am längsten lebendig bleiben; doch mag an dem längeren Nichteindringen des Eosins in den Zellsaft auch der Umstand betheiligt sein, dass es von dem äusseren Plasma gespeichert wird.

Wie gesagt, kann ich mich weder der Tonoplastenlehre wie der Anschauung von der eigenen besonderen Membran der Vacuolen anschliessen. Alles, was ich in letzterer Hinsicht zugeben kann, ist nur, dass der pelliculaartige Grenzsaum des Plasmas um die Vacuole unter dem Einfluss des Vacuoleninhalts möglicherweise gewisse Veränderungen erleidet, wie sie auch der äussere Grenzsaum des Plasmas unter dem Einfluss des umgebenden Mediums wahrscheinlich erfährt[1].

Ganz ähnliche Erwägungen, wie wir sie hinsichtlich der Vacuolen anstellten, gelten auch für die äussere Oberfläche der Plasmakörper. Consequente Vertreter der Gerüstlehre, so namentlich Leydig (1883 und 85), scheuten vor der Annahme nicht zurück, dass die Aussenfläche des Plasmas, die Oberfläche der Zelle überhaupt, nicht von einer continuirlichen Substanzlage gebildet werde, sondern dass sie entsprechend dem schwammigen Bau des Plasmas »porös« sei. So sagt Leydig (1885 p. 15), die Aussenfläche der Zelle sei stets porös, »insofern sie aus maschigem Gerüstwerk und eingeschlossener Zwischensubstanz besteht«. Schon 1883 behauptete er das Gleiche. Charakteristisch erscheint in dieser

[1] Auch im Hinblick auf diese Modification der Grenzschicht des Plasmas um die Vacuole und auf der äusseren Oberfläche, d. h. die sog. »Plasmahaut« (Pfeffer's und Anderer), stimmen die neueren Erfahrungen und Ansichten Pfeffer's (1890) mit meinen Anschauungen recht gut überein. Nur bezweifle ich, ob die sog. Plasmahaut für die osmotischen Vorgänge, auf Grund deren sie Pfeffer eigentlich früherhin annahm und welche auch jetzt noch für ihre Anwesenheit überall da sprechen sollen, wo die directe Beobachtung nichts Sicheres von ihr zeigt, die Bedeutung besitzt, welche Pfeffer ihr zuschreibt. Mir scheint vielmehr, dass das Plasma als solches wohl diese osmotischen Vorgänge und ihre Besonderheiten hervorrufen kann, um so mehr, da wir gefunden haben, dass es ein System feinster Lamellen darstellt, deren Hohlräume mit wässriger Flüssigkeit erfüllt sind. Pfeffer (1890 p. 238) erwägt diese Möglichkeit, welche ich stets für die wahrscheinlichere hielt, gleichfalls, gelangt jedoch zu dem Schluss, »dass für die Plasmahäute eine schwierigere Permeabilität« (d. h. als die des gewöhnlichen Plasmas) »deshalb zu fordern sei, weil die Imbibitionsflüssigkeit des Protoplasmas offenbar auch Stoffe gelöst enthält, welche nicht exosmiren.« Obgleich mir dieses »offenbar«, auf welchem Pfeffer's Argumentation beruht, nicht ganz unbedenklich erscheint, so halte ich doch dafür, dass die Sachlage auch durch die Schaumstructur des Plasmas, wie sie diese Arbeit nachzuweisen sucht, wesentlich geändert wird. Das, was Pfeffer Imbibitionsflüssigkeit nennt und offenbar als eine das Plasma gleichmässig und zusammenhängend durchtränkende Flüssigkeit auffasst, unterliegt auf Grund meiner Forschungen doch einer wesentlich anderen Beurtheilung. Diese Imbibitionsflüssigkeit ist wesentlich das in den Waben enthaltene Enchylem, und da dies immer von feinsten Plasmalamellen abgeschlossen wird, so sind stets die Bedingungen der Osmose gegeben, auch wenn die äussere Plasmahaut nicht existirt oder nicht die ihr zugeschriebene Bedeutung besitzt. Wenn man dagegen, wie es Pfeffer jedenfalls thut, voraussetzt, dass diese Imbibitionsflüssigkeit eine das Plasma continuirlich durchtränkende sei, so muss natürlich angenommen werden, dass auf der Oberfläche eine besondere Plasmahaut existire, welche die Osmose der Imbibitionsflüssigkeit regelt. Wie gesagt, halte ich jedoch diese Annahme nicht für zwingend, sondern mir scheint, dass das Plasma als solches, das heisst die Lamellen des Wabengerüstes zur Erklärung der osmotischen Vorgänge ausreichen.

Hinsicht namentlich auch seine Auffassung der dünnen, nur einschichtigen Wabenlage der Zellen der Capillaren, indem er sie für porös erklärte (s. oben p. 93). Diese seltsame Auffassung Leydig's hängt übrigens innig mit seiner Ansicht über die Bedeutung der Zwischensubstanz als das eigentlich Lebendige des Plasmas zusammen, nach welcher ja die Zwischensubstanz sogar in Gestalt der Pseudopodien aus dem Gerüstwerk hervorkriechen solle; dazu war natürlich erforderlich, dass keine zusammenhängende Lage des Gerüstwerks die Oberfläche überdecke.

Auch Frommann muss für nacktes Protoplasma ähnliche Ansichten vertreten; so bemerkte er (1880) für die Knorpelzellen, dass sich zwar auf der Oberfläche einige Fäden (sog. Grenzfäden) des Gerüstwerks finden, dagegen keine zusammenhängende Membran aus verdichtetem Plasma.

Dagegen hatte Heitzmann schon ursprünglich (1873), wenn auch nicht eingehender, die Oberfläche des Plasmagerüstes durch eine continuirliche Membran der Gerüstsubstanz abgeschlossen dargestellt. Später (1883) bespricht er diesen Punkt ausführlicher und lässt die Membran in gleicher Weise wie jene der Vacuole durch Bildung eines sog. »flachen Lagers« (s. oben p. 146) aus dem Gerüstwerk entstehen.

Auf botanischer Seite fasste man die Angelegenheit etwas anders auf. Bekanntlich herrschte hier schon lange die Vorstellung, dass das Plasma gegen die Aussenwelt durch eine besondere Hautschicht, welche sich in ihren Eigenschaften von dem übrigen Plasma unterscheide, abgegrenzt sein müsse. Man hat diese Hautschicht auch vielfach direct beobachtet, d. h. das nicht körnige hyaline äusserste Plasma, welches wir bei Protozoen gewöhnlich Ectoplasma nennen, als Hautschicht bezeichnet. Die Annahme einer stets vorhandenen, wenn auch nicht direct sichtbaren Hautschicht gründete sich jedoch erst auf die osmotischen Versuche Pfeffer's und Anderer, welche sich nach der Ansicht dieser Beobachter nur durch die Voraussetzung einer solchen, mit besonderen osmotischen Eigenschaften ausgestatteten Plasmamembran erklären liessen.

Schmitz, welcher die Netzstructur des Plasmas auf botanischem Gebiet zuerst (1881) genau erörterte, glaubt annehmen zu dürfen, dass sich die Hautschicht vornehmlich durch engmaschigere Structur von dem übrigen Plasma unterscheide. Auch Strasburger (1882 Zellhäute) möchte sich dieser Ansicht anschliessen, meint jedoch, dass die Maschen in der Hautschicht auch vollständig obliteriren könnten (p. 195). Auf dieser abweichenden Structur der Hautschicht könnten wohl ihre besonderen osmotischen Eigenschaften beruhen. Auf p. 235—236 spricht er sogar ganz bestimmt davon, dass er die »anatomischen Maschen« d. h. die Maschen der Netzstructur in der Hautschicht als geschlossen annehme und dass in ihr das sog. Molekularnetz stabiler, die Molekeln bestimmter geordnet seien. Wenn die Hautschicht zuweilen fehle, dann dürfte das Körnerplasma an seiner Oberfläche die Maschen zusammenziehen und die Function der Hautschicht übernehmen.« 1884 erklärt Strasburger auch die Kernmembran für eine entsprechende Hautschicht des Plasmas und bemerkt dazu (p. 104): sie sei, »wie jede Hautschicht« aus dem Netzwerk des Cytoplasmas »durch Verengerung der Maschen hervorgegangen.

Schneider (1891), ein consequenter Vertreter des rein fibrillären Plasmabaus, lässt eine zusammenhängende Grenzmembran des Plasmas in der gleichen Weise, wie es früher für die Vacuolenmembran geschildert wurde, durch Verkittung der Fibrillen mittelst einer besonderen Kittsubstanz entstehen.

Uebrigens berühren die meisten Forscher, welche sich mit Plasmastructuren beschäftigt haben, die Frage nach der Bildung der Aussenfläche des Plasmas überhaupt nicht näher.

Aus dem Angeführten ergiebt sich, dass die Vertreter der Gerüstlehre besonderer Annahmen bedürfen, um die Abgrenzung des Gerüstes gegen das umgebende Medium zu erklären; denn dass die Sache sich nicht so verhält, wie sie Leydig darstellte, dass vielmehr ein zusammenhängender nicht poröser Grenzsaum die Oberfläche des Plasmas stets umzieht, zeigt jede Beobachtung. Da nun Plasmakörper sich häufig beliebig zerquetschen oder zerschneiden lassen und dann auf ihrer Oberfläche stets wieder den zusammenhängenden scharfen Saum zeigen — eine Erfahrung, welche ja auf thierischem wie pflanzlichem Gebiet so häufig gemacht wurde, dass es unnöthig erscheint, hier besondere Beispiele anzuführen — so sind die Anhänger der Gerüstlehre genöthigt, anzunehmen, dass geheimnissvolle Kräfte die freigelegten Maschen sofort und stets wieder schliessen oder dass dieser Abschluss durch eine Bildung von Kittsubstanz etc. bewirkt werde.

Solche Annahmen sind, wie gesagt, für die Wabenlehre durchaus unnöthig; nach ihr ist das stete Vorhandensein eines pelliculaartigen zusammenhängenden Grenzsaums eine directe Folge des vorausgesetzten Baues und jeder abgetrennte Plasmatropfen findet sich genau wieder in den gleichen Verhältnissen wie der ursprüngliche Plasmakörper, wird also ebenfalls den Grenzsaum besitzen.

Wir gelangen nun zu einem weiteren hochwichtigen Verhalten der äusseren Grenzschicht des Plasmas, die meiner Ansicht nach genügt, um die Frage zu Gunsten der Wabenlehre zu entscheiden. Ich habe früher gezeigt, dass an der Oberfläche des Plasmas insofern besondere Verhältnisse bestehen, als die Waben der äussersten Schicht stets senkrecht zur Oberfläche gerichtet sind, auf welche Weise der als Alveolarschicht bezeichnete radiärgestreifte dünne Saum zu Stande kommt. Ich habe diese Alveolarschicht für eine ganze Anzahl von Zellen etc. nachgewiesen und füge noch hinzu, dass Schewiakoff und ich sie auch bei glatten wie quergestreiften Muskelzellen erwiesen (1890, 1891).

Es wurde jedoch ferner gezeigt, dass diese Alveolarschicht nicht etwa eine besonders geartete Haut auf der Oberfläche der Zellen ist, denn sie findet sich in gleicher Weise auch um die beim Zerquetschen entstehenden Plasmatropfen der Milioliden und um ähnliche der Gromia Dujardini.

Andererseits fanden wir aber, dass eine Alveolarschicht auch stets auf der Oberfläche der künstlichen Schaumtropfen ausgebildet ist, und konnten uns leicht erklären, wie und warum sie dort stets auftreten muss. Diese Uebereinstimmung zwischen den Oelseifenschäumen und dem Plasma halte ich für einen Beweis, dass auch in der übrigen Structur Uebereinstimmung besteht. Ich wüsste wenigstens nicht, in welcher Weise die Gerüstlehre eine Erklärung für das Auftreten der Alveolarschicht geben wollte; jedenfalls bedürfte sie dazu, wie jede auf falscher Grundlage aufgebaute Lehre, wiederum gewisser Unterhypothesen, wodurch sie sich aufs neue als unwahrscheinlich documentirte.

Da die Alveolarschicht nach unserer Auffassung des Baues und der physikalischen Beschaffenheit des Plasmas ganz allgemein verbreitet sein muss, so haben wir uns darüber Rechenschaft zu geben, ob in der früheren Litteratur Angaben vorliegen, welche für diese Voraussetzung sprechen. Schon Kupffer zeichnete 1870 in den Follikelzellen des Ascidieneies die äusseren Maschen deutlich senkrecht zur Oberfläche; da es jedoch, wie oben erörtert wurde (s. p. 104), etwas unsicher ist, ob die Wabenstructur dieser Zellen nicht eine gröber vacuoläre ist, so bleibt es auch etwas zweifelhaft, ob hier eine wirkliche Alveolarschicht vorlag. Ebensowenig lässt sich bestimmt entscheiden, ob die radiär gestreifte Wand, welche er 1874 an der sog. inneren Kapsel der Speicheldrüsenzellen von Blatta beschrieb, eine wirkliche, dann aber jedenfalls ziemlich stark modificirte Alveolarschicht ist.

Dass auch die radiär gestreifte Hautschicht, welche zuerst Sachs, später Strasburger (Zellbildung und Zelltheilung 2. Aufl. 1876) bei den Zoosporen von Vaucheria beschrieben, hierher gerechnet werden muss, habe ich schon früher betont. Ich berechne die Dicke dieser Schicht nach Strasburger's Abbildungen (1876 Protoplasma) auf ca. 3 μ. Das ist ja für eine gewöhnliche Alveolarschicht etwas viel, da deren Dicke von der Maschenweite des Plasmas abhängt und diese in der Regel 1 μ nicht erheblich übersteigt. Doch bieten uns die Ciliaten zahlreiche Beispiele ähnlich dicker Alveolarschichten, ja bei Bursaria truncatella erreicht sie sogar die Dicke von 8 μ. Demnach kann es keiner Frage unterliegen, dass diese Schicht besonderen Modificationen unterworfen werden kann, was vielleicht damit zusammenhängt, dass sie mehr oder weniger fest wird und dann ein besonderes Wachsthum unter ansehnlicher Erhöhung der Maschen einschlägt. Ich werde auf diese Frage gleich noch näher eingehen. Ursprünglich hat Strasburger die Alveolarschicht der Vaucheria zweifellos richtiger beurtheilt wie später, da er ihr zuerst einen kämmerigen Bau zuschrieb und die Streifung auf die radial gerichteten Wände der Kammern bezog. Später gab er diese Ansicht wieder auf und führte die Streifung auf Stäbchen zurück, weshalb er sogar an einen Vergleich mit den Trichocysten der Infusorien dachte (p. 14); die Stäbchen galten ihm wesentlich als Stützgebilde der Cilien.

Unrichtig war es hingegen, wenn ich früher (1889) angab, dass Strasburger auch bei den Plasmodien eine radiär gestreifte Alveolarschicht beobachtet habe; was er dort sah (1876 Protoplasma), war jedenfalls nur fädig ausgezogenes Plasma, welches bei der Schrumpfung, die die Abtödtung begleitete, an der äusseren Haut, welche vielleicht die Alveolarschicht war, haften blieb. Er selbst deutet das Beobachtete ähnlich.

v. Beneden (1883) bildet eine sehr schön entwickelte Alveolarschicht an den Epithelzellen der Papillen aus dem unteren Ende des Oviducts von Ascaris megalocephala ab. Eigenthümlich ist nur, dass zwei solcher Schichten, eine äussere lichtere und eine darunter befindliche dunklere auftreten. Die Verhältnisse liegen daher ähnlich wie bei gewissen Ciliaten (Vorticella s. oben p. 60 und Nassula), oder sie erinnern auch an die Hülle sammt Alveolarschicht bei Amöba actinophora (s. Taf. II Fig. 9), Cochliopodium und ähnlichen Formen mit einer der Alveolarschicht ähnlichen Schalenhülle. Ich glaube deshalb, dass diese Verhältnisse sich auch ähnlich erklären, d. h. dass eine ursprüngliche Alveolarschicht unter chemischer Veränderung zu einer festen Membran wurde, was zur Folge hatte, dass sich eine neue Alveolarschicht unter ihr entwickelte, indem nach den früher dargelegten Gesetzmässigkeiten der Schäume auch die an eine feste Membran grenzende Wabenlage stets den Charakter einer Alveolarschicht annehmen muss.

Bei Leydig (1885) kann ich nur den radiär gestreiften Saum der Epithelzellen der Zungendrüsen von Pelobates als eine wirkliche Alveolarschicht beurtheilen. Dagegen ist die radiäre äussere Zone der Epithelzellen von Salamandra maculosa viel zu dick, um als Alveolarschicht zu gelten; dies geht auch aus der späteren Schilderung dieser Zellen von Tangl (1887) hervor; auch Pfitzner (1885) hat diesen Saum beobachtet. Es wird sich also wohl um eine radiäre Anordnung der Maschen dieser ganzen Zone handeln, wodurch die Alveolarschicht natürlich undeutlicher wird. Carnoy (1884) hat die Alveolarschicht wohl sicher beobachtet, so namentlich an den Darmzellen von Asellus; doch ist seine Schilderung wenig klar. Auch die sog. Membran, welche er an den Hodenzellen von Lithobius (zwar ohne Structur) abbildet und beschreibt, gehört wohl zweifellos hierher. Carnoy beurtheilt nun die oben besprochene Lage an der Oberfläche der Zellen als Zellmembran und ist überhaupt der Ansicht, dass sämmtliche Zellen eine solche Membran besässen. Ich glaube daher, dass er Aehnliches noch häufiger beobachtet hat und alle diese Bildungen als Zellmembranen beurtheilte. Thatsächlich hat er später (1885) auch an den amöboid beweglichen Hodenzellen der Insecten eine solche Membran wahrgenommen, welche reticuläre Structur zeige und sich gelegentlich stellenweise abhebe. Endlich beschrieb er 1886 bei der Furchung der Nematodeneier eine sog. Zellplatte, die sich, von aussen nach innen fortschreitend, auf der späteren Trennungsgrenze der beiden Furchungszellen bilde und innerhalb welcher dann die Spaltung der Zellen erfolge. Ich möchte vermuthen, dass Carnoy nicht Recht hat, wenn er annimmt, dass die Furchung der Nematodeneier in zweierlei Weise verlaufe, nämlich einmal vermittels Durchschnürung und zweitens durch Spaltung innerhalb dieser Zellplatte. Mir will es vielmehr scheinen, dass er den eigenthümlichen Vorgang der sogenannten Abplattung der Furchungszellen nach der Durchschnürung übersehen und die aneinandergepressten Zellen für Stadien der Theilung durch Spaltung gehalten hat. Diese angebliche Zellplatte nun, welche mit dem, was in der Regel als Zellplatte bezeichnet wird, schwerlich etwas zu thun hat, ist ihrem Bau nach eine doppelte Alveolarschicht, gerade wie auch ich sie auf der Grenze der aneinandergepressten Furchungskugeln der Seeigeleier beobachtete. Carnoy lässt aus den getrennten beiden Schichten dieser Zellplatte später die Membranen der Zellen hervorgehen. Doch zeichnet er auf der freien Oberfläche der Furchungszellen keine deutliche Alveolarschicht, obgleich sie hier wohl ebenfalls vorhanden ist. Dass sie auf den aneinandergrenzenden Partien der Zellen deutlicher zu bemerken ist, scheint naturlich, da sie hier die doppelte Dicke besitzt und deshalb leichter auffällt. — Es kann natürlich nicht meine Aufgabe sein, die Angelegenheit ohne eigene neue Untersuchungen an den betreffenden Objecten aufklären zu wollen. Ich bitte diese Vermuthungen daher auch nicht misszuverstehen.

Da wir eben sahen, dass Carnoy unsere Alveolarschicht zweifellos allgemein als Zellmembran behandelt, und auch Frommann später (1890) die Alveolarschicht der Infusorien ohne ein Wort der Begründung unter die Zellmembranen verweist, so muss ich mich hierüber näher aussprechen.

Die Gründe, weshalb die Alveolarschicht der Infusorien nicht unter die Zellmembranen in gewöhnlichem Sinne gestellt werden kann, habe ich früher (1887 p. 1268) ausführlich dargelegt. Der Hauptgrund ist, dass diese Schicht ebenso leicht vergänglich, namentlich zerfliesslich ist, wie das übrige Plasma, von welchem sie auch in Hinsicht auf Tinction und chemisches Verhalten, soweit dieses erforscht ist, keine wesentlichen Unterschiede zeigt. Dazu gesellt sich ihr Verhalten bei der Theilung, wo sie dem Körper folgt wie eine äussere Plasmalage, und schliesslich die Verschmelzung der Infusorien bei der Conjugation. Alles dies beweist, dass die Alveolarschicht der Infusorien mit einer isolirbaren, widerstandsfähigen Membran, wie es die typischen Zellmembranen sind, nicht direct verglichen werden kann. Ihre allgemeinen Eigenschaften beweisen, dass sie aus einer im Wesentlichen mit dem übrigen Plasma übereinstimmenden Substanz bestehen muss, welche nur geringfügige chemische Modificationen erfahren haben kann. Andererseits verfolgen wir die Alveolarschicht auch bis zu den amöboiden Plasmakörpern hinab, bei welchen von einer Zellmembran nicht mehr die Rede sein kann. Wenn ich daher auch nicht zuzugeben vermag, dass man die Alveolarschicht im Allgemeinen als Zellmembran registrirt, da sie weder in physikalischem noch histologischem Sinne ursprünglich eine solche ist, so halte ich es doch für wahrscheinlich, dass sie sich häufig durch Solidification zu einer festen Membran entwickelt, die man dann als Zellmembran bezeichnen kann[1].

Die Gründe für diese Annahme sind einerseits, dass es ja zweifellos ist, dass wenigstens die äussere Grenzlamelle der Alveolarschicht, welche ich bei den Protozoen als Pellicula bezeichnete, thatsächlich häufig fest geworden ist. Wir müssen dies überall da zugeben, wo bestimmte, von der Kugelgestalt abweichende Formverhältnisse der Zelle vorkommen, indem diese ohne eine feste Beschaffenheit der Oberfläche nicht möglich sind. Dass jedoch auch die gesammte Alveolarschicht fest werden kann, dürfte, wie oben schon bemerkt, aus dem Umstand folgen, dass bei gewissen Ciliaten, wie Vorticellinen

---

[1] Dass nicht allen Zellen eine Zellmembran im Sinne Carnoy's zukommen kann, beweisen schlagend die dünnen platten Zellen, deren Leib auf grosse Strecken nur aus einer einzigen Lage von Waben besteht (s. oben die Zellen der Blutcapillaren und die Bindegewebszellen aus dem Ischiadicus). Bei solchen Zellen spielt eben diese einfache Wabenlage nach beiden Flächen die Rolle einer Alveolarschicht, und dies Verhalten beweist meiner Ansicht nach auf das Bestimmteste, dass auch die gewöhnlichen Alveolarschichten zu dem Plasma gehören, wenn sie auch den Charakter fester Zellmembranen annehmen können.

und Nassula, unter ihr noch eine zweite Radiärschicht vorkommt, was die Festigkeit der äusseren hinreichend beweisen dürfte. Auch die radiäre Anordnung der Trichocystenschicht (Corticalplasma) bei Urocentrum und Paramaecium beruht wohl zum Theil auf ähnlichen Gründen.

Ferner giebt es gut ausgebildete, chitinöse feste Hüllen, welche sich von dem Plasmakörper isolirt haben und den charakteristischen Bau der Alcolarschicht besitzen. Am längsten und besten ist dies von der Arcellaschale bekannt; ähnliche, jedoch biegsamere Hüllen finden sich auch bei Cochliopodium und wahrscheinlich noch anderen Rhizopoden[1]. Ich halte es für sehr wahrscheinlich, dass diese wabigen Hüllen direct aus einer Alveolarschicht hervorgegangen sind. Oben wurde ferner gezeigt, dass auch die Cuticula von Phascolosoma und Branchiobdella aus mehreren bis zahlreichen Schichten besteht, von welchen jede etwa den Bau einer Alveolarschicht besitzt, so dass wir uns die Entstehung solcher geschichteten Cuticulae durch aufeinanderfolgende Bildung mehrerer, successive erhärtender Alveolarschichten erklären können. Wie gesagt, halte ich es daher für sehr wahrscheinlich, dass, wie Carnoy und Frommann annehmen, Zellmembranen und Cuticulae durch Erhärtung der äussersten Plasmalage, d. h. der Alveolarschicht entstehen können. Was diese beiden Forscher über die näheren Modalitäten des Vorgangs ausführen, Erhärtung und chemische Umwandlung des Gerüstes, Ausfüllung der Maschen durch Cellulose oder stickstoffhaltige feste Substanzen, scheint mir augenblicklich noch zu unsicher und hypothetisch, um darauf specieller einzugehen.

Dagegen kann ich mich vorerst keineswegs dazu entschliessen, überhaupt sämmtliche häutigen Umhüllungen plasmatischer Körper in derselben Weise zu beurtheilen. Ich muss vielmehr zugeben, dass auch durch wirkliche Ausscheidung, d. h. durch eine auf der Oberfläche des Plasmakörpers austretende Substanz, welche zu einer Hülle erhärtet, derartige Membranen entstehen können. So habe ich schon früher die Gründe genauer erörtert, welche eine solche Entstehung für die Cystenhüllen der Ciliaten sehr wahrscheinlich machen (Protozoen p. 1059). Ich weise hier nur darauf hin, dass manche Ciliaten während der Bildung dieser Hülle mit ihrem Flimmerkleid lebhaft rotiren, was es meiner Auffassung nach geradezu unmöglich macht, an eine Entstehung dieser Hüllen durch directe Umbildung einer äusseren Plasmaschicht zu denken. Das Gleiche lässt sich auch für die Gehäuse der Ciliaten und wohl auch die zahlreicher Flagellaten wahrscheinlich machen. Auch beobachten wir viele Uebergangsstufen zwischen gallertigen Umhüllungen und festen Hüllmembranen, was gleichfalls in diesem Sinne spricht; denn die Gallerthüllen sind, so weit wir ihre Entstehung genauer kennen, wohl sicher wirkliche Abscheidungen. Uebrigens bewegen wir uns hier auf einem Gebiet, das eigentlich kaum mit Erfolg zu erforschen war, bevor die Beschaffenheit des Plasmas selbst genauer ermittelt wurde. Ich hoffe, dass der Weiterausbau der von mir dargelegten Ansicht über die Structur des Plasmas sich auch für diese Fragen fruchtbar erweisen, ja dass es vielleicht sogar gelingen wird, an den Oelseifenschäumen experimentell mancherlei Aufklärungen über diese Dinge zu erhalten.

[1] Ebenso jedoch auch Flagellaten, so Trachelomonas.

Durch vorstehende Ausführungen glaube ich dargelegt zu haben, dass die weite, ja wohl allgemeine Verbreitung der Alveolarschicht, deren Entstehung die Schaumtheorie zu erklären vermag, während die Gerüstlehre zu ihrem Verständniss nichts beibringt, durchaus zu Gunsten der ersteren spricht.

Ebenso verhält es sich auch mit dem Auftreten einer ähnlichen Radiärschicht um den Kern. Es wurden dafür im beschreibenden Theil eine Reihe von Beispielen gegeben. Auch Heitzmann (1884) zeichnet überall eine solche Radiärschicht um den Kern sehr deutlich; doch glaube ich wohl annehmen zu dürfen, dass dieselbe mehr schematisch construirt, als wirklich beobachtet wurde. Auch bei Kupffer (1870) ist eine solche Radiärstellung der Maschen um den Kern schon angedeutet. Ob der helle Hof, welchen Leydig (1883) häufig um den Kern beobachtete und der von radiären Fortsetzungen des Gerüstes durchzogen sein soll, zum Theil wenigstens diese Radiärschicht repräsentirt, scheint mir zweifelhaft; jedenfalls war er dann in den meisten Fällen durch Schrumpfung des Kerns beträchtlich erweitert. Dagegen hat Künstler (1889) die radiäre Richtung der Maschen gegen die Kernoberfläche bei Cryptomonas ganz gut dargestellt und gleichzeitig zuerst beobachtet, dass auch die äusserste Lage der viel feineren Kernmaschen senkrecht zur Kernoberfläche orientirt ist. Auch ich habe bei Chilomonas die radiäre Richtung der Plasmamaschen zum Kern sehr schön wahrgenommen. — Diese Erscheinung erklärt sich nun nach unserer Auffassung des Plasmas wieder sehr einfach. Schon die Gestalt der Kerne beweist nämlich wenigstens in vielen Fällen, dass zum mindesten ihre Oberfläche von fester Beschaffenheit sein muss.

Da ich hier nicht beabsichtige, auf die Frage nach der Kernmembran einzugehen, so lasse ich unerörtert, wie diese feste Oberfläche der Kerne beschaffen ist oder entsteht. Wenn jedoch, wie nicht bezweifelt werden kann, die Kernoberfläche thatsächlich fest ist, dann muss nothwendig die angrenzende Wabenschicht des Plasmas radiär zu ihr geordnet sein, und hierfür sprechen, wie gesagt, zahlreiche Befunde. Nur darf man nicht erwarten, an geschrumpften oder sonst deformirten Kernen von diesen Dingen Sicheres zu sehen. Dass natürlich die äussere radiäre Lage des sog. Kerngerüstes aus demselbem Gesichtspunkt beurtheilt werden muss, will ich hier nicht weiter ausführen, da ich in dieser Arbeit überhaupt nicht auf die Verhältnisse der Kerne einzugehen gedenke. Wir finden jedoch in dieser Radiärschicht um den Kern wieder eine Bestätigung unserer Theorie; auch ist wohl mit Sicherheit vorauszusagen, dass sich um jeden festen Körper, der im Plasma auftritt, die gleiche Erscheinung wiederholen wird, wenn ich auch bis jetzt noch keine Gelegenheit fand, darauf zu achten.

Nachdem wir also im Aggregatzustand des Plasmas, im Auftreten der Radiärschicht um Vacuolen, Kerne und auf der Oberfläche der Plasmakörper gewichtige Gründe für die Richtigkeit unserer Ansicht von der Schaumnatur des Plasmas gefunden haben, muss ich hier noch einmal darauf aufmerksam machen, wie gross die allgemeine Aehnlichkeit der künstlich erzeugten Schäume mit dem Plasma ist. Da hierüber die Abbildungen und Photographien genügend Aufschluss geben, so wird es nicht nöthig sein, diesen Punkt ausführlicher zu erörtern. Ich betone nur besonders die Uebereinstimmung in den Grössenverhältnissen der Waben bei beiden und gehe auf eine weitere Aehnlichkeit kurz ein.

Bei der Besprechung des Plasmabaues fanden wir als durchgängige Regel, dass die körnigen Einschlüsse in der Gerüstsubstanz und zwar in den Knotenpunkten des Wabenwerks liegen. Ich habe nun zu ermitteln versucht, wie sich die Schaumtropfen in dieser Beziehung verhalten. Wenn dem Oel, aus welchem die Tropfen erzeugt werden, feiner Kienruss beigemischt wird, so beobachtet man an den Schaumtropfen, dass die feinen Russpartikel ganz genau dieselbe Lage in dem Schaum einhalten, dass sie nämlich in den Knotenpunkten der Maschen liegen. Daraus folgt also, wie auch aus den allgemeinen Verhältnissen der Schaumbildung von vornherein vermuthet werden musste, dass wenigstens die feinsten Körnchen, wenn sie erkennbare Grösse besitzen, in die Knotenpunkte gedrängt werden[1]. Demnach erklärt sich auch diese Eigenthümlichkeit der Plasmastructur auf Grundlage der Schaumtheorie leicht und sicher, während ich nicht verstehe, wie die Gerüstlehre zu zeigen vermag, warum die Granula stets die Knotenpunkte des Gerüstes einnehmen und im Verlauf der Gerüstmaschen nicht auftreten.

Als weitere und wichtige Uebereinstimmung der künstlichen Schäume und des Plasmas weisen wir endlich auf die Strahlungserscheinungen hin, die in beiden auftreten

[1] Nachträglich sehe ich, dass schon Plateau 1882 eine Beobachtung gemacht hat, welche ebenfalls für die Anhäufung fester Körnchen in den Kanten und Knotenpunkten der Schaumwaben spricht. Wenn man auf eine dünne Lamelle von Seifenglycerin, die in einem horizontalen Drahtring ausgespannt ist, Lycopodiumsporen streut und darauf die Lamelle unter einer Glasglocke stehen lässt, so werden die Sporen allmählich sämmtlich nach der Peripherie der Lamelle geführt, d. h. dahin, wo letztere sich an den Drahtring befestigt. Die Körnchen wandern daher, wie Plateau zu beweisen suchte, dahin, wo sich die Lamelle mit concaven Krümmungen an den Ring befestigt. In einem System von Lamellen werden sich die Körnchen demnach in den Kanten, respect. den Knotenpunkten ansammeln, wo, wie früher geschildert wurde, die Lamellen ebenfalls unter concaven Krümmungen ineinander übergehen. Hinsichtlich der eventuellen Erklärung der Erscheinung bitte ich die Arbeit von Plateau selbst zu vergleichen. — Da mir eine möglichst sichere Entscheidung der Frage, wie sich feste Körnchen in makroskopischen Schäumen verhalten, im Hinblick auf die Plasmafrage, von nicht geringer Wichtigkeit zu sein schien, stellte ich neuerdings selbst einige Versuche in dieser Richtung an, welche denn auch die Voraussetzung leicht und vollkommen bestätigten. Wenn man in einer Kochflasche durch Einblasen von Luft mittelst eines Glasrohrs in geeignete Flüssigkeit (mit Glycerin versetzte Seifenlösung oder Extract von Seifenholz) einen haltbaren Schaum erzeugt und der Flüssigkeit gleichzeitig eine nicht zu kleine Quantität Mohnsamen oder einen anderen kleinkörnigen geeigneten Samen beigemischt hat, so werden die kleinen Samenkörner in grosser Menge in das Gerüst der Seifenlamellen aufgenommen. Hier liegen sie in bei weitem grösster Menge und auf das Schönste in den Knotenpunkten, in geringerer Menge in den Kanten und nur ganz vereinzelt findet man einmal ein Samenkörnchen, welches frei in einer Lamelle enthalten ist. Nicht selten enthält auch ein Knotenpunkt eine Gruppe der Körnchen oder eine Kante eine Reihe derselben hintereinander. Beim Platzen der Waben lässt sich gut verfolgen, wie die Körnchen immer wieder nach den Knotenpunkten rücken. Wie gesagt, bestätigen also diese Versuche mit makroskopischen Schäumen unsere Voraussetzung auf das Bestimmteste. Nimmt man statt der Samenkörner etwas zerriebenen Carmin, so findet man hinsichtlich der gröberen Körnchen das gleiche Verhalten. Interessanter Weise sammeln sich aber auch die feinsten Carminkörnchen vorzugsweise in den Knotenpunkten, so dass diese roth erscheinen, während Kanten und Lamellen farblos sind. Auch diese Erfahrung bietet ein gewisses Interesse, indem sie uns zeigt, dass die Knotenpunkte des Gerüstes unter besonderen Verhältnissen dunkler erscheinen oder sich in eigenthümlicher Weise verhalten können, auch ohne dass ihnen grössere erkennbare Körner eingelagert sind, denn auch im Plasma mag es vorkommen, dass körnige Einlagerungen im Gerüst enthalten sind, welche wegen ihrer Kleinheit nicht deutlich zu erkennen sind, wie es ja auch für die sichtbaren Granula häufig nicht bestimmt zu entscheiden ist, ob sie einheitlich oder ob sie Gruppen kleinerer Körnchen sind.

konnen und welche nachweislich auf denselben Structurverhältnissen, d. h. der mehr oder weniger ausgesprochenen Hintereinanderreihung der Waben in gewissen Richtungen beruhen. Wie ich früher zeigte, hängen die Strahlungserscheinungen der künstlichen Schäume sehr wahrscheinlich von Diffusionsvorgängen in denselben ab; d. h. die Waben ordnen sich reihenförmig in der Richtung des diffusionellen Austausches, gewissermaassen in der Richtung der Diffusionsströme, wenn dieser Ausdruck gestattet ist. Diese Erfahrung stimmt sehr wohl mit den Schlüssen überein, zu welchen ich schon vor vielen Jahren hinsichtlich der Bedeutung der Strahlungsphänomene im Plasma gelangte.

Schon 1874 fand ich, dass man um die in Diastole begriffene contractile Vacuole der grossen Amöba terricola eine sehr schöne und feine, allseitig radiäre Strahlung im Plasma beobachtet. Als ich mich später 1876) mit den Strahlungserscheinungen beschäftigte, welche bei der Zelltheilung in der Regel an den Polen der Kernspindel auftreten, schloss ich, zum Theil gestützt auf diese frühere Erfahrung, zum Theil mich auf die Erscheinungen im Plasma bei der Zelltheilung basirend, dass die Sonnen um die Pole der Kernspindel ihre Entstehung im Allgemeinen denselben Vorgängen verdanken, welche auch jene um die Vacuole der Amöba terricola hervorrufen. Da die letzterwähnte Strahlung nur während des Wachsens der Vacuole besteht, d. h. während die Vacuole aus dem umgebenden Plasma Wasser anzieht, so folgerte ich, dass die Strahlung ein optischer Ausdruck dieses Vorgangs sei. Ich kam also schon damals zu einer Deutung des Vorgangs, welcher 15 Jahre später durch die Erfahrungen an den Oelseifenschaumtropfen bestätigt wurde. Da nun die Strahlenphänomene bei der Zelltheilung ihrem Aussehen nach vollkommen mit der Strahlung um die contractile Vacuole übereinstimmen, so lag der Schluss nahe, dass auch ersteren eine entsprechende Wanderung von Flüssigkeit und gelösten Stoffen im Plasma zu Grunde liege. Nur glaubte ich damals annehmen zu müssen, dass sich dabei umgekehrt von den hellen Centralhöfen der Sonnen aus diese Diffusion allseitig ins Plasma erstrecke, wobei natürlich die Strahlung gleichfalls hervortreten müsse. Dieser Gedankengang wurde, wie gesagt, durch die Beobachtungen an den Oeltropfen bestätigt, denn, wie ich früher darlegte, bilden sich Strahlungserscheinungen an diesen sowohl aus, wenn man eine Diffusion aus den Tropfen in das äussere Medium hervorruft, als wenn man umgekehrt aus diesem eine Diffusion in den Tropfen veranlasst. Die Strahlung setzt also eben nur das Bestehen einer solchen Diffusionsbewegung voraus, gleichgültig ob dieselbe vorwiegend nach der einen oder der anderen Richtung geht.

In neuerer Zeit wurden bekanntlich unsere Erfahrungen über das Entstehen der Strahlungserscheinungen bei der Theilung wesentlich erweitert. Es ergab sich, dass sie nicht von dem Kern oder dem Plasma selbst hervorgerufen werden, wie ich noch 1876 annahm, sondern dass sie mit gewissen eigenthümlichen Körperchen zusammenhängen, welche neben dem Kern im Plasma dauernd vorhanden sind, den sog. Centralkörpern. Die Plasmastrahlung bildet sich stets um ein solches Centralkörperchen aus, sei es, dass sie schon in der ruhenden Zelle zu beobachten ist, sei es, dass sie sich erst zu

Beginn der Theilung um das Centralkorperchen allmählich entwickelt. Diese erst neuerdings aufgefundenen Thatsachen müssen daher unsere frühere Auffassung der Strahlung insofern modificiren, als sie uns in den Centralkörpern diejenigen Gebilde suchen lassen, welche durch ihre Einwirkung auf das Plasma die Asterbildung hervorrufen. Nach unserer Auffassung besteht jedoch diese Einwirkung darin, dass das Centrosom im Enchylem gelöste Stoffe, respect. auch dieses zum Theil selbst, in derselben Weise anzieht, wie eine hygroskopische Substanz Wasser anzieht, und dass die so entstehende diffusionelle Wanderung das Strahlenphänomen hervorrufe. Dass diese Ansicht in den Thatsachen eine weitere Stütze findet, folgt aus den Beobachtungen Boveri's, welcher für Ascaris megalocephala zeigte, dass die im Ruhezustand der Zelle sehr kleinen Centralkörper sich während der Ausbildung der Astern allmählich recht beträchtlich vergrössern und ebenso später wieder verkleinern[1]. Diese Erfahrung beweist wohl direct, dass die Centralkörper aus der Umgebung Stoffe aufnehmen, auf deren Kosten sie heranwachsen. Wie gesagt, harmonirt diese Beobachtung daher recht gut mit der gemachten Voraussetzung. — Es fragt sich nur noch, ob wir auch über den hellen Centralhof der Sonnen, in welchem der Centralkorper liegt, die sog. Attractionssphäre van Beneden's oder das Archoplasma Boveri's (Periplast Vejdowský 1888), eine Vorstellung äussern können. Direct ist dies nicht möglich; es giebt jedoch eine physikalische Erscheinung, welche mit der Bildung dieser Hofe eine gewisse Aehnlichkeit besitzt. Bekanntlich entsteht um rasch wachsende Krystallchen gefärbter Substanz, welche sich aus gesättigter oder übersättigter Lösung ausscheiden, häufig ein deutlicher schwach- oder ungefärbter Hof, welcher sich dadurch erklärt, dass der rasch wachsende Krystall die gelöste Substanz der umgebenden Flussigkeit schneller anzieht, als dieselbe durch Diffusion aus der Umgebung nachdringen kann. Sehr deutlich ist eine solche Hofbildung namentlich stets dann zu beobachten, wenn ein Krystall durch Vermittlung sog. Globuliten, d. h. kleinster Tropfchen stark übersättigter Lösung in einer gesättigten Lösung wächst. Dann findet sich um den Krystall ein heller, von solchen Globuliten freier Hof, welcher daher rührt, dass die Globuliten allmählich in der bei der Krystallbildung verdünnten Lösung aufgelöst wurden (s. hierüber z. B. Lehmann, Molekularphysik. Bd. I. p. 319 u. p. 726 ff.). — Aehnlich dem wachsenden Krystall zieht nun auch der Centralkorper Stoffe aus der

[1] Auch die in vielen Beziehungen sehr interessanten, jedoch, meiner Ansicht nach, nicht ganz lückenlosen und daher theilweis irrig gedeuteten Untersuchungen Vejdowský's über die Furchungsvorgänge des Rhynchelmis-Eies, scheinen das sehr beträchtliche Heranwachsen der Centralkorper während der Spindelbildung zu erweisen. Da Vejdowský die Centralkörper, wegen ihrer Kleinheit, während des Ruhezustandes wohl übersah, so deutet er sie als die Anlagen neuer Attractionssphären, seiner sog. »Periplaste«, welche sich wenigstens in den ersten Furchungszellen endogen, innerhalb der vorhergehenden Periplaste bilden sollen. Aus dem Vergleich seiner Ergebnisse mit denen van Beneden's und Boveri's etc. dürfte, wie gesagt, sicher hervorgehen, dass Vejdowský irrthümlich die im angeschwollenen Zustand beobachteten Centralkörper in die späteren Periplaste oder Attractionssphären übergehen lässt. Nicht ohne Interesse erscheint es mir, dass auch Vejdowský Theilungszustände der Centralkörper abbildet, welche an die Karyokinese erinnern, wodurch die von mir anderwärts (1891) ausgesprochene Vermuthung, dass die Centralkorper vielleicht den sich karyokinetisch theilenden Mikronuclei der Infusorien entsprächen, eine gewisse Stütze erhält.

Umgebung an, und wenn diese Anziehung rasch geschieht, kann wie bei dem Krystallwachsthum der Fall eintreten, dass die Diffusion aus der Umgebung nicht schnell genug Ersatz leistet, womit die Concentrationsverhältnisse des Enchylems in einem gewissen Umkreis gestört und in diesem Bezirk chemische Veränderungen bewirkt werden konnen. Ob sich diese sogar, ähnlich wie in dem Fall der Globuliten, eventuell darin aussern konnen, dass Granula aufgelöst und dem Centralkörper zugeführt werden, lasse ich dahingestellt; unmöglich erscheint dies wohl nicht, da sich ja die Centralkörper bei jeder Theilung der Zelle vermehren und an Masse nicht abnehmen, also einen allmählichen Zuwachs erfahren müssen. Wenn wir jedoch bedenken, dass die Tinctionsfähigkeit der plasmatischen Stoffe durch verhältnissmässig geringfügige Einwirkungen häufig sehr erheblich beeinträchtigt wird — ich erinnere in dieser Hinsicht nur an die von mir beschriebene charakteristische Rothfärbung der Chromatinkörnchen des Kerns und Plasmas durch Hämatoxylin, eine Reaction, welche bei vorheriger Fixation mit Säuren fast stets versagt — so wird man es auch für möglich erachten dürfen, dass die schwachen, respect. die besonderen Tinctionsfähigkeiten des Centralhofs durch chemische Aenderungen, welche das Centralkörperchen hervorruft, bewirkt werden können

Obgleich ich diese Darlegung nur als eine bis jetzt ganz hypothetische Vermuthung betrachte, glaubte ich sie doch nicht weglassen zu sollen, da ich überzeugt bin, dass wir in diesen Dingen mit Speculationen über Attractionen, Contractionen oder mit Micellar- und Moleculartheorien nicht weiter kommen werden, dass wir vielmehr den Versuch wagen müssen, auf Grundlage der bekannten Erscheinungen der Molecularphysik vorzudringen. Jedenfalls glaube ich durch diese Arbeit die Ueberzeugung befestigen zu können, dass in der lebenden Substanz nicht geheimnissvolle Kräfte ihr Spiel treiben, sondern die auch in der organischen Welt herrschenden.

Meine Deutung der bei der Theilung auftretenden Strahlungserscheinungen wird jedoch weiterhin noch dadurch gestützt, dass Aehnliches auch ausser Zusammenhang mit der Theilung auftritt. Ich habe schon vorhin auf das Strahlenphänomen um die contractile Vacuole von Amöba terricola hingewiesen; in neuerer Zeit konnte ich mit v. Erlanger (1890) dieselbe Erscheinung auch um die contractile Vacuole von Actinobolus beobachten; ebenso fand ich sie auch bei Nyctotherus[1]. Ich brauche wohl kaum zu bemerken, dass diese Strahlung nicht mit den strahlig orientirten Zuflusscanälen der contractilen Vacuole zu verwechseln ist, welche bei gewissen Ciliaten vorkommen; wenn ich das hier betone, so geschieht es nur deshalb, weil Frommann (1890 p. 11 in diesen Irrthum verfallen zu sein scheint, indem er über die Erscheinung sagt: »Bei manchen

---

[1] Interessanter Weise hat Frenzel neuerdings bei einer sog. Amöba cubica ebenfalls eine sehr gut entwickelte radiäre Strahlung um die contractilen Vacuolen beobachtet. Dieser Fund erscheint um so wichtiger, als er, nach fast 20 Jahren, die erstmalige Bestätigung meiner Beobachtung bildet, die, wie es scheint, ganz unabhängig, nämlich ohne Kenntniss meiner früheren Erfahrungen, zu Stande kam. Hoffentlich wird man dieser wichtigen Erscheinung jetzt etwas mehr Aufmerksamkeit schenken, als man es die verhältnissmässig lange Zeit, dass sie schon bekannt ist, gethan hat s. J. Frenzel, Untersuchungen über die mikroskopische Fauna Argentiniens. Arch. f. mikr. Anat. Bd. 39. 1891. p. 9. Taf. V.

Infusorien und bei Amöba terricola strahlen vom Umfang der contractilen Räume eine Anzahl Spalträume (! B. in das umgebende Körperparenchym (! B. ein, in welche durch den Druck (! B.) des in den Körper aufgenommenen Wassers die mit Stoffwechselproducten beladene Parenchymflüssigkeit (! B. eingetrieben und so der Vacuole zugeführt wird.« Wie die Fortsetzung dieser Stelle ergiebt, hat Frommann das strahlige Plasma um die Vacuole einfach mit den sog. Radiärcanälen, welche übrigens bei ganz anderen Arten vorkommen, zusammengeworfen, so dass man wohl berechtigt ist, von dem citirten Passus zu sagen: soviel Sätze, soviel Irrthümer.

Bekanntlich ist die Strahlung eine sehr häufige Erscheinung im Plasma der Eizellen: ich erinnere hier nur an die Beobachtungen Leydig's (1872 und Eimer's an Reptilieneiern, van Beneden's (1876), Flemming's (1881, 1882) und Frommann's an Echinodermeneiern, Rauber's (1883 an Eiern von Triton, Forelle, Alligator, Carnoy's (1880) am Ei von Cyprinus, und v. Beneden's an den Eiern von Lepus cuniculus (1880) und Ascaris megalocephala (1883). In den meisten dieser Fälle handelt es sich nur um eine oberflächliche Rindenzone des Eiprotoplasmas, welche die radiäre Streifung zeigt; das Gleiche findet sich, wie wir schon früher besprachen, gewöhnlich in der Centralkapsel der Thalassicolla und vieler anderen Radiolarien. Eine solche Radiärstreifung wird man daher schwerlich mit dem jedenfalls in der Nähe des Kerns gelegenen Centrosom in Zusammenhang bringen können, denn die Radiärstreifung, welche von diesem ausgeht, hat immer das Charakteristische, dass sie in seiner Umgebung am deutlichsten ist und mit der Entfernung undeutlicher wird, wie sie denn auch zuerst dicht um das Centrosom auftritt und sich erst allmählich centrifugal ausbreitet. Die erwähnte Strahlung der Eier hingegen ist im Allgemeinen an der Oberfläche der Zelle am deutlichsten und nimmt gegen das Centrum, welches sie, wie hervorgehoben, meist überhaupt nicht erreicht, an Schärfe ab. Aus diesem Verhalten müssen wir wohl schliessen, dass die Ursache der Strahlung an der Oberfläche der Eizelle ihren Sitz hat, d. h. dass diosmotische Vorgänge zwischen dem umgebenden Medium und der Eioberfläche die Erscheinung bedingen. Damit harmonirt denn auch die von van Beneden für Ascaris megalocephala besonders hervorgehobene Erfahrung, dass die Strahlung nicht zu dem häufig excentrisch gelegenen Keimbläschen centrirt ist. Ich betone nochmals, dass die Oelseifenschaumtropfen häufig ganz dieselbe Erscheinung zeigen, welche nach allem, was wir darüber wissen, wohl zweifellos solchen Vorgängen ihre Entstehung verdankt.

Es giebt jedoch auch strahlige Erscheinungen im Inneren des Plasmas, welche, soweit wir sie beurtheilen können, nicht durch Centralkörper hervorgerufen, oder doch nicht ausschliesslich durch dieselben bedingt werden. Es ist bekannt, dass die Strahlungserscheinungen, welche bei der Befruchtung um den weiblichen und männlichen Vorkern entstehen, sich gewöhnlich gleichmässig und allseitig um diese Kerne ausbreiten, obgleich es nach den neueren Erfahrungen ganz sicher ist, dass sie ursprünglich von Centralkörpern hervorgerufen werden. Wäre dies jedoch auch später, namentlich nachdem die beiden Kerne sich schon dicht zusammengelegt haben, ausschliesslich der Fall, so wäre nicht wohl möglich, dass sich um sie ein allseitig gleichmässig ausstrahlendes Radiarsystem entwickelt; vielmehr müssten doch wohl zwei solcher Systeme angedeutet sein, wenn die Strahlung ausschliesslich durch die Centrosomen veranlasst würde, wie es ja auch bei der Theilung thatsächlich der Fall ist. Ich glaube daher, dass sich auch die Kerne selbst an der Erzeugung der Strahlung betheiligen, was ja gut damit harmonirt, dass die beiden Vorkerne während der Ausbildung der Strahlensonnen recht ansehnlich wachsen, also aus der Umgebung reichlich Stoffe heranziehen.

Dass der Kern auch für sich die Ausbildung eines zu ihm centrirten Strahlensystems hervorrufen kann, scheint mir ferner wegen einiger weiterer Thatsachen sehr wahrscheinlich, wenn nicht gewiss zu sein. Ich verweise in dieser Beziehung namentlich auf die von mir selbst controlirten Beobachtungen Schewiakoff's (1887) über die Theilung der Euglypha. Hier tritt um den Kern, während er in das Knäuelstadium übergeht, eine allseitige regelmässige Strahlung auf, welche nichts mit den beiden Polstrahlungen zu thun hat, die erst viel später, nachdem erstere wieder geschwunden ist, zur Entwicklung kommen. Es ist nun sehr bezeichnend, dass der Kern während des Bestehens dieser Strahlung sein Volum um das 2—3fache vergrössert, also eine ansehnliche Quantität Flüssigkeit aus dem umgebenden Plasma aufnimmt. Die Ausbildung dieses Strahlensystems um den stark wachsenden Kern der Euglypha bestätigt daher wiederum unsere Ansicht von der Ursache und Bedeutung der Strahlung. Es dürfte nicht unwahrscheinlich sein, dass ähnliche Strahlungen um den Kern noch häufiger auftreten; Heuser hat dieselbe Erscheinung um den pflanzlichen Kern im Knäuelstadium gesehen. Ich weise ferner darauf hin, dass nach Strasburger's Beobachtungen bei der sog. freien Zellbildung im Embryosack der Phanerogamen eine allseitige regelmässige Strahlung um die Kerne auftritt, welche wohl ebenso zu beurtheilen ist, wie die oben besprochenen Fälle[1].

Dass die Strahlenerscheinungen nicht immer von Centralkörpern veranlasst werden, scheint mir ferner auch daraus hervorzugehen, dass zwischen ihnen und den Streifungserscheinungen, wie sie die Epithelzellen so häufig, vielleicht sogar fast allgemein zeigen, kein scharfer Unterschied besteht. Beide beruhen, wie ich schon früher darlegte, auf derselben Bedingung, d. h. auf regelmässiger Anordnung der Waben. Diese parallelstreifige Anordnung der Waben hat nun hier weder eine Beziehung zum Kern, noch zu einem etwa vorhandenen Centralkörper, sondern geht immer parallel zu der Axe der Zellen, welche senkrecht auf ihre äussere Oberfläche gerichtet ist. Da nun kein Grund vorliegt, die streifige Structur des Wabengerüstes dieser Zellen als eine Folge von Zug oder Dehnung in der Richtung der Streifung zu betrachten, indem auch Zellen, welche in der

[1] Ob auch die allseitige Strahlung, welche Vejdowský 1888 um das centrisch gelegene Keimbläschen des reifen Eies von Rhynchelmis beschreibt, hierherzuziehen ist, bleibt insofern fraglich, als ja wohl ein Centralkörper in der Nähe des Keimbläschens sicher vorhanden ist. Wenn jedoch die Strahlung, wie Vejdowský angiebt, zu dem Keimbläschen regelmässig centrirt ist, so halte ich es für gewiss, dass sie auch von ihm hervorgerufen wird. An und für sich besteht ja auch keinerlei Schwierigkeit, sich vorzustellen, dass bald der Kern, bald der Centralkörper Strahlungserscheinungen verursachen können, respect. dass gelegentlich auch beide gleichzeitig in diesem Sinne thätig sind.

Richtung der Axe kürzer sind wie in der darauf senkrechten, die gleiche Streifung zeigen. Auch die Faserung zuweilen nicht durch die ganze Zelle hindurchgeht, so dürfte anzunehmen sein, dass in diesen Fällen die Längsstreifung in der Regel ebenfalls auf Diffusionsströmen beruht. Dass in Epithel- und speciell Drüsenzellen solche Diffusionsströme gewöhnlich vorhanden sein und dabei die von der Längsstreifung angedeutete Richtung einhalten müssen, bedarf kaum weiterer Erläuterung; sei es nun, dass diese Ströme sich nach aussen oder nach innen in der Zelle bewegen. Wie gesagt, halte ich es daher für das Wahrscheinlichste, dass die Streifung der Epithelzellen im Allgemeinen auf der gleichen Ursache beruht wie die Strahlungsphänomene.

Dagegen giebt es eine grosse Anzahl Fälle, in welchen das Plasma streifig-wabige Structuren zeigt, welche nicht in dieser Weise beurtheilt werden können, sondern wo die Erscheinung nachweislich auf Zugwirkung oder Streckung beruht.

Bei Besprechung der Pseudopodien der Rhizopoden, der Plasmabalken und Plasmabrücken, welche den Zellsaft der Pflanzenzellen etc. durchsetzen, haben wir stets gefunden, dass diese Plasmastränge faserig-wabig structurirt sind, und es liess sich auch zeigen, dass durch directe Dehnung ausgezogene Plasmabrücken der Rhizopoden immer diese Structur annehmen. Nun lässt sich nicht bezweifeln, dass bei der Bildung der Pseudopodien wie der Plasmabrücken des Zellsafts ein Zug ausgeübt wird, welcher dieselben ausspinnt oder auszieht; überhaupt beruht die Bildung solcher Pseudopodien und Brücken nur auf energischer Zugwirkung, welche sich an ihren freien Enden geltend macht, wie dies späterhin wenigstens für die groberen Pseudopodien genauer dargelegt werden soll. Bei solchen Formen wie Amöba Blattae lässt sich im Leben deutlich beobachten, dass das fortschreitende Ende (Vorderende) wie gewöhnlich einen axialen Zustrom des Plasmas herbeizieht und dass in diesem die schönste faserige Differenzirung auftritt, welche hinten, wo der Strom allseitig Zufluss erfährt, radiär ausstrahlt. Ebenso kann man vorn das Umbiegen der Fibrillen in die Stromrichtung deutlich verfolgen. Ueberhaupt lässt sich, wie schon für die Schaumtropfen gezeigt wurde, das Verhalten auch so bezeichnen, dass bei genügender Dickflüssigkeit des Wabengerüstes eine Streckung der Waben in der Stromrichtung eintritt, da ja das Zustandekommen des Stroms stets Zugkräfte in dieser Richtung voraussetzt.

Da ich nun ferner gezeigt habe, dass recht zähflüssige Schaumtropfen unter Druck oder Zug die faserig-wabigen Structuren schön zeigen, so lässt sich nicht wohl bezweifeln, dass die letzterwähnte Kategorie faserig-wabiger Structuren den gleichen Ursachen entspringt.

Wir lernten aber noch eine ziemliche Anzahl faserig-wabiger Structuren kennen, welche nicht direct mit Strömungserscheinungen des Plasmas in Zusammenhang gebracht werden konnen, die jedoch sicherlich auf ähnlichen Ursachen beruhen dürften. Hierher gehört einmal die faserig-wabige Structur des Axencylinders, die der beschriebenen langgestreckten Bindegewebszellen zwischen den Nervenfasern des Ischiadicus, die faserige Structur der Zellen der Capillaren, der Ausläufer der Ganglienzellen und schliesslich auch die mehr oder weniger verworrenfaserige Beschaffenheit des Plasmas der Ganglienzellen selbst. In diesen Fällen handelt es sich zunächst stets um Plasmakörper, welche sehr stark in gewissen Richtungen ausgewachsen sind, welchen Richtungen dann stets der Faserverlauf des Maschenwerks entspricht. Wir müssen uns daher vorstellen, dass es sich hier um ein zähflüssiges, bei dem Wachsthum der Zelle in bestimmter Richtung gedehntes Wabenwerk handelt. Ich vermag dies ferner noch dadurch zu belegen, dass auch die Fortsätze der sehr reich verästelten Bindegewebszellen, welche man zwischen den Längsmuskelzellen von Lumbricus terrestris findet, den faserig-wabigen Bau sehr schön, ganz ähnlich etwa wie die Pseudopodien der Rhizopoden, zeigen. Der verworrenfaserige Bau, welcher hauptsächlich an reich verästelten Ganglienzellen auftritt, wird einmal seine Ursache darin haben, dass bei dem Auswachsen der zahlreichen Fortsätze Zugwirkungen in verschiedenster Richtung auf das Plasma ausgeübt werden, was sich ja auch deutlich darin ausspricht, dass die Faserungen der Ausläufer stets mehr oder weniger tief in die Zelle eintreten und sich hier in verschiedenster Weise untereinander combiniren. Andererseits ist jedoch wohl nicht ausgeschlossen, dass innerhalb des Plasmas der Zelle selbst noch locale Zugwirkungen auftreten, welche die Structur weiter compliciren. Beispiele solch' verworrenfaserigen Plasmas giebt es noch sehr viele; ich will hier nur auf ein sehr schönes hinweisen, nämlich das Plasma der grossen Markbeutel von Ascaris lumbricoides und die Marksubstanz dieser Muskeln überhaupt.

Eine Frage von fundamentaler Bedeutung erhebt sich jedoch bei Besprechung jener Structuren, nämlich die, wie wir den Aggregatzustand der Substanz des Wabengerüstes in diesen Fällen zu beurtheilen haben. Sind jene Structuren dauernd bestehende, so scheint es zunächst wohl sicher, dass ihr Wabengerüst fest oder doch so zähe sein muss, dass es nur äusserst langsam seine Configuration gemäss den Gesetzen flüssiger Schäume ändert. Jedenfalls erscheint es zweifellos, dass derartige Structuren dauernd nicht bestehen könnten, wenn es sich um ein aus flüssiger Gerüstsubstanz und Inhalt bestehendes Wabenwerk handelte, das frei in einer umgebenden Flüssigkeit sich selbst überlassen wäre. Der Fall liegt jedoch hier nicht so einfach, sondern die Form aller dieser Plasmagebilde beweist schon, dass sie von einer festen Membran umschlossen sein müssen. Auch sind diese Zellen im Innern des Organismus so mit anderen, respect. auch mit zweifellos festen Theilen verbunden, dass ihre Gestalt dadurch fixirt wird. Wie sich nun ein zähflüssiger Schaum, welcher in eine feste, elastische Hülle eingeschlossen ist, bei Dehnung dieser Membran verhält, scheint mir apriori nicht ganz leicht zu entscheiden; ja es scheint mir sogar, soweit die Gesetze der Schaumbildung erforscht sind, möglich, dass er sich dabei in einen Schaum mit längsgestreckten Maschen verwandelt und als solcher verharrt, wenn die Streckung der Maschen nicht eine zu starke wird.

Ich glaube daher entgegen meiner früheren Annahme 1891 die Möglichkeit zugeben zu müssen, dass auch diese dauernd faserig-wabigen Structuren des Axencylinders etc. zähflüssige sein können.

Ueber die strahligen Plasmastructuren, deren wahrscheinliche Ursache wir oben auf

Diffusionsvorgänge zurückzuführen suchten, wurden im Laufe der Zeit sehr verschiedene Ansichten aufgestellt. Ich glaube nicht auf eine ausführliche Erörterung aller Meinungen im Einzelnen eingehen zu sollen, sondern werde mich auf die Darlegung der dabei hauptsächlich hervorgetretenen Gesichtspunkte beschränken. Zunächst drängte sich natürlich die Vorstellung auf, dass die Strahlungen bei der Zelltheilung auf einer Art Attraction beruhen müssten, welche von den Polen der Kernspindel auf die Theilchen des Protoplasmas, speciell auf dessen Körnchen (resp. die sog. Dotterkörnchen des Eiplasmas) ausgeübt würde. Aehnlich wie feine Eisentheilchen sich um die Pole eines Magnets in eigenthümlichen Strahlensystemen unter dem Einfluss der Anziehung gruppirten, dachte man sich auch etwa die anziehende Wirkung der Centren der Strahlung auf das Plasma und seine Theilchen. Zu solchen Vorstellungen neigte schon Fol (1873), ich selbst (1874), Strasburger (1875), O. Hertwig (1875) und zahlreiche spätere Forscher, die hier nicht einzeln aufgeführt werden sollen. Auerbach dagegen hatte 1874 die Ansicht geäussert, dass die Strahlung durch Ausströmen des Kernsaftes in das Plasma hervorgerufen werde. Als ich 1876 die auch heute noch mit besseren Gründen vertretene Idee vortrug, betonte ich besonders, dass ich nicht wie Auerbach wirkliche Ströme als die Ursache der Strahlung ansehe, sondern Vorgänge, welche wir jetzt am einfachsten als Wanderung von Substanzen durch Diffusion bezeichnen.

Ant. Schneider liess später (1883) ebenfalls die Strahlung aus dem Kernsaft entstehen. Der membranlos gewordene Kern »erhalte die Fähigkeit, Fortsätze und Strahlen auszusenden (p. 75); es sei dies eine »amöboide Eigenschaft«. Die weitere Darstellung ergiebt dann, dass Schneider wohl sicher den Kernsaft als den Bildner der Strahlen ansah.

Der Gedanke, dass Strömungen im Innern des Plasmas die Ursache der Strahlenerscheinungen seien, wurde auch von Fol festgehalten (1879 p. 251—256) und besonders auf die Ansammlung der hellen Centralhöfe, sowie auf das Wachsthum der Vorkerne bei der Befruchtung und der jungen Kerne nach der Theilung gestützt, ähnlich wie ich mich schon (1876) über die Bedeutung dieser Centralhöfe ausgesprochen hatte. Fol vermuthet, dass theils centrifugale, theils centripetale Ströme die Strahlenerscheinungen hervorriefen; doch handle es sich dabei nicht etwa um ausströmenden Kernsaft, wie Auerbach meinte, sondern um Strömungen des Plasmas selbst. Jedenfalls aber beruhe die Erscheinung nicht auf einer Anordnung der Dotterkörnchen, da die zwischen den Reihen derselben hinziehenden Plasmafilamente dazu viel zu breit wären. Wenn er mich bei dieser Gelegenheit gleichfalls unter den Vertretern der Hypothese der Attraction und der polaren Orientirung der Dottermoleküle aufführt, so ist dies ein bedauerlicher Irrthum, da ich, wie gesagt, 1876 die Attractionshypothese zurückgewiesen und eine Erklärung versucht habe, welche mit der späteren Fol's in einer Reihe wesentlicher Punkte übereinstimmt. Die sog. Centralhöfe oder Attractionscentren, wie sie Fol nennt, glaubt er stets durch Vermischung zweier Substanzen, von welchem die eine aus dem Kern, die andere aus dem Plasma stamme, bedingt.

Mark kritisirte 1881 die Ansichten der früheren Forscher über die Entstehung der

Asterbildung ganz gut, ohne sich jedoch in bestimmter Weise über ihre Auffassung auszusprechen. So bemerkt er einerseits (p. 533): »While I concur with Hertwig in the belief that there is an attractive force exerted upon the vitelline protoplasm, which emanates from the centre of radiation«, schreibt er andererseits auf p. 530: »I do not claim, that there is absolutely no transfer of substance to and from the centres of attraction — on the contrary, I believe the phenomena are, on any other assumption, unintelligible: but it seems to me, that the formation of a clear area and the existence of radial striations are far from commensurate, and that to claim that the rays are only the optical expression of currents is to associate as cause and effect two things, which have not necessarily any such connection with each other«. Auch die von mir geäusserte Ansicht hält er nicht für eine eigentliche Erklärung, sondern mehr für eine Beschreibung der Erscheinung. Ich kann dies aber nur insofern acceptiren, als ich zwar keine Erklärung im mechanischen Sinne gegeben habe, was aber auch nicht meine Absicht war, dagegen gewisse Bedingungen, unter welchen die Erscheinungen auftreten, festgestellt zu haben glaube. Uebrigens hat Mark meine Auffassung sehr richtig verstanden, und da dies nicht immer der Fall war, will ich hier seine Bemerkung darüber (p. 530) citiren: »Bütschli's opinion, that the asters are the optical expression of a physico-chemical alteration of the protoplasm emanating from the central area, is probably incontroversible: at least there is a physical alteration of the protoplasm, and it first becomes apparent at the centre of the aster: but this is rather a description than an explanation of the appearence«.

Schon Klein (1879 2, p. 416—417) hatte gelegentlich die Vermuthung ausgesprochen, dass die Strahlungen um die Pole des sich theilenden Kernes nur auf einer bestimmten Anordnung des plasmatischen Netzwerkes beruhen, indem das Kernnetzwerk sich bei der Kerntheilung wahrscheinlich contrahire und die Fibrillen des Plasmas zu sich heranziehe. Es ist seltsam, dass Klein nicht gerade zu der umgekehrten Idee gelangte, welche doch den thatsächlich stattfindenden Vorgängen viel mehr entsprochen hätte und welche sich daher auch bald geltend machte. Dennoch müssen wir anerkennen, dass er zuerst auf das wahrscheinliche Entstehen der Strahlung durch Umordnung des Plasmagerüstes hinwies. Flemming gab 1879 zwar den mechanischen Zusammenhang der beiden von Klein in Verbindung gebrachten Vorgänge zu, wollte jedoch die Sache nicht für so einfach halten. 1881 betonte er für Toxopneustes, dass die Strahlung sicher nicht nur auf der Anordnung der Dotterkörnchen beruhe, sondern dass sie eine »vorübergehende protoplasmatische Structur sei: sie sei auch an Stellen zu verfolgen, wo sich gar keine Dotterkörnchen finden.

van Beneden hat 1883 im Ei von Ascaris überall erkannt, dass die Strahlungserscheinungen durch radiäre Anordnung des Gerüstwerks um gewisse Stellen entstehen: da er sich das fibrillär-netzig gedachte Gerüstwerk als das eigentlich contractile vorstellt, so war dadurch eigentlich auch schon ausgesprochen, dass diese radienartige Anordnung der sonst unregelmässigen Fibrillen wohl auf ihren Contractionserscheinungen beruhten, obgleich dies nicht bestimmt bemerkt wird.

Zu der gleichen Ansicht über die Entstehung der Sonnenfiguren durch besondere Anordnung des Gerüstwerks gelangte auch Leydig (1883 p. 144); 1885 betonte er besonders, dass er sich durch eigene Untersuchung der Eier von Ascaris megalocephala von der Richtigkeit dieser Auffassung überzeugt habe. Auch Flemming hatte sich mittlerweile (1884) dahin geäussert, dass die Strahlung wahrscheinlich durch eine »Richtung und Centrirung des Fadenwerks der Zellsubstanz« angelegt würde. Gleichzeitig wies er in richtiger Kritik die oben angeführte Meinung A. Schneider's zurück. — Für die Entstehung der Strahlungen durch radiäre Anordnung des Gerüstwerks traten endlich auch Carnoy (1884), Frommann (1890) und andere Beobachter auf, so dass diese Meinung jetzt wohl als diejenige bezeichnet werden darf, welche sich allgemeinster Anerkennung erfreut. Dazu gesellte sich, dass van Beneden bei erneutem Studium der sog. Aster- oder Strahlensysteme, welche er gemeinschaftlich mit Neyt (1887) untersuchte, zur Ansicht gelangte, dass sie durch die Contraction ihrer moniliferen Fibrillen, welche aus dem protoplasmatischem Gitterwerk (treillis) entstünden, sowohl die Kern- als die Zelltheilung mechanisch bewirkten. Die Structur einer solchen moniliferen Fibrille der Strahlensysteme sei jener der Muskelfibrillen vergleichbar, wodurch ihre Contractilität wahrscheinlich werde. Die sog. Centralkörperchen, welche in dieser Arbeit zuerst als Gebilde nachgewiesen wurden, die der Zelle auch im Ruhezustand neben dem Kern zukommen, spielten bei diesen Vorgängen nur die Rolle von Stützorganen für die contractilen Fibrillen der Aster, zu welchen, wie dies jetzt gewöhnlich, trotz zahlreicher gegentheiliger Beobachtungen und sogar eigener widersprechender Erfahrungen, auch die gesammten Spindelfasern der Kerne gerechnet werden. — Etwa gleichzeitig gelangte Boveri zu einer ganz ähnlichen Auffassung der Rolle, welche die Fibrillen der Strahlensysteme bei der Theilung spielen, ja er behauptet sogar, dass sich die Fibrillen oder Archoplasmafädchen, wie er sie nennt, wegen ihrer »Fähigkeit, sich zu verlängern und zu verkürzen, als muskulöse Fibrillen charakterisiren und alle für Muskeln geltenden Gesetze auf sie Anwendung finden könnten« (II. p. 99). Bei einer solchen Auffassung erscheint es erstaunlich, wenn Boveri andererseits die Ansicht vertheidigt (II. p. 80), oder doch für die wahrscheinlichste erklärt, dass die Fibrillen der Aster nicht dauernd als solche im Plasma existirten, dass sie nicht, wie van Beneden und Andere richtig erkannten, aus den Maschen eines im Plasma bestehenden Gerüstwerks hervorgingen, sondern sich erst ad hoc durch Verbindung der sonst getrennten Archoplasmamikrosomen bildeten. So weit ich Boveri verstehe, scheint er die Ansicht zu vertreten, dass speciell die Mikrosomen des sog. Archoplasmas, d. h. der sog. Centralhöfe, die Fädchen erzeugten, welche sich dann erst vom Archoplasma aus durch Verlängerung in das umgebende Plasma hinein erstreckten. Ich glaube schwerlich, dass man sich für diese Meinung, welche angebliche Muskelfibrillen bald durch Verbindung von Mikrosomen entstehen, bald dagegen wieder in solche zerfallen lässt, erwärmen wird.

Rabl (1889) schloss sich neuerdings der Deutung der Strahlensysteme als contractiler Fibrillen, welche bei der Zelltheilung die von van Beneden vermuthete Rolle spielen, gleichfalls an. Er nimmt an, dass das Gerüstwerk des Zellplasmas wie jenes des Kernes dauernd zum Centralkörper centrirt sei, wofur ja auch die Beobachtungen uber strahlige Anordnung des Plasmas um die Centralkörper gewisser ruhender Zellen zu sprechen scheinen. Ferner möchte er glauben, dass sich die netzigen Gerüste des Plasmas bei der Theilung ähnlich jenen des Kerns durch Lösung der Querverbindungen der Fäden fibrillar umgestalten, so dass die Strahlensysteme dann nur aus isolirten Fibrillen bestanden, welche später wieder durch Ausbildung von Anastomosen in Netze umgewandelt würden.

Endlich suchte Fol neuerdings (1891) am Seeigelei eine differente Bildung der ursprünglich um die Geschlechtskerne und um den aus ihnen entstandenen Furchungskern auftretenden Strahlungen und den sog. Sonnen oder Astern an den Polen der Kernspindel zu erweisen. Die ersteren beruhten nur auf der Anordnung der Dotterkörnchen und der »Sarkodezüge«, an welchen sie suspendirt seien; die eigentlichen Aster hingegen würden von wirklichen Strahlen gebildet, d. h. Fibrillen, welche ebenso deutlich und isolirbar seien wie die Bindegewebs- und Muskelfibrillen. Ich kann dieser Ansicht vorerst weder nach den eigenen wie den Erfahrungen der übrigen Forscher zustimmen: die Isolirbarkeit der Fibrillen entscheidet, wie ich meine, in dieser Frage keineswegs, da sich die Züge des gehärteten Wabenwerks recht wohl bei der Zerzupfung streckenweise fibrillenartig isoliren konnen. Ich glaube, dass möglicher Weise besondere Anhäufungen der Granula in gewissen Radiärbahnen die von Fol betonten Unterschiede bewirken konnen.

Obgleich ich zugeben will, dass der Verlauf der Erscheinungen bei der Theilung des Kernes und der Zelle mit der von van Beneden und Boveri aufgestellten Theorie über die contractile Beschaffenheit und Wirkung der sog. Fibrillen der Strahlensysteme ziemlich harmonirt, so bin ich doch nicht geneigt, meine Erklärung derselben deshalb für unwahrscheinlich zu erachten. Abgesehen von dem eben nicht spongiosen oder fibrillären Bau des Plasmas, sprechen für sie eine ganze Anzahl wichtiger, oben aufgeführter Thatsachen. Es wird die Aufgabe einer besonderen, auf die Resultate dieser Arbeit gestützten Untersuchung sein, zu ermitteln, ob sich für die Vorgänge bei der Zell- und Kerntheilung nicht doch andere Gesichtspunkte geltend machen lassen, welche sie mit meiner Ansicht über die Bedeutung der Strahlensysteme in Einklang bringen. Ich sehe hier zunächst ganz ab von der vorausgesetzten, an und für sich unerklärlichen Contractilität der Fibrillen, da ich darauf später eingehender zu sprechen kommen werde. Dagegen möchte ich betonen, dass ich meine früher (1876) entwickelte Vermuthung über die bei der Zelltheilung wirksamen Kräfte noch immer im Princip für wahrscheinlich halte.

6. Das homogene Plasma und die Wabentheorie.

Wie wir im beschreibenden Theil mehrfach betonten, erscheint das lebende Plasma gewisser Organismen gelegentlich zum Theil durchaus homogen und structurlos, selbst ohne eine Spur körniger Einschlüsse. Besonders die Gromia Dujardinii bot uns in ihren häufig recht ansehnlichen Pseudopodien ein gutes Beispiel hierfür. Ebenso verhalten sich jedoch sehr gewöhnlich die Pseudopodien und das sog. Ectoplasma der Süsswasserrhizopodien, was auch die früheren Forscher häufig hervorgehoben haben. Es ist daher zweifellos, dass das lebende Plasma gelegentlich keine Spur der Wabenstructur wahrnehmen lässt. Von den Vertretern der Gerüstlehre haben einige diese Schwierigkeit überhaupt nicht erörtert, andere dagegen ihr auf verschiedene Weise zu begegnen versucht. Heitzmann (1883) glaubt die anscheinende Homogenität solchen Plasmas dadurch erklären zu können, dass die Maschen des Gerüstwerks so stark gedehnt und erweitert würden, dass ihre Knotenpunkte ganz schwänden, d. h. in die Gerüstfäden eingingen und diese gleichzeitig wegen ihrer grossen Feinheit nicht mehr sichtbar seien. Diese Ansicht fand eine gewisse Stütze in der Thatsache, dass gerade die über die Oberfläche hervorgestreckten oder gewissermaassen hervorgepressten Pseudopodien häufig homogen erscheinen, und harmonirte daher mit der später zu erörternden Ansicht Heitzmann's von den Ursachen der Pseudopodienbildung.

Auch Frommann erkannte das Auftreten homogenen Plasmas stets an. Da er, wie schon geschildert wurde, die Ansicht hegt, dass die Gerüstwerke sich ebenso leicht in der plasmatischen Grundsubstanz auflösen als wieder neu bilden können, so bereitete ihm diese Erscheinung keine wesentliche Schwierigkeit. Etwas anders fasste hingegen Flemming (1882) die Sachlage auf; er hält das Entstehen homogenen Plasmas durch dichtes Zusammenlegen oder durch zeitweises Verschmelzen der Plasmafäden für möglich.

Leydig (1883, 85) vertrat eine principiell verschiedene Auffassung. Wie schon bei früherer Gelegenheit erörtert wurde, gilt ihm das homogene Plasma der Pseudopodien der Rhizopoden als die structurlose Grundsubstanz des Plasmas, sein sog. Hyaloplasma, welches befähigt sei, aus dem starren Gerüstwerk des Spongioplasmas hervorzukriechen.

Hiermit dürften die Meinungen über diesen, jedenfalls für die Plasmafrage sehr wichtigen Punkt erschöpft sein. Wie gesagt, haben die meisten Vertreter der Gerüst- oder Fibrillentheorie die Frage überhaupt nicht naher berührt; auch Künstler hat sich nicht über sie geäussert. Ebenso vermisse ich in der Granulalehre Altmann's ihre Erörterung, welche doch, da die Granula diesem homogenen Plasma sicherlich fehlen, von grosser Wichtigkeit gewesen wäre.

Wie in dem beschreibenden Theile mehrfach betont wurde, lässt sich sicher nachweisen, dass das anscheinend homogene Plasma der Pseudopodien und der Rindenschicht der Rhizopoden aus dem wabenformigen hervorgeht und ebenso wieder in solches umgebildet werden kann. Die Untersuchung der Pseudopodien von Gromia Dujardinii lieferte hierfür entscheidende Beweise. Ebenso ist aber auch die faserig-wabige Structur, welche diese anscheinend homogenen Pseudopodien nach geeigneter Fixirung und Färbung zum Theil deutlich zeigten, wohl ein sicherer Beweis, dass ihnen der Wabenbau nicht fehlt, sondern dass er nur durch besondere Verhältnisse im Leben und zum Theil sogar nach der Fixirung nicht mehr zu beobachten ist.

Es fragt sich also, ob sich eine einigermaassen plausible Erklärung für das Verschwinden der Structur angeben lässt. Schon früher (1890) habe ich als mögliche Ursache dieser Erscheinung eine Erweiterung der Waben mit gleichzeitiger und nothwendiger

Verdünnung der Wände bis zu solcher Feinheit, dass sie nicht mehr sichtbar sind, angenommen. Ich wies auch darauf hin, dass aus physikalischen Gründen ein Schaum, der ja in seinem Erscheinen eine gewisse Aehnlichkeit mit festen Körpern zeigt, dies um so mehr thun wird, je dünner seine Wände sind. Erst später habe ich gesehen, dass diese Vermuthung auch in den Beobachtungen Mensbrugghe's 1882 über die Tension dünner Flüssigkeitslamellen eine gewisse Stütze findet. Mensbrugghe zeigte, dass die Tension der Lamellen, wenn deren Dicke unter eine gewisse Grenze herabsinkt, wächst und dass sich die Lamellen dann wie feste elastische Membranen verhalten, deren Widerstand gegen weitere Dehnung stetig zunimmt (s. hierüber Lehmann, Molekularphysik Bd. I p. 257).

Dies würde dann mit der Erfahrung übereinstimmen, dass das homogene Plasma der Rhizopoden eine grössere Zähigkeit oder Festigkeit zu besitzen scheint, wie das flüssigere und deutlich netzförmige innere. Man sucht diese Erfahrung ja gewöhnlich so zu erklaren, dass man dem homogenen Ectoplasma eine etwas grössere Dichte zuschreibt, was eigentlich in seinem optischen Erscheinen keine Stütze findet.

Dass die Dicke der Lamellen makroskopischen Seifenschaums sehr gering werden kann, ergiebt sich schon aus Plateau's Berechnungen an Seifenblasen. Aus den Farbenerscheinungen, welche dieselben zeigen, konnte er feststellen, dass die Dicke der Flüssigkeitslamelle von der Kuppe einer Seifenblase auf 0,0001 mm sinken kann. Eine so dünne Lamelle zeigt dennoch eine grosse Haltbarkeit, da sie sich unter günstigen Umständen viele Tage lang erhält (Bd. II. p. 4—5). Theoretisch dürfte daher nichts entgegen stehen, dass die Wände der mikroskopischen Plasmawaben unter Umständen bis zur Unsichtbarkeit verdünnt werden. Auch wird dazu eine verhältnissmässig geringe Verdünnung vollständig genügen, da sie im lebenden Zustand, wenn sichtbar, schon so zart und blass sind, dass sie bei relativ geringer Verfeinerung dem Auge entschwinden müssen.

Diese Deutung der anscheinenden Homogenität und Structurlosigkeit gewissen Plasmas wird durch früher schon kurz geschilderte Beobachtungen an den künstlichen Schäumen bis zu einem gewissen Grade bekräftigt. Ich zeigte oben, dass in den zu ganz flacher dünner Schicht ausgebreiteten Rändern eines am Deckglas oder Objectträger klebenden Schaumtropfens die Structur allmählich so blass und undeutlich wird, dass sie schliesslich gar nicht mehr erkennbar ist (p. 26, s. die Photogr. I—II). Die ganz allmähliche Abnahme der Deutlichkeit gegen den Rand hin, sowie schwache Spuren der Structur, welche auch in dem anscheinend homogenen Rand noch sichtbar sind, beweisen, dass die Beschaffenheit dieses Randes keine wirklich homogene, sondern gleichfalls eine wabige ist, dass nur die Structur zu blass und fein geworden, um noch kenntlich hervorzutreten. Ich suchte diese Erscheinung früher auf die grosse Dünne jenes Randsaums zurückzuführen; in dieser Hinsicht ist es nicht ohne Bedeutung, dass auch die homogenen Pseudopodien, sowie die homogene Randschicht der Rhizopoden meist auf der Unterlage sehr flach ausgebreitete Plasmapartien sind, wenngleich auch sicher homogenes Plasma vorkommt, von welchem dies nicht gilt.

Jedenfalls dürften diese Erörterungen aber zeigen, dass der gelegentliche Uebergang des wabigen Plasmas in anscheinend ganz homogenes mit der Theorie wohl vereinbar ist, dass daraus kein Einwand gegen dieselbe geschöpft werden kann. Vielmehr habe ich oben von Gromia Dujardinii eine Anzahl Thatsachen beschrieben, welche es geradezu nothwendig machen, dass auch dem homogenen Plasma der Wabenbau zukommt, da es sonst nicht erklärlich wäre, wie es eben so plötzlich aus wabigem hervorgehen, wie andererseits sich wieder dazu umbilden kann.

Dabei bleibt jedoch vorerst noch unaufgeklärt, warum die körnigen Einschlüsse des Inneren gewöhnlich nicht in das homogene Plasma eindringen. An und für sich liegt dazu kein Grund vor. Schwarz (1887) hat beobachtet, dass Körnchen, welche in einer zähen Flüssigkeit suspendirt sind, sich gewöhnlich in einiger Entfernung von der Oberfläche halten, und glaubt daher das hyaline körnerfreie Randplasma, wie es auch an pflanzlichen Zellen häufig auftritt (die sog. Hautschicht der Botaniker), auf diese physikalische Erscheinung zurückführen zu können. Abgesehen davon, dass ich bei den zahlreichen Versuchen an Oeltropfen, die mit feinem Kienruss vermischt waren, die von Schwarz beschriebene Erscheinung nie beobachtete, kann ich diese Erklärung auch deshalb nicht acceptiren, da man bei Amöben häufig bemerkt, dass, wenn der Randsaum fehlt, die Körnchen bis zur Oberfläche, oder doch bis zu der Alveolarschicht vordringen, was wohl nicht sein könnte, wenn die von Schwarz gegebene Erklärung richtig wäre. Andererseits lässt sich jedoch aus der Thatsache, dass das granulafreie homogene Plasma, sobald es in den wabigen Zustand übergeht, deutlich granulär wird, d. h. dass dann die sichtbar werdenden Knotenpunkte des Wabenwerks ihm diesen Charakter verleihen, mit Sicherheit die früher betonte Ansicht beweisen, dass das körnige Aussehen des Plasmas zum grossen Theil auf dem Wabenbau beruht, indem sowohl die Knotenpunkte, wie die übrigen für die künstlichen Schäume früher hervorgehobenen optischen Verhältnisse, dieses Aussehen bewirken.

7. Die Bewegungserscheinungen des Plasmas in ihrer Beziehung zur Wabenstructur.

Schon in meinem Referat von 1891 wies ich darauf hin, dass die grosse Aehnlichkeit, welche die Bewegungserscheinungen der Schaumtropfen mit den einfacheren Bewegungserscheinungen plasmatischer Gebilde zeigen, gleichfalls für die Richtigkeit meiner Ansicht über den Bau des Plasmas sprechen. Aus diesen wie anderen Gründen scheint es daher nöthig, dass wir auch auf diese Verhältnisse einen Blick werfen, d. h. uns sowohl die Bewegungserscheinungen wie die seitherigen Erklärungsversuche etwas näher ansehen.

Seit alter Zeit hat man bewusst oder unbewusst der Ansicht gehuldigt, dass sämmtliche Bewegungserscheinungen, welche plasmatische Körper zeigen, auf dieselbe Grundeigenschaft zurückzuführen sein müssten. Unter diesen Umständen war es natürlich, dass man die uns seit jeher vertrauteste Bewegungsform, nämlich die Contraction des

Muskelplasmas, als diese Grundeigenschaft ansprach und den Versuch machte, alle Bewegungserscheinungen von dieser Eigenschaft abzuleiten. Als daher die älteren Versuche, die Strömungserscheinungen und Bewegungsvorgänge einfacher Protoplasmakörper durch electrische oder chemische Kräfte etc. zu erklären, nicht zum Ziele führten, glaubte man in der sog. Contractilität des Plasmas, deren Erklärung selbst nicht weiter zu geben war, auch den Schlüssel für das Verständniss dieser Protoplasmabewegungen gefunden zu haben. Vielleicht hätte man sich zwar an der Hand des Entwicklungsganges der Organismen von vornherein sagen müssen, dass eine richtige Erklärung wohl den umgekehrten Weg einzuschlagen habe, da ja die typisch contractilen Plasmagebilde zweifellos nicht das Ursprüngliche sind, sondern sich erst später entwickelt haben. Es wäre, wie gesagt, die Lösung der Frage wohl von vornherein aussichtsvoller erschienen, wenn man die Erklärung der sog. Sarcode- oder Plasmabewegungen zum Ausgangspunkt gewählt und die eigentliche Contraction als einen Special- oder Unterfall, der unter gewissen Bedingungen zur Ausbildung gelangt, behandelt hätte.

Wie bemerkt, bewegte sich jedoch die Forschung seit den 50er Jahren in umgekehrter Richtung, indem man die Contractilität als eine allgemeine Eigenschaft des Plasmas auch zur Erklärung der Bewegungsvorgänge und Strömungen einfacher Plasmakörper, wie der Rhizopoden, des Plasmas der Pflanzenzellen u. s. w. heranziehen wollte.

Auf diesem Standpunkt standen sowohl M. Schultze 1863) wie sein Gegner Reichert (1862, 63), Brücke (1861), Cienkowsky (1863), de Bary 1862 und 1864, Haeckel (1862 p. 90 ff.), Kühne (1864) und zahlreiche Andere.

Wenn man nun die Bewegungsvorgänge einer Amöbe oder die Strömungsvorgänge am Plasma einer Pflanzenzelle auf Grundlage von Contractionsvorgängen erklären wollte, so sah man sich naturgemäss gezwungen, irgend eine Art Organisation dieser Plasmakörper anzunehmen, welche eine gewisse Analogie mit höheren Organismen darbot, da ja nicht die ganze Masse gleichmässig contrahirt werden konnte, wenn Bewegungs- und Strömungserscheinungen zu Stande kommen sollten. Es wurde denn auch die Contraction hauptsächlich auf eine Rindenschicht des Plasmas beschränkt, welche, ähnlich einem Hautmuskelschlauch, das übrige Plasma durch locale Contractionen in Bewegung setze, oder man gesellte zu dieser contractilen und dadurch auch gestaltsveränderlichen Rinde noch ein contractiles Gerüst- oder Balkenwerk, welches den gesammten Plasmakörper durchziehe (Brücke 1861, Cienkowsky 1863 u. s. f.). Im Allgemeinen versuchten jedoch die Anhänger der Contractionslehre überhaupt kaum, die Bewegungserscheinungen einfacher Plasmakörper auf Grund ihrer Theorie etwas genauer zu analysiren oder zu erklären; vielmehr begnügten sie sich meist damit, allgemein auf die Contractilität als die Ursache hinzuweisen. Hätten sie sich genauer auf den Einzelfall eingelassen, so wäre die Unhaltbarkeit der Theorie früher hervorgetreten.

Wie erwähnt, hatte schon Brücke zur Erklärung der Bewegungs- und Strömungserscheinungen des Plasmas ein contractiles inneres festeres Gerüstwerk geradezu gefordert. Als dann in den 70er Jahren Heitzmann das Netzgerüst des Plasmas beschrieben hatte schloss er sofort, dass es ein solch' contractiles Gerüstwerk sei, durch dessen Veränderungen die gesammten Plasmabewegungen sich erklären liessen. Contractil ist nach ihm nur dieses Gerüstwerk, die Zwischensubstanz dagegen eine »nichtcontractile Flüssigkeit«. Bei der Contraction des Gerüstwerks verkürzten sich die Fäden, welche die benachbarten Knotenpunkte verbinden, indem letztere gleichzeitig anschwellen und sich nähern. Demnach muss Heitzmann sich vorstellen, dass die Substanz der Fäden von den anschwellenden Knotenpunkten aufgenommen wird. Bei der Erschlaffung des Gerüstwerks verlaufen die Vorgänge umgekehrt. Ausserdem nimmt Heitzmann noch einen Zustand der Dehnung des Gerüstwerks an, welcher dadurch entstehe, dass die Zwischenflüssigkeit aus einem Bezirk des Plasmakörpers, welcher sich contrahirt, ausgepresst und in einen anderen eingetrieben werde, dessen Gerüstwerk sich dadurch über den normalen Ruhezustand ausdehne. Bei dieser Dehnung der Maschen sollen die Fädchen stark verlängert, die Knotenpunkte bis zum Schwinden verkleinert und das ganze Maschengerüst schliesslich so verfeinert werden, dass es ganz unsichtbar wird, wie in den Pseudopodien der Amöben etc. Letztere, wie überhaupt die Bewegungserscheinungen des Plasmas, erklärt er sich daher durch solche locale Dehnungen des Gerüstes, hervorgerufen durch locale Contractionen.

Die meisten Vertreter der Gerüstlehre schlossen sich im Allgemeinen an Heitzmann insoweit an, als sie ebenfalls das Gerüst, respect. die Fibrillen des Plasmas als den contractilen Bestandtheil ansprachen und in ihm den Sitz der Bewegungserscheinungen, der Gestaltsveränderungen, der Theilungsvorgänge u. s. w. suchten. Eine genauere Analyse der Vorgänge hat jedoch keiner der gleich zu erwähnenden Forscher vorgenommen. Bis zu einem gewissen Grade bestimmend für diese Auffassung war auch die ganz naturgemässe Vorstellung, dass Contractionserscheinungen doch eigentlich nur an festen Substanzen denkbar seien; zwar wurde dies gewöhnlich nicht bestimmter ausgesprochen — nur bei Reinke (1881 II p. 66) finde ich einen directen Hinweis auf diese Vorstellung — doch bildete dieser Gedankengang jedenfalls einen Hauptgrund, um das feste oder doch sehr zähe gedachte Gerüst als das Contractile anzusprechen. Zu der eben erwähnten Auffassung bekannten sich mehr oder weniger entschieden: Schleicher (1879), Klein (1879), Reinke und Rodewald (1881 u. später), van Beneden (1883 u. später), List (1884), Carnoy (1884), Marshall 1887), Fabre (1887), Ballowitz (1889), Boveri (1889), Rabl (1889) und viele Andere.

In neuerer Zeit ging man, wie wir fanden, soweit, den gewöhnlichen Plasmafibrillen geradezu die Eigenschaften von Muskelfibrillen zuzuschreiben (s. oben p. 168).

Schon recht frühzeitig haben sich aber gegen die Contractilitätslehre starke Einwände erhoben, welche ebenso gegen ihre alte Fassung, wie gegen die neue, die sie unter dem Einfluss der Gerüstlehre annahm, gerichtet sind.

Hinsichtlich der Amöben- und Plasmodienbewegung hatte schon Wallich (1863) auf die wichtige, ja für die Unhaltbarkeit der Contractionslehre entscheidende Thatsache hingewiesen, dass der Beginn eines Stroms nicht im Innern oder am Hinterende der Amöbe statthabe, um, wie es die Contractionslehre erfordere, von hier gegen die vorströmende

Partie der Oberfläche fortzuschreiten, dass der Strom vielmehr gerade umgekehrt an der fortschreitenden Oberfläche zuerst auftrete und sich von hier aus allmählich rückwärts ausdehne. Diese Erfahrung fand auch de Bary (1864) an Plasmodien insofern bestätigt, als er derartige Ströme, welche er centripetale nennt, sicher beobachtete; daneben glaubte er aber auch umgekehrt fortschreitende Ströme, welche der Contractionshypothese entsprachen, sog. centrifugale, beobachtet zu haben. Er sah sich daher gezwungen, für die Erklärung beider Ströme zweierlei Ursachen anzunehmen: die ersteren entständen durch eine »Expansion« des peripherischen Plasmas am Rand des Plasmodiums, die letzteren dagegen durch eine Contraction desselben.

Hofmeister (1865, 1867) und viele neuere Forscher sahen die Ströme bei Plasmodien und Amöben stets am vorschreitenden Rand entstehen. Ich persönlich machte 1873 auf diese Thatsache für die grosse Amöba terricola aufmerksam und erklärte mich deshalb gegen die Contractionslehre. Hofmeister (1865 und 1867) konnte sich auch an Tradescantia-Haarzellen von der rückwärtigen Ausbreitung der Strömungen überzeugen.

Diese Erfahrungen veranlassten ihn, sich gegen die Contractionslehre zu wenden, ähnlich wie es auch Nägeli und Schwendener (1865) gethan hatten. Letztere bemerkten bezüglich der Plasmaströmungen in den Pflanzenzellen, dass die Contractilität eigentlich gar nichts erkläre, zumal dieser Begriff für Plasmagebilde bis jetzt der Klarheit und Fassbarkeit entbehre. Strömungen könnten unter solchen Umständen nur nach Analogie eines Blutkreislaufes entstehen. Wir sehen ja auch thatsächlich, dass die Weiterentwicklung der Contractionslehre zu einer solchen Vorstellung drängte.

Hofmeister versuchte daher eine besondere Hypothese der Plasmabewegungen und speciell der Plasmaströmungen in der Pflanzenzelle, deren Identität mit jenen der Rhizopoden etc. allseitig anerkannt war, zu begründen. Er glaubte 1865 diese Strömungserscheinungen auf die sehr wechselnde Imbibitionsfähigkeit des Plasmas zurückführen zu dürfen, welche sich ja in dem Spiel der contractilen Vacuolen thatsächlich zeige. Von den contractilen Vacuolen hatte er jedoch irrige Vorstellungen. Die einzelnen »Partikel« des Plasmas besässen eine sehr verschiedene und wechselnde Imbibitionsfähigkeit. Nehme nun diese Fähigkeit der Partikel innerhalb des Plasmakörpers in einer gewissen Richtung stetig zu, so müsse das Wasser, da es von den Theilchen mit stärkerer Imbibitionskraft angezogen werde, in dieser Richtung in Bewegung gesetzt werden und auf solche Weise eine Strömung zu Stande kommen, womit gleichzeitig auch eine Volumzunahme der sich stärker imbibirenden Partikel verbunden sei. — 1867 stellte er den letzteren Punkt mehr in den Vordergrund, ohne darauf jedoch die eigentliche Erklärung der Strömungen zu basiren, welche gerade so gegeben wird wie 1865. 1867 führte Hofmeister nämlich specieller aus, dass durch die Zu- oder Abnahme der Dicke der Wasserhüllen der einzelnen Plasmamolecüle bei verschiedengradiger Imbibition Ortsveränderungen der Molecüle, Zusammen- oder Auseinanderrückungen ihrer Mittelpunkte eintreten müssten. Obgleich er nun bemerkt, dass diese Vorstellung über die Lageveränderung der Molecule durch verschiedengradige Imbibition vollständig zur »Versinnlichung« der Protoplasmamechanik« genüge, giebt er im weiteren Verlauf seiner Darstellung doch wieder ganz dieselbe Erklärung der Ströme, welche er schon 1865 vorgetragen hatte, wo er zwar von den erwähnten Wasserströmungen redet, aber nicht die Ströme auf solche Lageveränderungen der Molecüle zurückzuführen sucht.

Hofmeister hat, wenn er die Protoplasmamechanik durch die Vorstellung der veränderlichen Dicke der Wasserhüllen der Molecüle versinnlicht dachte, doch einen wichtigen Punkt übersehen, nämlich die Erfahrung, dass die sich contrahirende Muskelzelle entsprechend der Verkürzung verdickt wird, was die Hypothese in der von ihm aufgestellten Form nicht zu erklären vermochte.

Auch Sachs trat (1865) für die pflanzlichen Plasmabewegungen als Gegner der Contractionslehre auf. Er hält Hofmeister's Theorie im Allgemeinen für zulässig, doch bedürfe sie, um zu tieferem Verständniss zu führen, noch weiterer Vervollkommnung, da sie gerade die Ursachen der wechselnden Imbibition der Plasmatheilchen, welche die Bewegungsvorgänge bewirken sollte, nicht erkläre. Sachs suchte daher die Theorie in dieser Richtung zu vervollständigen, indem er eine Anzahl weiterer Hypothesen einführt, welche der Lehre eine so complicirte Gestalt geben, dass von vornherein wenig Hoffnung besteht, auf diesem Wege zu einem tieferen Verständniss der Vorgänge zu gelangen. Er baut seine Betrachtung auf vier Annahmen über die Beschaffenheit der Molecüle, respect. Molecülgruppen des Plasmas auf: 1) sollen dieselben eine bestimmte, jedoch nicht kuglige Gestalt besitzen; 2) sich gegenseitig anziehen im Verhältniss ihrer Masse und Entfernung; 3) besitze jedes Molecül eine starke Anziehung zum Wasser, welche jedoch in der Entfernung rascher abnehme, wie die Anziehung der Molecüle unter sich, so dass jedes Molecül mit einer relativ dicken Wasserhülle umgeben sei; 4) seien die Molecüle ausser ihrer allgemeinen Anziehung untereinander auch noch mit sog. Richtkräften begabt, die von ihrer Form abhängen, d. h. einer Art Polarität, welche Kräfte dahin strebten, die Molecüle in gewisse Stellungen zu einander zu bringen. Durch das Zusammenwirken aller dieser Kräfte und Bedingungen soll nun nach Sachs ein labiler Gleichgewichtszustand der Molecüle zu einander bewirkt werden, was zur Folge habe, dass eine locale Störung desselben sofort durch die ganze Masse fortschreite. Im Speciellen ist er der Meinung, dass, sobald durch einen Umstand die Entfernung zweier Molecüle vergrössert werde, deren Wasserhüllen sich verdickten, indem aus den benachbarten »Molecularinterstitien« Wasser angezogen würde und so eine Strömung zu Stande komme, die sich von ihrem Zielpunkt rückwärts schreitend fortsetze. Wenn nun auch auf Grund der gemachten Voraussetzungen zuzugeben ist, dass durch eine Vergrösserung der Entfernung zweier Molecüle deren Wasserhüllen wachsen können, indem dadurch das Hinderniss, welches die gegenseitige Attraction der Molecüle dem Dickenwachsthum der Wasserhüllen entgegensetzt, verringert wird, so ist doch, soweit ich zu beurtheilen vermag, keineswegs zu verstehen, dass nun diese Molecüle den benachbarten Wasser entziehen müssten, denn die Wasserhüllen beruhen doch auf der gleichbleibenden Anziehungskraft der Molecüle für

Wasser und da diese in den benachbarten Moleculen nicht gestört oder geändert wird. so sehe ich nicht ein, wie auf die angegebene Weise eine Wasserströmung zu Stande kommen soll. Ich glaube daher aus diesen wie anderen Gründen nicht, dass auf jenem Wege, welchen Sachs für einen möglichen hält, ein Verständniss für die einfachsten Plasmabewegungen zu erzielen sein dürfte, viel weniger jedoch für die complicirteren Fälle der Pseudopodienentwicklung und Anderes[1].

Engelmann stellte 1879 die Hypothese auf, dass die Ursache der Bewegungserscheinungen des Plasmas in der Contraction seiner kleinsten Theilchen, der sog. »Inotagmen«, die man sich als »Molecülverbindungen« vorzustellen hat, zu suchen sei. Diese Inotagmen besässen in der Ruhe eine längsgestreckte Gestalt und näherten sich bei der auf Reizung erfolgenden Contraction der Kugelgestalt mehr oder weniger. Vermuthlich rühre ihre Contraction selbst von einer Veränderung ihres Quellungszustandes her, da es wahrscheinlich sei, dass sie sich bei Zunahme der Quellung zu verkürzen strebten, sich hingegen bei Abgabe von Flüssigkeit wiederum streckten. Letztere Annahme nähert daher Engelmann's Theorie in gewissem Grade der Hofmeister-Sachs'schen, von welcher sie hinsichtlich der mechanischen Erklärung der Bewegungsvorgänge wesentlich differirt. Ich bin nun der Ansicht, dass Engelmann's Theorie keineswegs das leistet, was der Begründer von ihr erhoffte, und will versuchen, dies etwas genauer darzulegen.

Engelmann will die auf Reizung erfolgende kuglige Abrundung nackter Plasmagebilde darauf zurückführen, dass sämmtliche Inotagmen gleichzeitig kuglig, d. h. contrahirt werden, wodurch »die Flächenanziehung, welche dieselben aufeinander ausüben, also die Cohäsion der Gesammtmasse, überall und nach allen Richtungen merklich gleich werden muss.« Er führt damit eine neue Annahme ein, nämlich die, dass die gegenseitige Anziehung der Inotagmen im Ruhezustand entsprechend ihrer länglichen Gestalt nach verschiedenen Richtungen verschieden sei; ohne jedoch dieser Unterannahme weiterhin genauere Beachtung zu schenken. — Wenn nun auch, wie die obige Erklärung Engelmann's voraussetzt, die gegenseitige Anziehung der Inotagmen überall und in allen Richtungen gleich wird, so folgt daraus, meiner Ansicht nach, nur dann ein Streben nach der Kugelgestalt, wenn das Protoplasma gleichzeitig den allgemeinen Gesetzen flüssiger Körper gehorcht; und die Ursache dieser Abkugelung kann, wie auch Engelmann früher selbst vermuthete, allein der Oberflächendruck sein, welcher bei gleichmässiger Cohäsion nur unter dieser Bedingung zum Gleichgewicht gelangt.

Ist die Masse nicht flüssig, so scheint selbstverständlich, dass auch die Abkugelung

[1] Eine besondere Micellartheorie der Bewegungen des Plasmas hat auch der Botaniker C. Kraus 1877 entwickelt. Ich glaube sie hier nicht specieller erörtern zu müssen, begnüge mich vielmehr mit der Bemerkung, dass Kraus von der Annahme ausgeht: die Anziehung der Micellen unter sich wie auf das Wasser ihrer Hüllen hänge von dem Verhältniss ihres Volums zu ihrer Oberfläche ab. Bei der Volumabnahme der Micellen nehme ihre gegenseitige Anziehung rascher ab wie die zum Wasser, daher werde das Plasma wasserreicher. Bei der Vergrösserung der Micellen nehme dagegen ihre gegenseitige Anziehung relativ stärker zu, was eine Annäherung ihrer Mittelpunkte und damit eine Contraction bedinge, welche Bewegungserscheinungen, Gestaltsveränderungen, Theilungserscheinungen, Vacuolenbildung etc. hervorrufen könne.

der Inotagmen und die Gleichheit der Cohäsion keine Abkugelung, sondern höchstens geringfügige Veränderungen der Gestalt hervorrufen muss. Ist dagegen die Masse flüssig, so gilt eigentlich ganz das Gleiche, nur führt hier, sobald die Cohäsion allseitig gleich wird, der Oberflächendruck nothwendig die Kugelgestalt herbei. — Wenn wir uns eine unregelmässig gestaltete Amöbe oder gar das reich verzweigte Pseudopodiennetz zahlreicher Sarcodinen und Myxomyceten vorstellen, so ist, meiner Ansicht nach, ganz unbegreiflich, wie sich diese Gebilde durch blosse Abkugelung der Inotagmen und allseitige Ausgleichung ihrer Anziehungen zur Kugelform zusammenziehen sollten; denn diese Vorgänge könnten, wie gesagt, doch nur gewisse Gestaltsveränderungen hervorrufen, da gar kein Grund zu totaler Abkugelung besteht, so lange nicht die Oberflächenspannung in Wirksamkeit tritt.

Die Bildung eines einfachen Amöbenpseudopodiums glaubt Engelmann auf »eine allgemeine Contraction aller Inotagmen der sich hervorwölbenden Partie der hyalinen Rindenschicht« zurückführen zu dürfen. Mir scheint jedoch die Entstehung und allmähliche Verlängerung eines ansehnlicheren Pseudopodiums auf solche Weise nicht verständlich zu werden. Nehmen wir an, dass die Inotagmen der hyalinen Rindenschicht sämmtlich parallel zur Oberfläche der betreffenden Stelle des Amöbenkörpers gerichtet sind, und denken wir uns dieselben nun maximal contrahirt, so dass sie sich in der Richtung senkrecht zur Oberfläche stark verdicken[1], so wird daraus wohl eine Verdickung der Rindenschicht der betreffenden Oberflächenpartie folgen, welche eine mässige Hervorwölbung derselben bewirken kann, hiermit dürfte jedoch der Vorgang auch sein Ende erreicht haben. Denn da wir wissen, dass die Ursache der Verlängerung des Pseudopodiums und des durchziehenden Stromes des Plasmas an der Spitze des Scheinfüsschens ihren Sitz hat, hier jedoch von Anfang an die Contraction der Inotagmen jedenfalls ihr Maximum erreicht, so scheint eine weitere Contraction an dieser Stelle nicht möglich. Die Theorie giebt daher wohl eine Erklärung für die erste schwache Hervorwölbung, vermag aber das Weiterwachsthum des Pseudopodiums nicht zu erklären. Denn dass die betreffenden Inotagmen sich fortdauernd weiter contrahiren, scheint doch unzulässig. Wollte man dagegen etwa annehmen, dass die contrahirte Inotagmenlage an der Spitze des Pseudopodiums schliesslich zerrissen werde und das darunter liegende, nun an die Oberfläche getretene Plasma sich nun seinerseits contrahire, so scheint dies, abgesehen von der Unwahrscheinlichkeit solcher Annahmen, auch unzulässig, da eine Zerreissung jedenfalls nicht da stattfinden wird, wo der Sitz der Contraction ist. Wenn wir nun bedenken, dass zahlreiche einfache Amöben sich lange Strecken anhaltend ganz auf die gleiche Weise fortbewegen, in welcher sich ein solches Pseudopodium entwickelt, d. h. dass sie eigentlich ein einziges dahinkriechendes Pseudopodium darstellen, so spricht diese Thatsache noch bestimmter, wie der oben zu Grunde gelegte Fall, gegen die Durchführbarkeit der

[1] Obgleich Engelmann über die Verkürzungs- respect. Verdickungsfähigkeit der Inotagmen keine genaueren Annahmen macht, so scheint mir doch zweifellos, dass er sich den Grad der Verkürzung als einen relativ mässigen vorstellen muss, etwa in dem Maasse, wie ihn die zu beobachtenden Verkürzungen bei Muskelcontractionen kennen lehren.

Engelmann'schen Erklärung. Dazu gesellt sich, dass sie zwar den Zustrom des Plasmas in das Pseudopodium, jedoch nicht die seitlichen Abströme an dem Ende des Scheinfüsschens erklärt.

Engelmann glaubt jedoch, dass die Pseudopodienbildung noch durch andere Ursachen hervorgerufen werde; er ist mit de **Bary** der Ansicht, dass auch durch eine vis a tergo, die von localen Contractionen herrühre, Pseudopodien hervorgepresst und Strömungen veranlasst werden könnten. Die Entstehung der feinen fadenförmigen Pseudopodien will er schliesslich nicht auf Contraction, sondern umgekehrt auf Erschlaffung contrahirter Inotagmenreihen zurückführen. Letztere Erklärung, deren mechanische Vorstellung schon sehr grosse Schwierigkeiten bietet, wenn man sich der bedeutenden Länge erinnert, welche derartige Pseudopodien häufig erreichen, dürfte auch deshalb zu verwerfen sein, weil es doch in hohem Grade unwahrscheinlich ist, dass die Pseudopodienentwicklung, deren sehr allmähliche Uebergänge wir in der Reihe der **Rhizopoden** so schön verfolgen können, durch zwei geradezu entgegengesetzte Ursachen bewirkt werden sollte.

Ebenso wenig befriedigend wie die Erklärung der Pseudopodienbildung scheint mir auch **Engelmann**'s Ansicht über die Ursachen der Rotationsströmung in den Pflanzenzellen. Er sagt hierüber (p. 378): »Eine solche muss zu Stande kommen, wenn die Inotagmen der sich bewegenden Schichten im Allgemeinen mit ihren Längsaxen der Bewegungsrichtung parallel orientirt sind und ein Fortschreiten des spontanen Reizes in dieser Richtung stattfindet. Das bewegliche Plasma kriecht dann auf der unbeweglichen Wandschicht ähnlich wie ein Schneckenfuss auf seiner Unterlage.«

Gegen diese Erklärung ist geltend zu machen, dass einmal zwischen der unbeweglichen Wandschicht und dem strömenden Plasma sicherlich ein continuirlicher Zusammenhang, ein allmählicher Uebergang besteht, dass daher die Verhältnisse hier doch wesentlich andere sind, wie bei einem Schneckenfuss, der sich auf einer von ihm völlig gesonderten festen Unterlage bewegt. Ferner müsste man, wenn die Verhältnisse wie angenommen liegen, doch an dem rotirenden Plasma etwas von den fortschreitenden Contractionswellen wahrnehmen, die sich ja auch gegen die Zellsafthöhle als Vorsprünge markiren müssten, ähnlich wie an dem Schneckenfuss deutliche Contractionswellen zu verfolgen sind. Schliesslich lehrt uns die Beobachtung dieser Strömungsvorgänge doch recht bestimmt, dass hier wohl keine kriechende Substanz in der Art, wie **Engelmann**'s Erklärung sie voraussetzt, vorliegt, sondern dass es sich um eine fliessende handelt, was man an den Bewegungen, Verschiebungen, Drehungen etc., welche die Inhaltskörper des strömenden Plasmas erfahren, sehr gut verfolgen kann.

Wie gesagt, scheint mir daher auch die **Engelmann**'sche Hypothese keine befriedigende Vorstellung von den Ursachen und mechanischen Verhältnissen der Plasmabewegungen zu geben, ebensowenig wie es die beiden zuvor erwähnten Molecularhypothesen vermochten. Ueberhaupt glaube ich, wie dies auch schon **Berthold** betonte, dass mit der Aufstellung eigener Molecularhypothesen zur Erklärung gewisser Vorgänge in der organischen Welt nichts Erspriessliches zu erreichen sein wird. Jedenfalls scheint es mir viel aussichtsvoller und befriedigender, die Ursachen und Bedingungen dieser Vorgänge unter den bekannten physikalischen Kräften zu suchen, als auf besondere, ad hoc construirte Molecularkräfte zu recurriren. Man vergegenwärtige sich nur die Complication der z. B. von Sachs gemachten Annahmen — und die Engelmann's sind ebenfalls recht verwickelt, da auch er eine Zu- und Abnahme der anziehenden Kräfte seiner Inotagmen mit der Ab- und Zunahme des Imbibitionswassers, respect. der Wasserhüllen der Inotagmen, voraussetzt — um sich zu überzeugen, dass auf diesem Wege schwerlich befriedigende Erklärungen zu erlangen sein dürften.

Die von älteren Beobachtern häufig geäusserte Vermuthung, dass die Plasmabewegungen auf electrischen Kräften beruhten, wurde 1876 von Velten wiederum vertheidigt. Nach ihm sollten es electrische Kräfte, die in der einzelnen Zelle Sitz und Entstehung finden, sein, welche die Strömungen bewirken. Velten stützte diese Vermuthung, denn anders lässt sich seine Ansicht nicht bezeichnen, da er weder die Entstehung noch die Wirkungsweise dieser Kräfte bei dem Zustandekommen der Plasmabewegungen zu erläutern vermag, auf seine Beobachtungen über die Wirkung starker Inductionsströme auf abgestorbene Pflanzenzellen. Unter diesen Bedingungen konnte er an dem abgestorbenen Inhalt, respect. dessen körnigen Einschlüssen (Stärkekörnern etc.) Strömungen und Rotationen hervorrufen, welche den natürlichen Plasmaströmungen sehr ähnlich waren. Schon der Umstand, dass es sich hier um Erscheinungen an todten Zellen handelt, weiterhin jedoch auch die Möglichkeit, dass diese von starken electrischen Strömen erzeugten Bewegungsvorgänge zum Theil wenigstens nur durch die beträchtliche Erwärmung der durchströmten Zellgewebe hervorgerufen worden sein können — worauf Velten gar keine Rücksicht nimmt, obgleich er selbst die Temperaturerhöhung auf 65° und mehr schätzte — lässt den Werth dieser Erfahrungen für die Beurtheilung der Strömungserscheinungen des lebenden Plasmas sehr gering erscheinen. Hiermit hing auch wohl zusammen, dass Velten's Ansicht gar keinen Beifall fand. Reinke hat 1882 durch eine Reihe interessanter Versuche die Grundlage der Velten'schen Vermuthung, nämlich die Gegenwart kreisender electrischer Ströme in den Zellen, direct zu widerlegen gesucht, wie es ähnlich schon Becquerel (1837) für Chara nach anderer Methode unternommen hatte. Reinke zeigte nämlich, dass die dicht genäherten Pole eines starken Electromagneten, zwischen welche die frei in einem Wassertropfen suspendirten Zellfaden von Chara, Nitella oder Urticahaare gebracht wurden, keinen richtenden Einfluss auf die Lage der Fäden äussern. Wenn sich thatsächlich electrische Ströme in den Zellen mit fliessendem Plasma bewegten, so wäre zu erwarten gewesen, dass die Zellen eine bestimmte Stellung zu den Polen des Magnets angenommen hätten. Wie gesagt, zeigte sich jedoch davon nichts; auch erwies sich der Magnet unwirksam auf die Anordnung der Plasmazüge, und die Strömung der Körnchen in den Haarzellen von Tradescantia etc., was den Mangel electrischer Ströme gleichfalls bestätigt.

Der Vollständigkeit wegen werde hier noch erwähnt, dass auch Fol (1879) eine Hypothese über den Zusammenhang der Plasmabewegungen mit electrischen Kräften aufstellte, welche sich jedoch, da sie auf Einzelheiten gar nicht eingeht, nicht über die Stufe einer Vermuthung erhebt. Fol's Ansicht und ihre Bedeutung wird aus dem folgenden Citat am einfachsten hervorgehen. »Si nous supposons une pile électrique dont chaque élément soit de la grosseur d'un de ces granules que le microscope dévoile au sein du sarcode sous forme de petits points grisâtres, la quantité totale d'électricité produite dans une pile de quelque millions de ces éléments réunis en tension pourra être considérable sans qu'il se dégage aux extrémités de la pile une quantité d'électricité bien appréciable à l'aide de nos galvanomètres. Néanmoins, suivant la manière dont cette force se répartit à la surface de chaque granulation, un mouvement imprimé à la première particule d'une série pourra se propager de l'une à l'autre et produire un déplacement mécanique considérable« (p. 269).

Schon früher wurde der Hypothese gedacht, welche das eigentlich Lebendige, daher auch den Sitz der Bewegung in der Zwischensubstanz, dem sog. Enchylema sucht. Leydig, der Hauptrepräsentant dieser Ansicht, hat über die Zwischensubstanz, sein Hyaloplasma, etwas seltsame Vorstellungen, welche kurz angedeutet werden mögen, da sie die Möglichkeit einer solcher Auffassung natürlich ganz wesentlich bedingen. Die Beurtheilung der Beschaffenheit dieses Hyaloplasmas bereitete ihm offenbar die grössten Schwierigkeiten, wie folgender, seiner Schrift von 1885 entnommene Passus (p. 43) beweisen dürfte. Es heisst da: »Wir wissen, dass das Hyaloplasma durchweg wasserreich ist, ja für unsere sinnliche Wahrnehmung kann Hyaloplasma und Wasser in Eins zusammenfliessen, sie bilden, wie wir uns mit dem Ausdruck helfen, eine Lösung. Wo ist aber die Grenze zwischen Wasser und Hyaloplasma, die wir doch annehmen müssen, zu ziehen?«

Trotz dieses offenbaren Mangels einer einigermaassen gesicherten Vorstellung über die Natur des Hyaloplasmas zögerte Leydig nicht, in ihm sowohl »das erst Bewegliche« (p. 152), als auch das Nervöse u. s. f. zu erblicken, wenngleich er sogar nicht einmal ganz sicher war, ob nicht gar die Lymphe mit dem Hyaloplasma und der homogenen Nervensubstanz, welche ja ebenfalls nur Hyaloplasma sein sollte, identisch wäre. Da sich Leydig's Annahme, wie angedeutet wurde, hauptsächlich auf die Voraussetzung gründete, dass die Axencylinder aus solch' homogenem und structurlosem Hyaloplasma beständen, weshalb eben das Hyaloplasma das eigentlich Nervöse und überhaupt Active sei, so wird diese Ansicht mit dem Nachweis, dass die Axencylinder ebenfalls den wabigen Bau des übrigen Plasmas besitzen, natürlich hinfällig. Selbst in der Modification, welche Nansen (1887) der Leidig'schen Lehre gegeben hat, ist sie nicht mehr haltbar, da, wie wir sahen, die Annahme einer Zusammensetzung der Axencylinder aus hyaloplasmatischen continuirlichen Nervenröhren unrichtig ist, indem das Hyaloplasma, oder nach unserer Bezeichnung das Enchylema, vielmehr discontinuirlich, in Form zahlreicher, durch zarte Scheidewände getrennter Kämmerchen oder Waben in der Substanz der Axencylinder vertheilt ist. Wenn dies aber richtig ist, so scheint es durchaus nothwendig, die Gerüstsubstanz als Substrat der Nervenleitung zu betrachten, denn sie allein erstreckt sich continuirlich durch den Axencylinder und ist daher in der Lage, die Leitung zu bewerkstelligen. Auch die von Pflüger (1889) gegen Leydig's Ansicht hervorgehobenen Gründe scheinen mir wichtig.

Pflüger bemerkt, diese Annahme sei deshalb unwahrscheinlich, weil die Nervenfasern nur durch längsgerichtete, nicht aber durch quere Ströme erregt würden, weshalb die Fibrillen die eigentlich activen und erregbaren Bestandtheile sein müssten. Auch mit unserer Ansicht über die Constitution des Axencylinders scheint diese Erfahrung verträglich, da ja die Querverbindungen, welche wir finden, durchaus discontinuirliche sind, sich also von den längsgerichteten Zügen des Gerüstwerks wesentlich unterscheiden. Pflüger führt weiterhin aus, es sei nicht denkbar, dass Erinnerungsbilder, wie wir sie den Ganglienzellen des Gehirns zuschreiben müssen, von einer flüssigen Substanz wie das Hyaloplasma bewahrt werden könnten; dies sei vielmehr nur in einem festen Substrat möglich. Soweit uns über solche Dinge zur Zeit eine Vorstellung überhaupt möglich ist, scheint mir dieser Schluss völlig berechtigt. Da nun meine Auffassung des Baues der Ganglienzellen vollkommen zugiebt, dass ihr Gerüstwerk theilweise bis gänzlich fest werden kann, so lässt sie sich mit dieser physiologischen Forderung wohl vereinen.

Wir erfuhren schon früher, dass einige Forscher wie Brass (1883 u. 85), Schäfer (1887) und Rohde 1890 u. 91) sich mehr oder weniger bestimmt der Leydig'schen Hypothese anschlossen. Nur Schäfer versuchte jedoch in neuester Zeit, die behauptete Ansicht durch weitere Untersuchungen zu stützen. An den fixirten und gefärbten weissen Blutkörperchen der Amphibien glaubt er sich überzeugt zu haben, dass die Pseudopodien stets structurlos und homogen seien, während der übrige Körper mehr oder weniger deutlich reticulär erscheine. Die homogene Pseudopodiensubstanz färbe sich gleichzeitig sehr wenig oder nicht und setze sich daher scharf von der stark tingirten Netzsubstanz des übrigen Körpers ab. In diesen Ergebnissen erblickt Schäfer, wie gesagt, einen entschiedenen Beweis für die Richtigkeit der Leydig'schen Hypothese und erklärt namentlich auch die von mir schon 1890 ausgesprochene und in vorliegender Arbeit eingehender durchgeführte Ableitung des anscheinend homogenen Plasmas der Pseudopodien etc. aus wabigem für sehr unwahrscheinlich und den Erfahrungen widersprechend. Da die übrigen Gründe, welche der Leydig-Schäfer'schen Hypothese entgegenstehen, in Schäfer's Erörterung nicht berührt werden, so kann ich mich hier wohl auf eine kurze Besprechung des oben dargelegten Einwands beschränken. Meine Ansicht, dass der Wabenbau auch dem anscheinend homogenen Plasma nicht fehle, vielmehr nur wegen der Feinheit der Wabenwände nicht mehr erkennbar sei, hält Schäfer, wie bemerkt, wegen der angeblich ganz scharfen Abgrenzung des netzigen von dem homogenen Plasma der Pseudopodien für widerlegt. Was diesen Punkt betrifft, so kann ich einfach auf die in einem früheren Abschnitt dieser Arbeit geschilderten Untersuchungen über die anscheinend homogenen Pseudopodien der Amöben und der Gromia Dujardinii verweisen. Ich betone noch besonders, dass ich bei den von mir untersuchten Pseudopodien nie eine scharfe Grenze zwischen dem reticulären und dem anscheinend homogenen Plasma beobachtete, sondern sowohl im Leben wie an den Präparaten stets eine Uebergangszone beobachtete. An den Pseudopodien ist sogar vielfach zu sehen, dass die Structur gegen das Ende blasser oder schon vor dem Ende unkenntlich wird, weshalb dieses homogen erscheint. Ich glaube jedoch auch nicht, dass die Pseudopodien der von Schäfer untersuchten Blutkörperchen sich in dieser Hinsicht anders verhalten; vielmehr ist sogar auf Schäfer's Fig. 4 (1891, 3) an mehreren Stellen ganz deutlich ein allmähliches Verblassen der reticulären Structur gegen und ihr allmählicher Uebergang in die homogenen lappen- bis saumförmigen Pseudopodien ganz gut zu erkennen. Wenn an anderen Stellen eine sehr scharfe Grenze zwischen dem homogenen Plasma und dem reticulären Centraltheil des Körpers zu existiren scheint, so lässt sich dies durch anderweitige Umstände erklären. Schäfer betont besonders, dass die homogene Substanz der Pseudopodien, welche er seiner Theorie gemäss für hervorgekrochenes oder -geflossenes Enchylema (Hyaloplasma) hält, sich viel schwächer färbe wie das granulär-reticuläre centrale Plasma, und dass daher auch beide chemisch verschieden seien, d. h. dass nur in dem reticulären Theil das stark färbbare Spongioplasmagerüst vorhanden sein könne. Wir haben nun vielfach gefunden, dass sich das Spongioplasmagerüst, d. h. die Gerüstsubstanz des wabigen Plasmas überhaupt sehr schwach färbt und dass sich seine anscheinend intensive Färbung, welche so häufig zu erzielen ist, bei genauer Untersuchung immer auf die gewöhnlich sehr reichlich eingelagerten Granula zurückführen liess. Da wir nun wissen, dass auch die sehr zahlreichen Granula der Amöben in das hyaline Plasma der Pseudopodien nicht eintreten, so erklärt sich daraus dessen schwache Färbung leicht und bei den weissen Blutkörpern ist es jedenfalls ebenso, da in ihnen gleichfalls Granula reichlich vorhanden sind. Eine anscheinend sehr scharfe Grenze zwischen dem dunkelgefärbten reticulären centralen und dem hyalinen Plasma der Pseudopodien kann jedoch ausser durch diesen Umstand noch dadurch vorgetäuscht werden, dass der eigentliche Ursprung eines flach auf der Unterlage kriechenden Pseudopodiums durch eine Vorwölbung des sich mehr oder weniger erhebenden centralen Körpertheils etwas überdeckt wird. Dieser Fall kommt bei flach aufliegenden kriechenden Amöben häufig vor. Unter diesen Umständen ist dann natürlich bei so kleinen Objecten anscheinend eine scharfe Grenze zwischen der Pseudopodiensubstanz und dem Centralplasma zu sehen, da man den Ursprung des Pseudopodiums nicht deutlich verfolgen kann.

Ich glaube jedoch, dass es kaum nöthig ist, diese Einwände ausführlich zu erörtern, vielmehr genügt es, auf die oben geschilderten Beobachtungen über die plötzliche Umwandlung des anscheinend homogenen Plasmas der Pseudopodien in reticuläres hinzuweisen, welche die Leydig-Schäfer'sche Hypothese durchaus nicht zu erklären vermag, während sie mit meiner Ansicht gut vereinbar sind. Wie gesagt, halte ich aus diesen Gründen, welche ich schon 1890 entwickelte, ohne dass Schäfer sie berücksichtigt hätte, meine Ansicht über das homogene Plasma für die wahrscheinlichere. Dazu gesellt sich ferner, wie ich hier nochmals betonen will, dass gegen die Leydig-Schäfer'sche Hypothese, welche ein spongiöses Gerüst nothwendig annehmen muss, natürlich alle jene Gründe sprechen, welche schon oben gegen die Möglichkeit eines solchen aufgezählt wurden. Schäfer drückt sich zwar über den Aggregatzustand des eigentlichen Spongioplasmagerüstes etwas unbestimmt aus, indem er sagt (1, p. 175) »it is firmer than the hyaloplasm but, perhaps, not actually solid, and is, in all probability, highly extensile and elastic.« Eine hochelastische Substanz aber, welche nicht wirklich fest ist, scheint mir eine physikalische Unmöglichkeit zu sein, welche wir nicht wohl zur Grundlage einer Hypothese über die lebende Substanz machen können.

Als sehr eifriger Anhänger der Lehre Leydig's ist neuerdings namentlich Rohde aufgetreten. Seine Untersuchungen über die Nervenelemente der Anneliden überzeugten auch ihn, dass nur das Hyaloplasma das Nervöse sein könne, das Spongioplasma dagegen in dem gesammten Nervenapparat ausschliesslich stützende Functionen erfülle. Ich glaube, dass die schon aufgezählten Gegengründe auch durch Rohde's neue Untersuchungen nicht erschüttert werden, und will deshalb hier nicht versuchen, sie eingehender zu besprechen, um so mehr als mir seine letzte Arbeit (1891) erst nach Abschluss des Manuscriptes bekannt wurde. Dagegen möchte ich darauf hinweisen, dass die auch von Rohde behauptete fibrilläre Structur der Ganglienzellen, Nervenfasern etc. jedenfalls nicht in dem Sinne besteht, welchen er damit verbindet. Rohde steht nämlich ungefähr auf dem Standpunkt Flemming's. Ich halte dem gegenüber die von mir betonte Structur der Ganglienzellen etc. durchaus aufrecht und glaube mich dazu um so mehr berechtigt, als Rohde in der Photographie des Durchschnitts einer der sog. peripherischen Ganglienzellen (Taf. VII Fig. B) meiner Ansicht nach, einen sehr schätzenswerthen Beleg für die Richtigkeit meiner Ansicht gegeben hat.

Die Photographie zeigt den wabigen Bau des Plasmas fast überall sehr deutlich und lässt auch recht gut erkennen, dass die Faserungen und Streifungen nur durch Modification des Wabengerüstes entstehen. Vergleicht man diese Photographie mit der Zeichnung, welche Rohde gleichzeitig von einer dieser Zellen giebt (Taf. VI Fig. 12), so tritt scharf hervor, wie wenig letztere der Natur entspricht, wie hochgradig schematisch sie gehalten ist, und weiterhin auch, dass die Zeichnung viele Structurdetails nicht enthält, welche die Photographie ganz gut wiedergiebt. In dieser Hinsicht verweise ich z. B. nur auf den Kern, dessen Inhalt als körnig geschildert und gezeichnet wird, während die Photographie deutlich zeigt, dass die Körnchen einem wabigen Gerüstwerk eingelagert sind. Wie gesagt, halte ich daher die Rohde'sche Photographie, ebenso wie die, welche ich von einer Ganglienzelle des Regenwurms dieser Arbeit beifüge, für gute Belege der wabigen Structur. Die erwähnte Photographie lehrt uns jedoch noch mehr. Rohde behauptet und zeichnet, dass die Fibrillen der Ganglienzellen von sehr verschiedener Stärke seien, dass in gewissen Zonen des Plasmas sehr starke, in anderen nur sehr feine Fibrillen aufträten. Schon in einem früheren Abschnitt wies ich darauf hin, dass die so häufig beschriebenen stärkeren Fibrillen oder Reiser wohl sicher nur durch dichte Einlagerung von Granula bedingt seien. Für diese Erklärung scheint mir nun Rohde's erwähnte Photographie gleichfalls die deutlichsten Belege zu bringen; denn man erkennt auf ihr an vielen Stellen gut, wie die scheinbaren stärkeren Fibrillen durch mehr oder weniger dichte Zusammenlagerung solcher Granula entstehen, und verfolgt ferner ebenso deutlich, dass die Verschiedenheit der fünf Plasmazonen, welche Rohde unterscheidet, jedenfalls in der

Hauptsache auf dem verschiedengradigen Gehalt an eingelagerten Granula beruht, wozu sich jedoch zum Theil noch besondere Modificationen des Gerüstwerks gesellen. Dagegen scheint mir die Weite der Maschen in den verschiedenen Zonen nicht sehr erheblich zu schwanken; dass die Zonen mit sehr zahlreichen Granula im Allgemeinen feiner structurirt scheinen, dürfte vielmehr wesentlich darauf beruhen, dass hier fast sämmtliche Knotenpunkte durch eingelagerte Granula scharf markirt sind, während in den an Granula armen Zonen viele Knotenpunkte so blass sind, dass sie nur wenig hervortreten oder auch zum Theil auf der Photographie ganz ausgeblieben sind.

Da ich nun, wie gesagt, in dieser Rohde'schen Photographie eine nicht unwillkommene Stütze für meine Auffassung der Structur der Ganglienzelle und des Plasmas überhaupt finde, halte ich es um so weniger für nöthig, die auch von Rohde acceptirte Lehre von der nervösen Natur des Hyaloplasmas nochmals zu widerlegen, da sie an und für sich unhaltbar erscheint, sobald die Richtigkeit der von mir vertretenen Ansicht über die Plasmastructur zugegeben wird.

Mit einem Wort muss ich der von Montgomery (1881 und 1885) entwickelten Hypothese der Plasmabewegungen gedenken. Es ist nicht leicht, sich ein klares Bild dieser Ansicht zu machen, da ihr Begründer von dem Protoplasma und den in ihm wirkenden Kräften Vorstellungen hegt, welche von den gewöhnlichen vollkommen abweichen, ja überhaupt schwer fassbar sind. Ohne versuchen zu wollen, diese Behauptung eingehender zu belegen, begnüge ich mich mit dem Hinweis auf folgenden Satz, welcher Montgomery's Arbeit von 1881 schliesst und der gewissermaassen sein Glaubensbekenntniss über die lebende Substanz enthält. »Selbst überzeitlich, eine untheilbare spezifische Totalität, Vergangenheit vergegenwärtigend, tritt sie der übrigen vergänglichen Natur in der Zeit entgegen. Sie, die lebendige Substanz, ist in der Welt das wahrhaft beharrliche, nicht der todte gestaltslose Stoff.« Ausgehend von solchen Anschauungen, welche lebhaft an die vergangenen Zeiten der Naturphilosophie gemahnen, gelangt Montgomery zu der seltsamen Ansicht, dass die gewöhnlichen physikalischen Kräfte im Plasma überhaupt keine Rolle spielten, dass die lebendige Substanz nämlich nur von chemischen Kräften regiert werde. Deshalb kann nach ihm auch von einem Aggregatzustande des Plasmas keine Rede sein. Will man mit diesen Behauptungen einen bestimmten Begriff verbinden, so scheint mir aus ihnen hervorzugehen, dass Montgomery das Gesammtplasma eines Organismus, ja wie es nach gewissen Wendungen sogar scheint, selbst den ganzen Körper eines höheren Thieres als ein grosses chemisches Molecül auffasst, das in beständiger Zersetzung und Wiederergänzung begriffen sei und innerhalb dessen nicht die gewöhnlichen physikalischen Molecularkräfte, sondern nur chemische Kräfte thätig seien.

Montgomery's Hypothese über die Bewegungsvorgänge ist denn auch eine chemische. Die Bewegungen einer einfach fliessenden Amöbe sollen folgendermaassen verlaufen. Am Vorderende der Amöbe finde unter dem Einfluss des äusseren Mediums beständig eine Zersetzung des hyalinen Plasmas statt, eine »Disgregation«, wie er auch sagt; dabei schrumpfe das hyaline Plasma des Vorderendes zusammen und werde granulär, um gleichzeitig nach den Seiten und endlich nach hinten abgeführt zu werden. Allmählich trete dann dies körnige, geschrumpfte Plasma wieder in den Strom ein, um unter dem Einflusse der Ernährung wieder zu dem ehemaligen Zustand des hyalinen Plasmas, der der natürliche sei, restituirt zu werden. Bei dieser Restitution »strecke« es sich jedoch und diese Streckung, deren Sitz hauptsächlich am Vorderende der Amöbe ist, wo sich ja der hyaline Saum findet, sei die Ursache der Vorwärtsbewegung und wohl der Strömung überhaupt. Das andauernde Spiel von Disgregation und Restitution verursache demnach die Strömung der Amöbe und ähnliche Plasmabewegungen. Auch auf die Erklärung der Muskelcontractionen sucht Montgomery diese Hypothese auszudehnen, doch will ich nicht versuchen, seine diesbezüglichen Ansichten hier wiederzugeben.

Frommann hat sich neuerdings (1890) sehr anerkennend über Montgomery's Hypothese ausgesprochen: sonst habe ich nicht ersehen, dass sie ernstlich für oder wider erörtert worden wäre. Auch ich glaube dies um so mehr unterlassen zu dürfen, als sie meiner Ansicht nach einmal durchaus hypothetisch ist, ja, wie sogar vorausgesetzt wird, nicht einmal auf physikalischen Kräften basirt und weil, meiner Meinung nach, wenn wir auch die gemachten Voraussetzungen acceptiren, durch das behauptete Wechselspiel von Schrumpfung und Streckung doch nie die regelmässigen Plasmabewegungen der Amöben oder der Pflanzenzellen zu Stande kommen können. Dass übrigens jede Erklärung dafür fehlt, warum denn eigentlich das zersetzte Plasma schrumpfe und sich bei der Wiederherstellung strecke, will ich hier nicht als Einwand betrachten.

Gelegentlich wurde schon hier und da angedeutet, dass bei dem Zustandekommen der Plasmabewegungen möglicherweise die Erscheinungen der sog. Oberflächenspannung der Flüssigkeiten im Spiel sein könnten.

Die sogenannte Abkugelung der Plasmatropfen, welche häufig als Contractionserscheinung beansprucht wurde, suchte schon Hofmeister (1867) als dasselbe Phänomen zu deuten, wie die kugelige Abrundung gewöhnlicher Flüssigkeitstropfen, also als eine Wirkung der Oberflächenspannung.

Auch Engelmann gelangte (1869) auf Grund der Vorstellung über das Flüssigwerden des Plasmas durch electrische Reizung zur Ansicht, dass die Kräfte, welche die Contraction des Plasmas bewirken, »ganz dieselben sein können, wie die, welche jeden nicht kugligen freien Flüssigkeitstropfen kuglig zu machen streben«; das wäre also die Oberflächenspannung. Dass Contractionen im gewöhnlichen Sinne nicht die Ursache der Bewegungen seien, davon ist er mit Hofmeister vollkommen überzeugt und stimmt namentlich dessen Ansicht über die rückwärtige Ausbreitung der Ströme durchaus zu. Späterhin jedoch kam Engelmann auf diesen, meiner Ansicht nach sehr richtigen Gedanken nicht wieder zurück, sondern entwickelte, wie wir sahen, eine auf wesentlich anderen Grundlagen basirende Theorie der Bewegungen.

1876 suchte ich die Oberflächenspannung als wirksames Agens bei der Erklärung der Zelltheilung hypothetisch zu verwerthen. Wie ich schon oben bemerkte, halte ich die dort gegebene Erklärung in den Grundzügen noch für zutreffend, ja durch die neueren

Erfahrungen über die grosse Rolle, welche die Oberflächenspannung als wichtigste Ursache der Bewegungsvorgänge im Plasma spielen dürfte, für erheblich wahrscheinlicher geworden. Seit jener Zeit, wo ich zuerst zur Ueberzeugung gelangte, dass dieser Eigenthümlichkeit flüssiger Körper eine hervorragende Bedeutung für die Erklärung der Gestaltsveränderungen am flüssigen Plasma zukommen müsse, behielt ich diese Frage stets im Auge; und die feste Ueberzeugung, dass auf diesem Wege voraussichtlich zu einem Verständniss der Plasmabewegungen vorzudringen sein dürfte, trug wesentlich zur Entstehung der in dieser Schrift niedergelegten Untersuchungen bei.

1880 veröffentlichte Rindfleisch Ideen über die vermuthlichen Ursachen der plasmatischen Bewegungen, welche mit der Ansicht, dass die Oberflächenspannung hierbei im Spiele sei, gewisse Berührungspunkte haben. Rindfleisch adoptirte die Lehre von dem netzförmigen Plasmagerüst und suchte darzulegen, dass die mit jenem Bau des Plasmas gegebene innige Durchdringung zweier verschiedener Substanzen, der Gerüst- und der Zwischensubstanz, für das Entstehen der Bewegungsvorgänge von fundamentaler Bedeutung sei. Seine Hypothese besagt, dass das Wirksame bei dem Entstehen der Bewegungsvorgänge die Adhäsion der beiden sich durchdringenden Substanzen bilde; Veränderungen ihrer Adhäsion müssten kleine Bewegungen hervorrufen, die sich summirten. Er sucht diese Annahme durch den Hinweis auf Bewegungserscheinungen von Flüssigkeiten zu stützen; so weist er auf die Bewegungen hin, welche ein Tropfen Eisessig auf dem Objectträger oder eine feine Oelschicht auf Wasser bei der Erwärmung zeigen. In diesen Fällen ist aber zweifellos die Oberflächenspannung die Ursache der Gestaltsveränderungen und Bewegungserscheinungen, so dass man wohl vermuthen könnte, Rindfleisch habe sich eigentlich mehr dieses Agens als das Wirksame gedacht. Immerhin bedarf es jedoch wohl kaum besonderer Erörterung, dass auf dem von ihm angedeuteten Wege keine Erklärung möglich ist, da schon die Voraussetzung eines netzförmigen Gerüstes, das doch wohl flüssig sein müsste, um unter den angenommenen Bedingungen Gestaltsänderungen und Bewegungserscheinungen zu zeigen, nicht möglich erscheint[1].

Im Jahre 1886 gelangte Berthold zu der Ansicht, dass die Plasmaströmungen der Pflanzenzellen in localen Aenderungen der Oberflächenspannung zwischen dem flüssigen Plasma und dem Zellsaft ihren Grund fänden. Schon E. H. Weber hatte 1855 auf die Aehnlichkeit der an gewissen Tropfen beobachteten, durch die Oberflächenspannung bewirkten Strömungen mit den Plasmaströmungen der Pflanzenzellen hingewiesen. Es ist zweifellos ein grosses Verdienst Berthold's, die Bedeutung dieser Verhältnisse richtig erkannt und den Versuch gewagt zu haben, sie consequent durchzuführen. Schon 1865 hatten Nägeli und Schwendener sehr richtig betont, dass der eigentliche Sitz der

[1] Ganz kurz möge hier erwähnt werden, dass Geddes (1883) eine Hypothese entwickelte, welche die Amöbenbewegung und die Contractionen der quergestreiften Muskeln auf sog. Aggregationserscheinungen, wie sie Darwin im Plasma insectenfressender Pflanzen beobachtete, zurückzuführen sucht. Geddes' Ansicht ist mir jedoch nicht recht verständlich geworden.

bewegenden Kräfte bei den Strömungen in den Pflanzenzellen die Oberfläche des Plasmas gegen den Zellsaft zu sein müsse; dagegen beurtheilten sie die Sachlage insofern unrichtig, als sie sich dachten, dass diese Bewegung der Oberfläche des Plasmakörpers an dem umgebenden Wasser einen Stützpunkt finde, »ähnlich etwa wie ein Vogel an der Luft oder ein Fisch am Wasser«, und dass auf solche Weise die Vorwärtsbewegung geschehe. Sie schlossen daher, dass der angrenzende Zellsaft stets in einer der Plasmabewegung »gegensinnigen« Strömung befindlich sein müsse. Dieser irrige, auf unrichtigen Muthmaassungen über die Natur der Strömungen gegründete Punkt wurde namentlich durch Velten (1873) widerlegt, der zeigte, dass die Bewegung des angrenzenden Zellsafts, soweit die gelegentlich in ihm vorkommenden feinen Körnchen urtheilen lassen, stets gleichsinnig mit der des Plasmas erfolgt. Aus diesen nicht bestrittenen Beobachtungen geht auch mit Sicherheit hervor, dass die Strömung des Plasmas bis an die Grenze gegen den Zellsaft reicht, was auch vielfach direct wahrzunehmen ist, dass also keine ruhende hautartige Schicht hier existirt. Mit Wakker (1888), welcher diese Bewegung im Zellsaft ebenfalls beobachtete, annehmen zu wollen, dass die Plasmaströmung die Haut der Zellsaftvacuole (-höhle) durch Reibung in Rotation versetze, scheint mir doch ganz unmöglich: namentlich wenn wir bedenken, dass an Zellsafthöhlen, welche von Plasmabrücken durchspannt werden, solche Verschiebungen der Vacuole doch sehr kenntlich hervortreten müssten.

Nach Berthold's Hypothese sind es Differenzen der Oberflächenspannung an der Grenze zwischen Zellsaft und Plasma, welche die Strömungen in der Pflanzenzelle hervorrufen. In diesem Punkt, glaube ich, hat Berthold das Richtige getroffen; dagegen kann ich seine Bemühungen, vermittelst dieser Vorgänge die Einzelfälle der pflanzlichen Plasmabewegung zu erklären, nicht für genügend begründet erachten. Gerade der wichtige Fall der sogenannten Rotation des Plasmas in constanter Richtung bleibt meiner Ansicht nach unaufgeklärt. Denn das, was Berthold auf p. 118 hierüber bemerkt, kann doch kaum als eine ausreichende Erklärung betrachtet werden. Er glaubt, dass die Rotationsströmung allmählich aus zahlreichen unregelmässigen Strömungen entstanden sei, wie sie bei der sog. Circulation vorkommen, und zwar auf folgende Weise: »Die stärkeren Ströme werden allmählich die schwacheren unterdrücken, in ihre Richtung mit hineinziehen, und so wird im Kampfe ums Dasein (! B.) unter ihnen schliesslich nur ein einziger Rotationsstrom übrig bleiben müssen, denn erst damit ist dem Princip des kleinsten Widerstandes Genüge geleistet.« Ferner vermuthet Berthold noch, dass auch besondere Leichtflüssigkeit des Plasmas eine Bedingung für die Ausbildung des einfachen Rotationsstroms sei. — Eine Erklärung, wie die obige, kann schwerlich als eine physikalische, und eine solche will Berthold doch geben, betrachtet werden; denn Principien wie der »Kampf ums Dasein« sind hier wohl unzulässig und nichts erklärend. Ein System zahlreicher Ströme wird stets ein solches bleiben, wenn die Ursachen, welche die zahlreichen Strome hervorrufen, fortdauern; tritt in dieser Beziehung keine Aenderung ein, so wird sich ein einheitlicher Strom nicht ausbilden können. Auch hinsichtlich des Princips des kleinsten

Widerstandes bin ich sehr skeptisch, da ich offen gestanden nicht einmal recht verstehe, was sich Berthold eigentlich darunter vorstellt. Um die einfache Rotationsströmung auf Grund der Berthold'schen Hypothese, die ich, wie gesagt, auch nach allen in dieser Schrift niedergelegten eigenen Erfahrungen für die einzig richtige halte, zu erklären, ist eben nothwendig zu zeigen, warum, wo und wie ein solch' kräftiger einziger Strom entsteht, der, wie wir uns schon an den Strömungen der Schaumtropfen überzeugten, recht wohl schwache locale Ströme unterdrücken kann, indem er die Ursache ihrer Entstehung allmählich aufhebt, und ferner, wie es namentlich dazu kommt, dass dieser Strom nur einseitig zur Entwicklung gelangt. Denn, wie wir früher sahen, strahlt jeder Ausbreitungsstrom allseitig von dem Ort seiner Entstehung aus. Ob es möglich ist, für die Einseitigkeit des Rotationsstroms eine Erklärung zu finden, soll später untersucht werden. Uebrigens hat Berthold wohl erkannt, dass der schwächste Punkt seiner Erklärung der Circulationsströmung darin besteht, dass auch bei dieser eigentliche Ausbreitungscentren, wie sie die Hypothese voraussetzt, kaum mit Sicherheit zu beobachten sind (p. 123); er sucht die Ursache hierfür in der Dünne des Plasmabeleges der Wand, doch glaube ich schwerlich, dass die Sache damit aufgeklärt ist.

Eigenthümlicher Weise ist nun Berthold der Ansicht, dass die Bewegungen und Strömungen der Amöben und Plasmodien nicht auf denselben Ursachen beruhten, welche die Strömungen des Plasmas der Pflanzenzellen bewirkten, wenn auch im Princip ähnliche Kräfte im Spiel seien. Nicht Ausbreitungsströme, welche auf localer Herabsetzung der Oberflächenspannung beruhten und in deren Gefolge auftretende Vorwärtsbewegungen, wie sie unsere Oel- und Oelschaumtropfen unter geeigneten Bedingungen zeigen, bildeten die Ursache der Amöbenbewegung, sondern das Amöbenplasma verhalte sich etwa so wie eine Flüssigkeit, die sich auf einem festen Körper ausbreitet. Um daher Berthold's Ansicht über diese Vorgänge verstehen zu können, ist es nöthig, dass wir die Bedingungen der Ausbreitung von Flüssigkeiten auf festen Körpern ein wenig ins Auge fassen. Quincke, auf dessen Ansichten Berthold sich stützt, hat 1877 theoretisch den Satz zu begründen versucht, dass die Ausbreitung von Flüssigkeiten auf festen Körpern von denselben Bedingungen beherrscht werde, welche auch die Ausbreitung einer Flüssigkeit an der Oberfläche einer anderen, respect. auf der Grenzfläche zweier anderer bestimmten. Er hält es für zulässig, anzunehmen, dass auch an der Grenze zwischen einer Flüssigkeit und einem festen Körper, ja auch an der Oberfläche eines festen Körpers selbst eine Oberflächenspannung bestehe und dass das Verhältniss der Grösse der drei Oberflächenspannungen, d. h. derjenigen der Oberfläche der auf den festen Korper gebrachten Flüssigkeit (α_2), der auf der Grenzfläche dieser Flüssigkeit gegen den festen Körper (α_{12}) und der des festen Körpers (α_1) die Ausbreitung der Flüssigkeit (2) bestimme, nämlich dass diese sich immer dann ausbreite, wenn $\alpha_1 - \alpha_{12} \geqq \alpha_2$ ist. Handelt es sich nicht, wie im obigen Falle vorausgesetzt wurde, um die an Luft grenzende Oberfläche eines festen Körpers (1), sondern wird diese von einer Flüssigkeit (3) bedeckt, so dass die Flussigkeit (2) auf die Grenzflache des festen Körpers (1) mit der Flüssigkeit (3) gebracht wird, so erfolgt ihre

Ausbreitung hier theoretisch, wenn die Bedingung erfüllt ist, dass $\alpha_{13} - \alpha_{12} \gtreqless \alpha_{23}$. Ferner erfordert die Theorie, dass die Oberfläche jedes Flüssigkeitstropfens, der sich auf der festen Unterlage nicht ausbreitet, an jedem Punkt seiner Berührungslinie mit dieser einen constanten Randwinkel mit der Unterlage bildet, welcher von deren geometrischer Gestalt unabhängig ist und nur durch das Verhältniss der drei auf jeden Punkt der Berührungslinie wirkenden Oberflächenspannungen abhängt.

Diese theoretisch abgeleiteten Bestimmungen haben sich durch die Erfahrung nur theilweise bestätigt. So bleibt z. B. der Randwinkel eines auf einer Glasplatte adhärirenden Wassertropfens nicht constant, wenn man dem Tropfen allmählich Wasser entzieht; die Ausbreitungsfläche des Tropfens bleibt dieselbe, während sein Volum abnimmt, und gleichzeitig verkleinert sich der Randwinkel, während er sich theoretisch nicht hätte verändern oder höchstens vergrössern dürfen, wenn man die verminderte Höhe des Tropfens in Rechnung zieht. Ebensowenig gelang es Quincke an einem derartig adhärirenden Wassertropfen, durch Aenderung der Oberflächenspannung α_{23} oder α_{23} bei Auftragen von etwas Oel auf den Tropfen, den Randwinkel wesentlich zu ändern; während dies bei Tropfen, welche auf der Oberfläche einer Flüssigkeit liegen, wohl gelingt. Jedenfalls scheinen mir diese Ergebnisse anzuzeigen, dass bei adhärirenden Tropfen Verhältnisse ins Spiel kommen, welche uns noch nicht genügend bekannt sind; weshalb es sehr unsicher erscheint, die Quincke'sche Theorie zur Grundlage einer Hypothese über die Bewegungserscheinungen der Amöben zu machen und letztere als solch' adhärirende Tropfen aufzufassen, wie es Berthold thut. Seine Hypothese geht, wie gesagt, von der Ansicht aus, dass die Amöbe auf dem festen Substrat der Unterlage adhärire und als flüssiger Tropfen den oben genannten Bedingungen unterworfen sei, ihr Randwinkel demnach bei constanter chemischer Beschaffenheit des Plasmas auch ein constanter sein müsse.

Wenn nun an einem Punkt des Randes der Amöbe eine chemische Aenderung eintrete, wodurch eine Herabsetzung der Oberflächenspannung α_{12}, zwischen dem Amöbenplasma und der Unterlage hervorgerufen werde oder, wie sich Berthold gewöhnlich ausdrückt, die Adhäsion zwischen der Amöbensubstanz und der Unterlage vergrössert werde, dann erfolge eine Ausbreitung dieses Randes, bis der Randwinkel sich hinreichend verkleinert habe, um diese Aenderung der Oberflächenspannung oder der Adhäsion auszugleichen. Wenn wir diese Erklärung schon auf Grund der Quincke'schen Erfahrungen über die Einflusslosigkeit der Aenderung der Oberflächenspannung auf den adhärirenden Wassertropfen bezweifeln müssen, so giebt es noch eine ziemliche Anzahl weiterer Punkte, welche, meiner Ansicht nach, gegen dieselbe sprechen. Zunächst halte ich es für unrichtig, dass die Amöben auf der festen Unterlage wirklich adhäriren. Ich bestreite durchaus nicht, dass locale Adhäsionen am Hinterende, oder gelegentlich auch an den Pseudopodien bei deren Einziehung zur Beobachtung kommen. Dagegen erachte ich es für sicher, dass eine ausgedehnte Adhäsion fehlt. Wer sich öfter mit Amöben beschäftigt hat, der weiss, dass gewöhnlich schon sehr schwache Wasserströme genügen, um sie von ihrer Unterlage fortzuspülen, während hierzu jedenfalls recht grosse Kräfte nothwendig wären, wenn eine wirkliche Adhäsion bestände. Dazu gesellt sich die Erfahrung, dass auch Amöben, welche sicherlich nicht adhäriren, sondern frei im Wasser schwimmen, Pseudopodien entwickeln, überhaupt keine wesentliche Beeinträchtigung ihres Gestaltswechsels zeigen[1]. Schliesslich ist bekannt, dass zahlreiche Amöben ihre Pseudopodien zum Theil frei in das Wasser entsenden können, so dass Berthold sich genöthigt sieht, für die Bildung solcher Pseudopodien, welche sich im Uebrigen ganz ebenso vollzieht wie jene der kriechenden, die alte Theorie von dem durch locale Contractionen bewirkten Druck von hinten zu acceptiren, also für die Erklärung der Amöbenbewegung zwei ganz verschiedene Ursachen gleichzeitig anzunehmen.

Beweise für die Richtigkeit seiner Hypothese über die Amöbenbewegung findet Berthold in den bekannten Bewegungserscheinungen, welche Wassertropfen, die auf einer Glasplatte adhäriren, zeigen, wenn man ihnen randlich etwas Aether oder Alkohol nähert. Die Tropfen fliehen dann bekanntlich den Aether oder Alkohol. Berthold glaubt, dass diese Erscheinung sich ganz auf die Weise erkläre, welche er für die Amöbenbewegung voraussetzt, also dadurch, dass der Randwinkel an der Alkoholseite der Tropfen vergrössert werde, da die Oberflächenspannung zwischen alkoholhaltigem Wasser und Glas grösser resp. die Adhäsion geringer wird und dass, wie gesagt, die Verhältnisse ähnlich liegen wie bei der Amöbe, für welche ebenfalls polare Differenzen der Adhäsion, d. h. ein Ueberwiegen derselben an dem fortschreitenden Pol, vorausgesetzt werden. Ich halte nun zunächst die von Berthold gegebene Erklärung des vor Alkohol etc. fliehenden Wassertropfens nur für theilweise richtig. Bei der Annäherung des Alkohols weicht dessen Rand unter Vergrösserung des Randwinkels zurück und dies mag mit Recht auf die von Berthold angegebene Ursache zurückgeführt werden. Damit wäre jedoch die Bewegung erledigt und ein andauerndes Fliehen, respect. eine Ausbreitung des vom Alkohol abgewendeten Randes nicht zu verstehen, da sich nach entsprechender Vergrösserung des Randwinkels ein Gleichgewichtszustand herstellen wird. Das Fliehen oder Fortschreiten des Tropfens muss daher wohl eine andere Ursache haben, die ja auch schon lange bekannt ist. Da der Alkohol die Oberflächenspannung des Wassertropfens gegen die Luft stark herabsetzt, so tritt natürlich gleichzeitig ein heftiger Ausbreitungsstrom an der Oberfläche des Tropfens auf, welcher zur Folge hat, dass die Flüssigkeit des Tropfens von dem Alkoholrand zu dem entgegenstehenden abgeführt wird. Hier verdunstet nun der Alkohol schnell wieder, weshalb der Ausbreitungsstrom fortdauert, in der Weise, wie wir früher schon ähnliche Ströme lange anhalten sahen. Durch diesen fortdauernden Abfluss vom Alkoholrand des Tropfens wird aber ein Fliehen vor dem Alkohol hervorgerufen[2].

[1] Siehe hierüber auch im Anhang.

[2] Ein solcher vor Alkohol fliehender, auf Glas adhärirender Wassertropfen bewegt sich daher gerade entgegengesetzt, wie sich ein Tropfen, der in einer zweiten Flüssigkeit schwebt oder doch nur sehr wenig adhärirt, unter den gleichen Bedingungen fortbewegen würde; denn wir wissen von früher, dass Herabsetzung der Oberflächenspannung an der freien Oberfläche eines solchen Tropfens eine Vorwärtsbewegung in der Richtung von dem Centrum des Tropfens gegen diesen Punkt der Oberfläche hervorruft. Dass diese Erscheinung

Berthold hat auf diese nothwendigen und so viel besprochenen Strömungen keine Rücksicht genommen und daher auch nicht bemerkt, dass gerade sie gegen seine Erklärung der Amöbenbewegung sprechen. Wollen wir nämlich die Erscheinung des fliehenden Tropfens auf die Amöbe anwenden, so müssen wir uns umgekehrt vorstellen, wir hätten einen adhärirenden Tropfen Alkohol oder einer beliebigen Flüssigkeit von relativ niederer Oberflächenspannung, der einseitig mit Wasser oder einer anderen Flüssigkeit höherer Spannung in Berührung gebracht werde; da Wasser weniger flüchtig ist wie Alkohol, so lässt sich der Versuch nicht in ähnlicher Weise wie der umgekehrte ausführen. Wenn nun dadurch, dass die Oberfläche des Alkoholtropfens einseitig Wasser aufnähme, die Adhäsion vergrössert, d. h. die Oberflächenspannung des Tropfens gegen das Glas herabgesetzt würde, so dass dieser Tropfenrand sich unter Verkleinerung des Randwinkels ausbreitete, dann würde gleichzeitig durch die Differenz der Tensionen auf der freien Oberfläche des Tropfens, welche damit nothwendig verknüpft ist, ein Ausbreitungsstrom entstehen, dessen Centrum natürlich an der entgegengesetzten Seite des Tropfenrandes gelegen wäre. Wenn dieser Strom fortdauerte, was natürlich der Fall wäre, wenn die polare Differenz der Oberflächenspannungen im Tropfen sich erhielte, also wenn das Wasser flüchtiger wäre, wie der Alkohol, so würde damit natürlich auch ein Fortschreiten des Tropfens gegen die Seite des Wassers hervorgerufen.

Aus diesen Ueberlegungen scheint mir daher hervorzugehen, dass, wenn die Amöbenbewegung die Ursache hätte, welche ihr Berthold zuschreibt, eine der thatsächlichen gerade entgegengesetzte Strömung in der Amöbe statthaben müsste. Die Strömung müsste beiderseits vom Hinterende der Amöbe abfliessen und dem Vorderende das Plasma zuführen. Da jedoch die Strömung, wie bekannt, gerade den umgekehrten Verlauf nimmt, so halte ich Berthold's Hypothese für unzutreffend. Berthold hat nun wohl bemerkt, dass die Strömungen in der Amöbe im Wesentlichen ganz so verlaufen, als wenn ein Ausbreitungsstrom durch Verminderung der Oberflächenspannung am Vorderende bestände, ebenso wie dies bei unseren Oel- oder Oelschaumtropfen der Fall ist. Dennoch hält er es für unrichtig, diese nahe liegende Vermuthung als Grund der Amöbenbewegung zu acceptiren. Er glaubt vielmehr, dass die successiven Ausbreitungen des Plasmas am Vorderende der Amöbe mit einer gewissen Gewaltsamkeit geschähen und dass hierdurch nicht

bei dem adhärirenden Wassertropfen nicht hervortreten kann, ist jedenfalls eine Folge der Adhäsion und des Aufenthalts in Luft. Auch wenn der Wassertropfen sich in einer Flüssigkeit befindet und stark adhärirt, dürften sich die Verhältnisse ähnlich gestalten. Zuweilen machte ich bei meinen Versuchen mit Oel- und Oelschaumtropfen die seltsame Erfahrung, dass dieselben trotz des Bestehens eines energisch strömenden Ausbreitungscentrums sich nicht wie gewöhnlich in der Richtung gegen dieses fortbewegten, sondern gerade in umgekehrter. Der Verlauf war daher genau so, wie für den Wassertropfen, vorausgesetzt nämlich, dass das von dem Ausbreitungscentrum abströmende Oel sich nicht genügend durch Zustrom restituirte und auf diese Weise fortgesetzt eine Abnahme des Tropfens am Ausbreitungscentrum und eine Zunahme am entgegengesetzten Rand stattfand, was ein Fortschreiten des gesammten Tropfens vom Ausbreitungscentrum weg hervorrief. Es war mir früher nicht möglich, diese Erscheinung genügend zu erklären; jetzt glaube ich, dass es sich dabei um Tropfen handelte, die sehr stark adhärirten und für welche daher die Verhältnisse ähnlich lagen, wie bei dem Wassertropfen auf der Glasplatte bei Annäherung von Alkohol.

nur der axiale Zustrom, sondern auch der beiderseitige Abfluss zu erklären sei. Dem gegenüber muss ich betonen, dass es mir ganz unmöglich scheint, den Abfluss wie überhaupt die regelmässige Circulation des Plasmas in einer einfachen Amobe durch solche Ausbreitungen am Vorderende zu erklären und dies um so weniger, als wir gefunden haben, dass die Theorie einen gerade entgegengesetzten Strom nothwendig erfordert.

Einen Haupteinwand gegen die Zulässigkeit der Erklärung, welche ich vertrete, findet Berthold in der angeblich von ihm constatirten Thatsache, dass man in dem die Amobe umgebenden Wasser, welchem Karmin beigemischt war, keine Strömungen am Vorderende der Amöbe beobachtet, wie sie die Erklärung doch erforderte. Ich bemerke hierzu, dass ich die Beobachtung solcher Ströme für sehr schwierig halte in Anbetracht der meist sehr geringen Ausdehnung der Amöbenströme, und dass ich ihre Gegenwart daher einstweilen noch für möglich erachte. Leider versäumte ich es bis jetzt, diese Frage selbst zu prüfen[1]; doch kann ich auf eine Beobachtung hinweisen, welche zeigt, dass der anscheinende Mangel der Ströme im umgebenden Wasser für die Richtigkeit der Erklärung nicht entscheidend ist. An kleinen Oeltröpfchen, welche immerhin noch bedeutend grösser waren, wie die meisten Amöben, und welche sich unter dem Einfluss von Seifenlösung sehr lebhaft kriechend bewegten, konnte ich in der umgebenden Flüssigkeit, welcher Tusche beigemischt war, keinerlei Strömung nachweisen. Diese Beobachtung überraschte mich seiner Zeit sehr, da solche Strömungen ja in der Umgebung grosser Oeltropfen stets sehr deutlich und stark sind. Ohne daher die Gründe dieser Abweichung aufklären zu können, scheint sie mir nicht ungeeignet, die Bedenken, welche Berthold's Einwand erwecken könnte, zu mindern.

Stellen wir uns jedoch auf den Boden der Berthold'schen Hypothese, so würde das absolute Fehlen von Strömungserscheinungen in dem umgebenden Wasser ebenso sehr gegen seine Erklärung wie gegen die hier vertretene sprechen. Da Berthold's Hypothese sich schliesslich doch auf die Aenderungen der Oberflächenspannung gründet, welche durch chemische Veränderung des Amöbenkörpers am Vorderende bedingt seien, so müssen damit, wie ich auch schon hervorhob, nothwendig Ausbreitungsströme an der Oberfläche des Amöbenkörpers verbunden sein. Wenn daher Berthold überhaupt jegliche Strömungen in dem die Amöbe umgebenden Wasser leugnet, so spricht dies, meiner Ansicht nach, ebenso sehr gegen seine eigene wie gegen die hier vorgetragene Theorie. Dass er etwa die Ansicht haben sollte, die chemischen Aenderungen des Plasmas erstreckten sich nur auf die Unterseite der Amöbe, d. h. auf ihre adhärirende Fläche, ohne dass die Tension in der freien Oberfläche eine Aenderung erfahre, glaube ich kaum, da er in dem gesammten hyalinen Plasma des Vorderendes das chemisch Veränderte erblickt. Jedenfalls müsste sich diese Veränderung aber doch bis zum Rand der adhärirenden Fläche erstrecken und hier mit dem umgebenden Medium in Berührung treten, so dass hier Differenzen der Oberflächenspannung bestehen und Strömungen veranlassen müssten. Wie ich jedoch schon bei Besprechung der vor Alkohol fliehenden Tropfen erörterte,

[1] Siehe im Anhang.

halte ich es überhaupt für unmöglich, dass durch eine solche Aenderung der Adhäsion ohne gleichzeitige Differenzen der Tension in der freien Oberfläche des Tropfens fortschreitende Bewegungen zu Stande kommen können. Vielmehr wird eine solche Differenz nur zu einmaliger Gestaltsveränderung des Tropfens Veranlassung geben.

Auf Grund aller vorstehenden Erörterungen muss ich daher Berthold's Erklärung der Amöbenbewegung für unzutreffend erachten, wenigstens insofern es mir gelungen sein sollte, seinen Gedankengang ganz richtig zu verstehen.

Es schien mir jedoch von Interesse, die von der Theorie als nothwendig vorausgesetzten Strömungsverhaltnisse der Wassertropfen bei den Fluchtbewegungen durch die Erfahrung etwas genauer zu prüfen. Hierbei ergab sich nach einigen misslungenen Versuchen, dass die Erscheinungen im Wesentlichen so verlaufen, wie oben angenommen wurde. Um sich davon zu überzeugen, verfährt man am besten so, dass man Wassertropfen auf eine möglichst gut gereinigte Glasplatte setzt und ihrem Rande hierauf eine nicht zu feine Capillarröhre oder einen Glasstab mit Aether nähert. Wenn man dem Tropfen etwas Elfenbeinschwarz beigemischt hat, wird man schon mit blossem Auge oder einer schwachen Lupe beobachten, dass bei der Annäherung des Aethers ganz dieselben Strömungserscheinungen im Tropfen eintreten, welche wir früher für Oeltropfen, deren Tension durch Seife oder Anderes an einer Stelle herabgesetzt wurde, ausführlicher beschrieben. Die Strömungen sind sehr heftige, so dass sich die beiderseits entstehenden Wirbel (A) mit grosser Deutlichkeit ausprägen. Wenn die Tropfen vor dem Aether fliehen, so wird ihr Rand, welcher dem Aether zugekehrt ist, zuerst ziemlich gerade, später sogar concav, und mit dieser Gestaltsveränderung des Randes treten auch Aenderungen der Strömung auf, welche das ursprüngliche Bild etwas modificiren. Am leichtesten entsteht ein wirkliches Fliehen, wenn die Tropfen sehr nieder sind; höhere zeigen zwar die Strömungen und das Zurückweichen des Aetherrandes ganz vorzüglich, aber das Fliehen weniger gut.

Fig. 19.

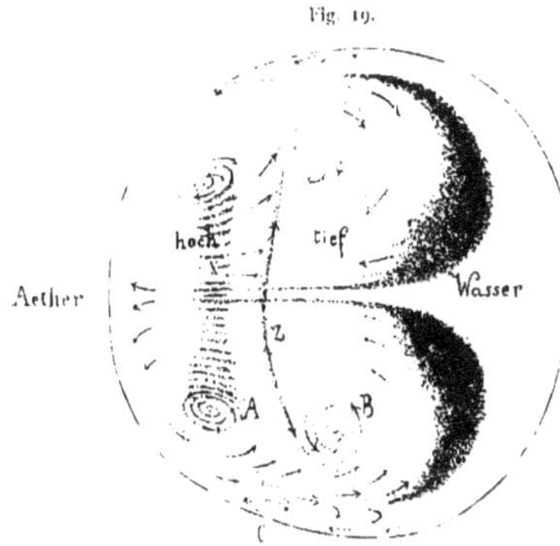

Will man sich von den Strömungserscheinungen innerhalb der Tropfen genauer unterrichten, so ist es nöthig, die Verhältnisse an kleineren Tropfen unter dem Mikroskop zu studiren. Da die Strömungen, wie gesagt, ungemein energisch geschehen, so sind die Bilder, welche man in solchen Tropfen bei schwacher Vergrösserung beobachtet, ganz besonders schön und sehr geeignet, die Erfahrungen, welche auf anderem Wege über die Strömungen in den Oeltropfen gewonnen wurden, zu ergänzen. Das Bild eines energisch strömenden Tropfens ist im Allgemeinen das auf nebenstehender Figur 19 dargestellte. Man erkennt darauf sofort die beiden Wirbel (A) wieder, welche wir auch schon früher gefunden haben, beobachtet jedoch neben diesen gewöhnlich noch einige secundäre Wirbel (B und C), deren Lage und Beziehungen zu den Hauptwirbeln sich aus der Figur deutlich ergeben, auf deren Erklärung ich aber hier nicht weiter eingehen will. Von ganz besonderem Interesse ist aber eine Erscheinung, welche zwischen den beiden Hauptwirbeln auftritt und namentlich dann deutlich ist, wenn letztere in der Breiterichtung etwas auseinander gerückt sind. Dann bemerkt man, dass zwischen ihnen ein dunkles, ziemlich breites Band ausgespannt ist, welches daher rührt, dass sich in der Quere zwischen den beiden Wirbeln ein dichtes Band entsprechender Wirbel durch den ganzen Tropfen erstreckt. Da diese Wirbel von oben gesehen werden, so müssen sie sich als dunkle Striche darstellen. Diese Erscheinung erklärt sich nun dadurch, dass in der ganzen Breite des Tropfens die Verhältnisse im Wesentlichen dieselben sind, wie sie auf beiden Seiten gewissermaassen im Längsdurchschnitt gesehen werden. Ein medianer Längsschnitt des Tropfens, dessen directe Ansicht leider nicht zu erhalten ist, würde daher etwa das auf Figur 20 wiedergegebene Bild zeigen. Die Summe aller Wirbel, welche sich quer durch den Tropfen hindurchziehen, erscheint demnach als das dunkle Band. Da im Innern dieser Wirbel relative Ruhe besteht, so sammeln sich darin gewöhnlich Farbetheilchen, namentlich gröbere an, welche innerhalb des Bandes eine mittlere, schwarze Reihe erzeugen: manchmal können diese Partikelchen auch in ganz regelmässigen Abständen in dem dunklen Band vertheilt sein. Auch die eigenthümliche quere Linie (Z) zwischen beiden Wirbeln, welche sich seitlich mit den secundären Wirbeln (B) in Verbindung setzt, erklärt sich aus der Beschaffenheit der Strömung auf dem mittleren Längsschnitt wohl ohne Weiteres. Wie wir es bei den Paraffinöltropfen fanden, so sammelt sich auch in den strömenden Wassertropfen das beigemischte Schwarz grossentheils in der hinteren ruhenden Region allmählich an und tritt von hier wieder in den Vorstrom ein.

Fig. 20.

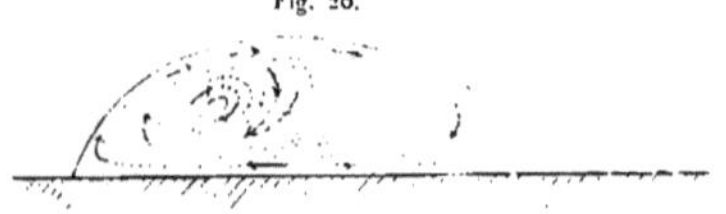

Wenn man nun den Tropfen durch starke Annäherung des Aethers zum Zurückweichen seines Randes, respect. auch schliesslich zum Fliehen bringt, was mit den Wassertropfen, welchen Schwarz beigemischt ist, nicht mehr so gut geht, wie mit ganz reinen, so zeigt sich im Wesentlichen Folgendes. Indem sich der Rand zurückzieht und gerader, auch breiter wird, verbreitert sich auch der mittlere Vorstrom und die beiden Wirbel A rücken ganz auseinander. Es hat dann den Anschein, dass an dem Rand nur eine sehr heftige Wirbelbewegung stattfinde, welche oben von dem Rand nach dem entgegenstehenden

Tropfenrand hinzieht, jedoch bald in die Tiefe steigt und hier wieder nach dem Aetherrand eilt. Es ist dies die Wirbelbewegung, welche wir vorhin schon in der Gestalt des dunklen Querbandes kennen gelernt haben. Nur an den äussersten Stellen des Tropfenrandes zeigen sich noch die Wirbel A und die seitlichen Abströme in den Vorstrom. Es lässt sich wohl leicht erklären, wie diese Strömungen dadurch entstehen, dass die Aetherwirkung sich nun auf eine breitere Partie des Randes gleich heftig äussert.

Bei dieser Gelegenheit will ich noch bemerken, dass man auch bei dem bekannten Experiment, welches schon so vielfach ausgeführt wurde, nämlich der Näherung eines Aethertropfens an eine Wasserfläche, wodurch dieselbe unter dem Aether eine merkbare Depression erfährt oder, wenn die Wasserschicht sehr nieder ist, sogar der Boden des Gefässes unter dem Aether vollständig entblösst wird, dieselbe Wirbelbewegung leicht nachweisen kann, wenn man dem Wasser Elfenbeinschwarz beimischt. Ist die Wasserschicht ziemlich niedrig, doch nicht so sehr, dass sie bei der Depression durchrissen wird, und hat sich das Schwarz schon ziemlich auf dem Boden gesammelt, so beobachtet man bei der Annäherung eines mit Aether benetzten Stabes, dass sich die Farbe aus einer ringförmigen Zone im Umkreis des Stabes vollständig entfernt und sich an deren innerem Rande, direct unter dem Stab, zu einem schwarzen Ring dicht anhäuft. Durch den auf dem Boden des Gefässes gegen den Stab zurückkehrenden Wirbelstrom wird nämlich alle Farbe nach innen gekehrt und bleibt da liegen, wo dieser Wirbelstrom wieder nach oben aufsteigt.

Für die Erklärung des Fliehens aber ergeben auch diese Beobachtungen, dass es nur auf einem Ueberwiegen der Abströmung in dem Tropfen gegenüber der Zuströmung beruhen kann; dies aber muss seinen Grund in der Adhäsion des Tropfens finden, welche der in der Tiefe geschehenden Zuströmung ein Hinderniss bereitet. Hierfur spricht namentlich auch die Erfahrung, welche schon oben betont wurde, dass das Fliehen dann besonders ausgesprochen ist, wenn die Tropfen sehr niedrig sind. Jedenfalls bestätigen aber alle diese Erfahrungen, dass die Bewegungen der Amöben nicht auf solche Weise vor sich gehen können.

Wie schon oben bemerkt, will Berthold jedoch auch zugeben, dass gelegentlich durch von innen wirkende Druckkräfte Pseudopodien hervorgetrieben würden, etwa in der Weise, wie es sich die alte Schule durch Contraction der hinteren Partie des Amöbenkörpers dachte (p. 102). Derartige Contractionen könnten durch Aenderungen des Imbibitionszustandes des Plasmas hervorgerufen werden (p. 102 u. 105). Schliesslich fügt Berthold den drei erwähnten Hypothesen über die Ursachen der Plasmabewegungen noch eine vierte zu, welche die Entstehung feiner, frei in die Umgebung sich erhebender fadenförmiger Pseudopodien erklären soll, wozu ja keine der drei besprochenen ausreicht. Da Berthold's Ideen über diese Vorgänge wegen der Unsicherheit der dabei in Frage gezogenen Kräfte kaum kurz geschildert werden können, so verweise ich den Leser auf seine Schrift und bemerke hier über diese, meiner Ansicht nach unhaltbare Hypothese nur ganz wenige Worte. Die Kräfte, welche Berthold für die Entwickelung der feinen Pseudopodien heranzieht, sind eine Art chemischer, nämlich diejenigen, welche bei der

Lösung eines festen Körpers zwischen seinen Molekülen und denen des Lösungsmittels als anziehende wirken sollen. Derartige Kräfte sollen nun auch zwischen dem umgebenden Medium und den Theilchen des Plasmakörpers thätig sein und unter der Voraussetzung, dass dessen Oberflächenspannung sehr nieder sei, genügen, um ihn zu feinen Pseudopodien auszuspinnen. Wie man leicht sieht, erinnert diese Hypothese ein wenig an die früher (p. 46) besprochene Mensbrugghe's über die Ursache der pseudopodienartigen Auswüchse aus Oeltropfen. Ich glaube jedoch, dass Berthold's Hypothese auf gar zu unsicherer Grundlage aufgebaut ist, d. h. mit Kräften rechnet, die ganz hypothetisch und uncontrolirbar sind, als dass wir sie ernstlich in Frage ziehen könnten. Wäre Berthold's Auffassung richtig, so dürfte man wohl erwarten, aus einer dicken gefärbten Gummilösung, die mit Wasser übergossen wird, pseudopodienartige Fortsätze ausstrahlen zu sehen, was durchaus nicht der Fall ist.

Jedenfalls dürfte es aber höchst unwahrscheinlich sein, dass die Plasmabewegungen vier verschiedene Ursachen haben; vielmehr wird mit ziemlicher Sicherheit vorauszusetzen sein, dass ihnen eine gemeinsame Ursache zu Grunde liegen muss, wenn es auch heute noch nicht gelingen wird, sämmtliche Modificationen auf diese Ursache zurückzuführen.

1888 entwickelte Quincke, im Anschluss an seine Beobachtungen über die Ausbreitungsströme durch locale Herabsetzung der Oberflächenspannung, Ansichten über die Erklärung der Plasmaströmungen in Pflanzenzellen etc., welche im Princip mit der von Berthold gegebenen ersten Hypothese übereinstimmen. Im Einzelnen scheint mir jedoch Quincke's Erklärung unhaltbar, da er die Verhältnisse, wie sie in der Pflanzenzelle thatsächlich bestehen, nicht genügend berücksichtigt hat. Von dem Bau der Pflanzenzelle hat Quincke folgende Vorstellung. Der unter der Zellhaut befindliche Wandbeleg des Plasmas bestehe aus 1) einem äusseren »Plasmaschlauch«, 2) der hyalinen Hautschicht und 3) dem Körnerplasma. Der sog. Plasmaschlauch sei eine unmessbar dünne und in der Regel unsichtbare flüssige Oelmembran. Ohne dass Quincke Näheres darüber bemerkt, darf man wohl annehmen, dass er durch die Plasmahaut von Pfeffer und Anderen auf den sogenannten Plasmaschlauch geführt wurde. Die Strömungen sollen nun in der Weise entstehen, dass sich durch Einwirkung des Eiweisses der Hautschicht auf die durch Sauerstoffwirkung frei gewordene Fettsäure des Oels des Plasmaschlauchs eine seifenartige Verbindung (sog. Eiweissseife) bilde, welche auf der inneren Oberfläche des Plasmaschlauchs locale Herabsetzungen der Oberflächenspannung bewirke und daher hier Ausbreitungsströme hervorrufe. Verweilen wir zunächst einen Moment bei dieser Grundanschauung über die Strömungen, wie sie Quincke dargelegt hat. Ich glaube nicht, dass dieselbe zulässig erscheint, und zwar zunächst hauptsächlich aus folgendem Grunde. Nach Quincke's Ansicht liegt der Ursprungsort der Strömungen dicht unter der Zellhaut, nämlich auf der Grenze des unmessbar feinen Oelschlauchs und der Hautschicht. Nun ist aber sicher bekannt und vielfach nachgewiesen, dass die ganze äusserste Plasmaschicht, welche an die Zellhaut anstösst, in einer grossen Reihe von Fällen sicher ruht, ja dass, wie bei Charen z. B., die gesammte chlorophyllführende Rindenschicht des Plasmas in Ruhe verharrt. Aehnliches zeigen uns weiterhin auch die Ciliaten mit Cyklose des Entoplasmas, wo gleichfalls Ecto- und Corticalplasma ruhen, das innere Plasma hingegen strömt. In diesen Fällen ist es unmöglich, dass sich der Sitz der Bewegung an der Innenfläche eines solchen äusseren Oelschlauchs finde, vielmehr spricht, wie auch schon oben mit Nägeli, Schwendener und Berthold ausgeführt wurde, alles dafür, dass die Bewegungsursache ihren Sitz an der Grenzfläche des Plasmas und des Zellsafts hat. Bei der Cyklose der Infusorien, welche einer Zellsafthöhle entbehren, liegen jedenfalls besondere Verhältnisse vor, auf die erst später eingegangen werden kann. Zu dieser Schwierigkeit, welche, wie mir scheint, allein genügt, um die Unhaltbarkeit der Quincke-schen Erklärung zu erweisen, gesellt sich eine weitere; da nämlich die Hautschicht dem Oelschlauch überall dicht anliegt, so ist meines Erachtens nicht recht einzusehen, weshalb sich locale Ausbreitungen der sog. Eiweissseife bilden sollen, da doch auf der gesammten Berührungsfläche zwischen der überall eiweisshaltigen Hautschicht und dem Oelschlauch die Bildung von Eiweissseife erfolgen muss[1], so dass bei diesen Voraussetzungen die Bedingungen für das Auftreten bestimmter, häufig ganz einseitiger Strömungen schwerlich gegeben sein dürften.

Da mir also die Grundlagen, von welchen Quincke bei seiner Erklärung ausgeht, nicht ausreichend zu sein scheinen, so dürfte es zunächst unnöthig sein, die Erklärungen, welche er für die Specialfälle, wie Circulation, Pseudopodienentwicklung etc. giebt, genauer zu erörtern.

Beim Eingang in dieses Capitel wurde betont, dass ich die Möglichkeit einer Erklärung, welche meine Auffassung des Plasmas, wenigstens für die einfacheren Bewegungserscheinungen eröffnet, als eine Bestätigung der Richtigkeit der versuchten Deutung seiner Bauverhältnisse erachten müsse.

Wenn ich nun dazu übergehe, dies näher zu belegen, so muss ich im voraus bemerken, dass trotz aller Bemühungen bis jetzt nur die eigentliche Amöbenbewegung einer solchen Erklärung zugänglich erscheint, während die übrigen Modificationen, namentlich die Bildung der feinen Pseudopodien zahlreicher Sarkodinen, keine Erklärung finden.

Die Bewegung einfacher Amöben, wie A. guttula, limax, A. blattae, Pelomyxa, ist den früher beschriebenen strömenden Oelseifenschaumtropfen so ungemein ähnlich, ja in allen wichtigen Punkten so ganz ihr Ebenbild, dass ich von der Uebereinstimmung der wirksamen Kräfte in beiden Fällen vollkommen überzeugt bin. Auch bei diesen Amöben finden wir einen Axialstrom, welcher durch die Axe gegen das fortschreitende Vorderende zieht, hier nach den beiden Seiten, sicher jedoch auch nach den übrigen Richtungen umbiegt[2], meist eine verhältnissmässig kleine Strecke äusserlich nach hinten abfliesst und dann zur Ruhe gelangt. Der Axialstrom zieht das Plasma von hinten allseitig zu sich heran und in dem Maasse, wie dies hintere Plasma in den Strom eintritt, wird auch das ruhende seitliche Plasma weiter nach hinten und allmählich selbst wieder in den

[1] Man könnte etwa nur annehmen, dass die Oxydation und damit das Auftreten freier Fettsäure lokal in der Oelhaut geschehe. [2] Siehe den Anhang.

Axialstrom hineingeführt. Der einzige wesentliche Unterschied, welchen solche Amöben gegenüber den strömenden Oelschaumtropfen gewöhnlich zeigen, ist der, dass der Ausbreitungsstrom des Vorderendes, wie gesagt, meist nur eine relativ kurze Strecke nach hinten reicht, dass er verhältnissmässig bald zur Ruhe gelangt. Nun hängt aber auch in den Oelschaumtropfen die Ausdehnung dieses Stromes einerseits von der Intensität der wirksamen Kräfte, andererseits von der Zähigkeit des Oels ab. Man kann häufig beobachten, dass schwache Ausbreitungsströme sich nur wenig weit gegen das Hinterende zu fortsetzen, so dass die Verhältnisse jenen der geschilderten Amöben recht ähnlich werden. Ich bin daher überzeugt, dass die Erklärung der Strömungserscheinungen dieser Amöben dieselbe sein muss wie jene, welche wir oben für die Schaumtropfen aufstellten.

Wenn wir die dort gegebene Erklärung auf die Bewegungserscheinungen der Amöben anwenden wollen, wird es zunächst nothwendig erscheinen, die Natur der protoplasmatischen Substanz ein wenig zu erörtern. — Des Aggregatzustandes wurde schon oben kurz gedacht, wobei sich ergab, dass sowohl die Gerüst- wie die Zwischensubstanz flüssig sein müssen. Dass die Zwischensubstanz auf Grund aller Erfahrungen, die wir über sie sammelten, wie auf Grund unserer theoretischen Auffassung und Erklärung des Plasmabaues als eine wässerige Lösung gedeutet werden muss, ist klar. Damit sind auch die Reinke'schen Untersuchungen über das abpressbare Enchylema des Aethalium vollkommen im Einklang. Bezüglich der Gerüstsubstanz erfordert unsere Ansicht zunächst, dass sie eine in Wasser unlösliche flüssige Substanz sein müsse. Dass diese Substanz eiweissartige Körper enthält, ist klar; nach den neueren Erfahrungen wird es immer wahrscheinlicher, dass den Hauptbestandtheil der Gerüstsubstanz eine mit den Nucleinen in Beziehung stehende Eiweissverbindung bildet, das sog. Plastin. Reinke hat das von ihm zuerst näher erkannte Plastin von Aethalium septicum, das nach seiner Berechnung 27.4 % des lufttrockenen Plasmas bildet, als eine Combination von Eiweiss und Nuclein gedeutet, wozu sich möglicherweise noch eine Anzahl Moleküle einer Fettsäure (aus der Reihe der Stearin- oder Oelsäure) gesellten. — Jedenfalls ergiebt sich aus diesen und zahlreichen mikrochemischen Erfahrungen der neueren Zeit (vergl. besonders die Arbeiten von E. Zacharias und Fr. Schwarz), dass die Grundlage der Gerüstsubstanz kein Eiweisskörper im gewöhnlichen Sinne ist. Was wir von der möglichen Beschaffenheit dieses Stoffes wissen, ist ja sehr wenig; immerhin doch soviel, dass wir es nicht unbegreiflich finden, wenn er in Wasser unlöslich ist, was noch verständlicher würde, wenn sich Reinke's Vermuthung über das Eingehen von Fettsäuremolekülen in seine Constitution weiterhin bestätigte. Eine Reihe Erwägungen auf ganz anderer Grundlage, wie die Reinke's, legte mir ganz unabhängig von dessen Speculation, welche ich erst später kennen lernte, die Vermuthung nahe, dass die chemische Grundlage der Gerüstsubstanz durch einen Körper gebildet werden müsse, der aus einer Combination eiweissartiger und Fettsäuremoleküle hervorgegangen sei. Da es, wie gesagt, wohl möglich erscheint, dass ein solcher Körper in Wasser unlöslich ist, so halte ich die Annahme einer Oelhaut oder dergleichen, welche ihn gegen die Einwirkung des Wassers schütze, nicht für nothwendig; doch ist andererseits zuzugeben, dass gerade bei der Voraussetzung einer solchen chemischen Beschaffenheit der Gerüstsubstanz auch das Auftreten einer Oelhaut durch die zersetzende Wirkung des Wassers begreiflich erschiene.

Wenn das Plasmagerüst aus einem derartigen Körper besteht, so ist wohl verständlich, dass locale Differenzen der Oberflächenspannung ähnliche Bewegungserscheinungen hervorrufen müssen, wie sie an den Oelschaumtropfen beobachtet werden. Es fragt sich nur, ob das Enchylema auch wohl geeignet erscheint, die Rolle zu spielen, welche ihm nach unserer Vergleichung zukommt. In dieser Beziehung ist nun besonders wichtig, dass das Enchylema nach den Erfahrungen von Reinke und Rodewald alkalisch reagirt, was an der ausgepressten Flüssigkeit beobachtet wurde. Dass das Plasma als solches alkalisch reagire, haben eine Reihe Forscher beobachtet, worunter ich namentlich Fr. Schwarz hervorhebe. Reinke und Rodewald glaubten schliessen zu dürfen, dass die Alkalinität des Chylema durch NH_3 oder $NH_4NH_2CO_2$ hervorgerufen werde; Schwarz bekämpft diese Ansicht und versucht zu zeigen, dass wahrscheinlich Verbindungen von Alkalien mit Proteinkörpern diese Erscheinung verursachten. Auf die Möglichkeit, dass seifenartige Verbindungen die Ursache der Reaction seien, wurde seither noch keine Rücksicht genommen. Möge nun die alkalische Reaction des Chylema auf der einen oder der anderen Ursache beruhen, schon die Thatsache allein, sowie der Umstand, dass Fette im Plasma wohl nie fehlen und es andererseits nicht unwahrscheinlich ist, dass in den Aufbau der Gerüstsubstanz Fettsäuren eingehen, macht es sehr wohl möglich, dass das Chylema auch seifenartige Verbindungen gelöst enthalten muss, dass es also wohl befähigt ist, die Rolle zu spielen, welche ihm nach unserer Auffassung der Bewegungsvorgänge zukommt. Da es sehr verfrüht sein dürfte, über den zur Zeit noch ganz dunklen Zusammenhang der chemischen Processe im Plasma zu speculiren, so begnüge ich mich mit diesen Hinweisen.

Die Erklärung für die Bewegungsvorgänge der Amöben finde ich demnach entsprechend der Deutung der Strömungserscheinungen der Schaumtropfen darin, dass durch Platzen einiger oberflächlicher Waben Enchylem auf die freie Oberfläche des Plasmakörpers ergossen wird, hier eine locale Verminderung der Oberflächenspannung bewirkt und auf solche Weise ein Ausbreitungscentrum nebst Vorwärtsbewegung hervorruft[1]. Derart erklären sich nicht nur die einfachen Amöbenbewegungen, von denen wir ausgingen, sondern auch die verwickelteren Bewegungen und Gestaltsveränderungen durch fingerförmige Pseudopodien. Die Bildung solcher Pseudopodien erfolgt unter ganz entsprechenden Strömungserscheinungen,

[1] A. G. Bourne hat in einer vor kurzem erschienenen Untersuchung über die neu entdeckte Pelomyxa viridis hervorgehoben, dass die von ihm im Plasma dieser Rhizopode beobachteten Waben oder »vesicles« bei den Bewegungen, respect. der Entwicklung von Pseudopodien nicht platzten, und glaubt, dass diese Erfahrung im Widerspruch mit meiner Ansicht über die Ursachen der amöboiden Bewegung stehe. Demgegenüber muss ich betonen, dass die von Bourne beschriebenen »vesicles« sicherlich nichts mit den wahren Waben des Plasmas zu thun haben. Es sind kuglige, mit einem grünen Inhalt erfüllte Gebilde, deren ansehnliche Grösse allein schon die Vergleichung mit den eigentlichen Plasmawaben hätte ausschliessen sollen. Von der wirklichen, ungemein viel feineren Plasmastructur hat Bourne nichts beobachtet. Was diese grünen »vesicles« eigentlich waren, will ich hier nicht weiter untersuchen, obgleich es trotz gegentheiliger Versicherung des Entdeckers der Pelomyxa viridis, im Hinblick auf alle sonstigen bekannten Verhältnisse, schwer ist, den Gedanken zu unterdrücken, dass sie etwas anderes wie Zoochlorellen gewesen sein können.

wie sie in der einfach strömenden Amöbe durch den ganzen Korper hin stattfinden es handelt sich demnach bei ihnen nur um locale. auf geringe Entfernung hin sich erstreckende Ausbreitungsströme.

Wie schon oben angedeutet wurde, scheint jedoch bei den Amöben noch ein Umstand hinzuzutreten, welcher eine solche Beschränkung der Ausbreitungsströme bewirkt. Bei der Bildung eines fingerförmigen Pseudopodiums von Amöba Proteus (Fig. 21 sieht man, dass der Ausbreitungsstrom, welcher die Axe des Scheinfüsschens durchzieht und von dessen Spitze allseitig abfliesst, schon sehr dicht hinter der Spitze zur Ruhe gelangt; ein Umstand, welcher jedenfalls das rasche Auswachsen der Pseudopodien im Gegensatz zu den Verhältnissen der Schaumtropfen wesentlich begünstigt, indem das zur Ruhe gelangte Plasma sich anhäuft und das Pseudopodium auf solche Weise wächst. Diese Verhältnisse, wie jene der einfach strömenden Amöben, scheinen nun offenbar dafür zu sprechen, dass nur am Vorderende der Amöben, respect. an den Enden der Pseudopodien genügende Leichtflüssigkeit für die Ausbreitung des Stromes besteht, dass hingegen weiter nach hinten, wohl unter der Einwirkung des äusseren Mediums, die Oberfläche bald zäher wird und der Strom daher rasch erlischt. Dass die Oberfläche des Amöbenkörpers, speciell die Pellicula, eine zähere, membranartige Beschaffenheit besitzt, wurde ja häufig betont und folgt auch aus anderen Eigenthümlichkeiten ziemlich sicher.

Fig. 21.

In dieser Hinsicht muss besonders das Verhalten am Hinterende zahlreicher Amöben berücksichtigt werden. Bekanntlich trägt dieses vielfach einen schopfartigen Büschel feiner Fortsätze, welche häufig mit Pseudopodien verglichen wurden. Dieser Schopf hat jedoch sicherlich keine näheren Beziehungen zu wirklichen Scheinfüsschen, sondern ist eine Erscheinung, welche die Einziehung der Pseudopodien fast regelmässig begleitet, wie sich z. B. bei A. Proteus häufig sehr gut feststellen lässt. Bei einer einfach strömenden Amöbe, deren Hinterende ja, so zu sagen, in fortdauernder Einziehung begriffen ist, muss der Schopf naturgemäss an dieser Stelle zu besonders deutlicher Entfaltung gelangen. Verfolgt man die Einziehung eines Pseudopodiums, so bemerkt man, wie es sich allmählich mit kurzen papillösen Fortsätzen bedeckt, welche sich in dem Maasse, wie das Pseudopodium verkleinert wird, zu feinen Fortsätzen verschmälern, respect. auch zum Theil in solche zerlegen, so dass schliesslich an Stelle des Scheinfüsschens ein Schopf feiner Fortsätze verbleibt. Hierauf verschmelzen diese Fortsätze zu einem kleinen Hügel, welcher sich allmählich ausebnet und in der Plasmamasse des Körpers aufgeht. Werden gleichzeitig zahlreiche Pseudopodien eingezogen, so kann sich ein ansehnlicher Theil der Amöbenoberfläche mit solchen Büscheln bedecken.

Die wahrscheinlichste Erklärung für diese Erscheinung, welche, wie gesagt, besonders das Hinterende so gewöhnlich auszeichnet, ist, wie ich aus ihrem Verlauf schliessen möchte, etwa folgende. Wie oben bemerkt wurde, ist sehr wahrscheinlich, dass die Oberfläche des Amöbenkörpers von einer zäheren membranartigen Lage gebildet wird. Der Rückfluss der Pseudopodien wie die allmähliche Einziehung des Hinterendes der einfach fortschreitenden

Amöben rührt nach meiner Ansicht nur vom Aufhören der Zuströmung und dem Abflusse des Plasmas nach anderen Richtungen her. Dabei verkleinert sich das Pseudopodium oder das Hinterende fortdauernd, wobei die zähe äussere Schicht nicht so rasch zusammenfliessen kann, als diese Verkleinerung erfolgt, weshalb sie sich in Falten legen muss, die als papillöse Fortsätze hervortreten. Die ganze Erscheinung macht durchaus den Eindruck einer zähen membranartigen Schicht, die wegen allmählicher Entleerung des Inhalts faltig zusammenschrumpft. Bei fortgesetzter Entleerung des Inhalts werden diese Falten immer zahlreicher und feiner, so dass die völlig zusammengeschrumpfte Schicht schliesslich als ein büscheliger Schopf zarter Fortsätze anhängt. Jene Fortsätze oder Falten legen sich dabei dicht aneinander und kleben schliesslich zusammen; dabei werden sie der Einwirkung des äusseren Mediums entzogen, welches, wie wir voraussetzten, die Ursache der hautartigen Zähigkeit der oberflächlichen Schicht ist; dies, sowie die Wirkung des Amöbeninneren, welche sich nun auf den Schopf geltend macht, hat zur Folge, dass er allmählich verflüssigt wird und die Falten oder Fortsätze in oben beschriebener Weise verschmelzen, worauf das Verschmelzungsproduct endlich wieder mit dem übrigen Plasma zusammenfliesst.

Dass die Entstehung des Schopfes wirklich durch Schrumpfen der membranartigen Aussenschicht erfolgt, wird auch deshalb wahrscheinlich, weil man durch Zusatz von ziemlich concentrirter *NaCl*-Lösung (4°/₀) zu Amöba Proteus sofort unter beträchtlichem Einschrumpfen der Amöbe auf der ganzen Oberfläche jene papillösen Fortsätze hervorrufen kann, welche in diesem Fall sicherlich durch Faltung der äusseren Schicht bei Volumabnahme des Inhalts entstehen; auch mit 0,02°/₀ Kalilauge sah ich ganz ähnliche Bildungen auf der gesammten Oberfläche hervortreten. Ferner ist schon lange bekannt, dass man durch *NaCl*-Lösung auf der ganzen Oberfläche gewisser Amöben auch die Bildung feiner Fortsätze bewirken kann, wie sie den hinteren Schopf gewöhnlich zusammensetzen. Für die Richtigkeit der versuchten Erklärung der Schopfbildung spricht namentlich noch folgende Beobachtung, die ich gelegentlich an Amöba Proteus machte. Ein Exemplar, das längere Zeit mit 0,05°/₀ Kalilösung behandelt worden war, platzte schliesslich an einer Stelle, wie man es häufig beobachtet; dabei floss das innere Plasma aus und die membranartige Hülle schrumpfte sehr zusammen, indem sie gleichzeitig in ihrer gesammten Ausdehnung die borstige Beschaffenheit des Schopfes annahm. Wie gesagt, scheint diese Erfahrung nicht nur die Existenz der zähen membranartigen Hüllschicht sicher zu erweisen, sondern auch die grosse Wahrscheinlichkeit meiner Erklärung der Bildung jener feinen Fortsätze oder Falten. Das beschriebene Platzen der Amöben unter Ausfluss des relativ leichtflüssigen inneren Plasmas kann man häufig bei Einwirkung verschiedener Reagentien, wie auch bei längerer Wirkung des constanten Stroms beobachten: die eben geschilderte Schrumpfung der Hüllschicht in ihrer ganzen Ausdehnung sah ich dagegen nur einmal in solcher Weise.

Wenn wir demnach genöthigt sind, auf der Oberfläche zahlreicher Amöben eine zähe membranartige Schicht zuzugeben, so erhebt sich die Frage, auf welche Weise diese

Schicht am Vorderende, respect. an den Stellen, wo sich Pseudopodien entwickeln, verflüssigt wird; denn dass dies eintreten muss, kann ja keiner Frage unterliegen. Man könnte in diesem Vorgang eine Folge von äusseren localen Reizen erkennen, die die Amöbe treffen. Dass solche in letzter Instanz die Bewegungen und die Pseudopodienentwicklung hervorrufen müssen, kann ja keiner Frage unterliegen. Dennoch glaube ich nicht, dass die Verflüssigung direct damit zusammenhängt, sondern dass der Austritt von Enchylema, welcher durch Platzen einiger Waben hervorgerufen wird, die Verflüssigung der oberflächlichen Schicht zunächst bedingt. Dies ist ja auch insofern ganz natürlich, als das unter der Einwirkung des Enchylema stehende innere Plasma leichtflüssig ist, weshalb die Annahme nicht ungerechtfertigt erscheint, dass auch die zähe Aussenschicht sich wieder verflüssige, wenn sie durch Ausbreitung des Enchylema auf der Aussenfläche dem Einfluss des Wassers vorübergehend entzogen wird.

Wenn wir, wie ich glaube, in dieser Auffassung der Amöbenbewegung eine sehr wahrscheinliche und mit den Erfahrungen an den Schaumtropfen gut harmonirende Erklärung gefunden haben, so wird man doch nicht verkennen, dass sich die gleiche Erklärung auf die reticulosen feinen Pseudopodien vorerst nicht mit Erfolg anwenden lässt. Es ist zwar ganz begreiflich, dass sich auch hier dickere Pseudopodien in der geschilderten Weise zu entwickeln vermögen, dagegen gestehe ich gerne, dass die Erklärung der fadenförmigen, von häufig so ungemeiner Feinheit auf jenem Wege nicht gelingen will. Dass bei diesen Pseudopodien noch besondere Verhältnisse in Frage kommen, welche heute noch nicht hinreichend aufgeklärt sind, dürfte aus ihrer früher gegebenen Schilderung hervorgehen. Ich verweise in dieser Hinsicht namentlich auch auf das Verhalten der langfadenförmigen Pseudopodien bei der Einziehung. Bekanntlich erschlaffen sie dabei meist plötzlich in ganz eigenthümlicher Weise, ja nehmen gelegentlich eine zickzackförmige bis schraubige Beschaffenheit an. Obgleich wir diese Eigenthümlichkeit vorerst nicht aufzuklären vermögen, so dürfte sie, wie gesagt, doch darauf hinweisen, dass hier noch besondere Verhältnisse zu Grunde liegen.

Schon oben wurde zu zeigen versucht, dass Berthold's Erklärungsversuch jener feinen, sich auch häufig frei erhebenden Pseudopodien in keiner Weise befriedigt. Ebensowenig gilt dies von dem Quincke'schen. Letzterer sucht die Entstehung von pseudopodienartigen Plasmabrücken und Fäden, wie sie den Zellsaft der Pflanzenzellen so häufig durchsetzen, auf die Bildung fester Eiweissfäden an der Grenze zwischen seinem Plasmaschlauch (Oelhaut) und der Hautschicht zurückzuführen. Solch' feste Eiweissfäden sollen ihrerseits wieder durch Einwirkung von Sauerstoff auf das gelöste Eiweiss entstehen, welches, (Hühnereiweiss), wie Quincke nachgewiesen hat, bei Einwirkung dieses Stoffes feste membranartige Häute bildet. Die auf solche Weise entstandenen festen Eiweissfäden sollen von den Strömungen losgerissen und ins Innere der Zelle geführt werden, wo sie ein inneres, den Zellsaft durchsetzendes Gerüst erzeugen. Bei ihrer Losreissung nehmen die Fäden eine Umhüllung von Oel aus der Oelhaut mit. In Folge dessen können sich dann Plasmamassen auf diesen ölbekleideten Fäden in ähnlicher Weise durch Ausbreitungsströme bewegen, wie das Wandplasma an der äusseren Oelhaut. In derselben Weise glaubt Quincke auch die feinen Pseudopodien der Sarkodinen erklären zu dürfen, indem er bemerkt p. 641: »Die Pseudopodien scheinen solche dünne ölbekleidete Eiweissfäden zu sein, längs denen feste eiweisshaltige Körnchen durch periodische Ausbreitung auf und ab geführt werden, ähnlich wie im Innern der Pflanzenzelle.« Obgleich diese Anschauung für die Erklärung der sog. Körnchenbewegung an den Pseudopodien vielleicht ziemlich begründet ist, so erklärt sie doch keineswegs die Bildung der feinen Pseudopodien selbst. Denn sowohl ihre allmähliche Entstehung, wie auch die Bildung der Plasmabrücken und Fäden im Zellsaft der Pflanzen, welche sich nach den Angaben zahlreicher vertrauenswerther Beobachter häufig ganz wie die Pseudopodien der Sarkodinen entwickeln, lässt sich unmöglich auf das Losreissen fester Eiweissfäden zurückführen, welche die Strömungen als Pseudopodien vorschöben.

Was Quincke's eben citirte Auffassung der Pseudopodien selbst angeht, so hat dieselbe doch insofern vielleicht eine gewisse Berechtigung, als wir früher fanden, dass das Studium der Pseudopodien schon M. Schultze und neuerdings auch mich wieder zur Vermuthung führte, dass möglicherweise ein fester Faden die Axe des Pseudopodiums bildet, wofür ja auch die Analogie mit den Verhältnissen der Heliozoen ins Gewicht fällt. Bekanntlich gelang es R. Hertwig, auch für gewisse Radiolarien die Existenz eines solchen Axenfadens wahrscheinlich zu machen.

Wie bemerkt, halte ich es jedoch zur Zeit noch für verfrüht, an eine gesicherte Erklärung der Bildung der feinen Pseudopodien zu denken; denn wir können leider nicht einmal sagen, dass wir eine genügende Vorstellung von ihren Bau- und Bewegungsverhältnissen erlangt hätten, was doch die unbedingte Vorstufe jeder Erklärung sein muss. So sehr ich daher auch überzeugt bin, dass der von mir versuchten Erklärung der Protoplasmabewegungen der Amöben etc. eine weitere und principielle Bedeutung für die Bewegungsvorgänge des Plasmas überhaupt zukommt, so sehr bin ich doch andererseits auch überzeugt, dass die Erklärung der zahlreichen Specialfälle auf Grundlage jenes Princips zur Zeit schwerlich durchführbar sein dürfte oder nur mit Hülfe zahlreicher Unterhypothesen zu bewerkstelligen wäre, welche die Wahrscheinlichkeit der Erklärung beträchtlich minderten. Ich halte es deshalb nicht für angezeigt, diesen unsicheren Weg ernstlich zu betreten, sondern hoffe, dass bei erneutem Studium der Bewegungsvorgänge, das wohl im Anschlusse an die hier vertretenen Ideen über ihre wahrscheinlichen Ursachen nicht allzulang auf sich warten lassen wird, sicherere thatsächliche Grundlagen zur Lösung dieser Fragen ermittelt werden dürften.

Einige Punkte in der Frage nach den Plasmabewegungen glaube ich dennoch schon jetzt kurz berühren zu müssen. Unter diesen scheint mir jene nach den Beziehungen der sog. Plasmakörnchen zu den Strömungen als eine der fundamentalsten. Bekanntlich hat man die Bewegungen des Plasmas vielfach nur nach den Bewegungen dieser Körnchen beurtheilt, welche gewissermaassen als Marken für die Strömungsverhältnisse der plasmatischen Grundsubstanz galten. Dementsprechend besteht die allgemein verbreitete Anschauung, dass die Körnchen keine Eigenbewegung besitzen, sondern nur durch die Strömungen des Plasmas, dem sie auf- oder eingelagert sind, herumgeführt würden. Auch Berthold vertritt diese, seit M. Schultze geläufige Ansicht.

Als ich die Bewegungserscheinungen dieser Körnchen, wie sie z. B. in den Pflanzenzellen (Tradescantiahaaren z. E.) so gut zu beobachten sind, verfolgte, drängte sich mir unwillkürlich die Vorstellung auf, dass ihre Bewegungen keine passiven in dem Sinne sein könnten, dass sie von den Strömen des Plasmas einfach als suspendirte Korperchen mitgeführt würden, sondern dass dieselben in gewissem Sinne activer Natur sein mussten, d. h. dass die Bewegungsursache an oder in den Körnchen selbst ihren Sitz haben müsse. Obgleich diese Vorstellung, wie bemerkt, bei der Betrachtung von pflanzlichen Zellen und Sarkodinen stets hervorgerufen wurde, konnte ich doch bei solchen Objecten, welche gleichzeitig lebhafte Plasmabewegungen zeigen, zu keiner Entscheidung gelangen. Erst das Studium eines besonders günstigen Objectes, welches in neuester Zeit in meine Hände gelangte, gab schliesslich sichere Beweise, dass thatsächlich eine solche Eigenbewegung der Körnchen stattfinden muss. Dieses Object ist eine grosse Diatomee der Gattung Surirella. Auf der Grenzfläche ihres Plasmas, gegen den Zellsaft zu, bewegen sich nämlich rastlos und in den verschiedensten Richtungen durcheinander zahlreiche Körnchen, die schon früher als chromatinartige erwähnt wurden (p. 63). Es scheint von ganz besonderem Interesse, dass jene beweglichen Plasmakörnchen bei diesem Organismus stets nur auf der Grenzfläche des Plasmas gegen den Zellsaft anzutreffen sind, während es mir nicht gelang, im Innern des Plasmas entsprechende Körnchen aufzufinden. Auch zeigt sich bei genauerer Verfolgung ihrer Bewegungen zweifellos, dass sie auf der Grenzfläche des Plasmas hingleiten und jedenfalls zum Theil aus dem Plasma in den Zellsaft hineinragen. Da sich nun, wie ich schon an einem anderen Orte 1891 kurz geschildert habe, das Plasma dieser Diatomee selbst in relativ grosser Ruhe befindet, was man an der Beständigkeit seiner netzigen und strahligen Structuren deutlich feststellen kann, so folgt hieraus, dass die Körnchen Eigenbewegung besitzen müssen, dass sie unmöglich von Strömen des Plasmas herumgeführt werden können.

Diese Auffassung der Körnchenbewegung ist nicht so neu, wie es bei der grossen Verbreitung der gegentheiligen Ansicht vielleicht erscheint. Nägeli hat jedenfalls schon 1855 eine der beschriebenen ganz entsprechende Körnchenbewegung auf der Innenfläche des Primordialschlauchs der Desmidiaceen (speciell Closterium) beschrieben und als sog. »Glitschbewegung« bezeichnet. Auch die Bewegung der Körnchen auf der Innenfläche des Plasmas bei Achlya, wo der Zellsaft von Plasmafädchen durchsetzt wird, was auch bei Surirella häufig vorkommt, beurtheilt Nägeli ganz in derselben Weise. Man hat diese sog. Glitschbewegung später nur als einen untergeordneten Fall der allgemeinen Protoplasmabewegung aufgefasst (so namentlich auch Berthold 1886), bei welchem die Plasmaströmungen sehr schwach und unregelmässig seien. Da sich früher, ohne genauere Verfolgung der Plasmastructuren nicht sicher beurtheilen liess, ob die Bewegung der Körnchen von allgemeinen Strömungen des Plasmas veranlasst werden oder nicht, so hatte diese Ansicht, welche den Einzelfall der allgemeineren Erscheinung unterordnete, auch vieles für sich. Da wir uns aber, wie gesagt, jetzt sicher überzeugen können, dass sich das Plasma als solches nicht durch merkbare Strömungen oder Verschiebungen an der Bewegung der Surirellakörnchen betheiligt, so fällt diese Deutung hinweg. — Auf Grund der Erfahrungen über die sog. Glitschbewegung hielten Nägeli und mit ihm Schwendener (1865) an der Ansicht fest, dass die Plasmakörnchen auch bei der Circulation und Rotation eine Eigenbewegung besitzen müssten, und dass der Sitz der bewegenden Kräfte in den Körnchen selbst zu suchen sei. Ursprünglich, 1855, dachte Nägeli an hydroelectrische Kräfte, später, 1865, wollte er annehmen, dass die sog. Glitschbewegung, und daher wohl auch die Ursache der Eigenbewegung der Körnchen überhaupt, eine durch Anhaften am Plasma modificirte Molekularbewegung sei.

Velten (1876) hielt es für ganz unsicher, ob die Körnchen sich activ oder passiv bewegten, und hat diese Frage eingehender in seiner Schrift »Activ oder Passiv« (Oesterreich. botan. Zeitung 1876 No. 3) behandelt.

Wenn ich mich nun auf Grund eigener Erfahrungen der Nägeli'schen Ansicht von der selbständigen Bewegung der Körnchen, insofern diese auf der inneren, respect. auf der äusseren Grenzfläche des Plasmas ihren Sitz haben, durchaus anschliessen muss, so vermag ich doch nicht, seine Meinung über die vermuthliche Ursache ihrer Bewegung zu theilen. Vielmehr glaube ich, dass die von Quincke geäusserte Ansicht über diese Ursache, soweit sie die selbständigen Bewegungen der Körnchen betrifft, der Wahrheit am nächsten kommt. Die auf der Grenzfläche zweier Flüssigkeiten, dem Plasma, einer zähen, und dem Zellsaft, einer leicht flüssigen, befindlichen Körnchen, bewegen sich vermuthlich aus derselben Ursache, aus welcher Kampherstückchen auf einer Wasseroberfläche fortwährend hin und her wandern[1]. Diese Ursache ist, dass die Körnchen fortdauernd in ihrer Umgebung eine Aenderung der Oberflächenspannung auf der Grenzfläche der beiden Flüssigkeiten bewirken, wodurch sie natürlich dorthin bewegt werden, wo die Oberflächenspannung sich erhöht. Natürlich sind damit auch schwache Strömungen der äussersten Oberflächenschicht der beiden Flüssigkeiten verknüpft, die jedoch, da sie sehr rasch vorübergehen und sehr schwach sind, nur wenig in die Tiefe reichen und daher eigentliche Strömungen des Plasmas nicht hervorrufen. — Ich glaube, dass die Annahme einer allgemeinen Verbreitung solcher Eigenbewegungen der Körnchen viele Schwierigkeiten, welche sich seither bei der Erklärung der Plasmabewegung erhoben, zu beseitigen im Stande sind. Ihr plötzliches Stocken, ihre häufig plötzliche Umkehr, die Bewegung der Körnchen an feinsten Plasmafaden in gerade entgegengesetzten Richtungen, endlich die häufige Erscheinung, dass sich Körnchen an sehr feinen Fäden überholen, alles das sind Erscheinungen, welche, wie ich glaube, bei Annahme einer solchen Eigenbewegung sich viel leichter verstehen lassen werden, als bei der seither geläufigen

[1] Vergl. über diese und zahlreiche verwandte Bewegungserscheinungen hauptsächlich v. d. Mensbrugghe 1869.

Voraussetzung, dass die Bewegungen der Körnchen nur durch die allgemeine Plasmaströmung hervorgerufen würden.

Eine weitere Frage wäre, ob möglicherweise auf Grund desselben Princips auch entsprechende Körnchen im Innern des Plasmas Bewegungen ausführen könnten. Ich halte dies nicht für ausgeschlossen. Da das Plasma nach unserer Auffassung ein System von feinsten Flüssigkeitslamellen ist, dessen Maschenräume von einer anderen Flüssigkeit, dem Enchylema, erfüllt sind, so könnten sich möglicherweise für die inneren Bewegungsvorgänge des Plasmas auf demselben Wege wichtige Consequenzen ergeben.

Sobald in einem solchen System von Flüssigkeitslamellen die Tension einer Lamelle geändert wird, so muss dies auf die Anordnung des Systems einen Einfluss ausüben. Wird die Tension der Lamelle, welche in der früher geschilderten Weise mit zwei anderen unter Winkeln von 120° zusammenstösst, erhöht, so muss sich die betreffende Lamelle contrahiren oder verkürzen, damit die beiden anderen Lamellen unter einem Winkel, der kleiner ist als 120°, zusammenstossen und die Resultirende ihrer Tensionen nun der erhöhten Tension der ersten Lamelle das Gleichgewicht halten kann. Im umgekehrten Fall, bei Herabsetzung der Tension der ersten Lamelle, wird natürlich eine Vergrösserung derselben und eine Zunahme des Winkels der beiden anderen eintreten. Dass diese theoretischen Voraussetzungen durch das Experiment als richtig zu erweisen sind, hat schon Plateau gezeigt (T. I p. 368—70), welcher in dem Lamellengerüst, das man beim Eintauchen eines Drahtwürfels in glycerinhaltige Seifenlösung erhält, sowohl durch Veränderung der Tension der Centrallamelle durch Temperaturunterschiede als auch durch Aufbringen anderer Flüssigkeiten von höherer oder niederer Tension, sowohl contractionsartige Zusammenziehungen wie umgekehrt Vergrösserungen jener Lamelle hervorrief. Unter diesen Umständen scheint es daher sicher, dass in dem schaumartigen Plasma locale Veränderungen der Tension gewisser Lamellen sofortige Gestaltsänderung der Waben hervorrufen müssen, wobei die Ursachen dieser Tensionsänderung sowohl in den Plasmakörnchen, wie auch in Anderem beruhen können. Auf diese Weise wird es sehr wahrscheinlich, dass die Körnchen, wenn sie die vorausgesetzten Eigenschaften besitzen, auch im Innern des Plasmas zu Bewegungserscheinungen Veranlassung geben können; dass aber auch noch zahlreiche andere Ursachen, welche eine Aenderung der Tension gewisser Lamellen hervorrufen, in ähnlicher Weise zu wirken vermögen. Denn es ist ersichtlich, dass jede chemische Aenderung des Plasmas der Lamellen wie des Inhalts einzelner Waben die Tension der Lamellen verändern muss und auf diesem Wege fortdauernd Gestaltsveränderungen und in deren Gefolge Verschiebungen der Waben eintreten müssen.

Es scheint mir nun recht wahrscheinlich, dass die unregelmässig hin und her wogenden Bewegungen, welche fast in jedem Plasma zu beobachten sein werden, auf den namhaft gemachten Ursachen beruhen, ja dass sie sozusagen unvermeidlich sind, wenn die Anschauungen, welche ich hinsichtlich des Plasmas entwickelt habe, als richtig zugegeben werden.

Ob sich diese inneren Bewegungsvorgänge, auf welche ich schon 1888 (s. Protozoen

p. 1397 hingewiesen habe, auch zu regelmässigen Strömungen entwickeln können, scheint mir zweifelhaft; immerhin möchte ich für die Strömungserscheinungen des Entoplasmas der Ciliaten diese Möglichkeit nicht geradezu verneinen. Da bei diesen Formen eine Zellsafthöhle fehlt, welche bei den Pflanzenzellen, wie wir oben sahen, für das Auftreten von Ausbreitungsströmen bedeutungsvoll ist, so könnte hier als der örtliche Sitz solcher nur die Mundöffnung angesprochen werden, wo gewöhnlich eine Berührung des Entoplasmas mit dem umgebenden Wasser stattfindet. Obgleich ich es für möglich halte, dass ein von hier ausgehender und in der Regel nur einseitig zur Wirkung gelangender Ausbreitungsstrom die Circulation des Entoplasmas der Ciliaten zu erklären im Stande ist, möchte ich doch nicht genauer darauf eingehen, da dies ohne Specialstudium der Einzelfalle vorerst wenig erfolgreich sein dürfte. Am einfachsten scheint die Strömung bei Didinium zu verlaufen; hier würde ein von der inneren Oeffnung des Schlundes ausgehender Ausbreitungsstrom die Circulation erklären, wenn es überhaupt möglich erscheint, die Strömung des Entoplasmas der Ciliaten auf einen Ausbreitungsstrom von so localer Natur zurückzuführen.

Dagegen möchte ich noch betonen, dass mir die oben erörterten Ursachen der Gestaltsveränderungen und Verschiebungen im Wabengerüst einen Fingerzeig für eine künftige Erklärung der Contraction der Muskelfibrillen zu geben scheinen. Obgleich es, wie schon früher bemerkt, nicht meine Absicht ist, in dieser Arbeit auf die Muskelzelle näher einzugehen, deren bauliche Verhältnisse zuerst noch viel genauerer Aufklärung bedürfen, bevor an eine befriedigende Erklärung der Contraction zu denken ist, will ich doch auf diesen Fall hinweisen[1]. Stellen wir uns eine einfachste Muskelfibrille vor, die nur aus einer einzigen Reihe plasmatischer, hintereinander gereihter Waben besteht, welche von gewöhnlichem Plasma, d. h. dem Sarcoplasma der Muskelzelle, umschlossen werden. Die nebenstehende Fig. 22 soll eine kurze Strecke einer derartigen Muskelfibrille (*f f*) sammt dem angrenzenden Sarcoplasma in einem Längsschnitt wiedergeben. Wenn wir uns nun denken, dass plötzlich in dem die Fibrille einschliessenden Sarcoplasma eine chemische Aenderung des Enchylema eintrete, wodurch die Tension auf der Grenze zwischen diesem Enchylema und den plasmatischen Lamellen erhöht würde, so dürfte diese Aenderung folgenden Einfluss auf das Lamellensystem haben. An den queren Lamellen *s* des Sarcoplasmas wird die Tension beider Grenzflächen erhöht, während diejenige der Lamellen *m* nur auf der äusseren Seite, wo sie an das Enchylem des Sarcoplasmas grenzen, vergrössert wird. Daher wird die höhere Tension der Lamelle *s* bewirken,

Fig. 22.

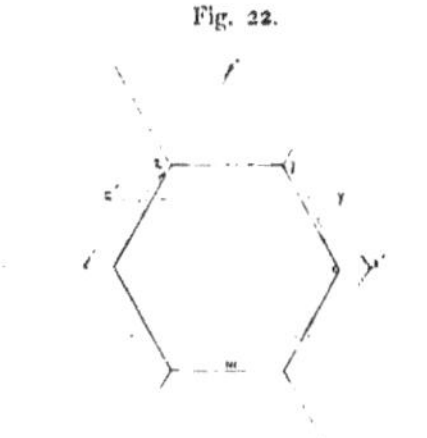

[1] Auf die Möglichkeit einer Erklärung der Muskelcontraction, wie sie im Nachfolgenden etwas genauer dargelegt werden soll, habe ich schon 1888 in meinen »Protozoen« p. 1317 hingewiesen.

dass sie sich zusammenzieht und verkleinert; gleichzeitig wird jedoch die Lamelle *m'* der Fibrille, da ihre Tension überhaupt nicht verändert wird, sich vergrössern oder strecken müssen, da die an sie anstossenden Lamellen *m* eine Erhöhung ihrer Tension erfahren. Jedenfalls werden daher die Kantenpunkte *x* und *y* von dem Centrum der Wabe nach aussen gegen das Sarcoplasma verschoben werden müssen. Der Durchschnitt der Wabe *x y z* wird also etwa die Gestalt annehmen, wie sie die in Strichpunkten gezeichnete Figur *x' y' z'* wiedergiebt, wobei ersichtlich ist, dass die Seite *x' y'* eine gegen das Centrum der Wabe convexe Fläche bilden muss, da nur unter diesen Bedingungen ein Gleichgewicht zwischen den Tensionen der in den Kantenpunkten *x'* und *y'* zusammenstossenden Lamellen möglich ist. Ebenso ersichtlich ist jedoch auch, dass bei diesem Vorgang die gesammte Wabe in der Quere sich erweitert, was, da das innere Volum derselben gleich gross bleiben muss, nur dadurch zu Stande kommen kann, dass die Höhe der Wabe abnimmt. Da dies nun unter den gegebenen Bedingungen für sämmtliche Waben der Muskelfibrille eintreten wird, so folgt daraus, dass sich die minimalen Verkürzungen dieser Waben summiren und auf solche Weise eine beträchtliche Verkürzung der Gesammtfibrille zu Stande kommen kann. Wenn die Ursache der Tensionsdifferenz wieder schwindet, muss der frühere Zustand auf umgekehrtem Wege natürlich wieder eintreten.

Ohne dass ich hier auf den feineren Bau der Muskeln näher eingehe, wird es verständlich sein, dass die gleiche Wirkung auch zu Stande kommen wird, wenn es sich nicht um eine Fibrille einfachster Art handelt, wie vorausgesetzt wurde, sondern um eine plattenförmige Fibrille, respect. eine contractile Säule, die aus einer einfachen Schicht von Waben besteht; ebenso wird sich dieselbe Wirkung äussern, wenn die Säule aus einer doppelten Schicht von Waben besteht. Weniger günstig liegen die Verhältnisse, wenn die Muskelsäule mehr als zwei Wabenreihen dick ist, so dass die Waben nicht mehr sämmtlich mit dem Sarkoplasma in Berührung stehen.

Ich glaube im Vorstehenden gezeigt zu haben, dass sich auf Grundlage unserer Auffassung des Plasmabaues die Möglichkeit eines Einblicks in die Mechanik der Muskelcontraction eröffnet. Natürlich bin ich weit davon entfernt, in dem Dargelegten eine Theorie dieses Vorganges zu erblicken. Ich sehe nur einen Fingerzeig in der Richtung einer zukünftigen Theorie, welche sich erst durch die gemeinsame Arbeit Vieler weiter führen oder auch beseitigen lassen wird. Immerhin scheint mir eines in der dargelegten Vermuthung noch besonders beachtenswerth. Wie die neueren Erfahrungen über den Bau der Muskelzellen mehr und mehr ergeben, ist für sie namentlich eine eigenthümliche Durchdringung zweier Substanzen, d. h. der contractilen Elemente und des sog. Sarkoplasmas charakteristisch. Ich wüsste nicht, dass eine der seitherigen Ansichten über die Mechanik der Contraction eine Vorstellung von der Bedeutung dieser Eigenthümlichkeit gäbe, wogegen wir sehen, dass die oben dargelegte Vermuthung gerade diesen Punkt in gewissem Maasse aufzuklären vermag.

Wie wir schon bei Besprechung der Berthold'schen Ansichten bemerkten, bietet namentlich die sog. Rotationsstromung, welche in Pflanzenzellen ziemlich häufig ist, dem Verständniss grosse Schwierigkeiten. Es wurde auch oben schon besprochen, dass ich mich dem, was Berthold über die Entstehung dieses Vorganges bemerkt, nicht anschliessen kann. Obgleich ich nun selbst diesen Gegenstand nicht eingehender studirte, scheint es mir doch angezeigt, einige Worte darüber zuzufügen, d. h. wenigstens die Möglichkeit zu erörtern, diese Erscheinung durch Ausbreitungsströme zu erklären, welche auf der Grenze zwischen Zellsaft und Wandplasma ihren Sitz haben. Wir fanden früher, dass es möglich ist, an einem Oeltropfen eine solche Rotationsströmung hervorzurufen, wenn man durch geeignete Maassnahmen dafür sorgt, dass der Ausbreitungsstrom nur einseitig zur Entwicklung gelangen kann (s. oben p. 51). Natürlich setzt diese Erscheinung voraus, dass thatsächlich nur ein einziges kräftiges Ausbreitungscentrum in dauernder Wirksamkeit vorhanden ist, welches den Strom hervorruft; denn wie schon früher dargelegt wurde, kann ich die Entstehung eines solchen Rotationsstroms durch einen Kampf zahlreicher Ströme, wie es Berthold sich denkt, nicht für richtig halten. Wenn wir nun ein solches Ausbreitungscentrum in bestimmter Lage als Ursache des Rotationsstroms auf der Innenfläche des Wandplasmas annehmen, so fragt es sich, warum der Strom sich in diesem Falle nur einseitig entfaltet und daher zur Rotation führt. In Bezug hierauf hat Quincke (1888) schon bemerkt, dass dies eintreten müsse, wenn durch feste Partikel oder durch theilweise Festigkeit der Oberfläche der Entwicklung des Stroms nach einer Seite ein Hinderniss bereitet werde. Bei unserem früher geschilderten Versuch bildete die Glasfläche, welcher der Oeltropfen anhaftete, dieses Hinderniss. Wenn wir daher annehmen, dass auf der Innenfläche des Wandplasmas einer Zelle, etwa an der Endfläche bei x (s. die Fig. 23) ein solches Hinderniss in Form einer schmalen festen Brücke vorhanden sei, welche sich über das Plasma dieser Endfläche ausspannt, so wird ein Ausbreitungsstrom, dessen Centrum längs einer Seite dieser festen Brücke sich findet, nothwendig ein einseitiger Rotationsstrom werden, welcher in der Richtung der Pfeile in der Zelle kreist. Nun fragt es sich, ob wirklich Verhältnisse existiren, die es wahrscheinlich machen, dass derartige Bedingungen bei Rotationsströmungen realisirt sind. Ich wusste in dieser Beziehung nur auf einen Fall hinzuweisen, der wenigstens die Möglichkeit der Existenz einer solchen Einrichtung ergiebt: ich meine die Verhältnisse bei den Charen. Bekanntlich bestehen in dem Wandplasma der langgestreckten fadenförmigen Zellen dieser Algen zwei sog. Interferenzstreifen, die gegenständig an der Längsseite der Zellen hinziehen und deren chlorophyllfreies Plasma in Ruhe ist. Da sich das benachbarte Plasma lebhaft strömend bewegt, so muss man annehmen, dass das Plasma jener Streifen fest ist. Wenn sich nun, wie es wohl möglich erscheint, von den Enden dieser Interferenzstreifen eine feste Brücke an den Endflächen der Zellen über die Innenseite des Wandbelags ausspannt (s. Fig. 23), so wären etwa die Bedingungen realisirt, welche wir für die Entstehung des Rotationsstroms voraussetzten. Ob auch bei anderen Zellen mit

Fig. 23.

Rotationsströmung Aehnliches wahrscheinlich gemacht werden kann, bleibt natürlich dahingestellt. Dennoch möge hier noch einer Schwierigkeit gedacht werden, welche der versuchten Erklärung der Rotationsströmung der Charen begegnet. Dass sie unter den gemachten Voraussetzungen auch bei plasmolytischer Abhebung des Plasmas von der Zellwand unverändert weiter gehen kann, ist ersichtlich. Es ist jedoch bekannt, dass sich eine lange Charenzelle durch Ligaturen an mehreren Stellen zusammenschnüren lässt, worauf, nach vorübergehender Stockung, in jeder der abgeschnürten Partien ein regulärer und dem ursprünglichen entsprechender Rotationsstrom auftritt. Wie gesagt, bietet diese Erscheinung neue Schwierigkeiten dar. Zwar werden bei der Einschnürung auch die beiden Interferenzstreifen zusammengeschnürt und daher an den Enden der abgeschnürten Stücke der Zelle aus diesen Streifen gewissermaassen die gewünschten Brücken hergestellt. Da jedoch diese festen Brücken, wie leicht ersichtlich, nicht den gesammten Plasmabelag durchsetzen, sondern nur auf dessen Innenfläche vorhanden sein dürfen, wenn eine Rotationsströmung in der gewünschten Weise zu Stande kommen soll, so können die erstmaligen Bedingungen durch Zusammenbiegung der Interferenzstreifen nicht einfach wieder hergestellt sein, wenn wenigstens, wie wahrscheinlich, jene Streifen den gesammten Plasmabelag durchsetzen. Ob wir uns nun vorstellen dürfen, dass die Interferenzstreifen schon von vornherein streckenweise unterbrochen sind, oder ob sich bei solcher Durchschnürung der Zelle die Verhältnisse, wie sie an den Enden der normalen Zelle bestehen, auch an den Enden der Schnürstücke durch eine Art Regeneration rasch wieder herstellen, das bleibe dahingestellt, um die Zahl der Annahmen und Möglichkeiten nicht noch weiter zu vermehren.

So schwankend denn auch die Ergebnisse hinsichtlich der Erklärung der Rotationsströmung ausgefallen sind, so geht aus den vorgelegten Erörterungen doch hervor, dass dieser Fall unter gewissen Bedingungen auf Grund unserer Anschauungen vom Bau und den Bewegungserscheinungen des Plasmas einer Erklärung zugänglich erscheint.

ANHANG.

Zusätze und Berichtigungen (April 1892).

Zu p. 75.

Aethalium septicum (Fuligo varians).

Erst nach Absendung des Manuscriptes der vorliegenden Arbeit fand ich Gelegenheit, das Plasma von Aethalium, dieses seit alter Zeit für Studien über die lebende Substanz bedeutungsvollen Objectes, zu untersuchen. Ich muss es bedauern, dass ich diesem Organismus nicht schon früher eingehendere Beachtung schenkte, denn er gehört in Hinsicht auf die Plasmafrage jedenfalls zu den belehrendsten, welche ich kennen lernte. Es wird daher gerechtfertigt erscheinen, wenn ich an dieser Stelle nachträglich noch kurz über einige Beobachtungen am Plasma dieses Myxomyceten berichte.

Leider habe ich das lebende Plasma bis jetzt nur flüchtig studirt, werde jedoch diesen Mangel demnächst auszugleichen suchen. Das in der oben geschilderten Weise mit Pikrinschwefelosmiumsäure fixirte Plasma zeigt die Wabenstructur so deutlich und schön, wie kaum eines der früher geschilderten Objecte. Dies hängt zum Theil damit zusammen, dass es sehr leicht gelingt, die Plasmodien von Aethalium in so dünner Schicht zu erhalten, dass sie mit den feinsten Schnitten rivalisiren. Da nun die Manipulationen des Einbettens und Schneidens die Structuren keineswegs deutlicher machen, sondern, wie ich mich gerade bei Aethalium, das ich auch schnitt, überzeugte, beträchtlich unschärfer, so ist klar, dass so dünne Plasmalagen, wie sie sie die Plasmodien der Myxomyceten zum Theil bilden, ganz besonders geeignete Untersuchungsobjecte sind. — Um ein gutes Präparat herzustellen, verfährt man am besten folgendermaassen. Man legt einige gut angefeuchtete Objectträger auf die Lohe, welche sich in einer grossen feuchten Kammer im Dunkeln befindet, und wartet ab, bis einige Plasmodien auf die Objectträger gekrochen sind und sich hier recht fein ausgebreitet haben. Natürlich wird man nur die dünnsten und verzweigtesten Netze zu den Präparaten auswählen. Man kann übrigens auch Plasmodien, welche an den Gefässwänden oder sonst wo umherkriechen, einfach mit dem Skalpell zusammenkratzen und die Plasmaklümpchen auf feuchten Objectträgern in feuchter Kammer im Dunkeln halten. Fast stets fand ich, dass solche Plasmaklumpen sich nach ca. 24 Stunden wieder zu sehr schönen Netzen ausgebreitet hatten. — Man hat jetzt nur nöthig, die betreffenden Objectträger einige Zeit in einer feuchten Kammer vertical aufzustellen, damit das überschüssige Wasser möglichst abläuft, und sie hierauf in Pikrinschwefelosmiumsäure oder eine andere Fixirungsflüssigkeit überzuführen. Wenn das Wasser auf die angegebene Weise von dem Objectträger möglichst entfernt wurde, ohne dass aber das Plasmodium antrocknete, dann haftet letzteres beim Fixiren vollkommen fest am

Glas. War zu viel Wasser zurückgeblieben, so löst sich das Plasmanetz leicht ab, was die weitere Präparation sehr erschwert. Gut anhaftende Plasmodien kann man nach dem Fixiren ausgiebig mit der Spritzflasche behandeln, ohne dass sie sich ablösen. Natürlich können die Präparate beliebig gefärbt werden; doch wurden alle im Folgenden geschilderten Beobachtungen an ungefärbten Plasmodien, die nach dem Auswaschen in Wasser aufgestellt waren, gemacht.

An solchen Präparaten ist nun die Wabenstructur des Plasmas, wie ich sie oben vielfach geschildert habe, auf das Schönste zu sehen. Man findet an dem Plasmodiennetz häufig Stellen von solcher Dünne, dass sie nur durch eine einzige Wabenlage gebildet werden. Derartige Stellen sind natürlich zum Studium besonders geeignet und zeigen alle Erscheinungen, welche wir oben an ähnlich dünnen Lagen der Oelseifenschäume beobachteten. Ohne auf eine ausführliche Schilderung einzugehen, verweise ich auf die Photographien Taf. XV—XVI. Taf. XVII und Taf. XVIII—XIX. Taf. XV ist die Photographie eines kleinen läppchenartigen Vorsprungs am Rande eines Plasmodiums, welcher bei der Präparation dicht an seinem Ursprung durchgerissen ist, wahrscheinlich deshalb, weil die Hauptmasse, von der er entspringt, sich stark zusammenzog. Bei möglichst genauer Einstellung, wie sie in Taf. XV gewählt wurde, bemerkt man das Schaumgerüst im ganzen inneren und dickeren Theil des Läppchens sehr deutlich. Die Knotenpunkte des Gerüstes treten vielfach recht gut hervor. Gegen den Rand hin wird das Gerüst immer blasser und feinmaschiger. Ein breiter, anscheinend ganz homogener Saum bildet schliesslich den ungemein verdünnten Rand des Läppchens, dessen äusserer, sehr zarter Grenzcontur gerade noch sichtbar ist. Scharfes Zusehen lässt aber auch auf der Photographie in diesem anscheinend hyalinen Randsaum noch deutliche Spuren der Schaumstructur erkennen. In vielen Fällen sah ich dies jedoch noch besser als auf der vorliegenden Photographie, weshalb ich nicht zweifle, dass die scheinbare Structurlosigkeit des Randsaums nur auf der Blässe und Feinheit des Gerüstes beruht, welche von der ungemeinen Dünne des Saums herrührt. Wir werden gleich sehen, dass eine weitere wichtige Thatsache für diese Annahme spricht.

Nun bitte ich, mit der Photographie XV diejenige der dünnen Oelseifenschaumlage auf Taf. I zu vergleichen, um sich von der frappanten Uebereinstimmung beider in allen erwähnten Punkten zu überzeugen.

Betrachten wir jetzt die Photographie Taf. XVI, welche dasselbe Läppchen bei etwas höherer unscharfer Einstellung wiedergiebt und daher das falsche Netzbild zeigt, von dem oben auf p. 136 ff. genauer die Rede war, wo ich auch seine Entstehung erörterte. Die Deutlichkeit dieses falschen Netzbildes ist hier geradezu frappant; es ist auch klar, dass es bedeutend schärfer hervortreten muss, da es viel dunkler erscheint wie das wahre Gerüst bei scharfer Einstellung. Uebrigens ist die Photographie XVI auch besser ausgefallen wie die Nr. XV. Nun vergleiche man mit dem Bild XVI die Photographie des erwähnten Oelseifenschaums bei entsprechender Einstellung auf Taf. II, wobei sich ergeben wird, dass auch in dieser Ansicht volle Uebereinstimmung besteht. Demnach lässt sich aus den angeführten Beobachtungen kein anderer Schluss ziehen, als dass hier identische Verhältnisse vorliegen, d. h.: die Structur des Plasmas von Aethalium muss wie die der Oelseifenschäume aus einem stärker brechenden Wabengerüst bestehen, das einen schwächer brechenden Inhalt in seinen Hohlräumen einschliesst.

Die Photographie XVI lässt aber auch in dem Randsaum viel deutlicher, als es bei scharfer Einstellung auf der Photographie XV der Fall ist, die entsprechende blasse

Structur erkennen. Das ist ja leicht verständlich, da das falsche Netzbild dunkler ist wie das wahre und daher schärfer hervortritt. Dieser Umstand, welcher in gleicher Weise für den Oelseifenschaum Taf. II gilt, dürfte wohl hinreichend sicher beweisen, dass der Randsaum wirklich ebenso structurirt ist wie das Innere des Läppchens.

Zur weiteren Bestätigung des Mitgetheilten habe ich auf Taf. XVIII und XIX zwei Photographien bei entsprechend verschiedener Einstellung beigefügt, welche eine grössere Partie einer sehr dünnen Plasmaschicht aus dem Innern eines Plasmodiumnetzes darstellen. Die Photographien sind bei schwächerer Vergrösserung (Obj. 4 mm) angefertigt, doch genügt diese völlig, um den charakteristischen Bau zu erkennen.

Endlich verweise ich noch auf die sehr gelungene Photographie Taf. XVII, welche ebenfalls eine äusserst dünne Partie aus dem Inneren eines Plasmodiums zeigt (Obj. 4 mm). Wo die Plasmaschicht auf diesem Bild dicker wird, ist die Structur natürlich undeutlicher; ferner ist das Plasma an diesen Stellen viel undurchsichtiger, hauptsächlich wegen der grossen Menge feinerer bis gröberer dunkler Einschlüsse. Auf der Photographie sind diese Einschlüsse auch an den dünnen Stellen sehr gut zu bemerken und von den Knotenpunkten des Wabenwerks deutlich zu unterscheiden. — An einigen Stellen ist die Plasmaschicht von rundlichen Lücken durchbrochen, wie sie im Netz des Plasmodiums so gewöhnlich sind. Gegen den Rand einer solchen Lücke zu wird die Structur blasser oder schwindet auch ganz; der Rand verdünnt sich hier in ähnlicher Weise wie an dem früher geschilderten Plasmaläppchen. Doch trifft man auch innerhalb der zusammenhängenden dünnen Plasmaschicht zuweilen Stellen, wo die Structur ganz blass wird und schliesslich nur noch in Andeutungen zu bemerken ist. Es sind dies äusserst verdünnte Partien, in welchen es später durch Auseinanderweichen zur Lückenbildung kommen kann.

Die Photographie Taf. XVII zeigt jedoch noch ein weiteres recht interessantes Verhalten. Bei genauerem Zusehen bemerkt man im Plasma eine ganze Anzahl rundlicher, etwas dunklerer Körper. Sie sind nichts anderes als die zahlreichen Zellkerne, welche an so dünnen Stellen ohne Weiteres deutlich zu sehen sind. Hinsichtlich des Baues dieser Nuclei bemerke ich nur, dass sie in der Regel ein centrales nucleolusartiges Gebilde enthalten, von welchem ein aus radiären einfachen Bälkchen bestehendes Kerngerüst zur Wand ausstrahlt, dass sie also einen Bau besitzen, wie ich ihn für kleine Kerne schon mehrfach geschildert habe. An einigen Stellen sieht man nun auf der Photographie ganz schön, dass die Maschen des Plasmagerüstes radiär zur Kernoberfläche gerichtet sind, wie es oben schon von anderen Objecten geschildert wurde.

Nach dem seither Bemerkten bedarf es kaum einer besonderen Betonung, dass auch die Alveolarschicht auf der Oberfläche des Plasmodiums nicht fehlt. Am klarsten tritt sie gewöhnlich an den Rändern der Lücken, welche das Plasmodium so häufig durchsetzen, hervor, vorausgesetzt, dass diese nicht zu dünn sind, also die Structur bis zu ihnen noch gut sichtbar ist. Leider ist auf Taf. XVII keine solche Stelle vorhanden, dennoch ist die Alveolarschicht als heller Saum an einigen Lücken ganz kenntlich.

Ganz besonders deutlich zeigt uns das Plasmodium ferner noch den häufigen Uebergang der gewöhnlichen Wabenstructur in die faserige. Ueberall, wo sich strangförmige Brücken zwischen benachbarten Zweigen ausspannen, überhaupt überall da, wo das Plasma einer Dehnung oder einem Zug unterworfen ist, erscheint die Structur fibrillär wabig, wobei die Richtung der Faserung stets in der Zugrichtung verläuft, also z. B. in den gedehnten Brücken immer parallel ihrer Längsaxe. Auch an solch' fibrillären Brücken und Strängen lässt sich die Alveolarschicht der Oberfläche stets gut verfolgen.

Derartige Brücken werden häufig in ihrer Mitte so fein, dass sie nur noch aus einer Wabenreihe bestehen, ja dass schliesslich von einer Structur nichts mehr sichtbar ist und sie den früher geschilderten feinsten Pseudopodien der Rhizopoden gleichen.

An dem im Vorwärtskriechen begriffenen Ende des Plasmodiennetzes bemerkt man im Leben gewöhnlich anscheinend ganz hyalines Plasma, welches von Einschlüssen frei ist. Dass es sich hier nicht um eine sehr dünne und daher scheinbar structurlose Schicht handelt, ist leicht festzustellen. Dies hyaline Plasma des Vorderrandes ist vielmehr meist recht dick und entspricht dem homogenen Saum am Vorderende der Amöben. Nach der Fixirung erweist es sich jedoch gleichfalls deutlich feinwabig und zuweilen auch feinradiärstrahlig; auch lässt sich die Alveolarschicht an seiner Oberfläche gut erkennen. Ich werde jedoch weiter unten auf die Frage nach der Realität seiner Structur zurückkommen.

Auf dem Objectträger an der Luft angetrocknete feine Plasmodien zeigen bei Untersuchung in Luft an dünnen Stellen die Wabenstructur noch deutlich; auch lässt sich bei höherer Einstellung das falsche Netzbild an solchen Präparaten schön erkennen. Ich lege auf diese Erfahrung, wie ich schon früher (1890) für den gleichen Fall bei den Bacterien betonte, besonderen Werth. Da nämlich bei dem Eintrocknen von Gerinnung oder Fällungen gewiss nicht die Rede sein kann, so dürfte die Sichtbarkeit der Structur im getrockneten Plasma bestimmt anzeigen, dass sie auch im lebenden Zustand vorhanden sein muss und kein Erzeugniss des Fixirungsmittels ist.

Ich habe solch' getrocknete Plasmodien noch zur Entscheidung einer weiteren Frage benutzt, die besonders wichtig ist. Bekanntlich fehlen bis jetzt sichere Nachweise über die Natur des Inhalts der Plasmawaben, wenngleich nach meiner Auffassung alles dafür spricht, dass er eine wässerige Lösung ist. Bringt man nun gut getrocknete Plasmodien ca 12—24 Stunden in Olivenöl und spült das Oel hierauf sorgfältig mit heissem Wasser ab, so lehrt die Untersuchung solcher Präparate in Wasser, dass die Waben des Plasmas nun wenigstens an vielen Stellen von Oel erfüllt sind. Noch instructiver werden die Präparate, wenn man sie nach dem Abspülen des Oels auf längere Zeit in 1% Osmiumsäure legt, welche das Oel bräunt. Dass das Oel thatsächlich an vielen Stellen die Waben des Plasmagerüstes erfüllt, lässt sich an dünnen Partien sehr gut erkennen, da sich der Inhalt der Waben nun bedeutend stärker lichtbrechend erweist wie das Gerüst, während zuvor das Umgekehrte der Fall war. Bei etwas hoher Einstellung erscheint jetzt der Inhalt der von Oel erfüllten Waben sehr hell und glänzend; das Gerust hingegen sehr dunkel und deshalb viel deutlicher und schärfer wie an den nicht mit Oel erfüllten Stellen. Beim Heben des Tubus lässt sich die stärkere Lichtbrechung des Wabeninhalts bestimmt feststellen, indem dabei der Inhalt zu einem sich verkleinernden hellglänzenden Punkt wird, das schwächer brechende Gerüst dagegen dunkler. Ich besitze eine Photographie des ölerfüllten Wabengerüstes, welche dasselbe ungemein schön zeigt. Auch kann man das blasse Gerüstwerk in den nicht von Oel erfüllten angrenzenden Partien genügend deutlich erkennen und auf diese Weise noch bestimmter ermitteln, dass es sich wirklich um eine Erfüllung der Waben mit Oel handelt.

Wie bemerkt, halte ich diese Ergebnisse für recht wichtig, da sie meine Ansicht, dass der Wabeninhalt eine wässerige Lösung sei, erheblich unterstützen. Denn wenn man den Inhalt an trockenem oder fixirtem Plasma durch Oel ersetzen kann, so ist dieser Schluss unabweisbar, um namentlich die früher p. 134 besprochene Ansicht von Schwarz, welche den Wabeninhalt für identisch mit der Gerüstsubstanz, nur etwas schwächer lichtbrechend erklärt, zurückzuweisen.

Pelomyxa palustris Greeff.

Durch freundliche Vermittelung meines verehrten Freundes und Collegen Blochmann erhielt ich im vergangenen Winter eine ansehnliche Menge dieses hochinteressanten Rhizopoden von Rostock. Ich benutzte die Gelegenheit, um ausser anderen Beobachtungen auch die Beschaffenheit des Plasmas etwas zu studiren. Zunächst muss ich betonen, dass Pelomyxa, wie ich dies auch schon früher (Protozoa p. 99) hervorhob, im normalen Zustand kein hyalines Rinden- oder Ectoplasma besitzt. Zuweilen treten hier und da gewöhnlich sehr beschränkte hyaline Partien, kleine Fortsätze oder Läppchen an der Oberfläche hervor. Bei Misshandlung dagegen, sei es durch Druck oder durch Einwirkung chemischer Stoffe, entwickelt sich in der Regel auf der ganzen Oberfläche eine solche Plasmalage, welche sich aber allmählich wieder zurückbildet, wenn jene Einflüsse aufhören.

Einen hellen Saum unterhalb des Grenzconturs der Oberfläche bemerkt man selbst mit schwächeren Vergrösserungen stets sehr deutlich; dagegen gelang es mir bei der lebenden Pelomyxa bis jetzt noch nicht sicher, eine Radiärstreifung des Saums, welcher sonst alle Charaktere einer Alveolarschicht besitzt, zu beobachten. Auch im übrigen lebenden Plasma vermochte ich eine feine Wabenstructur nicht deutlich zu erkennen; die bekannte gröberschaumige Beschaffenheit des Pelomyxaplasmas lässt sich natürlich nicht mit der feinen Schaumstructur auf eine Stufe stellen. Wenn man jedoch kleine, etwas gepresste Individuen mit Pikrinschwefelosmiumsäure unter dem Deckglas rasch fixirt, so erscheint das gesammte Plasma vorzüglich schön feinwabig gebaut und die Alveolarschicht tritt auf der Oberfläche gewöhnlich mit einer Deutlichkeit und Schärfe hervor, wie ich sie sonst kaum gesehen habe. Ebenso hübsch zeigt sich die Radiärschicht um die zahlreichen Kerne. Auch das hyaline, jedenfalls sehr leichtflüssige Plasma, welches unter den oben erwähnten Umständen auf der Oberfläche auftritt, lässt Alveolarschicht und Wabenbau nach der Fixirung vorzüglich erkennen.

Das Plasma der Pelomyxa besitzt eine besondere Neigung, vor dem definitiven Absterben in eine grosse Anzahl kugliger Tropfen zu zerfallen. Jeder solche Tropfen zeigt nach der Fixirung eine schöne Alveolarschicht.

Zu p. 134.

Die Frage nach der Beschaffenheit des geronnenen Eiweisses und anderer geronnener Colloide muss ich, wie schon oben angedeutet wurde, jetzt wesentlich anders beurtheilen, als zur Zeit der Abfassung des Manuscripts (Sommer 1891). Damals hatte ich diesen Gegenstand selbst nicht genauer erforscht, was ich auch bemerkte. Da er jedoch zweifellos ganz besonders wichtig ist, suchte ich mich nach Abschluss der vorliegenden Schrift hierüber eingehender zu informiren. Dass dies erst jetzt geschehen ist, kann ich eigentlich kaum bedauern, vielmehr möchte ich darin fast eine glückliche Fügung erblicken; denn ich glaube, dass wohl alle in vorliegender Arbeit mitgetheilten Untersuchungen unterblieben wären, wenn ich diese Frage zuerst in Angriff genommen hätte.

Um es kurz zu sagen, das Resultat meiner bis jetzt über die Beschaffenheit des geronnenen Hühnereiweisses und der geronnenen käuflichen Gelatine angestellten Untersuchungen ist: dass dieselben alle Erscheinungen darbieten, welche wir in dieser Schrift als charakteristisch für die feine Schaumstructur erkannt haben. Ich will an diesem Ort meine Versuche und Beobachtungen nicht eingehender besprechen, da es nothwendig sein wird, sie später ausführlicher und von Photographien der wichtigsten Verhältnisse begleitet, darzulegen. Ich hebe daher nur hervor, dass geronnenes Eiweiss und Gelatine sehr schön und fein wabig structurirt sind und, da das falsche Netzbild bei höherer Einstellung klar hervortritt, einen schwächer lichtbrechenden, meiner Ansicht nach wässrig-flüssigen Inhalt des Wabengerusts besitzen. Bei beiden ist die Alveolarschicht sowohl auf der Oberfläche, als um grössere Vacuolen des Inneren deutlich zu erkennen. An allen Partien, welche während der Gerinnung einem Zug oder einer Dehnung unterlagen, ist die Structur eine fibrillär wabige, von häufig ganz prachtiger Entwicklung und von vollkommener Uebereinstimmung mit den entsprechenden Structuren des Plasmas. Auch hat man vielfach Gelegenheit, im Innern solch' geronnener Massen Strahlungen zu sehen, welche mit jenen des Plasmas durchaus rivalisiren können.

Soweit bietet nun die Beurtheilung der Verhältnisse der geschilderten Gerinnungsproducte keine besonderen Schwierigkeiten für Jemand, welcher die optische Erscheinung feinschaumiger Structuren kennt und sich namentlich durch das Studium gröberer Schaumbildungen genügend hierzu vorbereitet hat. Grosse Schwierigkeit dürfte dagegen die Frage machen, welche Schlüsse aus diesen Ergebnissen eigentlich zu ziehen sind. Diejenigen, welche wie Berthold, Schwarz und Kölliker Structuren im lebenden Plasma überhaupt leugnen, werden natürlich geneigt sein, die obigen Ergebnisse einfach als eine Bestätigung ihrer Ansicht, dass die angeblichen Structuren nur solchen Gerinnungsvorgängen ihre Entstehung verdanken, anzusehen. Demgegenüber muss ich von Neuem betonen, dass diese Meinung angesichts der zahlreichen Fälle, in welchen die Structuren im lebenden Plasma deutlich nachweisbar sind, unhaltbar ist. Nur für dasjenige Plasma, welches im Leben ganz hyalin erscheint, wäre diese Auslegung der im fixirten Zustand auftretenden Structuren möglich. Zuvor aber müsste mit hinreichender Zuverlässigkeit entschieden sein, welche Bedeutung denn eigentlich jenen Schaumstructuren des geronnenen Eiweisses und der geronnenen Gelatine zukomme. Dieser Gegenstand liegt doch noch ganz im Dunkeln. Zwei Möglichkeiten stehen sich hier gegenüber. Entweder sind flüssiges Eiweiss und wasserhaltige Gelatine homogene Körper im Sinne einer Lösung und erfahren im Moment der Gerinnung eine Entmischung unter Schaumbildung, wie wir solch' momentane Schaumbildung bei geeigneten Oeltropfen oben kennen gelernt haben, oder diese Körper sind auch im nichtgeronnenen Zustand keine homogenen im Sinne von Lösungen, sondern sehr feine Schaumbildungen, deren beide Componenten so ähnliche Lichtbrechung besitzen, dass die Structur nicht erkennbar ist. Der schaumige Bau ihrer Gerinnungsproducte wäre in diesem Falle keine Neubildung, sondern nur eine Verdeutlichung dadurch, dass das Schaumgerüst verändert, namentlich stark lichtbrechend und daher deutlich sichtbar würde. Welche von diesen beiden Möglichkeiten zutrifft, dürfte vorerst kaum sicher zu entscheiden sein.

Im Allgemeinen neige ich mich zur Zeit mehr der letzteren zu, ohne sie jedoch genügend beweisen und gewisse Schwierigkeiten, welche ihrer Annahme entgegenstehen, überwinden zu können.

Für diese Annahme sprechen meiner Ansicht nach folgende Punkte. Wie ich schon vorhin betonte, ist eine Alveolarschicht an geronnenem Eiweiss und geronnener Gelatine ganz klar zu beobachten. Die Gelatine wurde aber erst nach der Erstarrung zu Gallerte in die Gerinnungsflüssigkeit gebracht. Da nun die Ausbildung einer typischen Alveolarschicht an den flüssigen Aggregatzustand gebunden ist, so scheint die Entwicklung einer solchen Schicht bei Gerinnung fester Gelatinegallerte schwer begreiflich; dagegen versteht sie sich von selbst, wenn wir voraussetzen, dass die Schaumstructur schon im nicht geronnenen, flüssigen Zustand existirt und durch die Gerinnung sichtbar wird.

Zu der gleichen Vermuthung müssen uns auch die so ungemein deutlichen fibrillärwabigen Structuren führen, welche man erhält, wenn filtrirtes Eiweiss mittelst eines Pinsels in einen Tropfen Pikrinschwefelosmiumsäure auf dem Objectträger gespritzt wird. Die geronnenen Fäden, welche man bei dieser Manipulation vielfach erzielt, zeigen, wie gesagt, in der Regel eine sehr schöne fibrillär-wabige Structur in ihrer Längsrichtung. Es scheint mir nun recht schwierig, anzunehmen, dass die Fibrillärstructur solcher Fäden erst durch Dehnung des schon geronnenen Eiweisses erzeugt werde; im Gegentheil halte ich es für wahrscheinlicher, dass die fibrilläre Structur schon vor der Gerinnung durch das Ausziehen des flüssigen Eiweisses zu Fäden hervorgerufen wurde.

Bedenken wir ferner, dass die energische Quellungsfähigkeit von Eiweiss und Gelatine bei Voraussetzung der Schaumstructur an Verständlichkeit sehr gewinnen würde, wozu sich noch gesellt, dass wenigstens Gelatine bei der Wasseraufnahme mehr oder weniger opalisirend wird und dass man durch starken Druck wässrige Flüssigkeit aus Gelatinegallerte auspressen kann, so scheinen mir immerhin einige Momente zu Gunsten der zweiten Möglichkeit zu sprechen. Ich will nicht unbetont lassen, dass weder in dem flüssigen noch dem getrockneten Eiweiss und ebensowenig in Gelatinegallerte etwas von Structur zu erkennen war. Bemerkenswerth ist es aber, dass ich an in Paraffinöl aufgestellten flüssigen Eiweisstropfen Anzeichen einer Alveolarschicht, sogar ihrer Radiärstreifung beobachten konnte. Ich lege zwar auf diese Erfahrung keinen grossen Werth, weil sie wiederholter Untersuchung bedarf und Täuschungen leicht möglich sind.

Möge nun die angeregte Frage in der Zukunft so oder anders entschieden werden, so scheint es mir vorerst doch von Interesse, dass mich die vorstehend ganz kurz erwähnten Untersuchungen zu einer Auffassung der gallertigen quellbaren und gerinnbaren Körper führten, welche mit der Meinung, die ein auf diesen Gebieten erfahrener Physiker geäussert hat, gut harmonirt. Quincke nämlich hat sich hierüber 1890 (p. 207) folgendermaassen ausgesprochen: »Ebenso glaube ich gelatinöse Substanzen wie Leim und andere Gallerte für Flüssigkeit, in der sich viele unsichtbare dünne Scheidewände von festen oder flüssigen Lamellen befinden, halten zu sollen«[1]. Ich darf bei dieser Gelegenheit wohl auch darauf hinweisen, dass ein Physiker wie Quincke derartig beschaffene Körper anstandslos als Schäume bezeichnet, wenn sie aus zwei tropfbaren Flüssigkeiten zusammengesetzt sind. Ich betone dies deshalb, weil mir bekanntlich von verschiedener Seite entgegnet wurde, dass ich einen unrichtigen Gebrauch von dem Worte Schaum mache; es seien nämlich die von mir beschriebenen Schäume richtiger als Emulsionen zweier Flüssigkeiten zu bezeichnen.

---

[1] Wie ich aus Lehmann's Molecularphysik Bd. I. p. 525 ff.) ersehe, sind ähnliche Ansichten über die physikalische Constitution der Gallerten auch schon früher von Physikern geäussert worden; namentlich Guthrie (1875 u. 76) scheint schon im Wesentlichen die von Quincke vertretene Ansicht aufgestellt zu haben. Auch Lehmann selbst neigt in dem citirten Kapitel über die Gallerten einer solchen Meinung zu, wenn er auch ein schwammiges statt eines schaumigen Gerüstes voraussetzt. Nicht recht verständlich ist es mir jedoch, wie er bei solchen Ansichten über die physikalische Beschaffenheit der Gallerten in einem folgenden Kapitel die »Quellungserscheinungen als chemische Verbindungen« der quellenden Körper nämlich »mit dem Lösungsmittel« auffassen will.

Zu p. 191.

Ein sehr geeignetes Object, um sich von dem Nichtadhäriren sehr beweglicher Amöben zu überzeugen, ist Pelomyxa. Hat man einige gut bewegliche Exemplare im Uhrglas, so kann man schon bei leichten Neigungen bemerken, dass sie nicht am Glas anhängen. Auf dem Objectträger kann man mit einem feinen Glasstab die lebhaft strömenden Pelomyxen bei leichter Berührung fortschieben. Nur das Hinterende, welches sich auch bei Pelomyxa wie bei anderen Amöben durch besondere Eigenthümlichkeiten auszeichnet, klebt zuweilen etwas an.

Zu p. 193.

Ich habe schon oben meinem Bedauern Ausdruck gegeben, dass ich die wichtige Frage nach der Existenz von Strömungen in dem Wasser um die sich bewegende Amöbe nicht früher geprüft habe. Nachdem ich hierzu bei einem so ausgezeichneten Object wie Pelomyxa neuerdings Gelegenheit hatte, muss ich jedoch auch sagen, dass die gewöhnlichen kleinen Amöben wenig Aussicht zur Lösung dieser Frage bieten dürften. Obgleich ich nun bei vielfacher Beobachtung der Bewegungsvorgänge von Pelomyxa immer wieder aufs Neue durch die geradezu vollkommene Uebereinstimmung der Bewegungen, selbst in Einzelheiten, mit jenen der Oelseifenschaumtropfen überrascht war, so musste ich um so mehr erstaunen, als die Beobachtung der kriechenden Pelomyxa in Wasser, das mit Tusche oder Elfenbeinschwarz stark versetzt war, ergab, dass gleichsinnig mit der oberflächlichen Plasmaströmung gerichtete Ströme in dem umgebenden Wasser thatsächlich nicht existiren. Wenn die Strömungen der Pelomyxa nicht sehr kräftige sind, hat es wirklich den Anschein, als ob in dem umgebenden Wasser gar keine Strömungen stattfänden, wie Berthold angiebt. Wenn man jedoch das recht energisch vorströmende Vorderende einer Pelomyxa oder ein sich kräftig entwickelndes Pseudopodium scharf beobachtet, so erkennt man doch, dass Strömungen im umgebenden Wasser existiren, seltsamer Weise aber Ströme, welche den erwarteten genau entgegengesetzt verlaufen, die nicht gleichsinnig mit dem oberflächlichen Abstrom am Vorderende hinziehen, sondern in umgekehrter Richtung, die also gegen das Vorderende, d. h. gegen das vermeintliche Ausbreitungscentrum eilen. Bei der Wichtigkeit der Sache habe ich mich nicht auf den Augenschein verlassen, der ja leicht trügen könnte, sondern mit dem Ocularmikrometer die Existenz jener Ströme bestimmt verfolgt. Ich will bei dieser Gelegenheit auch nochmals betonen, dass ich mich an grösseren strömenden Oelseifenschaumtropfen von der Gegenwart der gleichsinnigen Ströme vielfach überzeugte.

Die Consequenzen dieses Ergebnisses verhehle ich mir nicht; sie bedingen das Zugeständniss, dass die von mir oben vorgetragene Erklärung der Amöbenbewegung nicht zutrifft, d. h. dass darin zum mindesten ein Punkt nicht stimmen muss, in welchem sich die Amöben wesentlich anders verhalten wie die Oelseifenschaumtropfen. Ich habe schon bemerkt, dass das Studium der Pelomyxabewegungen im Uebrigen eine so vollkommene Aehnlichkeit mit jenem der Oelseifenschaumtropfen ergeben hat — abgesehen von der hervorgehobenen Abweichung — dass ich an der Identität der treibenden Kraft in beiden Fällen nicht zu zweifeln vermag. Leider bin ich vorerst aber ausser Stande, eine Erklärung dieser Differenz zu geben. Was ich darüber allenfalls vermuthen kann, ist ungefähr Folgendes. Vielleicht weist das geschilderte Verhalten der Pelomyxa doch darauf hin, dass die Oberfläche des Plasmakörpers von einer äusserst feinen, chemisch anders beschaffenen zähflüssigen Schicht überzogen ist, wie sie Quincke in dem Oelhäutchen angenommen hat, und dass ferner die wirksamen Tensionskräfte, wie er voraussetzt, auf der Grenzfläche dieses Häutchens und dem darunter befindlichen Plasma auftreten. Unter diesen Bedingungen darf man sich vielleicht denken, dass in der inneren Zone dieses feinen Häutchens, welche an das Plasma grenzt, der nothwendig vorhandene gleichsinnige Abstrom stattfindet, während in seiner Aussenzone, wie ebenfalls nothwendig, ein Zustrom zum Vorderende geschehen muss, welcher es allein ist, der auf das umgebende Wasser zur Geltung gelangt und daher den seltsamer Weise umgekehrten Strom in diesem bewirkt. Es fragt sich, ob wir berechtigt sind, in einem so minimalen Häutchen, wie es das vorausgesetzte sein müsste, doppelte, über einander verlaufende Strömungen anzunehmen. In dieser Hinsicht möchte ich nur auf folgende Beobachtung hinweisen, die ich schon in den 70er Jahren bei Gelegenheit der Studien über Zelltheilung machte, wo ich veranlasst war, mich viel mit Oberflächenspannungserscheinungen zu beschäftigen. Man kann in der äusserst dünnen Membran grosser Seifenblasen durch Annäherung flüchtiger Stoffe, wie NH_3, Alkohol etc., d. h. durch Störung der Tension, sehr heftige Strömungen hervorrufen, ohne dass die Membran platzt; wobei also trotz der Dünne der Membran Strömungen übereinanderziehen müssen, abführende und zuführende, da die dünne Membran sonst sofort zerreissen müsste. Handelt es sich jedoch um eine Oelhaut, wie Quincke annimmt, so wäre ein Platzen derselben unter den gegebenen Bedingungen wohl überhaupt nicht möglich, da ihre Tension auf der Grenzfläche gegen das umgebende Wasser jedenfalls erheblich grösser sein müsste, wie auf der Grenzfläche gegen das Plasma, weshalb sie von dieser Seite aus nicht zum Platzen zu bringen wäre. Ich muss daher die doppelte Strömung in einer solch dünnen flüssigen Membran für möglich halten.

Uebrigens liesse sich in dieser Angelegenheit durch geeignete Versuche wohl etwas weiterkommen.

Zu p. 198.

Von der Thatsache, dass der Abstrom am vorschreitenden Vorderende, respect. an der Spitze eines Pseudopodiums auf der gesammten freien Oberfläche erfolgt, nicht etwa nur auf den beiden Seiten, wo man den Strom gewöhnlich zu Gesicht bekommt, kann man sich bei Pelomyxa leicht überzeugen. Man sieht bei entsprechender Einstellung stets deutlich, dass der Rückstrom sich über die gesammte freie Oberfläche erstreckt.

Am Schlusse dieser Arbeit noch wenige Worte. Leider hat diese Schrift unter der Hand die anfänglich gesteckten Grenzen bedeutend überschritten, obgleich ich mich bemühte, möglichst kurz zu sein, selbst auf die Gefahr hin, in Fragen, welche den Biologen bis jetzt meist ferner lagen, etwas schwer verständlich zu bleiben.

Mit besonderer Freude ergreife ich noch die Gelegenheit, um allen jenen Herren, welche mir durch ihre liebenswürdige Unterstützung bei vorliegender Arbeit behülflich waren, meinen aufrichtigsten Dank auszusprechen. Meinen verehrten Heidelberger Collegen Askenasy, Horstmann, Kühne und Quincke bin ich für manche Auskunft und auch zum Theil für die Unterstützung mit Büchern und Apparaten sehr verpflichtet. Ebenso verdanke ich den Jüngern meines Instituts, namentlich den Herren Blochmann, v. Adelung, v. Erlanger, Hilger, Lauterborn und Schewiakoff im Laufe der Jahre mannigfache Beihülfe. Während eines kurzen Aufenthalts auf der zoologischen Station zu Neapel im Jahre 1890 wurde mein Unternehmen durch das freundlichste Entgegenkommen sehr gefördert.

Dem Herrn Verleger und der lithographischen Anstalt von Werner & Winter danke ich namentlich für ihre Bemühungen um die möglichst getreue Wiedergabe der Tafeln, welche ich für sehr gelungen halte, obgleich sie der lithographischen Reproduction ziemliche Schwierigkeiten bereiten mussten.

Alle Genannten bitte ich nochmals, meinen herzlichsten Dank freundlich entgegenzunehmen.

Litteratur.

Da ich keineswegs beabsichtigte, ein vollständiges Verzeichniss der sämmtlichen Schriften über Structurverhältnisse des Protoplasmas zusammenzustellen, so sind nachstehend nur diejenigen Arbeiten aufgeführt, auf welche der Text direct Bezug nimmt. Ausführlichere Litteraturverzeichnisse finden sich bei Arnold (1879), Flemming (1882) und Frommann (1890).

Altmann, R., Studien über die Zelle. 1. Heft. Leipzig 1886.

—— Die Genese der Zellen. Beiträge zur Physiologie. C. Ludwig gewidmet. Leipzig 1887. p. 235.

—— Zur Geschichte der Zelltheorien. Leipzig 1889.

—— Die Elementarorganismen und ihre Beziehungen zu den Zellen. Leipzig 1890. 21 Taf.

Apathy, St., Ueber die Schaumstructur, hauptsächlich bei Muskel- und Nervenfasern. Biolog. Centralblatt. Bd. XI. 1891. p. 78—88.

Arnold, Fr., Handbuch der Anatomie des Menschen. Bd. I. 1844.

Arnold, J., Ueber die feineren Verhältnisse der Ganglienzellen in dem Sympathicus des Frosches. Archiv f. patholog. Anat. Bd. 32. 1865. p. 1. Taf. 1.

—— Ein Beitrag zu der feineren Structur der Ganglienzellen. Archiv f. patholog. Anat. Bd. 41. 1867. p. 178.

—— Ueber feinere Structur der Zellen unter normalen und patholog. Bedingungen. Archiv f. patholog. Anat. Bd. 77. 1879.

Auerbach, L., Ueber die Blutkörperchen der Batrachier. Anatom. Anzeiger. 1890. p. 570—78.

Ballowitz, E., Ueber die Verbreitung feinfaseriger Structuren in den Geweben und Gewebselementen des thierischen Körpers. Biolog. Centralblatt. Bd. 9. 1889.

de Bary, H., Ueber den Bau und das Wesen der Zelle. Flora 1862. p. 243—51.

—— Die Mycetozoen. 2. Aufl. Leipzig 1864.

Becquerel, A. C., Influence de l'électricité sur la circulation du Chara. Compt. rend. T. V. 1837. p. 784—88.

Beneden, E. van, Contribution à l'histoire de la vésicule germinative et du premier noyeau embryon. Bull. Ac. roy. Belgique. 2' T. 61. 1876.

—— Recherches sur la maturation de l'oeuf et la fécondation. Arch. de biologie. T. IV. 1884. p. 265—640. 20 Taf.

—— et A. Neyt, Nouvelles recherches sur la fécondation et la division mitos. chez l'ascaris megaloc. B. A. roy. de Belgique. 14. 1887. p. 215—95. 6 Taf.

Berthold, G., Studien über Protoplasmamechanik. Leipzig 1886.

Bourne, A. G., On Pelomyxa viridis sp. n., and on the vesicular nature of Protoplasm. Quarterly journal of micr. sc. (N. S.) Vol. 32. 1891. p. 357—74. Pl. 28.

Brass, A., Biologische Studien. I. Die Organisation der thierischen Zelle. 1. u. 2. Heft. Halle 1883—84.

Brücke, E., Die Elementarorganismen. Sitzb. d. K. Akad. Wien. Bd. 44. II. Abth. (Jahrg. 1861.) 1862. p. 381—406.

Bütschli, O., Einiges über Infusorien. Archiv f. mikrosk. Anatomie. Bd. 9. 1873. p. 658. Taf. 25—26.

—— Einige Bemerkungen zur Metamorphose des Pilidium. Archiv f. Naturgesch. 1873. Bd. 1. p. 276. Taf. 12. Figg. 1—2.

Bütschli, O., Studien über die ersten Entwicklungsvorgänge der Eizelle, die Zelltheilung und die Conjugation der Infusorien. Abhdl. der Senckenberg. naturf. Gesellsch. Bd. X. 1876.
—— Beiträge zur Kenntniss der Flagellaten und verwandter Organismen. Zeitschrift f. wiss. Zoologie. 30. 1878. p. 205—281. Taf. XI—XV.
—— Einige Bemerkungen über gewisse Organisationsverhältnisse der sog. Cilioflagellaten und der Noctiluca. Morphol. Jahrb. 1885. Bd. X. p. 529—77. 3 Taf.
—— Kleine Beiträge zur Kenntniss einiger mariner Rhizopoden. Morphol. Jahrb. Bd. X. 1886. p. 78—101. 2 Taf.
—— Die Protozoen. Bronn's Klass. u. Ordnungen des Thierreichs. 2. Aufl. 1881—89.
—— Müssen wir ein Wachsthum des Plasmas durch Intussusception annehmen? Biolog. Centralblatt. Bd. VIII. 1888. p. 161—64.
—— Ueber die Structur des Protoplasmas. Verhandl. des naturhist.-medic. Vereins zu Heidelberg. N. F. Bd. IV. 3. Heft. Sitzg. v. 3. Mai 1889. Nachtrag ib. Sitzg. v. 7. Juni 1889.
—— Ueber zwei interessante Ciliatenformen und Protoplasmastructuren. Tagebl. d. 62. Vers. deutsch. Naturf. u. Aerzte zu Heidelberg 1889. p. 265—67.
—— Weitere Mittheilungen über die Structur des Protoplasma. Verhandl. d. naturhist.-medic. Vereins zu Heidelberg N. F. Bd. IV. 4. Heft. Sitzg. v. 11. Juli 1890.
—— Ueber den Bau der Bacterien und verwandter Organismen. Leipzig 1890. 1 Taf.
—— Ueber die Structur des Protoplasmas. Referat. Verhandl. der deutschen zoologischen Ges. zu Leipzig 1891. Leipzig 1891. p. 14—29.
—— u. Schewiakoff, W., Ueber den feineren Bau der quergestreiften Muskeln von Arthropoden. Biolog. Centralblatt. Bd. XI. 1891. p. 33—39.
Carnoy, J. B., La biologie cellulaire. Liège 1884.
—— La cytodiérèse chez les Arthropodes. La cellule. T. I. Fasc. 2. p. 191—440. 1885. 8 Taf.
—— La cytodiérèse de l'oeuf. 2. partie. La cellule. 1886. T. III. Fasc. I. 91 pp. Taf. 5—8.
Cienkowsky, L., Zur Entwicklungsgeschichte der Myxomyceten. Jahrb. f. wiss. Botanik. Bd. III. 1863. p. 325—37.
—— Das Plasmodium. ibid. Bd III. 1863. p. 400—441. Taf. 17—21.
Dietl, M. J., Die Gewebselemente des Centralnervensystems bei wirbellosen Thieren. Berichte des naturwiss. Vereins zu Innsbruck. Bd. VII. Jahrg. 1876. 1878. p. 94—109.
Eberth, C. J., Zur Kenntniss des feineren Baues der Flimmerepithelien. Archiv f. patholog. Anat. Bd. 35. 1866. p. 477—78.
Eimer, Th., Untersuchungen über die Eier der Reptilien. Archiv f. mikr. Anatomie. Bd. 8. 1872. p. 226—43. Taf. 11—12.
—— Weitere Nachrichten über den Bau des Zellkerns und über Wimperepithelien. ibid. Bd. 14. 1877. p. 94. Taf. 7.
Engelmann, Th. W., Beiträge zur Physiologie des Protoplasmas. Archiv f. d. gesammte Physiologie. Bd. II. 1869.
—— Physiologie der Protoplasma- und Flimmerbewegung. Handwörterbuch der Physiologie, herausgeg. v. Hermann. Bd. I. 1879 p. 341.
—— Zur Anatomie und Physiologie der Flimmerzellen. Archiv f. d. ges. Physiologie. Bd. 23. 1880. p. 505. Taf. V.
Fabre-Domergue, P., Sur la structure réticulée du protoplasma des infusoires. Compt. rend. T. 114. 1887. p. 797—99.
—— Recherches anatomiques et physiologiques sur les infusoires ciliés. Ann. d. sc. natur. (7. s.) Zoologie. T. V. 1888. 144 pp. 5 Taf.
Fayod, V., Ueber die wahre Structur des lebendigen Protoplasmas und der Zellmembran. Naturwissensch. Rundschau. V. Jahrg. 1890. p. 81—84. Mit Holzschnitten.
Fischer, Alfr., Die Plasmolyse der Bacterien. Ber. d. k. sächs. Ges. d. Wiss. Math.-physik. Cl. 1891. p. 52—74. 1 Taf.
Flemming, W., Zellsubstanz, Kern- und Zelltheilung. Leipzig 1882. 8 Taf.
—— Vom Bau der Spinalganglienzellen. Beitr. z. Anat. u. Embryol. als Festg. f. J. Henle. Bonn 1882. p. 12—24. Taf. 2.
—— Ueber Bauverhältnisse, Befruchtung und erste Theilung der thierischen Eizelle. Biolog. Centralblatt Bd. III 1884. p. 641.

Fol, H. Recherches sur la fécondation et le commencement de l'hénogenie chez divers animaux. Mém. soc. phys. d'histoir. nat. Genève. T. 26. 1879. 10 pl.

—— Le quadrille des centres, un épisode nouveau dans l'histoire de la fécondation. Arch. d. sc. phys. et nat. 3. pér. T. 25. 1891.

Frenzel, J., Zum feineren Bau des Wimperapparates. Archiv f. mikrosk. Anatomie. Bd. 28. 1886. p. 53—77. Taf. VIII.

Freud, S., Ueber den Bau der Nervenzellen und Nervenfasern beim Flusskrebs. Sitz.-Ber. der Wiener Ak. 1882. Bd. 85. 3. Abth. p. 9—46. 1 Taf.

Friedreich, N., Einiges über die Structur der Cylinderzellen u. Flimmerepithelien. Archiv f. patholog. Anat. Bd. 15. 1859. p. 535.

Frommann, C., Ueber die Färbung der Binde- u. Nervensubstanz des Rückenmarks durch Arg. nitric. u. über Structur der Nervenzellen. Archiv f. patholog. Anat. Bd. 31. 1864. p. 129—150. Taf. VI.

—— Zur Structur der Ganglienzellen der Vorderhörner. Arch. f. patholog. Anat. Bd. 32. 1865. p. 231—235. Taf. 7.

—— Unters. über die normale u. patholog. Anatomie des Rückenmarks. Jena 1867.

—— Zur Lehre von der Structur der Zellen. Jenaische Zeitschr. f. Medic. u. Naturw. 1875. Bd. IX. p. 280—298. Taf. 15—16.

—— Ueber die Structur der Knorpelzellen v. Salamandra maculosa. ibid. Bd. 13. 1879. p. 16—29.

—— Ueber die Structur der Ganglienzellen der Retina. ibid. Bd. 13. 1879. Sitzber. p. 51—57.

—— Weitere Beobachtungen über netzförmige Structur des Protoplasmas, des Kerns und des Kernkörperchens. ibid. Bd. 14. 1880. Sitzber. p. 31—35.

—— Ueber die Structur der Epidermis und des Rete Malpighi an den Zehen von Hühnchen etc. ibid. Bd. 14. 1880. Sitzber. p. 56—58.

—— Ueber die spontan wie nach Durchleiten inducirter Ströme an d. Blutzellen v. Salam. mac. u. an d. Flimmerzellen v. d. Rachenschleimhaut des Frosches eintretenden Veränderungen. ibid. Bd. 14. 1880. Sitzber. p. 129—140.

—— Differenzirungen u. Umbildungen, welche im Protoplasma der Blutkorper des Flusskrebses theils spontan, theils nach Einwirkung inducirter electrischer Ströme eintreten. ibid. 1880. Sitzber. p. 113—124.

—— Zur Lehre von der Structur der Zellen. Jenaische Zeitschr. f. Naturw. Bd. 14. 1880. p. 458 bis 465. Taf. 22.

—— Ueber die spontan u. nach induc. Stromen eintret. Differ. u. Umbild. in d. Blutkörpern v. Flusskrebs etc. ibid. Sitzber. Bd. 1881. 9. Dec.

—— Ueber Structur, Lebenserscheinungen u. Reactionen thierischer u. pflanzlicher Zellen. ibid. Bd. 16. Sitzber. 1882. p. 26—45.

—— Unters. über Structur, Lebenserscheinungen u. Reactionen thierischer u. pflanzlicher Zellen. ibid. Bd. 17. p. 1—346. 3 Taf. 1884.

—— Veränderungen, welche spontan u. nach Einwirkung inducirter Ströme in den Zellen aus einigen pflanzlichen u. thierischen Geweben eintreten. ibid. Bd. 17. 1884. Sitzber. p. 78—84.

—— Ueber die Epidermis des Hühnchens in der letzten Woche der Bebrütung. ibid. Bd. 17. 1884. p. 941—950.

—— Zur Lehre von der Bildung der Membran der Pflanzenzellen. ibid. Bd. 17. 1884. p. 951 bis 954.

—— Ueber Veränderungen der Membranen der Epidermiszellen u. der Haare v. Pelargonium zonale. ibid. Bd. 18. 1885. p. 597—665. 2 Taf.

—— Ueber Veränder. der Aussenwandungen der Epidermiszellen v. Euphorbia cyparissias, palustris u. mauritanica. ibid. Bd. 20. 1886. Suppl. Sitzber. p. 74—90.

—— Beitrag zur Zellenlehre. Anat. Anzeiger. 1886. p. 208—211.

—— Beiträge zur Kenntniss der Lebensvorgänge in thierischen Zellen. ibid. Bd. 23. 1889. p. 389. Taf. 24.

1) —— Zelle. 1890. In Real-Encyclopädie der ges. Heilkunde. Hrsg. v. A. Eulenburg. 2. Aufl.

2) —— Ueber neuere Erklarungsversuche der Protoplasmastromungen u. über die Schaumstructuren Butschli's. Anat. Anzeiger 1890. p. 648—652 u. p. 661—672. 4 Holzschn.

Gaule, J., Das Flimmerepithel von Aricia foetida. Archiv f. Anat. u. Ph., phys. Abth. 1881. p. 153. Taf. 3.
Geddes, P., An hypothesis of cellstructure and contractility. Zool. Anzeiger Bd. VI. 1883. p. 440—445 (auch Pr. R. soc. Edinb. VII. p. 266—292.
Greeff, R., Ueber den Organismus der Amöben, insbesondere über Anwesenheit motorischer Fibrillen im Ectoplasma von Amöba terricola. Sitzber. d. Ges. z. Bef. d. ges. Naturw. Marburg. 1890. p. 21—25.
—— Ueber die Erd-Amöben. ibid. 1891. Nr. 1. p. 1—26.
Gruber, A., Beiträge zur Kenntniss der Amöben. Zeitschr. f. wiss. Zoologie. Bd. 36. 1882. p. 459. Taf. 30.
Häckel, E., Die Radiolarien. Berlin 1862. p. 89 ff.
Hanstein, J. v., Die Bewegungserscheinungen des Zellkerns in ihren Beziehungen zum Protoplasma. Sitzber. d. niederrh. Gesellsch. Bonn 1870. Sitzber. p. 217—233.
—— Das Protoplasma als Träger der pflanzlichen u. thierischen Lebensverrichtungen. Heidelberg. 1880.
—— Einige Züge aus der Biologie des Protoplasmas. Botanische Abh. Herausgeg. v. Hanstein. Bd. IV. Heft 2. Bonn 1882.
Heidenhain, R., Beiträge zur Lehre von der Speichelsecretion. Studien des physiol. Instituts in Breslau. Heft 4. 1868. 4 Taf.
—— Beiträge zur Kenntniss des Pancreas. Arch. f. d. ges. Physiol. Bd. X. 1875. p. 557. Taf. V.
Heitzmann, J., Untersuchungen über das Protoplasma. I. Bau des Protoplasmas. Sitzber. der K. Akad. d. Wiss. Wien. M. ph. Kl. Bd. 67. Abth. 3. 1873. p. 100. (Auch 1883 p. 20—37.)
—— II. Das Verhältniss zwischen Protoplasma u. Grundsubstanz im Thierkörper. ibid. p. 141 (1883 p. 119).
—— III. Die Lebensphasen des Protoplasmas. ibid. Bd. 68. Abth. 3. 1873. p. 41 (1883 p. 47).
—— Mikroskopische Morphologie des Thierkörpers im gesunden und kranken Zustande. Wien 1883.
Henle, J., Handbuch der systematischen Anatomie des Menschen. Bd. II. 1866.
Hofmeister, W., Ueber die Mechanik der Bewegungen des Protoplasmas. Flora 1865. p. 7—12. (schon 1864 auf d. Naturforschervers. in Giessen vorgetr.)
—— Die Lehre von der Pflanzenzelle. Leipzig 1867.
Joseph, M., Ueber einige Bestandtheile der peripher. markhaltigen Nervenfaser. Sitzber. K. Ak. Berlin f. d. J. 1888. p. 1321.
Klein, E., Observations on the structure of cells and nuclei. P. I. Quart. journ. micr. sc. (N. s.) Vol. 18. 1878. p. 315—339. Pl. 16.
(1) —— P. II. ibid. Vol. 19. 1879. p. 125—175. Pl. 7.
(2) —— On the glandular epithelium and division of nuclei in the skin of the newt. Quart. journ. micr. science. (N. s.) Vol. 19. 1879. p. 417. Pl. 18.
Kölliker, A., Handbuch der Gewebelehre. 6. Aufl. Bd. I. 1889.
Kraus, L., Die Molekularconstruction des Protoplasmas sich theilender u. wachsender Zellen. Flora. 1877. p. 529.
Kühne, W., Unters. über das Protoplasma u. die Contractilität. Leipzig 1864.
Kunstler, J., Contribution à l'étude des Flagellés. Bullet. soc. zool. de France 1882. 112 pp. 3 Taf.
—— Nouv. contributions à l'étude des Flagellés. Bullet. soc. zool. de France 1882. p. 230—36.
—— La struct. réticulée du protoplasma des infusoires. Compt. rend. Ac. Paris. T. 114. 1887. p. 1009—1011.
—— Structure vacuolaire ou aréolaire. Bullet. soc. zool. France. T. XIII. 1888.
—— Les éléments vésiculaires du protoplasme chez les Protozoaires. Compt. rend. Ac. Paris. T. 106. 1888. p. 1684—86.
—— Recherches sur la morphologie des Flagellés. Bullet. scientifique de France et de la Belgique. T. XX. 1889. p. 399—515. Pl. 14—22.
Kupffer, C., Die Stammverwandtschaft zwischen Ascidien u. Wirbelthieren. Archiv f. mikr. Anat. Bd. 6. 1870. p. 115—172. Taf. 8—10.
—— Ueber Differenzirung des Protoplasmas in den Zellen thier. Gewebe. Schrift. des naturw. Ver. f. Schleswig-Holstein. Bd. I. 1875. p. 229.

Kupffer, C., Ueber die Speicheldrüsen der Periplaneta (Blatta) orientalis u. ihren Nervenapparat. Beiträge z. Anat. u. Physiol., als Festgabe für C. Ludwig 1874. p. 64—82. Taf. IX.
Lehmann, O., Molekularphysik. 2 Bde. Leipzig 1888/89.
Leydig, Fr. v., Lehrbuch der Histologie des Menschen u. der Thiere. Frankfurt 1854.
—— Vom Bau des thierischen Körpers. Tübingen 1864.
—— Ueber Amphipoden u. Isopoden. Zeitschr. f. wiss. Zoologie. Bd. XXX. 1878. Suppl. Taf. IX—XII. p. 225.
—— Untersuchungen zur Anatomie der Thiere. Bonn 1883. 5 Taf.
—— Zelle u. Gewebe. Bonn 1885. 6 Taf.
List, J. H., Ueber Becherzellen u. Leydig'sche Zellen. Archiv f. mikr. Anat. Bd. 26. p. 543 bis 552. 1 Taf.
—— Ueber Becherzellen. Archiv f. mikr. Anat. Bd. 27. 1886. p. 481—588. 6 Taf.
—— Ueber Structuren von Drüsenzellen. Biolog. Centralblatt. Bd. 6. 1886. p. 592—596.
Lukjanow, S. M., Ueber die Hypothese von Altmann betr. die Structur des Zellenkernes. Biolog. Centralblatt. Bd. 9. 1889.
Marchi, ..., Beobacht. über Wimperepithel. Archiv f. mikr. Anat. Bd. 2. 1866. p. 467. Taf. 23.
Mark, E. L., Maturation, fecundation and segmentation of Limax campestris. Binney. — Bullet. of Mus. of comp. Zool. Vol. VI. 1881. p. 173. 4 Pl.
Marshall, C. F., Observations on the structure and distribution of striped and unstriped muscle in the animal kingdom, and a theory of muscular action. Quart. journ. micr. sc. (N. s.) Vol. 28. 1887. p. 75—107. Taf. 6.
Martin, H., Recherches s. la str. de la fibre muscul. striée et s. les analogies de struct. et de fonction entre le tissu muscul. et les cellules à batonnets (protoplasma striée). Arch. d. physiol. norm. et pathol. 1882. p. 465—510. Pl. XII.
Mensbrugghe, G. van der, Sur la tension superficielle des liquides, consid. au point de vue de cert. mouvements observ. à la surface. Mém. cour. et mém. des sav. étrangers Ac. roy. Belgique. T. 34. (1869). 67 pp.
—— Sur la propriété caractérist. de la surface commune à deux liquides, soumis à leur affinité mutuelle. I.—III. Bullet. Acad. roy. de Belgique (3 s.). T. XX. 1890. p. 32. Taf. XX. p. 253. T. XXI. p. 420. 1891.
Mitrophanow, P. M., Ueber Zellgranulationen. Biolog. Centralblatt. Bd. 9. 1889.
Montgomery, E., Zur Lehre von der Muskelcontraction. Archiv f. d. ges. Physiol. Bd. 25. 1881. p. 497—537. Taf. 9.
—— Ueber das Protoplasma einiger Elementarorganismen. Jenaische Zeitschr. f. Naturw. 1885. p. 677—712. 1 Taf.
Nägeli, C., Die Glitschbewegung, eine besondere Art der periodischen Bewegung des Inhalts in Pflanzenzellen. Pflanzenphysiol. Unters. Heft I. 1855. p. 49—53.
Nägeli u. Schwendener, Das Mikroskop. 1. Aufl. Leipzig 1867. 2. Aufl. 1877.
Nansen, F., The structure and combination of the histolog. elements of the central nervous system. Bergen's Museums Arsberetning for 1886. Bergen 1887.
Nussbaum, M., Ein Beitrag zur Lehre v. der Flimmerbewegung. Archiv f. mikr. Anat. Bd. 14. 1877. p. 390. Taf. 27. Fig. 2.
Paladino, G., Dell' endotelio vibratile nei mamiferi ed in generale di alcuni dati sulla fisiologia delle formazioni endoteliche. I. Giornale internazionale delle scienze mediche. Anno IV. 1882. (s. auch in Arch. ital. de Biologie. III. 1883.)
Paulsen, E., Ueber die Drüsen der Nasenschleimhaut, besonders die Bowman'schen Drüsen. Archiv f. mikr. Anat. Bd. 26. 1885. p. 307. Taf. 10—11.
—— Bemerkungen über Secretion u. Bau von Schleimdrusen. Archiv f. mikr. Anat. Bd. 28. 1886. p. 413—415.
Pfeffer, W., Kritische Besprechung von de Vries, »Plasmolytische Studien über die Wand der Vacuolen«. Nebst vorläufigen Mittheilungen über Stoffaufnahme. Bot. Zeitschr. 1886. p. 114 bis 125.
—— Aufnahme von Anilinfarben in lebende Zellen. Unters. aus dem botanisch. Institut zu Tübingen. II. 1887. p. 179—331. 1 Taf.

Pfeffer, W., I. Ueber Aufnahme u. Ausgabe ungelöster Korper. II. Zur Kenntniss der Plasmahaut und der Vacuolen nebst Bemerkungen über den Aggregatzustand des Protoplasmas und über osmotische Vorgänge. Abhandl. der mathem. physik. Klasse der K. sächs. Gesellsch. der Wissensch. Bd. XVI. II. 1890. 2 Taf.
Pfitzner, W., Beiträge zur Lehre vom Bau des Zellkerns und seinen Theilungserscheinungen. Archiv f. mikr. Anat. Bd. 22. 1883. p. 616—688. 1 Taf.
—— Zur pathologischen Anatomie des Zellkerns. Archiv f. pathol. Anatomie. Bd. 103. 1886. p. 275. Taf. V.
Pflüger, E., Die Endigung der Absonderungsnerven in den Speicheldrüsen. Bonn 1866. 3 Taf. S. auch Archiv f. mikr. Anat. Bd. V. 1869, p. 193 u. 199.
—— Ueber die Beziehungen des Nervensystems zur Leber- u. Gallensecretion. Archiv f. d. ges. Physiologie. Bd. II. 1869. p. 190—192.
—— Ueber die Abhängigkeit der Leber von dem Nervensystem. ibid. p. 459. Taf. 2 3.
—— Die Speicheldrüsen. Stricker's Handbuch der Lehre von den Geweben. Leipzig 1871.
—— Die allgemeinen Lebenserscheinungen. Bonn 1889. Rectoratsrede.
Plateau, J., Statique expérimentale et théorique des liquides soumis aux seules forces moléculaires. 2 Vs. Gand et Leipzig 1873.
—— Quelques expériences sur les lames liquides minces. Bullet. Acad. roy. Belgique. 3. s.) T. 2. 1882. p. 8—18.
Quincke, G., Capillaritätserscheinungen an der gemeinschaftlichen Oberfläche zweier Flussigkeiten. Poggend. Ann. d. Phys. u. Chemie. Bd. 139. 1870. p. 1—88. 1 Taf.
—— Ueber den Randwinkel und die Ausbreitung von Flüssigkeiten auf festen Körpern. Annal. d. Physik u. Chemie. (N. F.) Bd. II. 1877. p. 145—94. 1 Taf.
—— Ueber periodische Ausbreitung von Flüssigkeitsoberflächen und dadurch hervorgerufene Bewegungserscheinungen. Ann. d. Physik u. Chemie. N. F. Bd. 35. 1888. p. 580—642. 1 Taf.
—— Ueber Protoplasmabewegung und verwandte Erscheinungen. Tagebl. der 62. Vers. deutscher Naturf. u. Aerzte zu Heidelberg 1889. p. 204—7.
Rabl, C., Ueber Zelltheilung. Anat. Anzeiger 1889. p. 21—30.
Rauber, A., Neue Grundlegungen zur Kenntniss der Zelle. Morphol. Jahrb. VIII. 1882. p. 233—338. 4 Taf.
Reinke, J., Kreisen galvanische Ströme in lebenden Pflanzenzellen? Archiv f. die ges. Physiologie. Bd. 27. 1882. p. 140—51.
Reinke, J., u. H. Rodewald, Studien über das Protoplasma. Untersuch. aus dem botan. Institut der Univ. Göttingen. 2. Heft. 1881. I. Die chemische Zusammensetzung des Protoplasmas von Aethalium septicum, von Reinke u. Rodewald. p. 1—70. II. Protoplasma-Probleme, von Reinke. p. 79—182. III. Der Process der Kohlenstoffassimilation im chlorophyllhaltigen Protoplasma, von Reinke. p. 187—202.
—— u. Z. Krätzschmar, Studien über das Protoplasma. 2. Folge. Untersuch. aus d. bot. Laboratorium d. Univ. Göttingen. Berlin 1883. p. 76. 1 Taf.
Remak, R., Neurologische Notizen. Froriep's Neue Notizen aus d. Gebiet d. Naturkunde etc. Bd. 3. 1837. p. 216.
—— Ueber den Bau der Nervenprimitivröhren. Archiv f. Anat. u. Phys. 1843. p. 197—201.
—— Neurologische Erläuterungen. Archiv f. Anat. u. Physiol. 1844.
Rindfleisch, E., Eine Hypothese. Centralbl. f. d. medic. Wiss. 1880. Nr. 45. p. 801—7.
Rohde, E., Histologische Untersuchungen über das Nervensystem der Polychaeten. Zoolog. Beiträge herausg. v. A. Schneider. 2. Bd. 1887. p. 1—81. 1 Taf.
—— Histologische Untersuchungen über das Nervensystem der Hirudineen. Zool. Beiträge herausg. v. A. Schneider. Bd. III. I. 1891.
Sachs, J., Handbuch der Experimentalphysiologie der Pflanzen. 1865.
Schäfer, E. A., The structure of the animal cell. Brit. medic. journ. 1883. Bd. 2. p. 226—29.
(1) —— On the structure of amoeboid protoplasm with a comparison between the nature of the contractile process in amoeboid cells and in muscular tissue, and a suggestion regarding the mechanism of ciliary action. Proceed. of the roy. society London. Vol. 49. p. 193—98. 1891.
(2) —— On the minute structure of the muscle-columns or sarcostyles which form the wing-muscles of insects. Prelimin. note. Proc. roy. soc. London. Vol. 49. 1891. p. 280—86. Pl. 4—5.

Schäfer, E. A., On the structure of cross-striated muscle. Internat. Monatsschrift f. Anat. u. Physiol. Bd. VIII. 1891. p. 178—238. Pl. 15—17.
— and E. R. Lankester, Discussion on the present aspect of the cell question. Nature Vol. 36. 1887. p. 592.
Schewiakoff, W., Ueber die karyokinetische Kerntheilung der Euglypha alveolata. Morphol. Jahrb. Bd. 13. 1887. p. 193—258. 2 Taf.
—— Beiträge zur Kenntniss der holotrichen Ciliaten. Bibliotheca zoologica, herausg. v. Leuckart u. Chun. Heft V. 1889. 7. Taf.
Schiefferdecker, P., Zur Kenntniss des Baues der Schleimdrüsen. Archiv f. mikr. Anatomie. Bd. 23. 1884. p. 382—412. 2 Taf.
Schleicher, W., Die Knorpelzelltheilung. Archiv f. mikr. Anatomie. Bd. 16. 1879. p. 248. Taf. 12—14.
—— Nouvelle communication sur la cellule cartilagineuse viv. Bull. A. r. Belgique. (2) 47. 1879.
Schmitz, Fr., Untersuchungen über die Structur des Protoplasma und der Zellkerne der Pflanzenzellen. Sitzber. d. niederrh. Ges. f. Natur- u. Heilk. zu Bonn. 1880. 42 pp.
Schneider, Ant., Das Ei und seine Befruchtung. Breslau 1883.
Schneider, C., Ueber Zellstructuren. Zoolog. Anzeiger 1891. Nr. 355—56. 4 pp.
—— Untersuchungen über die Zelle. Arbeiten des zoolog. Instituts Wien. Bd. IX. Heft 2. 1891. 46 pp. Taf. 1—2.
Schuberg, A., Ueber den Bau der Bursaria truncatella, mit besonderer Berücksichtigung der protoplasmatischen Structuren. Morphol. Jahrb. Bd. XII. 1886. p. 333—65. 2 Taf.
Schultze, H., Achsencylinder und Ganglienzelle. Archiv f. Anat. u. Phys. Anat. Abth. 1878. p. 259. Taf. 10.
Schultze, M., Der Organismus der Polythalamien. Leipzig 1854.
—— Das Protoplasma der Rhizopoden und der Pflanzenzellen. Leipzig 1863.
—— Allgemeines über die Structurelemente des Nervensystems. In Stricker's Handbuch der Gewebelehre. 1871.
Schwalbe, G., Bemerkungen über die Kerne der Ganglienzellen. Jen. Zeitschr. f. Med. u. Naturwiss. Bd. X. 1875. p. 25.
Schwarz, Fr., Die morphologische und chemische Zusammensetzung des Protoplasmas. Cohn's Beiträge zur Biologie der Pflanzen. Bd. V. 1887. 8 Taf.
Sedgwick, A., A monograph of the development of Peripatus capensis. Studies from the morphol. laboratory in the univ. of Cambridge. Vol. IV. P. 2. 1888. (Auch in Quart. journ. micr. sc. (N. s.) Vol. 26. 1886. p. 175—212.
Strasburger, E., Zellbildung und Zelltheilung. 2. Aufl. Jena 1876.
—— Studien über das Protoplasma. Jenaische Zeitschr. f. Naturwiss. Bd. IX. 1876. p. 395. 1 Taf.
—— Ueber den Theilungsvorgang der Zellkerne und das Verhältniss der Kerntheilung zur Zelltheilung. Archiv f. mikr. Anat. Bd. 21. 1882. p. 476. 3 Taf.
—— Ueber den Bau und das Wachsthum der Zellhäute. Jena 1882. 8 Taf.
Stricker, S., Photogramm eines farblosen Blutkörperchens. Arbeit. aus Instit. f. allg. u. exp. Pathol. Wien 1890. 3 pp. 1 Taf.
Stricker, S., und Spina, Untersuchungen über die mechanischen Leistungen der acinösen Drüsen. Wiener medicin. Jahrbücher. 1880. p. 355—96.
Stuart, A., Ueber die Flimmerbewegung. Diss. Dorpat 1867. Auch Zeitschrift f. rationelle Medicin. Bd. 30. 1867.
Trinchese, S., Anatomia della Caliphylla mediterranea. Mem. d. accad. d. scienze d. istituto di Bologna. (3 s.) T. 7. 1876. p. 173—191. 2 Taf.
Vejdowsky, Fr., Entwicklungsgesch. Untersuchungen. Heft I. Reifung, Befruchtung und die ersten Furchungsvorgänge des Rhynchelmis-Eies. Prag 1888. 166 pp. 10 Taf.
Velten, W., Bewegung und Bau des Protoplasmas. Flora 1873. p. 81, 97 u. 113.
—— Physikalische Beschaffenheit des pflanzlichen Protoplasmas. Sitzb. d. Wiener Akademie. Math.-phys. Kl. Bd. 73. 1876. p. 131—51.
—— Einwirkung strömender Electricität auf die Bewegung des Protoplasmas, auf den lebendigen und todten Zelleninhalt, sowie auf materielle Theilchen überhaupt. Sitzb. d. K. A. d. Wiss. Wien. Math.-phys. Kl. Bd. 74. I. Abth. 1876. p. 293—358. 1 Taf.

de Vries, H., Plasmolytische Studien über die Wand der Vacuolen. Pringsh. Jahrb. f. wiss. Bot. Bd. 16. 1885. p. 463—598.

—— Ueber die Aggregation im Protoplasma von Drosera rotundifolia. Bot. Zeitung. 1886. p. 1, 17, 33, 57. 1 Taf.

Wakker, J. H., Studien über die Inhaltskörper der Zelle. Jahrb. f. wiss. Botanik. Bd. 19. 1888. p. 423—92. Taf. 12—15.

Wallich, G. C., On an undescribed indigenous form of Amoeba. Ann. and mag. of nat. hist. (3.) Bd. 11. 1863. p. 287. Pl. 8. — Further observations. ibid. p. 365 u. 434.

—— On the value of the distinctive characters in Amoeba. ibid. Bd. 12. 1863. p. 111—151.

Weber, E. H., Mikroskopische Beobachtungen sehr gesetzmässiger Bewegungen, welche die Bildung von Niederschlägen harziger Körper aus Weingeist begleiten. Poggendorff's Annalen f. Phys. u. Chemie. Bd. 94. 1855. p. 447—59. Taf. VI—VII.

Went, F. A. F. C., Die Vermehrung der normalen Vacuolen durch Theilung. Jahrb. f. wiss. Botanik. Bd. 19. 1888. p. 295—353. Taf. VII—IX.

Zerner, Th., Ein Beitrag zur Theorie der Drüsensecretion. Wiener medic. Jahrb. 1886. 4. Heft. p. 191—200.

Erklärung der Abbildungen[1].

Tafel I.

Figg. 1—7. Von *Gromia Dujardinii* M. Schultze.

Fig. 1. Mündungsgegend eines Exemplars mit völlig eingezogenem Plasma und nahezu geschlossener Mündung. *a* die feingranulirte nichtgestreifte Partie der Schale um die Mündung, welche bei geöffneter Mündung (s. Fig. 2) hauptsächlich die zitzenartige Erhebung bildet. *b* der auf dem optischen Durchschnitt radiär gestreifte Theil der Schale. Das Plasma in der Schalenöffnung sehr deutlich längsfibrillär-wabig. *c* die grossen braunen Inhaltskörper des Plasmas. Vergr. ca. 1000.

Fig. 2. Mündung eines lebenden Exemplares, aus der ein mässig grosser Plasmabusch hervorgetreten ist; derselbe ist sehr deutlich wabig und entsendet eine Anzahl feiner hyaliner Pseudopodien.

Fig. 3a. Ein in Rückziehung begriffenes Pseudopodium, das die wabige Structur an zwei Stellen schon deutlich zeigt, während es sonst noch ganz hyalin erscheint.

Fig. 3b—c. Zwei aufeinanderfolgende Stadien der Einziehung eines Pseudopodiums. Der feine seitliche Ast * auf Fig. 3b ist schon schlaff wellig geworden und zog sich rasch zusammen, wobei er deutlich wabig wurde. Er vereinigte sich dann mit dem wabigen Hügel ** zu dem wabigen Anhang am Ende des Pseudopodiums auf Fig. 3c.

Figg. 4 u. 5. Zwei im Leben anscheinend hyaline Plasmatropfen, welche sich durch Druck von dem Mündungsplasma eines Exemplars abgelöst hatten, nach Behandlung mit Pikrinschwefelsäure und Färbung durch Delafield'sches Hämatoxylin. Beide zeigen die Alveolarschicht sehr deutlich.

Fig. 6. Ansehnliches Pseudopodium mit zahlreichen feinen Aestchen. Im Leben ganz hyalin. Nach Behandlung mit Pikrinschwefelsäure und Färbung durch Delafield'sches Hämatoxylin. Die wabig-fibrilläre Structur fast durch das ganze Pseudopodium sehr deutlich.

Fig. 7. Ursprungsstelle einiger dicker hyaliner Pseudopodienstämme an dem Plasmabusch der Mündung. Man bemerkt, wie die fibrillär-wabige Beschaffenheit des Busches sich zum Theil noch bis in die Ursprünge dieser Pseudopodien erstreckt, hier immer undeutlicher wird und schliesslich ganz verschwindet. Nach dem Leben.

[1] Da ich die Abbildungen meistentheils ohne Zeichenapparat hergestellt habe, in der, wie ich später fand, irrigen Voraussetzung, dass sich die zarten Plasmastructuren damit nicht sicher erkennen liessen, so fehlen mir, wo ich nicht directe Messungen vornahm, sichere Angaben über die Vergrösserung häufig. Im Allgemeinen sind jedoch die Abbildungen, welche sich auf Plasmastructuren beziehen, bei ca. 2500—3500facher Vergrösserung gezeichnet, wie dies schon diejenigen ergeben, für welche die Vergrösserung sicher ermittelt wurde. Wie gesagt, habe ich mich später überzeugt, dass man die Plasmastructuren bei genügender Deutlichkeit der Präparate ganz gut mit Zeiss 2 mm und Oc. 18 durch den Zeichenapparat aufnehmen kann, wovon z. B. Fig. 6 Taf. V Zeugniss giebt. Da die Grösse der Waben in relativ geringen Grenzen, bekanntlich zwischen etwa 0.5—1 μ schwankt, so lassen sich hiernach schon die Vergrösserungen ziemlich gut beurtheilen. — Wo nichts anderes bemerkt ist, sind die Abbildungen sämmtlich mit Zeiss Apochr. 2 mm Ap. 1,30 oder 1,40 und den Comp. Ocularen 12 oder 18 hergestellt.

Figg. 8a—b. Rand eines durch Zerquetschen einer Miliolide isolirten lebenden Plasmatropfens. Derselbe zeigt eine sehr hübsche Alveolarschicht und eine gut entwickelte Radiärstreifung des peripherischen Plasmas überhaupt. 8b ein kleiner Theil des Randes stärker vergrössert, um die Alveolarschicht genauer darzustellen.

Fig. 9. Lebende Plasmabrücke, welche sich zwischen den Trümmern einer zerquetschten Miliolide ausspannte. Dieselbe ist deutlichst fibrillär-wabig und gleichzeitig in anhaltender wogender Strömung begriffen.

Figg. 10—11. Pseudopodien von Amoeba limax nach Behandlung mit Pikrinschwefelosmiumsäure. Die wabige Structur ist bis zu ihren Enden vollkommen deutlich; ebenso die Alveolarschicht.

Tafel II.

Fig. 1. Theil eines lebenden, feinen Pseudopodiums von Polystomella.

Fig. 2. Ebensolches von Cornuspira.

Fig. 3. Ebensolches von Discorbina.

Fig. 4. Dickerer Pseudopodienstamm einer lebenden Rotaline mit sehr deutlicher faserig-wabiger Structur.

Fig. 5. Schwimmhautartige Ausbreitung mit sehr deutlicher Structur aus dem Pseudopodiennetz einer Miliolide. Lebend.

Fig. 6. Aehnliche Ausbreitung aus dem reich entwickelten Pseudopodiennetz einer Discorbina welche durch Eintauchen in Dämpfe erhitzter Osmiumsäure rasch getödtet und darauf mit Delafield'schem Hämatoxylin gefärbt worden war. Die Zeichnung ist so treu wie möglich hergestellt, ohne irgend welches Schematisiren.

Fig. 7. Kleine Acinete (s. im Text p. 59) aus Süsswasser. Lebend. Die Structur des Plasmas ist nur zum Theil ausgeführt. *g* die Gehäusewand; *alv* Alveolarschicht; *mn* Makronucleus; *cv* contractile Vacuole mit dem sehr deutlichen Ausführröhrchen; *x* dunkle Körperchen im Plasmagerüstwerk.

Fig. 8. Randpartie einer nicht sicher bestimmten Amöbe des süssen Wassers, wahrscheinlich jedoch zu Amoeba (Cochliopodium?) actinophora gehörig, obgleich die Hülle nicht deutlich war. An dem etwas breiteren Ende wird das wabige Plasma sehr schön radiärstreifig. Eine sichere Bestimmung dieser Form war unmöglich, da sie nur in einem fixirten Präparat beobachtet wurde. Pikrinschwefelosmiumsäure, Damar.

Fig. 9. Amoeba actinophora Auerbach (wohl richtiger zu Cochliopodium H. u. L. zu ziehen). Pikrinschwefelosmiumsäure, Damar. Nur ein Theil des Randes mit der radiärgestreiften Hülle (*h*) dargestellt. Darunter das sehr deutlich wabige Plasma, dessen äusserste Schicht unter der Hülle zu einer Alveolarschicht (*alv*) entwickelt ist. *o* das wabige Plasma in der Ansicht auf die Oberfläche. *n* der Nucleus, mit sehr ansehnlichem, wabig structurirtem Nucleolus und radiär zur Membran strahlendem Gerüstwerk.

Fig. 10. Lebende kleine Vorticella sp. aus dem Mittelmeer. Eine kleine Partie des Randes in der Gegend der contract. Vacuole im optischen Durchschnitt. *p* Pellicula; *alv* Alveolarschicht; darunter das schön wabige Entoplasma, dessen äusserste Wabenlage senkrecht zu der Alveolarschicht gerichtet ist. Gleichzeitig ist dieselbe Anordnung der Waben an der Oberfläche der grossen Vacuole, welche wohl die contractile ist, sehr deutlich. Im Entoplasma zahlreiche stark lichtbrechende Granula.

Fig. 11. Oberflächliche Ansicht einer kleinen Partie des Corticalplasmas von Paramaecium bursaria Ehb. sp. mit zahlreichen Zoochlorellen (*z*). Pikrinschwefelosmiumsäure, Damar. Die senkrechte Stellung der sehr deutlichen Waben des Corticalplasmas zu den Zoochlorellen ist sehr auffallend.

Fig. 12. Stylonychia pustulata Ehb. Kleine Partie des wabigen Entoplasmas mit eingelagerten, durch Eosin stark färbbaren Körperchen.

Fig. 13a—b. Paramaecium caudatum Ehbg. Mit Jod-Alkohol getödtet; darauf in Delafield'schem Hämatoxylin sehr stark gefärbt und dann in Nelkenöl übergeführt und zerklopft. 13a kleines Fragment des Makronucleus, welches den Wabenbau und die Einlagerung der rothgefärbten kleinen Chromatinkörnchen in die Knotenpunkte schön zeigt. 13b kleines Fragment des Entoplasmas mit den eosinophilen grösseren Granula in den Knotenpunkten der Waben; dieselben färben sich in Hämatoxylin schwach röthlich.

Fig. 14. Zwei lebende Plasmastränge aus den Haarzellen einer Malva sp.; bei ' stockt die Strömung, weshalb hier die Structur unregelmässig wabig erscheint; in dem angrenzenden Strang dagegen, welcher in Strömung begriffen ist, erscheint sie deutlich fibrillär.

Tafel III.

Fig. 1a—c. Eier von Sphaerechinus granularis Lam.

Fig. 1a. Feiner (ca. 1—2 μ), etwas schief zur Theilungsaxe geführter Schnitt durch die sog. Attractionssphäre eines in Zweitheilung begriffenen Eies. Im Centrum das Centrosom, das aus drei dicht zusammenliegenden, bläschenartigen Körnchen zu bestehen scheint. Pikrinschwefelsäure. Delafield'sches Hämatoxylin. Damar.

Fig. 1b. Feiner Schnitt durch die Oberfläche eines ähnlichen Eies, zeigt sehr deutlich die Alveolarschicht (*alv*) und die wabige Structur des darunter liegenden Plasmas.

Fig. 1c. Strahliges Plasma während der Theilung, nach einem in Wasser untersuchten, mit Pikrinschwefelsäure behandelten ganzen Ei, das in Zweitheilung begriffen war.

Fig. 2a—b. Thalassicolla nucleata Hxl. Schnitt durch die Centralkapsel. Osmiumsäure. Canadabalsam. 2a. Partie des intracapsulären Plasmas mit zwei Vacuolen oder Eiweisskugeln. 2b. Partie des oberflächlichen, radiargestreiften intracapsulären Plasmas, an eine Eiweisskugel grenzend. Vergr. ca. 3100.

Fig. 3. Hinterende einer lebenden Chilomonas paramaecium Ehb. Sowohl die Alveolarschicht (*alv*) wie das wabige Entoplasma sind sehr deutlich. In letzterem liegen die ansehnlichen Amylumkörner (*am*). *p* Pellicula.

Fig. 4. Optischer Durchschnitt der Randpartie eines aus Olivenöl und NaCl hergestellten Oelschaumtropfens mit sehr deutlicher und relativ hoher Alveolarschicht (*alv*). Seibert $^1/_{12}$. Vergr. 1250.

Fig. 5. Schaum aus Olivenöl und Rohrzucker hergestellt. Ein kleiner Theil des Wabenwerks mit dem Zeichenapparat entworfen. Vergr. 1200.

Fig. 6. Schaum aus Olivenöl und NaCl hergestellt. Aehnliche Partie. Vergr. 1800.

Fig. 7a—b. Schaum aus sehr stark eingedicktem Olivenöl und K_2CO_3; sehr zähe. Durch Pressen des Deckglases in Stränge ausgezogen, welche die fibrillär-wabige Structur sehr schön zeigen. 7a ein Strang bei schwächerer Vergrösserung. 7b eine kleine Partie dieses Stranges bei starker Vergrösserung, die Wabenstructur deutlich zeigend.

Fig. 8. Lumbricus terrestris L. Längsschnitt durch eine Stützzelle der Epidermis. Jod-Alkohol. saures Hämatoxylin. Damar. *c* Cuticula. Im Kern sehr deutlich das blau gefärbte Gerüstwerk mit den eingelagerten rothen Chromatinkörnchen und einem ähnlich gefärbten Nucleolus. Im Wabenwerk des Plasmas ähnlich gefärbte rothe Körnchen, welche jedoch kleiner und daher schwerer zu beobachten sind.

Fig. 9. Kleine Partie einer Fettkörperzelle von Blatta orientalis L. Gramm'sche Färbung und Nachfärbung mit Vesuvin. Die grossen Hohlräume (*f*) sind durch Auflösung der Fetttropfen entstanden. *b* die sehr lebhaft tingirten Bacteroidien, welche deutlich in das blasse Wabenwerk der Plasmabrücken eingelagert sind.

Fig. 10. Optischer Durchschnitt durch die Epidermis (Rand) eines lebenden Kiemenblatts von Gammarus pulex de G. *c* Cuticula. Die streifig-wabige Structur des Plasmas ist deutlich zu erkennen.

Tafel IV.

Fig. 1. Feinste Schnitte durch die Leber von Rana esculenta. Pikrinschwefelosmiumsäure, Eisenhämatoxylin. Wasser. Zusammenstossungsstelle dreier Zellen. Protoplasmastructur und Alveolarschicht sehr deutlich. Vergr. ca. 3500.

Fig. 2. Feinster Schnitt durch eine Peritonealzelle des Darms von Branchiobdella Astaci Od. Pikrinschwefelsäure, Gentianaviolett. Wasser. Dicke des Schnitts höchstens eine Masche des Plasmas betragend. Granula im Kern und Plasma sehr stark gefärbt. Möglichst genaue Zeichnung.

Figg. 3a—c. 3a. Feinster Schnitt durch Cuticula und Epidermiszelle von Branchiobdella Astaci, zeigt die Structur der Cuticula (*c*) deutlich. 3b. Schnitt durch die Cuticula von etwas anderer Beschaffenheit. 3c. Flächenansicht der Cuticula.

Fig. 4. Plasma des stark gepressten lebenden Eies von Hydatina senta Ehb. Die wabige Structur hier ungemein deutlich.

Fig. 5. Plasma der lebenden Zellen des hinteren Wimperkranzes von Hydatina senta, wo dasselbe nicht fibrillär-wabig structurirt ist.

Fig. 6. Kleine Partie des Plasmas einer Pigmentzelle von Aulastomum gulo M. T. Nach Maceration in Jod-Alkoholl (10%) isolirt. Die dunklen Granula in den Knotenpunkten des Wabenwerks sind die Pigmentkörnchen.

Fig. 7. Kleines Stück einer isolirten Nervenfaser des Scheerennervs von Astacus fluviatilis. Maceration in Jod-Alkohol (ca. 10—15%). *s* die Scheide im optischen Längsschnitt mit dem Kern (*n*), der ganz in ihr eingebettet liegt; *n'* die seitliche Grenze des sonst im optischen Längsschnitt gezeichneten Kerns. *ns* die Structur der Scheide in der Flächenansicht. *f* optischer Längsschnitt durch den Axencylinder.

Fig. 8a—b. Isolirte Axencylinder aus dem Nervus ischiadicus von Rana esculenta. Pikrinschwefelsäure, darauf Alkohol und schliesslich Färbung mit Goldchloridkalium in der gewöhnlichen Weise. 8a. mit anhaftenden Resten der Markscheide. 8b. wahrscheinlich aus der Gegend eines Schnürringes. Optische Längsschnitte. Vergr. v. 8a ca. 3300, von 8b ca. 2700.

Fig. 9. Kern mit umgebendem Plasma einer Ganglienzelle aus dem Rückenmark von Bos taurus juv.). In Jod-Alkohol 10—15%) macerirt. Zeigt deutlich die senkrechte Stellung der den Kern direct umgebenden Waben zu dessen Oberfläche.

Fig. 10. Kleiner Theil des Randes einer isolirten Ganglienzelle aus dem Bauchmark von Lumbricus terrestris, die Alveolarschicht (*alv*) deutlich zeigend. Maceration in Jod-Alkohol 10%).

Figg. 11a—c. Isolirte Bindegewebszellen aus dem Nervus ischiadicus von Rana esculenta. 11a. Mehrere zusammenhängende Zellen bei schwächerer Vergrösserung. 11b. Einzelne Zelle bei starker Vergrösserung in seitlicher, 11c. dagegen in Flächenansicht. Pikrinschwefelosmiumsäure.

Tafel V.

Fig. 1. Kleines Stück einer isolirten Capillare aus dem Rückenmark v. Bos taurus (juv. im optischen Längsschnitt. *n* 2 Kerne der Wand. Bei *o* ist die Flächenstructur des Plasmas der Wandzellen auf eine kleine Strecke eingezeichnet. Maceration in Jod-Alkohol (10—15%).

Fig. 2. Breiter Protoplasmafortsatz einer Ganglienzelle aus dem Rückenmark v. Bos t. juv.). Fibrillär-wabige Structur sehr deutlich. Maceration in Jod-Alkohol 10—15%). Vergr. ca. 2000.

Fig. 3. Isolirter Axencylinder aus der grauen Substanz des Rückenmarks v. Bos t. (juv.). Optischer Längsschnitt. Maceration in Jod-Alkohol 10—15%). Vergr. ca. 4400.

Figg. 4a—c. Querschnitte markhaltiger Nervenfasern aus dem Ischiadicus von Rana esculenta. Pikrinschwefelsäure. Entfettung mit Alkohol und Aether. Färbung theils mit Hämatoxylin, theils mit Goldchlorid. 4a. Querschnitt zwischen zwei Schnürringen. 4b. Querschnitt in der Gegend eines Schnürrings. 4c. Querschnitt durch einen Kern der Schwann'schen Scheide. *s* Schwann'sche Scheide. *a* sog. Axencylinderscheide, die zum Theil sehr deutlich war. In 4c ist die Schwann'sche Scheide vermuthlich etwas abnorm verzerrt.

Figg. 5a—b. Rothe Blutkörperchen von Rana esculenta. Jod-Alkohol, saures Hämatoxylin. Damar. Nur die Kerne gefärbt. 5a. Ansicht der Breitseite. Bei *o* ist eine kleine Partie der Flächenstructur des Plasmas gezeichnet. Im übrigen ist der äquatoriale optische Durchschnitt dargestellt. 5b. Ansicht von der Schmalseite, optischer Medianschnitt. In beiden Ansichten ist die Alveolarschicht sehr deutlich: *g* die Grenze des Plasmas gegen die Höhle des Blutkörpers. Im Kern das blaugefärbte Gerüst mit den rothen Chromatinkörnern schön zu erkennen.

Fig. 6. Querschnitt durch einen in seinen Umrissen etwas deformirten Axencylinder des Ischiadicus von Lepus cuniculus. Pikrinschwefelosmiumsäure. Eisenhämatoxylin, Wasser. Vergr. 4000. Der etwas unregelmässige Querschnitt wurde deshalb ausgewählt, weil er ganz besonders dünn war (höchstens 1 μ) und daher die Structur sehr deutlich zeigte.

Fig. 7. Kleiner Theil eines lebenden Pseudopodiums von Actinosphaerium Eichhornii Ehb. *a* der Axenfaden, umhüllt von dem deutlich wabigen Plasma, das zahlreiche, stark lichtbrechende Granula enthält.

Fig. 8. Schaum aus Olivenöl und Chlornatrium bereitet. Eine einschichtige ausgespannte Schaumlamelle, die im optischen Querschnitt zur Ansicht gelangte. Leider habe ich mir nicht näher notirt, unter welchen besonderen Bedingungen diese Lamelle zur Beobachtung kam, denn es ist klar, dass sie nur unter besonderen Verhältnissen und nur kurze Zeit in dieser Weise existiren konnte, da der betreffende Schaum ganz flüssig war.

Fig. 9 a—c. Sehr kleine Tröpfchen von Olivenöl, wie sie durch Schütteln von etwas Oel mit 1 % Sodalösung erhalten werden. Die Tröpfchen sind dicht aneinander gelagert. Einstellung etwas unter die horizontale Aequatorialebene der Tröpfchen, wobei das durch die Zerstreuungskreise erzeugte scheinbare Netzwerk, welches sich zwischen den Tröpfchen ausspannt, am deutlichsten hervortritt. Blende stark herabgezogen. In Fig. 9a liegen wenige kleine Tröpfchen einem grossen an, von welchem nur ein Theil des Randes gezeichnet ist. In Fig. 9c liegen eine Anzahl kleinster Tröpfchen gleichfalls dicht an dem Rande eines sehr grossen, so dass die Verhältnisse etwas eigenartig werden. Bezüglich der Deutung dieser eigenthümlichen Bilder ist der Text p. 136 ff. zu vergleichen. Zeiss Apochr. 2 mm Oc. 18.

Tafel VI.

Fig. 1. Kleiner Theil eines sehr dünnen Längsschnittes durch die Cuticula und einen in derselben befindlichen Haken von Distomum hepaticum L. *f* der Haken. *a* der pellicula-artige dunkle Grenzsaum der Cuticula; darunter eine einer Alveolarschicht entsprechende Lage *b*. Darauf folgt die sehr hübsch wabige äussere Lage *c* der Cuticula, welche nach innen in die faserige Partie *d* übergeht, die zahlreiche Granula enthält. Unter der Cuticula Durchschnitte durch Ringmuskelfasern *e*, die in ein faserig-wabiges Plasma eingebettet sind. Pikrinschwefelsäure. Eisenhämatoxylin, Wasser. Obj. 2 mm 1,40. Oc. 18. Zeich.-App. Vergr. 4000.

Fig. 2. Theil eines Pseudopodiums von Actinosphaerium Eichhornii Ehb. nach Behandlung mit Pikrinschwefelsäure. Das Plasma hat sich zum Theil etwas varicös auf dem Axenfaden *a* zusammengezogen, so dass dieser streckenweis entblösst ist.

Fig. 3. Ein sehr feines Plasmafädchen aus einer Zelle eines Staubfadenhaares von Tradescantia virginica. Das Fädchen schwillt in seinem Verlauf etwas an und die angeschwollene Partie ist sehr hübsch wabig gebaut, während der feine Faden eine solche Structur nicht erkennen lässt. Ich habe mir leider nicht notirt, ob diese Zeichnung von einem lebenden oder einem fixirten Object stammt; das letztere ist jedoch wahrscheinlicher.

Fig. 4. Flächenschnitt durch den Stäbchensaum der Darmepithelzellen von Distomum hepaticum. Pikrinschwefelsäure. Eisenhämatoxylin, Wasser. *a* die Querschnitte der dunkler gefärbten kegelförmigen Gebilde, deutlich wabig und in einer schwächer gefärbten und granulaärmeren Wabenmasse eingelagert. Z. Apochr. 2 mm. Oc. 18. Zeich.-App. Vergr. 4000.

Fig. 5. Kleiner Theil des abgestorbenen sog. Stielfadens oder -muskels von Zoothamnium mucedo Entz; sehr deutlich faserig-wabig. Z. Apochr. 2 mm. Oc. 12.

Fig. 6. Optischer Querschnitt durch einen Tentakel von Podophrya elongata Clp. u. L. Das centrale Kreischen ist der Tentakelkanal, dessen Wand von einer Wabenlage des Plasmas gebildet wird. Z. Apochr. 2 mm. Oc. 18.

Fig. 7. Vergl. den Text p. 116.

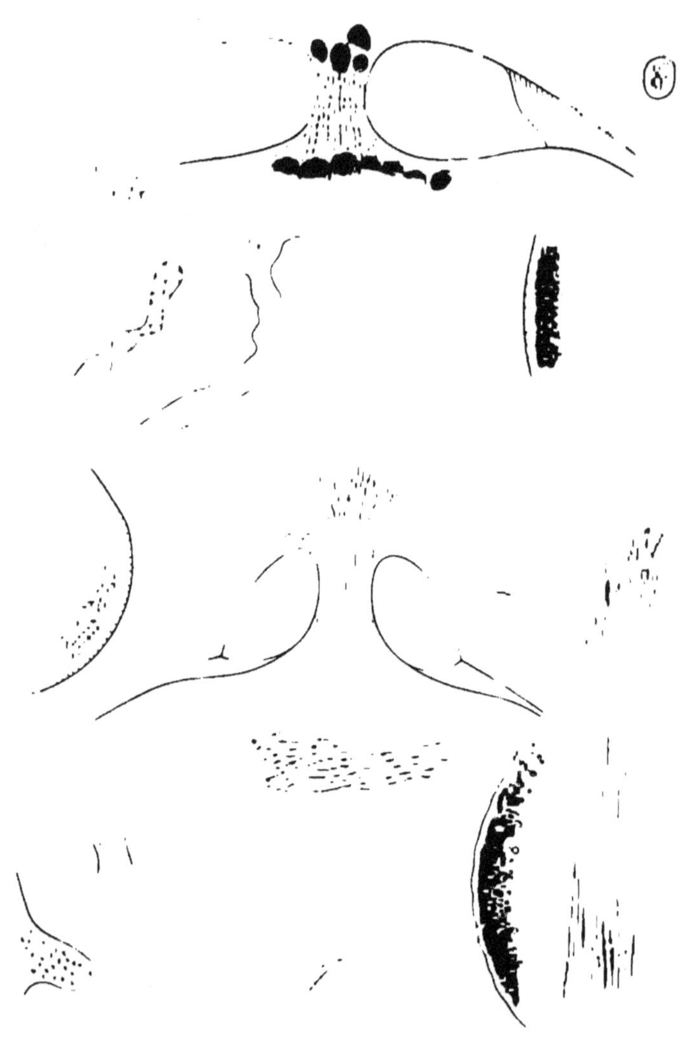

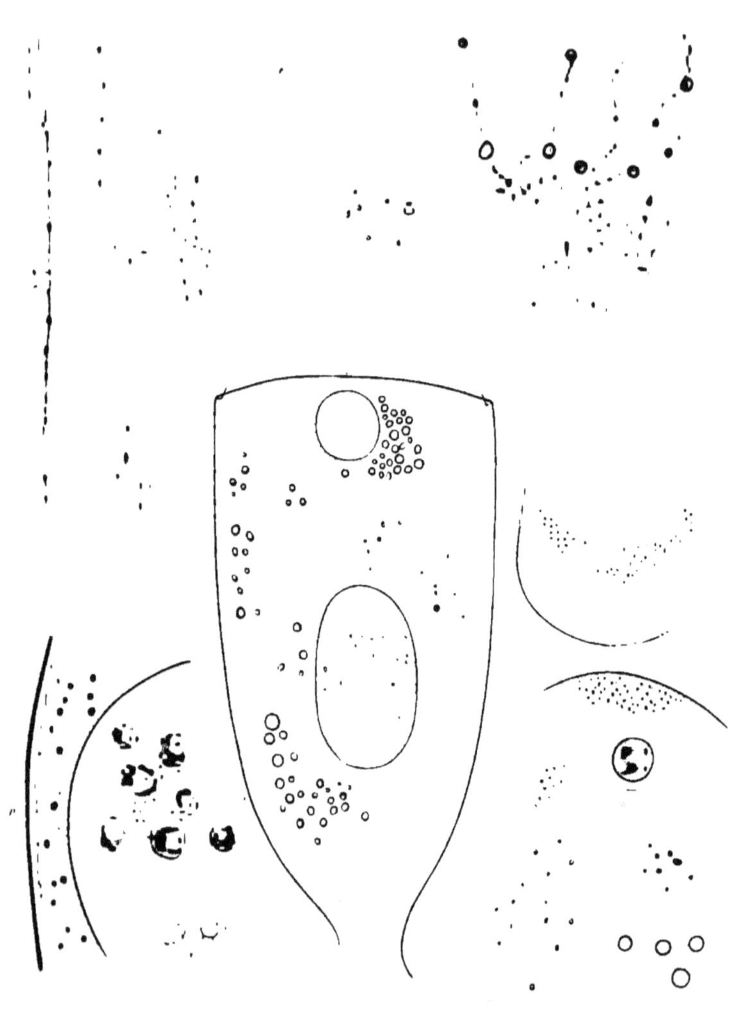

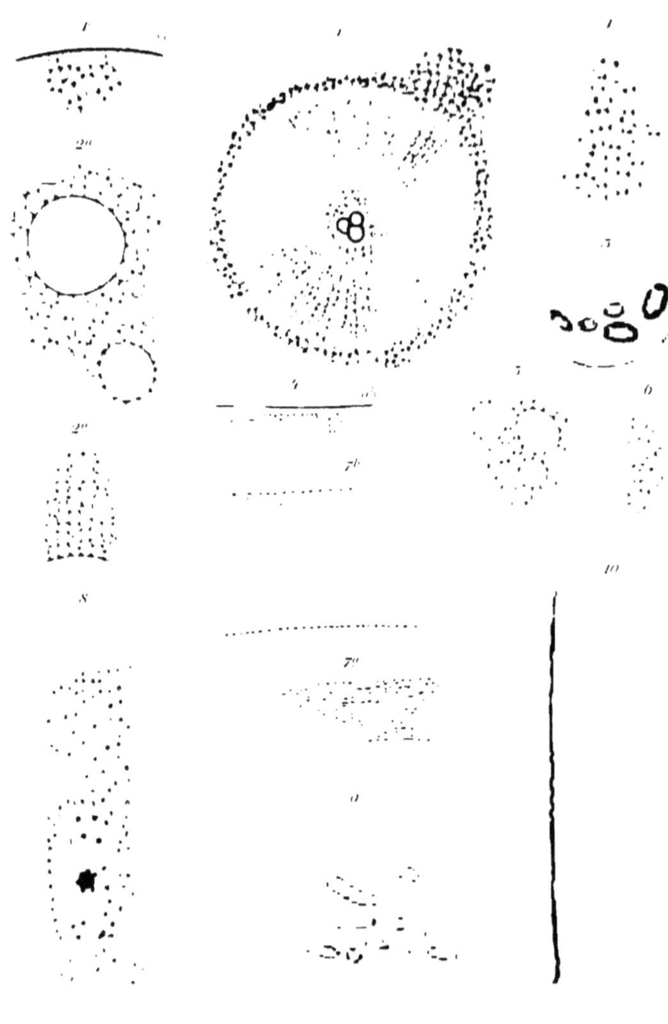

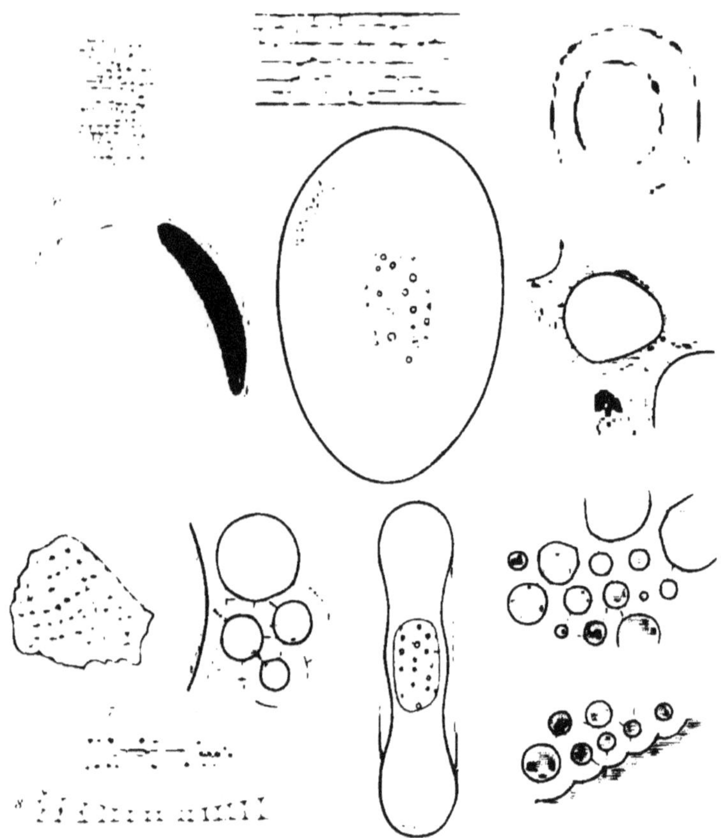

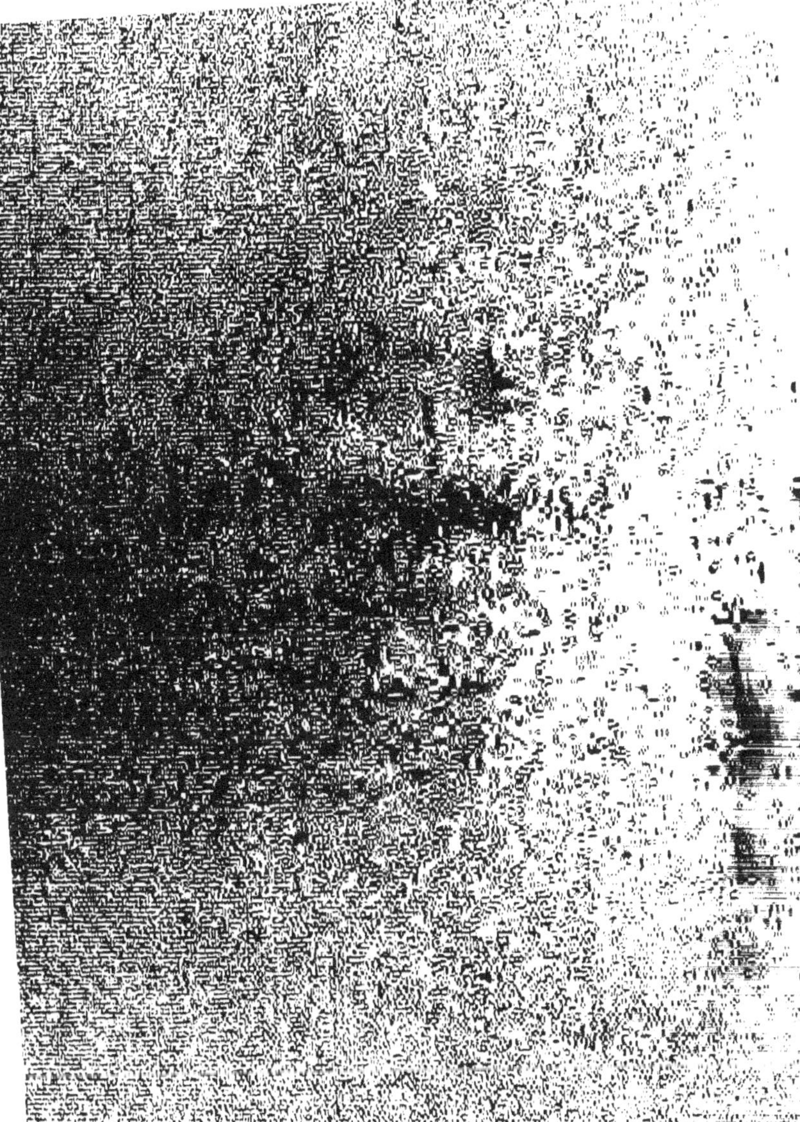

www.ingramcontent.com/pod-product-compliance
Lightning Source LLC
Chambersburg PA
CBHW021525210326
41599CB00012B/1385

* 9 7 8 3 7 4 3 4 0 2 9 3 5 *